LI GAOXIAO ZAIPEI
LILUN YU SHIJIAN

梨高效栽培理论与实践

王少敏　冉　昆　魏树伟　著

山东科学技术出版社

·济南·

图书在版编目（CIP）数据

梨高效栽培理论与实践 / 王少敏，冉昆，魏树伟著.
济南 ： 山东科学技术出版社，2024. 8. -- ISBN 978-7
-5723-2247-1

Ⅰ．S661.2

中国国家版本馆 CIP 数据核字第 2024238XV0 号

梨高效栽培理论与实践
LI GAOXIAO ZAIPEI LILUN YU SHIJIAN

责任编辑：于 军
装帧设计：孙 佳

主管单位：山东出版传媒股份有限公司
出 版 者：山东科学技术出版社
 地址：济南市市中区舜耕路517号
 邮编：250003 电话：（0531）82098088
 网址：www.lkj.com.cn
 电子邮件：sdkj@sdcbcm.com
发 行 者：山东科学技术出版社
 地址：济南市市中区舜耕路517号
 邮编：250003 电话：（0531）82098067
印 刷 者：山东新华印务有限公司
 地址：济南市高新区世纪大道2366号
 邮编：250104 电话：（0531）82091306

规格：16开（210 mm×285 mm）
印张：24.25 字数：556千
版次：2024 年 8 月第 1 版 印次：2024 年 8 月第 1 次印刷
定价：168.00元

编 委 会

主　著　王少敏　冉　昆　魏树伟

副主著　吕晓兰　王宏伟　张　倩　焦慧君　董　冉　董肖昌

　　　　　张　勇　徐步玲

著　者　（以姓氏笔画为序）

　　　　　王　涛　王小阳　王少敏　王宏伟　王宝广　王清敏

　　　　　冉　昆　付　莹　吕晓兰　刘　刚　刘万亮　许　平

　　　　　许以太　吴瑞刚　张　倩　张　勇　张坤鹏　李　勇

　　　　　李　强　李同茂　李怀水　李新民　杨冠军　杨艳萍

　　　　　邹　曼　林存魁　赵　菲　赵海洲　贾春燕　徐步玲

　　　　　崔国平　董　冉　董肖昌　焦慧君　靳启伟　樊庆军

　　　　　魏树伟

前言 PREFACE

　　我国是世界第一产梨大国，栽培面积和产量均稳居世界首位，国内仅次于苹果和柑橘。梨产业是实现乡村振兴的重要途径之一，已成为许多地区农村经济发展的支柱产业。中华人民共和国成立以来，尤其是改革开放以来，我国梨产业发展迅速，在广大科技工作者的共同努力下，经过70余年的发展，梨新品种选育和栽培技术均取得了可喜的成就。

　　随着我国经济的发展，生产成本不断攀升，梨产业中存在的诸多问题日益凸显，如品种结构不合理、苗木繁育体系不健全、栽培管理水平落后、农药化肥使用过量、采后商品化处理和分级包装落后、总体经济效益降低等。因此，在加快优良品种选育及优质高效安全生产配套技术研究的同时，加快梨高效栽培技术的推广应用以及梨文化相关知识的科学普及，是梨产业发展面临的一项重要任务。

　　本书围绕梨高效栽培技术与梨文化相关知识，涵盖梨栽培历史与现状、梨优势产区布局与生态区域划分、梨优良品种、梨的生物学特性、梨生长发育对环境条件的要求、梨优质高效栽培技术、梨园病虫鸟害防控、梨园管理机械装备与应用、梨采后增值技术、梨文化及观赏休闲产业等内容，力求用通俗易懂的语言介绍梨高效栽培关键技术与梨文化知识，增加本书的可读性。

　　由于时间紧，加之水平所限，书中的疏漏之处在所难免，恳请读者批评指正。

著　者
2024 年 6 月

目录 CONTENTS

第四章 / 026
梨优良品种

第五章 / 066
梨的生物学特性

第六章 / 080

梨生长发育对环境条件的要求

第七章 / 094

梨优质高效栽培技术

第十二章 / 275

梨的其他产业

附　录

第一章

梨属植物的起源与演化

第一节　梨属植物的起源

目前，多数学者认为第三纪（或者更早的时期）的中国西部或西南部山区是梨的原种起源地，因为在这些地区集中分布着非常丰富的苹果亚科及李亚科的属和种。迄今为止，在奥地利、格鲁吉亚的高加索地区和日本鸟取县的第三纪地层中发现了梨叶片化石；在瑞士和意大利发现了梨果实的后冰期遗物；而在美洲大陆、澳大利亚、新西兰和非洲没有发现梨的化石遗物。这些研究与梨的原生分布只限于欧亚大陆及北非的一些区域的观点是吻合的。

分类学将梨属（*Pyrus* L.）划分为蔷薇科（*Rosaceae*）、梨亚科（*Pomoideae*）或苹果亚科（*Maloideae*）。除了梨属植物外，梨亚科还包括榅桲属（*Cydonia* Mill.）、苹果属（*Malus* Mill.）、山楂属（*Crataegus* L.）、移依属（*Docynia* Decne.）、枇杷属（*Eriobotrya* Lindl.）、木瓜属（*Chaenomeles* Lindl.）和花楸属（*Sorbus* L.）等20多个属1 100多种植物。最新的分子生物系统学研究将苹果亚科划分为绣线菊亚科（*Spiraeoideae*）的一个Pyreae族（梨族）。梨、榅桲、苹果三者之间属间杂种的产生和榅桲作为西洋梨矮化砧的事实表明了这些属间亲缘关系较近。与蔷薇科的其他亚科具有 $7\sim9$ 个染色体基数相比，苹果亚科的染色体基数为17。据此，有人认为苹果亚科的原始型（$n=17$）可能是桃亚科（*Prunoideae*）的原始型（$n=8$）和绣线菊亚科（*Spiraeoideae*）的原始型（$n=9$）相结合产生的双二倍体。最新的梨和苹果基因组研究，给苹果亚科起源于9条原始染色体的假设提供了支持。梨的栽培品种中有多倍体存在，但一般认为梨属植物物种的自然分化过程中不会发生染色体数目的变化。尽管在我国原产的杏叶梨（*P. armeniacaefolia* Yü）和木梨（*P. xerophila* Yü）中发现有三倍体存在，但这种改变不会引起种性的变化。

第二节　梨属植物的传播和系统演化

一、梨属植物的传播与分化中心

中国是梨的初生中心（发祥地），从发祥地向东移动，经过中国大陆延伸到朝鲜半岛和日本形成了东亚种群；向西移动中，一部分到达中亚和周边，另一部分经过高加索、小亚细亚，到达欧洲，形成了西方梨种群；在向北移动的过程中，梨属植物的种获得了抗寒性和抗旱性。日本的梶浦一郎根据 Rubtsov 等的研究结果绘制了梨的传播图。但原图中梨初生中心（发祥地）的位置有误，滕元文等对此做了修改。另外，梶浦一郎的原图中只绘了经由朝鲜半岛传播到日本的途径。但是根据 Teng 等的最新研究表明，梨属植物直接由中国传播到日本的路径更为重要。

在梨的传播过程中，形成了三个次生中心。一个是中国中心，分布有东方梨的代表种，如砂梨、秋子梨、杜梨等；第二个是中亚中心，包括印度西北部、阿富汗、塔吉克斯坦、乌兹别克斯坦以及天山西部地区，分布有西洋梨、变叶梨；第三个是近东中心，包括小亚细亚、高加索地区、伊朗及土库曼斯坦的丘陵地带。第一个次生中心分布的梨属植物为东方梨（或亚洲梨），第二和第三个次生中心分布的梨属植物则相当于 Bailey 所定义的西方梨。根据 Rubtsov 的研究，前者有 12 ~ 15 个种，其分布范围从天山和兴都库什山脉向东延伸到日本。后者包括 20 多个种，主要分布于欧洲、北非、小亚细亚、伊朗、中亚和阿富汗。东方梨的大部分种原产于东亚，主要分布于中国、朝鲜半岛和日本。

二、梨属植物的系统演化

如图 1-1 所示，梨属植物共分化为两大类，但它们之间的系统分化关系和亲缘关系至今还没研究清晰。Challice 和 Westwood 通过多变量解析的方法，将 29 个化学特征和 22 个形态特征相结合，根据某个种是否能合成某类酚类物质，建立了梨属植物的系统演化树。

在建立的系统树中，豆梨（*P. calleryana*）和其亲缘关系相近的 *P. koehnei*、*P. fauriei* 及

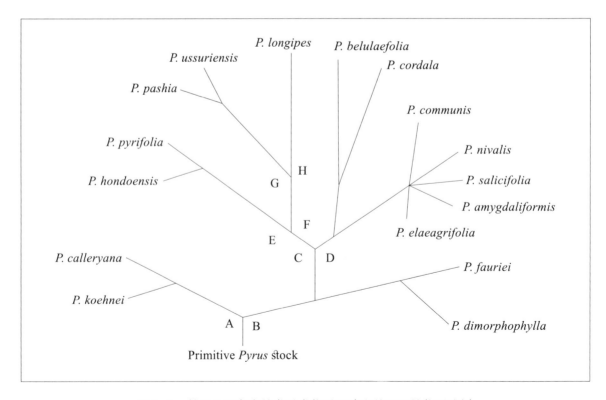

图 1-1　基于是否存在某类酚类物质所建立的梨属植物系统树

P. dimorphophylla 属于现存种中最原始的类型，可能是梨原种（初始种）的后代。分布于亚洲的 *P. betulae folia* 和分布于欧洲西南部的 *P. cordata* 则可能起源于同一原种。然而，在系统树中，显示 *P. pyrifolia* 和 *P. hondoensis*，*P. pashia* 和 *P. ussuriensis* 分别具有较近的亲缘关系，这显然与已知的事实不符。随着新技术的发展，DNA 标记及叶绿体基因或片段测序分析等为梨属植物系统关系的研究提供了新的手段。

三、梨的栽培种及其演化

已知的梨属植物种有 30 种以上，但世界范围栽培的梨属种只有几种。东亚地区以外的栽培系统主要是起源于西洋梨品种，欧洲一些地区也少量栽培雪梨（*P. nivalis* Jacq.）。关于西洋梨品种的起源，有人认为至少含有胡颓子梨、柳叶梨和叙利亚梨的血统。东方梨中除了砂梨是中国、日本、朝鲜半岛都有的主要栽培种外，白梨、秋子梨和新疆梨是中国独有的经济栽培种。在日本的东北地区有少量品种源自 *P. aromatica* Kikuchi et Nakai，而在中国，也有少量的栽培品种来源于褐梨和川梨。在浙江省曾经广泛分布的霉梨的起源至今未找到。关于秋子梨和砂梨的起源基本上没有争议，因为它们都有相应的野生种。新疆梨被认为是西洋梨和中国白梨或砂梨的杂种。

白梨主要指分布在中国黄淮流域的脆肉大果型品种，是中国北方的主要栽培类型。其中以鸭梨和茌梨（又名莱阳慈梨）最为著名，经常作为中国梨的代表广泛用作试验材料，已被引种到世界上许多国家。在中国，长期以来将白梨归在 *P. bretschneideri* Rehd. 的学名下。根据 Rehder 的描述，本种果实近球形，萼片脱落，叶缘锐锯齿，带刺毛。早在 1933 年，南京金陵大学园艺系的胡昌炽先生在日本园艺学会杂志上撰文介绍莱阳慈梨时就指出，中国的栽培梨由 4 个种演化而来。这 4 个种即砂梨（*P. serotina*）、秋子梨（*P. ussuriensis*）、川梨（*P. pashia*）和白梨（*P. bretschneideri*）。而对于茌梨的归属，他只是推测莱阳慈梨可能由 *P. ussuriensis* 或 *P. bretschneideri* 演化而来。直到 1937 年，他才明确地将鸭梨和莱阳慈梨等 43 个主要分布在华北地区的梨品种归在 *P. bretschneideri* 的名下。此后，除了吴耕民先生所著的《中国温带果树分类学》，在中国人执笔的有关梨树分类的论著中，大都用这一学名来表示白梨。而吴耕民先生采用了日本园艺学家菊池秋雄所建议的学名，将白梨品种归在 *P. ussuriensis var. sinensis*（Lindley）Kikuchi 名下。

实际上，白梨的起源问题一直存在争议。菊池秋雄认为 *P. bretschneideri*（白梨或罐梨）主要分布于河北省昌黎县，是红梨、秋白梨和蜜梨等当地的主栽品种与杜梨的杂种，但不是鸭梨等所谓的白梨品种的祖先。该种果实长圆形，脱萼，果径 2.5~3.0 cm，心室 3~4 个，果梗 4.0~4.5 cm，叶片卵形或长卵形，针状锯齿，刺毛发育不完全。而据他考证，鸭梨等分布于华北地区的大果品种是以秋子梨为基本种或者基本种之一演化形成的。他将这些梨品种称之为中国梨或者华北梨，并命名为 *P. ussuriensis var. sinensis*（Lindley）Kikuchi。他的这些观点对日本和欧美的园艺学家产生了很大的影响。

近来国内外利用各种 DNA 标记及 DNA 序列分析的研究证明，白梨品种和砂梨品种具有很近的亲缘关系，滕元文等和 Bao 等建议可以将白梨系统归属为砂梨的一个变种或生态型 *P. pyrifotia* White Pear Group。

第二章

梨栽培产业现状

第一节　我国梨栽培产业现状

梨是人类最早栽培的果树之一，自古以来以品质好、产量高、味极佳而见珍于世，在我国具有 3 000 多年的栽培历史。《诗经·召南·甘棠》是最早以文字方式记载梨树栽培和利用的书籍，书中记载"蔽芾甘棠，勿翦勿伐，召伯所茇，蔽芾甘棠，勿翦勿败，召伯所憩，蔽芾甘棠，勿翦勿拜，召伯所说"，召公便以棠梨树为房，作为休息游憩之所。《庄子》中记载"三皇帝之礼仪法度不同，臂其犹楂、梨、桔、柚，其味相反而皆于口"。另外，《韩非子》《吕氏春秋》《周礼》和《尔雅》古籍也均对梨树有记载。

先秦时期的梨以野生梨为主。春秋战国时期到秦汉后期，野生梨经过天然异花授粉的演变，逐渐成为脆美果品，梨的栽培日渐兴盛，种植区域不断扩大。郭恭义的《广志》中记载了"常山真定梨、山阳钜野梨、梁国睢阳梨、齐郡临淄梨"，品质优良的品种不断增加。《齐民要术》中不仅记载了中原地区多种梨树品种，如秋梨、夏梨，同时也记载了梨树实生繁殖的弊端、砧木与接穗互相影响、嫁接技术用于梨栽培生产以及梨果的贮存技术等。据《大唐西域记》记载，新疆梨在唐代已经广泛种植。《本草图经》《洛阳花木记》《吴郡志》和《三山志》等均记载了梨种植品种的多样性以及梨树种植由北方逐渐扩展到南方区域。元明清时期，《农桑辑要》《王祯农书》均记载了人们对梨果的喜爱。《农政全书》《热河志》《福建通志》《闽部疏》《大清一统志》《甘肃通志》和《山东通志》等均记载了梨树的栽培区域化，梨树栽培面积逐渐扩大，同时也培育出了一批珍贵优良品种，如鹅梨、鸡腿梨、香水梨、秋白和瓶梨等。抗日战争时期，梨树生产遭到毁灭性破坏，果树遭到破坏，产量大大下降。中华人民共和国成立以后，农业生产得到快速发展，党和政府加强了对果树生产的领导，并且在各重点产区建立示范园，加强对果农生产技术和经济上的支持，梨生产得到快速恢复发展，使梨产业成为很多地区的支柱产业。

一、梨产业发展现状

1. 梨种植优势区域逐渐形成

梨树适应性较强，对土壤的要求不高，不论是山地、丘陵、沙荒地、盐碱地还是红壤，都能生长、开花和结果。在长期的自然选择和生产发展过程中，我国逐渐形成了 4 个优势突出的梨产区和 4 个特色鲜明的特色梨产区，即华北白梨产区（冀中平原、鲁西北平原、胶东半岛、晋中平原），西北白梨产区（陕西黄土高原、甘肃陇东和河西走廊），黄河故道白梨、砂梨产区（鲁南、苏北、皖北、豫中地区），长江流域砂梨产区（长江及其支流流域的四川盆地、渝中山地、湖北江汉平原、江西北部、浙江等地区），东北特色梨产区（辽宁鞍山和辽阳），渤海湾特色梨产区（辽宁大连、河北秦皇岛、胶东半岛地区），新疆特色梨产区（新疆库尔勒、阿克苏及甘肃皋兰），西南特色梨产区（云南昆明、红河州、四川阿坝、凉山州）。华北白梨产区是我国传统主产区，梨产量和出口量分别占全国的 50% 和 60% 左右，西北白梨产区梨收获面积和产量分别占全国的近20% 和 16%。新疆特色梨产区、渤海湾特色梨产区和西南特色梨产区均为特色梨果产地。新疆香梨是我国独特的优质梨品种，栽培历史悠久，知名度较高，是重要的出口产品。渤海湾特色梨产区主要包括山东烟台等地，其梨肉质细腻、柔软、多汁、香甜可口。西南特色梨产区主要生产品种是云南红皮梨，其颜色鲜艳、成熟期早、风味独特、货架期长。

2. 新品种自主选育成果显著

虽然我国梨树种植具有悠久的历史，但是真正有意识地、系统科学地开展品种选育工作始于近代，尤其是中华人民共和国成立以后，我国才开始有计划、系统、科学地开展梨品种选育工作，推进梨品种选育工作。全国有近 40 家科研院所和大专院校从事梨的育种工作，采用引种、芽变选种、实生选种、杂交育种、诱变育种等传统的育种技术，另外结合现代分子标记辅助育种技术，围绕果实品质、抗病、抗寒、抗逆、不同成熟期等目标进行遗传改良，相继引进和培育出一批性状优良的梨品种。通过引种选育，先后从意大利、英国、德国、日本和韩国等国家引进了大量的种质资源。据不完全统计，我国从国外引进的梨种质资源材料 200 多份，主要有'秋月''丰水''幸水''秋洋'等。经过我国科研工作者 70 多年的努力，自主选育品种也取得了可喜的成就，有力推动了我国梨产业的发展，相继育成了以'早酥''黄花''翠冠''黄冠''中梨1 号''玉露香''新梨 7 号''苏翠 1 号''岱酥'等为代表的梨优良品种 180 余个。目前，我国栽培的传统地方优良品种和自主育成的新品种占栽培总面积的 85% 左右。由于早熟、中熟品种的育成与大面积推广，早、中、晚熟品种结构失调的状况正逐步改善，梨鲜果采收期延长了近两个月。结合贮存保鲜技术的发展，梨鲜果已经基本实现了周年供应。

3. 面积趋于稳定，产量稳步提升

我国梨种植面积大致经历了三个阶段，中华人民共和国成立之初到改革开放以前，梨生产处于追求产量阶段，梨树种植面积、产量由 1952 年的 10 万 hm^2、40 万 t 发展到 1978 年的 30 多万 hm^2、160 多万 t。1979—2000 年，梨生产进入追求高产稳产阶段，梨树面积突破 100 万 hm^2，梨产量突破 850 万 t，分别比 1979 年增长了 2.2 倍和 4.5 倍，单产面积也由每公顷 4 800 kg 提高到8295 kg。2000 年至今，梨生产进入追求优质丰产阶段，梨树种植面积相对稳定。全国梨树栽培面积基本趋于平稳，部分区域略有调整，总体上中西部地区栽培面积略有增加，东部地区略有缩减。2022 年中国统计年鉴资料显示，2010 年以后，梨树种植面积在 60 万~68 万 hm^2，而产量处于逐年上升的趋势。2010 年梨树种植面积约 64.7 万 hm^2，之后面积出现小幅度下降。到 2021 年

梨树种植面积下降到 61.4 万 hm²，减少了 3.3 万 hm²（图 2-1）。我国梨生产总量一直处于上升趋势，由 2000 年的 841.2 万 t 提升到 2021 年的 1 887.6 万 t（图 2-2）。

2010—2021 年我国梨种植面积

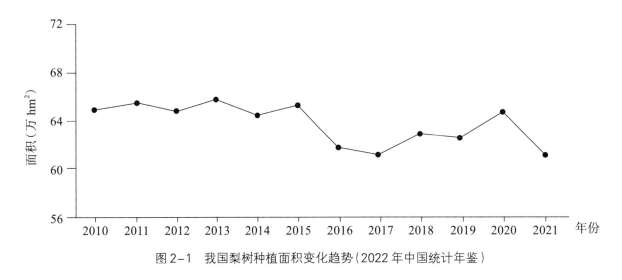

图 2-1 我国梨树种植面积变化趋势（2022 年中国统计年鉴）

2000—2021 年我国梨总产量变化

图 2-2 我国梨产量的变化趋势（2022 年中国统计年鉴）

2022 年中国统计年鉴资料显示，2010—2021 年我国梨产量排名靠前的省份主要有河北、辽宁、山东、新疆、安徽、河南、四川和陕西等。其中河北省的梨产量一直处于首位，占全国的 20% 以上，辽宁省、山东省和新疆维吾尔自治区分别占 8%、6% 和 5% 以上。2021 年统计数据显示，山西省梨产量大幅度提升，占全国梨生产总量的 6%，全国排名第七（图 2-3）。在梨主产省份中，逐渐形成了多个以名优品种为特色的栽培区，如河北中南部鸭梨、雪花梨栽培区，山东胶东半岛茌梨、长把梨、栖霞大香水梨栽培区，辽西秋白梨、小香水梨等秋子梨栽培区，新疆库尔勒、喀什等地库尔勒香梨栽培区。

2010年各省梨产量占比

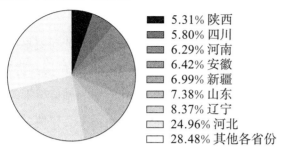

■	5.31% 陕西
■	5.80% 四川
■	6.29% 河南
■	6.42% 安徽
■	6.99% 新疆
■	7.38% 山东
■	8.37% 辽宁
■	24.96% 河北
□	28.48% 其他各省份

2021年各省梨产量占比

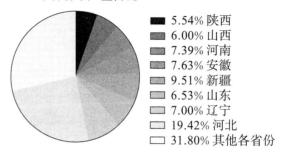

■	5.54% 陕西
■	6.00% 山西
■	7.39% 河南
■	7.63% 安徽
■	9.51% 新疆
■	6.53% 山东
■	7.00% 辽宁
■	19.42% 河北
□	31.80% 其他各省份

图 2-3　我国各省梨产量对比

4. 国内价格逐渐上涨，出口量逐渐上升

梨价格波动总体呈现循环波动和季节波动的特点，平均价格呈上涨趋势，尤其是近几年，梨价格稳定在 4 元 /kg 以上。梨每年的价格呈现短期的周期性变化，梨产量的变动、供给需求、生产成本以及生产方式等均有可能影响梨价格。

我国是梨生产与消费大国，也是出口大国，在国际梨贸易中占有举足轻重的地位。我国梨出口量经历了快速上升的过程，2009 年出口量达到 51.72 万 t，比 1995 年上升了近 5 倍。2009 年之后，梨出口量呈缓慢下降的趋势，近年来梨年均出口量均稳定在 45 万 t 左右，约占世界梨出口总量的 1/5。我国梨出口量占全球出口量的份额较低，比重远低于其他国家。2012 年以来，我国梨出口额逐年上升，2012 年出口额约为 32 510 万美元，到 2019 年出口额达到 57 300 万美元，增长了1.76 倍（图 2-4），主要销往印度尼西亚、越南、泰国、马来西亚等国际市场。

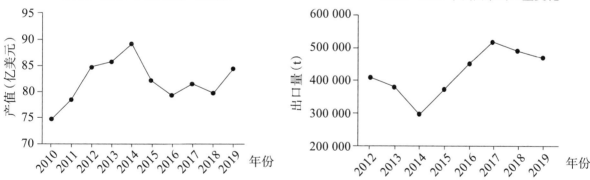

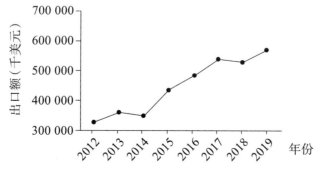

图 2-4　我国梨出口额变化趋势（中国海关总署，2020 年）

5.栽培管理模式逐渐向轻简化栽培模式发展

目前，梨园生产重心正逐渐从"产量"向"品质""安全"转变，生产方式从劳动密集型逐步向机械化、轻简化、标准化和现代化迈进，梨果品质和经济效益显著提升。在栽培模式方面，由传统的疏散分层形等大冠树形逐渐向小冠疏层形、自由纺锤形、Y形、开心形和棚架树形等转变，逐渐形成简约、省工、高光效的新型栽培模式。现代梨园推广的高光效树形具有树体结构简单、整形修剪简化、通风透光条件好、品质优，且更适合机械化操作等突出优点。同时，适于梨园机械化生产的配套装置，如开沟机、旋耕机、割草机、喷药机等在生产中普遍应用。

花果管理方面，授粉、脱萼、化学及机械疏果等生产技术研发成为关注重点。梨属于自交不亲和物种，栽培生产中需要配置授粉树或辅助授粉。人工辅助授粉耗费大量的人力物力，增加了梨的生产成本。目前研发的适合轻简化生产的液体授粉技术，大大提高了授粉效率，降低了生产成本，在梨园中得到广泛推广。另外，与液体授粉技术相配套的梨花粉长期贮存及运输技术也日渐成熟，进一步助推液体授粉技术的发展。在新疆库尔勒香梨产区应用液体授粉技术，比传统授粉方法节省用工90%以上，且操作简单、授粉均匀、坐果效果理想，节本增效显著。

土肥水管理方面，我国梨园养分循环规律、优势分布区地理信息的调查研究基本完善，依靠传统经验施肥的方法逐步被配方施肥和肥水一体化管理替代。果园生产管理过程中采用生草覆盖、间作、种养结合等多种土壤管理方式，极大地保持了土壤结构。将修剪的梨树枝条采用降解、堆肥、还田等方法增加土壤肥力，并成功研制出梨树专用生物有机肥和专用复合肥，推广应用到梨园生产中。

在病虫害防治方面，除已登记的生物源杀菌剂多抗霉素外，还发现了有明显拮抗效果的生防菌株及活性代谢物，害虫天敌、诱捕器和迷向产品的研发与产业化推进均取得较大进展。由原来的单一依赖化学农药防治逐步向综合治理转变，基本形成了农业防治、物理防治、生物防治与科学的化学农药防治相结合的技术体系，有效降低了农药使用次数和用量，努力达到健康绿色生产标准。

6.贮存加工水平显著提升，加工品种日益丰富

从传统土窑洞、半地下室或全地下室的通风贮存和冷藏库贮存等逐渐转变为低温预冷与气调贮存相结合的新型贮存方式，贮存量达梨果总产量的60%，有效缓解了梨果集中上市造成的销售压力，延长了梨的供应时间。另外，研发出温度、气体浓度、化学处理等相结合的梨果安全贮存关键技术，以及梨果绿色防病和精准贮存保鲜配套技术，显著降低了梨贮存过程中生理病害的发生，并且合理科学地控制贮存温度、气体交换等，显著延长了贮存期。塑料小包装单一贮存技术以及1-甲基丙环烯（1-MCP）采后保鲜处理技术也在梨采后贮存保鲜过程中广泛应用。1-MCP采后保鲜处理技术和基于1-MCP的采前应用技术Harvista™是梨贮存保鲜领域重要的技术亮点。虽然1-MCP处理对梨果实保鲜具有显著的效果，但也存在一定的负面影响，其可以抑制果实香气的产生。需要后熟的品种使用其处理后，操作不当可影响果实的后熟过程，因此使用浓度因品种

而异。

与梨果生产相比，年加工量约占梨果总产量的8%，加工产品主要以梨罐头、梨汁、梨醋饮、梨膏为主体，逐步衍生出梨干、梨脯、梨酒、梨夹心饼、蜜饯和梨丁等多样化产品，在功能型饮品、调味品等方面也取得了新进展。超高压处理、辐照处理技术、液氮排氧打浆、大孔吸附树脂及其与阳离子交换树脂配合使用，以及乳清分离蛋白等控制梨汁褐变的技术日益成熟，进一步促进了梨加工产业的发展。目前，我国梨加工产业集群和基地建设逐步向布局集中、产业集聚的方向发展，特色梨加工区域化显著，逐步形成优势产业带。

7. 销售渠道多样化，品牌建设意识增强

梨农往往面临着较大的市场风险，收益不稳定，主要是梨农难以及时获得市场行情信息以及小规模经营模式等因素的限制。近年来，以合作社、龙头企业为主导的生产经营组织蓬勃发展。其中，合作社为最主要的组织形式，占全部梨农组织的80%以上，龙头企业占9%，部分产区正逐渐形成以企业为龙头的产业化联合体。另外，随着现代网络平台以及物流行业的快速发展，梨果的销售形式不再局限于产地就地销售或者经纪人销售等形式，电商等新型销售渠道的比例逐渐增加。同时，新型经营模式集生产、观光、休闲为一体。各地举办梨文化节、梨果采摘等多样化的营销手段也大大增加了梨果的附加价值和生产效益。

各主产区的区域品牌建设不断推进，各地区积极实施优果工程和名牌战略，许多区域梨品牌取得了重要进展。目前已塑造了库尔勒香梨、隰县玉露香梨、鞍山南果梨、蒲城酥梨等212个梨产业相关的"全国农产品区域公用品牌""全国农产品地理标志""全国名特优新农产品"。截至2017年，经农产品地理标志认证的区域梨品牌共有53个，包括代县酥梨、汾西梨、福泉梨、礼泉小河御梨、大庙香水梨、条山梨等。根据2017中国果品区域公用品牌价值评估报告，我国53个区域梨品牌中有10个入选"2017中国果品区域公用品牌价值榜"。

二、梨产业发展存在的问题

1. 品种结构不尽合理

随着育种工作的推进，我国梨品种的种植结构得到明显改善。梨果品种结构表现为早、中熟梨比例逐年增加，晚熟梨比例逐年下降。早熟品种主要以'翠冠''中梨1号''早酥'等为主，中熟品种主要以'黄花''黄冠'为主。晚熟品种多为传统地方品种，如'砀山酥梨''鸭梨''南果梨'等比例偏大，而现代育成的晚熟优异品种的比例较小。梨树干腐烂病、根癌病以及北方寒冷地区树干冻害等问题突出。专一的加工品种相对匮乏，缺少在国际市场上具有较强竞争力的优良品种等。

2. 苗木生产混乱且质量差

据不完全统计，目前我国每年生产的梨苗约2 000万株，全国梨种苗生产企业大约有100家，

而这些企业大多数属于个体经营，繁育的苗木良莠不齐。一些育苗场、育苗户和果苗贩子为了提高苗价增加收入，以次充优，高价售卖，诱骗种植者。我国已经颁布《梨苗木》行业标准，但是由于缺乏监管，苗木品种以及使用的接穗、砧木大多不规范，苗木的质量和真实性难以保证，严重制约了梨种业的发展。

3. 栽培管理模式落后、机械化程度低

目前，梨园生产多是以家庭为单位的小规模分散经营模式，地块零碎，难以扩大经营模式和提高竞争力。栽培模式多采用疏散分层形和开心形等，普遍存在树形结构复杂、树冠郁闭、光能利用率低、管理粗放、果实品质差、整形修剪烦琐等问题，难以实现机械化操作，劳动力成本高，经济效益低下。土肥水管理模式粗放，浇水采用大水漫灌模式，施肥仅凭经验，不能做到科学合理灌溉与施肥。病虫害防治过多依赖农药，不了解病虫害的发生规律，盲目使用农药、生长调节剂（如膨大剂等），很大程度上影响了果品质量安全和梨园生态。

4. 采后商品化和精深加工环节薄弱

梨果采收不精细，商品化处理程度较低，尚未建立采后分选、清洗和包装的专业机构，分级标准不规范，多采用人工分级，机械化分级程度较低。果实整齐度不一、果形不正、色泽和风味差、贮存生理病害等问题频发，严重时甚至失去商品性，果品市场竞争力弱。我国梨加工能力有限，加工量少，约占梨果总产量的5%；加工产品科技含量低，产品质量差。目前主要产品是梨汁、梨罐头，还有少量梨干生产，梨发酵产品梨醋和梨酒显示出发展势头，冻梨产品受到关注，其他精深加工产品进展缓慢。另外，龙头企业规模较小，数量较少，市场竞争能力不足。市场营销体系分散，营销体系组织化程度不高，营销信息平台缺乏，市场体系建设较差，竞争力弱，严重制约了梨果产业发展和产业化水平的提高。

三、梨产业发展策略

1. 加强新品种选育，推进品种种植结构改善

随着国民经济的提升，人们对果品的要求也越来越高，不仅要求外观较好，而且要求能适合不同消费群体的口味，因此，梨的育种工作需要进一步加强。除采用传统的育种手段以外，可以结合分子标记辅助育种手段，加快育种进程，提高育种效率。育种目标应围绕提高果实的外观和内在品质、优质、抗病等方面，从而提高梨的市场竞争力。在保证品质的基础上，推进专用型品种的选育工作，筛选优质的加工品种。加强砧木的选育工作，筛选抗盐碱、抗病虫害等砧木，培育不同栽培区域的专用化砧木，从而解决梨砧木病虫害抗性等问题。

2. 规范苗木繁育体系

针对梨品种苗木生产混乱的现象，制定规范苗木生产的准则。加强梨种质资源的保护和开发，加大引种力度，逐步形成完善的良种繁育体系。制定相应的规章制度，加大对品种权的保护力度。

严格执行果树苗木生产许可证、果实苗木质量合格证和果树苗木检疫证"三证"管理制度，提高苗木繁育和经营门槛，建立生产企业准入制度，进一步规范、提高梨苗木的质量。加强无病毒苗木的研究和推广，加快矮化、抗性强砧木的选育和利用，进一步规范苗木繁育体系。

3. 推广梨园高效栽培管理以及优质高效绿色栽培新技术

大力推进梨园栽培模式的转变，按品种特性采取相应的标准化栽培技术，将传统的疏散分层形树形逐步改造为细长圆柱形、倒伞形、Y形以及水平棚架形等高光效新树形。推广梨园优质高效绿色生产技术，如病虫害预测预报技术、病虫害物理与生物防控技术，利用迷向丝、杀虫灯、天敌、生防制剂进行病虫害防控等。研发、应用梨园节水灌溉、营养诊断与平衡施肥、修剪枝条粉碎堆肥还田、土壤培肥等土肥水管理技术，从而实现梨树绿色栽培。加大梨园农机装备的研发投入，研发适合山地、株行距窄梨园的小型、简易、半自动化农机装备，提高果园的机械化程度，减少劳动力。通过农村土地流转等方式，逐步推进梨规模化经营。积极推进科技帮扶工作，培养一批有技术、热爱果树产业、乐意扎根乡村一线的基层果树生产技术人员，为果农提供快捷的果树生产技术指导，加快新技术成果的转化。对果农进行现场培训，并结合入户指导，进行集中培训，提高果农的整体管理栽培技术，实现绿色优质安全高效生产。

4. 提高梨果采后贮存保鲜与加工水平

针对我国梨采后商品化处理水平低的问题，分批精细采收，根据果实的成熟度分批采收。在果形、新鲜度、颜色、品质、病虫害和机械损伤等方面符合要求的基础上，再按大小进行分级。选择合适的包装容器，减少果实机械损伤。在梨园修建冷库，推广梨果冷链贮运及产地商品化、清洁化处理，延长梨果的货架期，缓解梨果上市时间集中、梨农卖果难的困境。同时，开发出更多的精深加工产品，如梨干、梨醋、梨酒等，进一步延长产业链，实现采后增值。政府出台相关政策，多渠道引入工商资本，加大梨果贮存保鲜和加工设施建设与研发。加强梨地方品牌、区域品牌建设，促进区域品牌与渠道品牌合作，进一步打开梨果的销路，提升经济效益。

第二节　山东省梨栽培历史与产业现状

一、梨栽培历史

山东省属于暖温带季风气候区，大部分地区属华北大陆气候区，独特的地理位置和自然条件适合梨、苹果等多种果树生长，有"北方落叶果树王国"之称。山东省果树栽培历史悠久，资源丰富，是我国最早利用果树资源的省区之一。梨是山东省的重要果树之一，种类和品种繁多，分布广泛，栽培历史悠久。早在2 500年前，就已经有关于梨树栽培的记载，到秦汉时期开始有梨优良品种的记载。在长期的栽培驯化过程中，不断驯化和创造出了大量梨优良地方栽培品种，形成了胶东半岛、鲁西北平原和鲁中南山区三大梨主产区。原产中国的 13 个梨属植物中，山东省有 6 个，从国外引进西洋梨品种 1 个，共 7 个，包括白梨、杜梨、豆梨、褐梨、砂梨、西洋梨、秋子梨。另外，还有部分梨品种属于种间杂交品种。山东省梨栽培品种以白梨、砂梨系列为主，其次是西洋梨，并形成了许多历史名产，如'莱阳茌梨''黄县长把梨''栖霞大香水梨''阳信鸭梨''泰山小白梨'等。

二、梨产业发展现状

1. 面积趋于稳定，产量逐年上升

据《山东统计年鉴》和《中国农村统计年鉴》数据，2000 年以来，山东省梨栽培面积总体呈下降趋势，到 2018 年左右，栽培面积趋于稳定。2000 年，山东省梨园种植面积为 62 963 hm²，到 2018 年，种植面积下降到 35 011 hm²，下降了约 44%（图 2-5）。梨产量却稳步逐年上升。2001 年，山东省梨产量为 91.1 万 t；直到 2017 年，梨产量出现小幅度下降，产量为 103.7 万 t；2021 年梨产量又增加到 123.3 万 t，相比于 2001 年，梨产量增加了约 35%（图 2-6）。因此，近 20 年来，山东省梨栽培面积有一定程度的下降，但是梨产量却稳步上升。

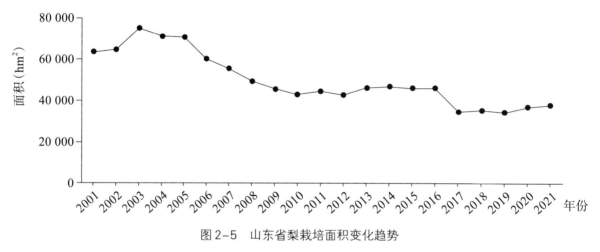

图 2-5 山东省梨栽培面积变化趋势

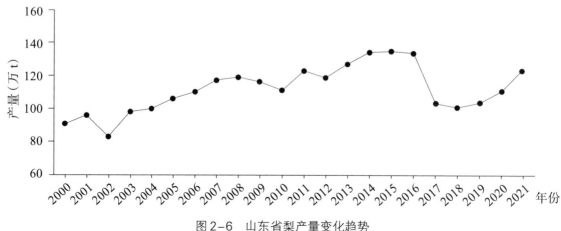

图 2-6 山东省梨产量变化趋势

2.品种结构不断优化调整

20世纪90年代以前，山东省梨栽培主要以白梨品种为主，占全省梨总面积和产量的90%以上，品种有'鸭梨''长把梨''茌梨''香水梨''子母梨''雪花梨''酥梨'等，其中'鸭梨'占50%以上。20世纪90年代以后，以'黄金''鸭梨''丰水'等为主。大部分是中晚熟品种，栽培面积占总面积的近80%，早熟品种比例相对较少，不足20%。近年来，随着梨种植结构的调整以及新品的选育和引进，早、中、晚熟品种比例结构有所改善，'黄冠''翠冠''新梨7号''玉露香''苏翠1号''秋月'等优新品种在山东省的栽培面积逐渐增加。

3.果品质量不断提高

通过大力推广现代高效栽培管理技术以及对老旧梨园改造，梨园栽培管理措施逐渐改善，极大地促进了果实品质的提升。随着科学技术的进步，合理平衡施肥、生物防治、高光效栽培模式、合理疏花疏果、果实套袋等技术逐渐在梨园中得到推广，推动了山东省梨生产技术的改进和提高，大大提高了梨无公害优质果率，也进一步提升了果实品质。

4.采后贮存加工水平进一步提高，品牌效益逐渐显现

近年来，为适应市场需求，山东省梨采后处理得到较快发展，高温瞬时杀菌技术、真空浓缩技术、膜分离技术、无菌贮存与包装技术以及相关设备已在梨果加工产业中普遍应用。同时也引进了一些国外先进的仪器设备，如无菌大罐装技术、超低温速冻技术和装备，大大提高了梨果采后的贮存加工水平。加工产品主要包括梨汁、梨罐头、梨脯、梨醋等，并且大力发展鲜榨梨汁、梨浆、功能性梨汁饮品等新型加工产品。对品牌的保护意识逐渐增强，并且品牌效益逐渐显现。如'莱阳梨'的品牌价值，自2021年起莱阳市每年都举办为期10天的莱阳梨乡风情旅游节，通过系列活动传播莱阳梨文化，吸引游客与厂商前来观光，在采摘、休闲、度假、娱乐中扩大'莱阳梨'的对外宣传，带动产业发展。另外，"一枝笔莱阳梨汁"是消费者熟知的梨汁饮品，其在2017年登上央视平台，在全国的知名度迅速提升，成为中国果汁饮料五大品牌之一，助力当地梨产业的发展。

三、梨产业发展存在的问题

1.品种结构不合理，优新品种占比少

品种结构与市场需求不适应，老百姓难以及时掌握行业信息，容易盲目跟风，造成单一品种短时间内大面积增加，效益逐渐下降。目前山东省主要以种植中晚熟品种为主，早熟品种以及专一性的加工品种面积不足，不能满足市场需求。老百姓对优新品种的接受能力有限，往往处于观望状态，造成优新品种推广难度加大。因此，'苏翠1号''玉露香''新梨7号'等优新品种种植面积占比较少，难以满足市场需求。

2. 栽培管理技术落后

目前，山东省梨果生产多以小规模家庭经营为主。分散的生产经营，难以形成规模效益，不利于新品种、新技术的推广，无法组织标准化生产，造成"大路"货多，市场竞争力差。

栽培技术落后、标准化生产水平低，多数梨园仍然沿用传统的栽培管理方式，缺乏现代省力化栽培管理模式和良种良法配套技术，存在树体结构不合理、管理措施不到位、农药和化肥滥用等问题，造成土壤肥力降低，树势衰弱，产能下降。

3. 果实品质降低，缺乏市场竞争力

随着人们生活水平的提高，消费者对鲜果的质量要求越来越高，使得优质高档水果价格高、竞争力强。梨园栽培管理技术落后，多采用传统栽培模式，树体郁闭、树体过高、主枝量过大，影响树冠内的光照，造成树冠郁闭、结果部位外移。施肥量仅凭经验，不能做到合理科学精准施肥，大量施用化肥，导致果实风味变淡，内在品质下降，耐贮性下降。果园管理落后，如人工辅助授粉、疏花疏果等工作不到位，过度使用膨大剂等，导致果形不标准；采收时间过早，影响果实品质等。

4. 生产成本不断攀升，增效空间小，苗木生产混乱且质量差

山东省梨园机械化程度普遍较低，疏花疏果、除草、修剪、施肥、灌溉等需要大量的人力物力，而近年来劳务费上涨迅速，果园管理劳务费增加导致生产成本提高。另外，农药、化肥、纸袋等生产资料价格上涨较快，也增加了生产成本。梨苗木生产企业大多数属于个体经营，繁育的苗木良莠不齐。虽然我国颁布了《梨苗木》行业标准，但是由于缺乏监管，苗木品种以及使用的接穗、砧木大多不规范，苗木的质量和真实性难以保证，严重制约了梨种业的发展。

5. 商品化处理和保鲜贮运水平低

我国梨采后商品化处理起步较晚，在保鲜、运销、出口商品优质果方面与其他发达国家相比，还有较大差距。梨果实采收后分级标准不规范，多数采用人工分级，效率较低，不能满足市场要求。山东省梨贮存水平仅占总产量的20%左右，且以冷库贮存为主，气调贮存较少，致使梨果贮存期较短，腐烂率较高。梨果加工能力有限，加工产品单一，梨浓缩汁、梨果醋、梨果酒等加工品尚未形成较大规模。另外，还存在加工技术落后、质量控制体系不完善、缺乏梨果加工龙头企业、加工与生产销售环节脱节等问题。

四、梨产业发展建议

1. 加大品种改良与新品种选育力度，优化品种结构

加快引进新品种，优化品种结构，使早、中、晚熟梨品种比例合理。同时，以消费者的需求为导向，加大品种改良与新品种选育力度。结合常规育种手段、分子标记辅助育种技术，加大专

用型品种、品质优良品种的选育和引进工作。筛选适应不同生态区域的优良砧木资源以及专一性的加工品种。

2. 提高果实品质，增强市场竞争力

逐步改变旧梨园的传统栽培模式，采用新的栽培模式建园，宽行密植，高光效树形管理，提高对光能的利用率，改善果园的通风透光条件，提高果实品质。评价果园土壤肥力指标，合理施肥，采用现代灌溉措施，做到土肥水一体化。花期采用人工辅助授粉、蜜蜂授粉、液体授粉等技术，保证授粉效率，合理疏花疏果，减少畸形果、小果。根据果实的成熟度分批采收，采后分级包装，制定分级分类标准，保证果品质量，提高市场竞争力。建立标准化技术体系，实现果品生产标准化，并大力开展标准化生产示范基地和出口基地建设，建立和实施梨果市场准入制度和产品质量可追溯制度以及与国际接轨的各种质量检测体系。培育地方特色梨果品牌，提高知名度，根据生产规模注册一批高档优质无公害果品品牌。同时，突出地方特色，和地理标志结合起来，市场潜力大的果品既要申请注册商标，又要积极申请绿色食品认证和有关国际质量认证，为扩大出口创造有利条件，从而提高梨果的市场竞争力。

3. 降低生产成本，提高经济效益，加快梨产业化进程

根据梨品种的植物学特点，采用配套的栽培管理模式，提高机械化水平，减少生产用工，促进节本增效。推广使用成熟的现代科技成果，如架式栽培、壁蜂授粉、合理套袋、配方（平衡）施肥、病虫害综合防治和节水灌溉等，提高效率，减少生产成本的投入。通过多种途径扶持龙头企业发展，培育并发展一批龙头骨干企业，重点做好梨果贮存和深加工产业，拉长产业链，有效解决小生产与大市场之间的矛盾。我国一些农民专业合作经济组织还存在规模小、经营管理不规范、运行机制不健全、辐射带动能力弱等问题。因此，必须大力发展农民专业合作经济组织，发挥其提高果品生产的组织化程度和产业化水平的作用。

4. 加强梨果采后商品化处理与加工关键技术研究

采后商品化处理与加工是梨产业发展的重要环节，采后处理滞后是目前山东省梨果国际市场占有率低、销售价格低的主要原因之一。在引进国外先进设备和先进技术的同时，应完善梨采后商品化处理、贮运保鲜等环节的关键技术和设备，增强梨保鲜和深加工能力，并研究开发具有自主知识产权的果实采收、分级、包装设备，大力发展梨果加工系列产品，增加产品附加值，提高综合效益。加大对新型贮存保鲜技术的研究，包括气调贮存保鲜技术、高压电场贮存保鲜技术、天然保鲜剂（树木的干馏物、植物种子提取物、香料植物提取物、多糖和天然抗氧化剂等）贮存保鲜技术等。大力发展梨果加工业，开发梨果加工系列产品，是拉长产业链、增加产品附加值、提高综合产值的关键。同时应加强对梨果汁止咳、化痰、润肺等药用化学成分的提取及作用机理方面的研究，争取找出对人体有益的成分，开发出用于医疗保健的高附加值产品。

参考文献

国家统计局 . 中国统计年鉴［M］. 北京：中国统计出版社，2022.

张绍铃，谢智华 . 我国梨产业发展现状、趋势、存在问题与对策建议［J］. 果树学报，2019，36（8）：1067-1072.

王贵荣 . 中国农村统计年鉴［M］. 北京：中国统计出版社，2022.

周应恒 . 中国梨产业经济研究［M］. 北京：经济管理出版社，2016.

王少敏，冉昆 . 山东省梨产业现状、存在问题及发展建议［J］. 落叶果树，2019，51（4）：4-7.

第三章

梨生态区域划分与优势产区

一、梨生态区域划分

1. 梨的生态适应性

白梨、砂梨和秋子梨的原产地是中国，种类繁多，环境适应性强，分布甚广，遍布全国各地。白梨栽培主要分布在黄河流域，砂梨主要分布在长江流域及其以南地区，秋子梨主要分布在燕山、东北和西北。影响梨的生态适应性的因素主要有温度、水分、空气相对湿度、光照、土壤等。

2. 梨的生态适宜指标

梨生态适宜性的确定，首先要根据梨原产中心和现代世界优质高产区的自然生态条件，前者是其长期生存和生长发育的适宜自然条件，后者是不同栽培品种优质高产的最佳生态条件；其次是梨自身生长发育和产量品质形成直接的生态反应和要求，进行综合比较分析，加以验证和论断。综合光、温、水、地形、土壤和植被等各主要生态因子对梨的生态作用与效应，以产量品质形成为中心，按照各主要生态因子对其作用的关系、程度和人为可调控性，将梨生态适宜性的主要因素大体分为三类。

（1）主要决定因素：指对梨产量品质形成起直接作用、影响大而又难以大范围调控的主导性因子，如年平均气温、1月均温、积温、生长季（4—10月）均温、极端低温、日照时数、光强、光质、无霜期等。其中，夏季6—8月（晚熟品种应到9月以后）为关键时期。这一时期正值新梢停长、花芽分化、果实发育成熟的关键生育期，各主要生态因子的适宜度对当年至翌年产量品质的形成起决定性影响。特别是气温高低、空气相对湿度大小和光强、光质，是这一关键时期的关键因子，是影响梨质量、评价生态适宜度、划分生态适宜区域的主导性因素。国内外的优质高产区在这一关键时期都是在气温不过高或过低、日温差较大、空气相对湿度较小、光照强而紫外光较多的生境下。

（2）主要影响因素：指对产量品质的作用大，但在一定程度上可以人为加以调控的因子。如降水量、土体厚度和结构、质地、养分、pH及光量等，都可通过排灌水、深翻、改土、施肥、栽植密度、栽植方式和整形修剪等措施，在一定程度上加以调控。如在生态适宜性主要决定因素良好的干旱少雨、日照强烈、空气干燥地区，通过人工灌溉，可使其成为梨优质区。

（3）间接作用因素：指通过影响各种直接作用因素而产生间接的、综合性作用的重要生态因素，包括地理纬度、海拔、地貌、山体大小、坡度、坡向、坡形、坡位、沟向和开阔度等。

梨因品种不同，对生态环境的要求和适应性存在较大差异。影响梨生长和品质形成的关键因素是温度、水分和光照，据此提出了不同种类的梨栽培优势区域的气候条件指标。白梨适宜暖温带落叶、阔叶林地带，要求年平均气温 8～14℃，可耐 -25～-23℃低温，喜光，喜温暖半湿润气候；西洋梨适宜常绿林地带，要求生长季干旱少雨，年平均气温 10～13℃，可耐 -20℃低温；砂梨耐高温潮湿，适宜亚热带常绿阔叶林区域，要求年平均气温 15～23℃，可耐 -20℃低温；秋子梨适宜暖温带北部落叶栎林亚地带，耐寒性强，要求年平均气温 8～13℃，可耐 -35～-30℃低温，最耐寒的野生类型可耐 -52℃。

二、梨生态区划的方法

1. 梨生态区划的含义

梨的生态区划是根据不同种类、品种的生态要求，评价不同地区对梨的生态适宜度，反映其生态适宜性的地区差异，按其地区分布规模划分区域或类型，为生产规划和栽培技术提供直接依据。

2. 梨生态区划的划分原则

（1）区内相似性和区间差异性原则：即将现有分布或发展的生态条件相对一致的区域划为同一带或区，相似与差异的根源在于地域。因此，区划时必须全面分析区域整体特征和各自然因子的差异性。

（2）主导与辅助因子相结合原则：生态指标一般以温度、水分（湿度）为主导因子，结合地形、土壤等其他生态因子进行划带或分区，制定划分的指标体系。但有时也以海拔、地形等为主导因子，特别是在高原地区，如西南高原、青藏高原等。

（3）分区连片性原则：即在地域上同区一般应连成一片，以便生产规划发展和管理。但因我国地形、气候复杂多变，有不能保持连片的情况。

（4）高效协调与生态平衡原则：园艺生态系统是人为强烈干预下的人工生态系统，是"自然—经济—社会"复合生态系统，其内部的物质循环、能量流动和信息传递形成网络。因此，区划作为生产规划发展的基础，必须注意果园、菜园和园林绿地人工复合园艺生态系统建立之后，其系统内的结构和功能相互协调与适应；能量输入与输出相对平衡；物质和能量得到多级、多层次利用，损失最小，利用率和经济效益最佳。其系统与外界地形、河湖水系等自然环境相互协调共生，最终构建顶级稳定状态的人工复合生态系统。

3. 梨生态区划的依据

梨的生产是在自然条件下的植物再生产过程。要通过生产过程实现生产目的，达到优质、高产、高效的目的，以起源中心和现代世界主产区、优质高产区的自然生态条件为基础。前者是其长期生存、生长发育和生物学特征形成适宜的基础自然生态条件，后者是现代不同栽培品种优质高产的最佳生态条件。

依据自身生长发育和产量品质形成直接、具体的生态要求与反应，在定量标出各有关生态因子指标，了解其对生态条件的要求和反应的基础上，根据环境条件中的最小因子和梨的耐性范围，进行综合比较，科学生态分析，加以论证和论断。

进一步把梨的生态适宜性与当地生态资源的特点、优势和有限性科学地结合起来；与当地的社会经济条件和市场需求结合起来，进行综合分析论断；确定应该或适宜发展的具体区域和种类、品种，进行生产区划布局；做到适地、适种、适栽、适养，获得最佳的经济、生态和社会效益，保持生态平衡和可持续发展。

4. 生态区划的具体方法

按照前述原则、依据与要求，进行梨的生态区划。

（1）确定生态适宜度：按照区划的种类、品种的生态适宜度，一般划分为四级：生态最适宜区、生态适宜区、生态次适宜区、生态可适或不适区。

（2）确定空间范围：按照区划的空间范围，一般划分为四级：国家级、省（自治区、直辖市）级、县级、生产单位级。

（3）确定指标体系：在分区、分级划分时，采用的具体方法和指标体系常有五种。

①单因子法。根据主导生态因子的相似性进行划分。

②主、辅因子结合法。根据影响该园艺作物种类、品种生育和产量品质的主导生态因子与辅助生态因子相结合的方法，制定出区划的生态指标体系。

③多因子综合评分法。将影响该种类、品种园艺作物生育和品质产量的主要生态因子分别进行评分，确定其适宜程度，再确定每个因子的权重，最后根据所得的总分进行划分。

④多因子叠置法。先将影响该种类、品种生育和产量品质形成的主要生态因子绘制成空间分布图，再将每张图叠置在一起，分析其相对一致的程度。

⑤模糊分析法。应用模糊数学方法，对区划区域的各生态因子进行聚类分析，再根据分离程度进行划分。

以上方法各有优点，可根据分区、分带的区域大小和研究深入程度选用。目前各地主、辅因子结合法应用较多。

三、中国梨生态区划

中国农业科学院果树研究所根据对中国梨的种植区划研究，将全国梨种植区划分成不同梨栽培种的适宜区、次适宜区和不适宜区。

1. 白梨栽培种（*Pyrus bretschneideri* Rehd.）

（1）适宜区：渤海湾、华北平原暖温半湿区，包括辽宁南部、辽西锦州、朝阳南部、燕山地区、山东省、河北省大部。

黄土高原冷凉半湿区，包括山西忻州、吕梁部分地区、晋南、晋东南，陕西榆林南部、延安大部、关中平原、陇东北、天山。

川西、滇东北冷凉半湿区，包括川西北小金、马尔康和川西南的昭觉、盐源，滇东北昭通的局部、黔西北威宁等。

南疆、甘宁灌区冷凉干燥区，包括塔里木盆地、库尔勒、喀什、甘肃兰州附近、宁夏灵武以南灌区，青海循化、民和灌区。

上述白梨栽培种适宜区年平均气温 8 ~ 14℃，1 月平均气温 -9 ~ -3℃，6—8 月平均气温 13 ~ 23℃。年降水量 450 ~ 900 mm，土壤以棕壤、黄绵土、黑垆土、褐土为主。本区代表栽培品种有'鸭梨''茌梨''雪花梨''秋白梨''黄县长把梨''砀山酥梨''栖霞大香水梨''金川雪梨'等。

（2）次适宜区：西北及长城沿线冷凉干燥区，包括新疆伊犁谷底，甘肃河西走廊、陇中、陇南、庆阳北部，青海贵德，宁夏固原，内蒙古西南部，陕西延安、榆林北部，山西忻州、吕梁西北部、雁北，河北张家口坝下地区、承德西部，辽宁朝阳西南部、锦州西北部、鞍山、丹东地区。

淮北汉水暖温半湿润区，包括苏北、皖北、豫中和豫南、鄂西北、陕南、甘肃武都、川北平武和万源。

西南高原冷凉湿润区，包括川西南，滇中和滇北，黔西北。

白梨栽培种次适宜区年平均气温 8 ~ 15℃，1 月平均气温 -9 ~ 9℃，6—8 月平均气温 13 ~ 23℃，年降水量 700 ~ 1 200 mm，土壤以黄潮土、黄棕壤、砂姜黑土、钙土、棕钙土为主。这些区中，有干旱缺水、花期霜冻、幼树抽条或排水不良等问题。

（3）不适宜区：经济栽培北界区为 1 月份平均气温 -12℃等值线以北地区，经济栽培南界区为年平均气温 15℃等值线以南地区。

2. 秋子梨栽培种（*Pyrus ussuriensis* Maxim.）

（1）适宜区：燕山、辽西暖温半湿区，包括燕山地区、太行山区北段、辽南和辽西。

黄土高原及西北灌区冷凉半湿区，包括晋中、晋东南临汾部分，陕西、渭北部分，陇东北、天山和兰州附近灌区，宁夏灌区。

适宜区年平均气温 8 ~ 13℃，1 月平均气温 -4 ~ 11℃，年低于 10℃的日数 160 ~ 210 天，年降水量 500 ~ 750 mm，土壤以棕壤、褐土、黄绵土、黑垆土等为主。本区栽培代表品种有'京白梨''南果梨''安梨''花盖''面酸梨''大香水''小香水''软儿梨'等。

（2）次适宜区：东北、华北北部寒冷半湿区，西北北部冷凉干燥区，冀中南、山东暖温半湿区，川西、滇黔高原冷凉湿润区。

秋子梨栽培种次适宜区年平均气温 7 ~ 8℃，降水量 300 ~ 500 mm，土壤为棕壤、褐土和黄潮土、栗钙土、漠钙土等。

（3）不适宜区：经济栽培北界区为年最低气温低于 -40℃的地区，南界区为年平均气温 13℃以上的地区。

3. 砂梨栽培种（*Pyrus pyrifolla* Nakai.）

（1）适宜区：江南高温湿润区，包括淮河以南、长江流域的南方各地。此区平均气温 15～23℃、1月平均气温 1～15℃，年低于 10℃ 的日数 80～140 天，年降水量 800～1 900 mm，土壤为黄壤、红壤、黄棕壤、紫色土、赤红壤等。本区栽培代表品种有'二十世纪''苍溪梨''明月''二宫白''新世纪''菊水''幸水''晚三吉''黄花'等。

（2）次适宜区：黄淮海、辽宁暖温半湿区；西北黄土高原冷凉半湿区；川西北、滇东北高原冷凉半湿区。砂梨次适宜区年平均气温 8.6～14.5℃，年降水量 450～800 mm，土壤以棕壤、黄绵土、褐土为主，一些地区有春霜冻和抽条现象。

（3）不适宜区：经济栽培北界区为 1月平均气温低于 –10℃ 的地区。

4. 西洋梨栽培种（*Pyrus communis* L.）

（1）适宜区：胶东、辽南、燕山暖温半湿区，晋中、秦岭北麓冷凉半湿。西洋梨适宜区年平均气温 10～14℃，1月平均气温 –5～–3℃，6—8月平均气温 13～21℃，年降水量 450～950 mm，土壤以棕壤、黄绵土、黑垆土、褐土为主，气候温暖，雨水充足。

（2）次适宜区：华北平原，故道暖温区；黄土高原冷凉半湿区；南疆暖湿干燥区。

（3）不适宜区：经济栽培北界区为 1月平均气温 –9℃ 以北地区，南界区与白梨南界区相同，以淮北、鄂北、秦岭为南界。

四、中国梨优势产区及其特点

1. 中国梨的种植区域分布

中国是世界栽培梨的三大起源中心（中国中心、中亚中心和近东中心）之一，已有 3 000 多年的栽培历史，是世界第一产梨大国。梨是我国仅次于苹果、柑橘的第三大水果，我国梨种植范围较广，除海南省、港澳地区外其余各省份均有种植。河北省是我国产梨第一大省，2010 年梨树面积 18.9 万 hm²，产量达到 376 万 t，面积和产量均居全国第一位，其次为陕西、山东、安徽、四川、辽宁、河南、江苏、湖北、新疆等省份。我国梨产量约占世界总产量的 2/3，出口量约占世界总出口量的 1/6，中国梨在世界梨产业发展中有举足轻重的地位。

我国由南到北、从东到西均有梨树栽培，主要栽培种有秋子梨、白梨、砂梨和西洋梨。不同栽培种分布地区不同，秋子梨主要分布在辽宁、吉林和河北北部长城一线，甘肃的陇中、河西走廊亦有分布；白梨大多分布在黄河以北至长城一带；黄河秦岭以南，长江淮河以北是砂梨和白梨的混交带；长江以南则为砂梨的分布区域；而西洋梨主要分布在山东的胶东半岛和辽宁的旅大地区，河南、安徽、江苏等省份也有少量栽培。中国农业科学院果树研究所主编的《中国果树志·梨》（1963）把梨的自然地理分布区划分为 8 个区，贾敬贤等则根据生态气候型划分成 5 个梨树分布区。

（1）寒地梨树分布区：本区由高寒梨树分布区和干寒梨树分布区组成。高寒梨树分布区包括辽宁北部、吉林、黑龙江，此区气候寒冷，无霜期短，绝对最低气温 –45～–33℃，无霜期

125～150天，主要梨区有辽北梨区、吉林延边梨区及黑龙江的哈尔滨梨区，主要栽培品种是秋子梨抗寒品种'香水梨''甜秋子''尖把梨''花盖'等。

干寒梨树分布区位于中国的内蒙古、新疆和宁夏的大部、河北北部、青海少数地区。该地区气候寒冷，干旱，绝对最低气温为 −31～−22℃，降水量 250～400 mm，栽培品种多属秋子梨和新疆梨。

（2）温带梨树分布区：本区分布面积很大，自高寒、干寒分布区以南，到淮河、秦岭以北广大地区，包括辽宁南部及西部，河北和甘肃大部，山东和山西全省，江苏长江以北，安徽和河南淮北以北，陕西秦岭以北。该地区气候温和，年平均气温 10～15℃，无霜期 200 天左右。主要梨产区有辽南千山梨区、旅大梨区和辽西闾山梨区、松岭梨区，河北燕山梨区和平原梨区，山东胶东梨区及鲁中南梨区，山西原平梨区、榆次梨区、高平梨区和稷山梨区，河南宁陵梨区、孟津梨区，陕西渭北梨区。栽培品种多属白梨，少数西洋梨，著名的品种有'昌黎蜜梨''黄县长把''茌梨''鸭梨''雪花梨''砀山酥梨''巴梨'等。

（3）暖温带梨树分布区：本区包括浙江、江西、湖南、湖北和四川苍溪、茂县地区，是中国落叶果树和常绿果树的过渡地带，气候较热，雨量较多，年平均气温在 15～18℃，年降水量 700～1 300 mm，无霜期 300 天左右。主要梨区有江苏梨区，安徽的砀山、歙县梨区，湖南的保靖梨区、城步梨区、宜章梨区，四川的苍溪梨区。栽培品种以砂梨为主，少量的白梨，主要栽培品种有'砀山酥梨''三花梨''政和大雪梨''半斤酥''蒲梨''真阳冬梨''黄花''苍溪梨'等。

（4）热带亚热带梨树分布区：本区地处亚热带、热带地区，包括中国的广东、广西、福建和台湾、海南，年平均气温 17～23℃，绝对最低温度 −3～−1℃，无霜期 300～365 天，年降水量 1 500～2 100 mm。本区梨产区有广东的潮汕梨区、惠阳梨区，广西的灌阳梨区、岭溪梨区、桂北柳城梨区等，主要栽培品种有'香水梨''淡水沙梨''灌阳雪梨''鹅梨'和一年 2 次开花 2 次结果的'四季梨'。福建、海南、台湾亦有梨树栽培，多呈零星分布。

（5）高原梨树分布区：本区包括云南、贵州、西藏全部和青海大部，地势高，海拔 1 500～4 000 mm。梨产区有云南的昭通梨区、呈贡梨区、丽江梨区，贵州的威宁梨区、兴义梨区、遵义梨区。西藏地区有少量栽培。该区的栽培品种多属砂梨，少数为白梨。栽培品种有云南的'大黄梨''宝珠梨'，贵州的'威宁大黄梨'、兴义的'海子梨''遵义雪梨'等。

2. 重点发展区域布局及发展规划

我国梨树栽培，在长期的自然选择和生产发展过程中，逐渐形成了四大产区，即环渤海（辽、冀、京、津、鲁）秋子梨、白梨产区，西部地区（新、甘、陕、滇）白梨产区，黄河故道（豫、皖、苏）白梨、砂梨产区，长江流域（川、渝、鄂、浙）砂梨产区。

2009 年农业部根据市场需求、生态条件和产业基础三大原则条件，将我国梨重点区域划分为华北白梨区、西北白梨区、长江中下游砂梨区和特色梨区。

（1）华北白梨区

①基本情况。该区域主要包括冀中平原、黄河故道及鲁西北平原，属温带季风气候，介于南方温湿气候和北方干冷气候之间，光照条件好，热量充足，降水适度，昼夜温差较大，是晚熟梨的优势产区。该区是我国梨传统主产区，栽培技术和管理水平整体较高，区域内科研、推广力量雄厚，有较多出口和加工企业，产业发展基础较好。目前，该区梨产量和出口量分别占全国的37%和54%。

②主要问题。品种单一，品种结构不合理，'鸭梨''砀山酥梨''雪花梨'比例过大，市场需求量较大的早中熟品种较少，新品种更新换代慢，老梨树抗病能力差，施肥不合理，产品质量退化严重、果品风味差。

③主攻方向。以提高果品质量为重点，调整梨的品种结构，加快品种改良和新品种推广步伐，发展'中梨1号''黄金''红宵梨''京白梨'等特色品种，适当压缩'鸭梨''砀山酥梨'和'雪花梨'比例，实现早、中、晚熟品种合理搭配，推进标准化生产，合理施肥、改善品质，提高优质高档果率，建设优质梨出口基地。

（2）西北白梨区

①基本情况。该区主要包括山西晋东南地区、陕西黄土高原、甘肃陇东和甘肃中部。该区域海拔较高，光热资源丰富，气候干燥，昼夜温差大，病虫害少，土壤深厚、疏松，易出产优质果品。该区梨面积和产量分别占全国的15%和9%，是我国最具有发展潜力的白梨生产区。

②主要问题。主栽品种比较单一，老品种多，新品种更新换代慢；标准化生产水平不高，单产水平不高；水资源不足；采后商品化处理和加工能力不强。

③主攻方向。加快新品种更新换代，确定合理的品种结构；建立外向型精品梨生产基地，大力推进标准化生产，不断提高梨质量水平；积极发展优质出口果品和果汁加工产品，努力扩大出口；采用多种手段，提高水资源利用率；提高采后商品化处理水平，全面提升产业化水平。

（3）长江中下游砂梨区

①基本情况。该区域主要包括长江中下游及其支流的四川盆地、湖北汉江流域、江西北部、浙江中北部等地区，气候温暖湿润、有效积温高、雨水充沛、土层深厚肥沃，是我国南方砂梨的集中产区。该区同一品种的成熟期较北方产区提前20～40天，季节差价优势明显，具有较好的市场需求和发展潜力。目前，其面积和产量均占全国的20%左右。

②主要问题。品种结构不合理，成熟期过于集中；生产管理粗放，标准化生产水平较低，单产不高，优质果率低；采后商品化处理落后，货架期较短，贮存设施不足。

③主攻方向。压缩、改造老劣中熟品种，积极发展早、中熟品种，增加早熟梨的比例。加快梨园基础建设，强化生产管理，推进标准化生产，提高果品质量。大力发展冷链运输和专用贮存库，努力开拓东南亚出口市场。

（4）特色梨区

①基本情况。该区包括辽宁南部鞍山和辽阳的'南果梨'重点区域、新疆库尔勒和阿克苏的

'库尔勒香梨'重点区域、云南泸西和安宁的红皮梨重点区域以及胶东半岛西洋梨重点区域。辽南的'南果梨'为秋子梨的著名品种，其以风味独特、品质优良、适宜加工在国际上享有较高的声誉；新疆'库尔勒香梨'为我国独特的优质梨品种，栽培历史悠久，国内外知名度较高，为我国主要出口产品；云南'红皮梨'颜色鲜艳、成熟期较早、风味独特、货架期长，出口潜力大；山东'西洋梨'肉质细腻、柔软、多汁、香甜可口，有较强的市场竞争优势。

②主要问题。'南果梨'产品质量整体不高，单产偏低（7 500 kg/hm^2），果品的商品量少。新疆'库尔勒香梨'有盲目扩大面积和品质不稳定的现象，部分果园采收过早导致品质下降。云南红皮梨种植规模不大，管理水平粗放，产量低，产后保鲜、加工、贮存等环节严重滞后。胶东半岛西洋梨面积小、产量低、病害严重。

③主攻方向。辽南'南果梨'主抓标准化生产，提高总产和果品质量，突出特色、规模发展。新疆'库尔勒香梨'要稳定面积，提高生产管理水平，防止品质退化，积极扩大出口。云南'红皮梨'应适当扩大面积，推广先进技术，提高品质，突出特色，主攻淡季，大力发展'满天红''红酥脆''美人酥'等优良红皮梨品种。胶东半岛发展传统的'莱阳梨'，同时适度发展以'巴梨''康佛伦斯''红茄'为主的西洋梨品种，加强病虫害防治，延长结果年限，提高产量，扩大出口。

五、山东省梨优势产区

1. 山东省拥有的条件优势

（1）生态条件：山东省地处黄河下游，山地丘陵和平原各半，地形和土壤较复杂，大体可分为半岛沿海丘陵区、鲁中南山区丘陵区和黄河平原区；属半湿润气候区，介于南方湿热气候和北方寒旱气候之间，年降水量600～950 mm，70%左右集中于6—8月，有明显的雨季；年均气温11～14℃，最低温度 −20℃，春季回暖快，光照充足，年日照时数2 300～2 800 h，极适宜梨果生长，众多的名优特产梨均得益于良好的生态气候条件。

（2）资源：山东省具有品种和人才优势，一是拥有大量名产梨，如莱阳的'莱阳慈梨'、栖霞的'大香水梨'、阳信的'鸭梨'、黄县的'长把梨'、德州的'胎黄梨'等均享誉国内外，近几年又大量引进国外的砂梨系统和西洋梨品种，资源丰富；二是山东省建有农业院校，独立的省、市级果树研究所，配备大量科技人才。

（3）其他条件：一是区位优势，山东省位于东部沿海，具有与国外交流的天然优势；二是交通优势和产业优势；三是价格优势，梨果价格远低于国际市场，极有利于出口；四是加入世界贸易组织后，政府极为重视果品发展，加大了农业资金的投入，刺激了梨果种植者加快生产优质梨果的积极性。

2. 山东省梨优势产区

依据生态环境和品种栽培特点，山东省梨果生产形成了三大梨区：胶东半岛梨区、鲁西北平原梨区、鲁中南梨区。

（1）胶东半岛梨区：该区包括烟台、威海、青岛三市，白梨、砂梨、西洋梨均适合栽培，优良品种多，面积占全省的24.73%，产量占全省的27.99%。近几年，由于国家实行苹果优势区域生产，苹果发展较快，梨占全省的比重有所下降。主栽品种有'长把梨''莱阳茌梨''秋月''黄金''丰水''新高'等日韩梨以及'巴梨''盘克汉姆'等西洋梨。

（2）鲁中南山区梨区：该区包括临沂、潍坊、枣庄、济南、泰安等市，白梨、砂梨均适合栽培，优良品种多，面积占全省的27.49%，产量占全省的26.03%。该区老品种较多，如'子母梨''鸭梨''雪花梨''槎子梨''砀山酥梨''泰安小白梨'等。近几年品种更新较快，新品种引进不少，如'秋月''黄金''丰水'等日韩梨以及'中梨1号''苏翠1号'等。

（3）鲁西北平原梨区：该区包括聊城、滨州、德州、菏泽、东营等市。该区梨树栽培最早与垦荒和防治风沙有关，白梨、砂梨均适合栽培，但白梨品种居多。该区是山东省最大的梨区，面积和产量均占全省的一半左右。由于该区是山东省苹果生产的次适宜区，梨是本地区的主栽果树、主要品种是'鸭梨'，面积和产量占该区梨面积和产量46%和54%。近几年，'秋月''黄金''丰水''山农酥'等品种发展较快，面积超过了40%。

参考文献

邓秀新，束怀瑞，郝玉金，等.果树学科百年发展回顾［J］.农学学报，2018，8（1）：24-34.

刘振岩，李震三.山东果树［M］.上海：上海科学技术出版社，2000.

王文辉，王国平，田路明，等.新中国果树科学研究70年——梨［J］.果树学报，2019，36（10）：1273-1282.

张绍铃，谢智华.我国梨产业发展现状、趋势、存在问题与对策建议［J］.果树学报，2019，36（8）：1067-1072.

张绍铃.梨学［M］.北京：中国农业出版社，2013.

第四章

梨优良品种

第一节　地方特色品种

一、莱阳茌梨

原产地为山东省茌平区，在莱阳、栖霞一带有栽培，由优良实生单株繁殖而来。目前莱阳栽培最多，又名'莱阳慈梨'，俗称'莱阳梨'。

果实卵圆形或纺锤形，平均单果重 310 g，纵径 10.1 cm，横径 8.1 cm；果皮绿黄色，果点大而明显；果梗长 3.1 cm、粗 5.2 mm，多斜生，基部略肥大；萼片宿存，萼洼中深；果心中大，5 心室；果肉白色，肉质细、松脆，汁液多，味甜，石细胞少，可溶性固形物含量 14.5%，品质上等，常温下可贮存 20～30 天。

树势强健，树姿直立，主干灰褐色，表面有皴裂，一年生枝褐色，皮孔小；叶片卵圆形，长 12.6 cm，宽 7.5 cm，叶尖渐尖，叶基宽楔形，叶缘细锐锯齿、有刺芒；每个花序 4～6 朵花，平均 4.8 朵，花冠直径 3.9 cm，花蕾浅粉红色，花药粉红色，柱头高于花药；萌芽力中等，成枝力中等，以短果枝结果为主，易形成腋花芽，成花能力强，早果性强，较丰产稳产；在山东省烟台地区 3 月中下旬萌芽，4 月中旬初花，花期 7～10 天，果实 9 月底成熟；果实发育期 155 天左右；授粉品种有'雪花梨''四楞子梨'等。

抗寒、抗涝，抗枝干轮纹病、腐烂病，易感锈病、黑星病。'莱阳茌梨'的花耐低温能力差，花期易遭晚霜危害。抗风能力较弱，采前落果较重，生产上常用竹竿撑拉枝。

二、黄县长把梨

原产于山东省龙口市，又名'大把梨''天生梨'，由优良实生单株繁殖而来。

果实阔倒卵形，平均单果重 170 g，纵径 7.3 cm，横径 5.9 cm；果皮绿黄色，贮存后黄色，果点小而中多；果梗长 3.8 cm、粗 3.1 mm；萼片宿存，萼洼浅；果心中大，5 心室；果肉白色，质脆、稍粗，汁液多，味酸，贮存后甜酸；可溶性固形物含量 13.4%；品质上等，果实极耐贮存，普通窖藏可贮存至翌年 5—6 月。

树姿直立，主干灰褐色，表面有皴裂，一年生枝褐色，皮孔小；叶片卵圆形，长 12.1 cm，宽 7.2 cm，叶尖急尖，叶基宽楔形，叶缘细锐锯齿、有刺芒；每个花序 5～9 朵花，平均 6.7 朵，花冠直径 4.0 cm，花蕾白色，花药粉红色，柱头高于花药。

树势强健，树姿半开张，萌芽力中等，成枝力中等；以短果枝结果为主，成花中等，早果性中等，较丰产稳产。在山东省烟台地区，3 月中下旬萌芽，4 月中旬初花，花期 7～10 天，果实 10 月中旬成熟，果实发育期 165 天左右。授粉品种有'雪花梨''鸭梨''砀山酥梨''马蹄黄'等。

抗逆性较强，易感黑星病，果实极耐贮存。

三、栖霞大香水梨

又名'南宫茌梨'，原产于山东省栖霞市，为茌梨较好的授粉品种，曾是 20 世纪 60—70 年代的外销品种。

果实中等大，单果重 170～200 g，卵圆形，梗洼中深、较广，洼内有锈，周围有显著棱沟；萼片脱落，梗洼深广；果皮薄，绿黄色或黄色，果点较密、较大，可溶性固形物含量 14.0%。

叶片较大，卵圆形或长卵圆形，先端尖突或渐尖，基部圆形，叶缘锯齿稀而浅、尖锐、有芒；2～3 年生枝暗灰色，皮孔密而大，圆形或椭圆形，灰色；一年生枝黄绿褐色，皮孔较小，黄褐色；每个花序顶花芽 8～9 朵，腋花芽 6～7 朵，花较小，梗短，花期 4 月下旬，较'鸭梨'晚 2～3 天；芽小而扁，呈长三角形，先端尖，多贴附着生。

幼树生长健旺，成枝力强，易形成中、短果枝结果；幼树结果早，定植后 3 年开始结果，隔年结果现象不明显，对修剪反应不敏感；成年树以短果枝和短果枝群结果为主，果台枝抽生能力及连续坐果能力强；枝条自疏力弱，更新能力强；在山东栖霞，3 月下旬至 4 月上旬萌芽，盛花期在 4 月中旬，果实 9 月中旬成熟，11 月中旬落叶，果实发育期 140 天左右，营养生长期 220 天左右。

耐涝、较耐瘠薄，抗霜冻能力比'茌梨'和'黄县长把梨'强，抗食心虫和黑星病，稍易感染轮纹病，对波尔多液敏感。在山地和粗沙地栽植树势弱，易发生缩果病。

四、泰安金坠子梨

别名'大黄金坠子''坠子梨'，原产于山东省泰安市。

果实倒卵形，中型果，单果重 150 g 左右；果面鲜黄色，阳面偶有微红晕，光滑洁净，具油性，颇美观；果点圆形，大小不一，常数个连成片状锈斑；果梗粗，基部略肥大，红棕色，具光泽；梗洼极小或近无，具少许放射状锈，一侧常突起，洼周有棱沟；萼洼中等深，脱萼；果肉乳白色，石细胞较少，质稍粗而脆，汁中多，味甜酸，可溶性固形物含量 11.5%～12.0%，品质中等。

树姿开张，树冠半圆头形；一年生枝黄棕色；叶片椭圆形，较厚，黄绿色，叶缘近平展或微显波状，锯齿较粗大，叶尖渐尖，叶基圆形。

盛果期树势中庸，萌芽力和成枝力弱，隐芽较易萌发；嫁接后 3 年开始结果，以短果枝结果为主，果枝群次之，腋花芽也有结果能力；较丰产，无明显大小年现象；8 月下旬采收，较耐贮运。

适应性强，不抗梨黑星病。耐涝、较耐瘠薄。

五、费县红梨

别名'霜梨',原产于山东省临沂市,在临沂市费县等地有少量栽培。

平均单果重 206 g,纵径 7.2 cm,横径 7.3 cm;果实长圆形,果皮红褐色;果柄中等,长 3.9 cm,粗 3.0 mm;果点小而密,浅褐色;果心小,5 心室;果肉白色,肉质粗、紧密,汁液少,味甜,无香味;可溶性固形物含量 11.5%;品质下等。

树势强旺,树姿半开张,萌芽力强,成枝力中等,丰产;一年生枝黄褐色;叶片卵圆形,长 11.0 cm,宽 7.5 cm,叶尖急尖,叶基圆形;花蕾白色,每个花序 5～7 朵花,平均 6.2 朵;雄蕊 19～22 枚,平均 19.8 枚;花冠直径 3.8 cm;在山东泰安地区,果实 10 月下旬成熟;果实耐贮存。适应性强,对肥水条件要求较低,对梨木虱、黑星病、黄粉虫有很强的抗性。

六、子母梨

原产于山东省平邑县。

果实有卵圆形和纺锤形两种,纺锤形果实果顶处有缢痕,俗称尖顶子母梨,大小不整齐,单果重 250～600 g;果皮较厚,浅黄绿色,具光泽;果点土黄色,近圆形或多角形,边缘及中央为褐色的复式果点,中小;果梗淡绿色棕色,稍有光泽,梗洼中深、浅狭,洼周常见放射状锈,果肩一侧稍大;萼洼深且广,洼周有 2～3 个突起,脱萼,少量宿存;果肉乳白色,质地中粗,较脆,果汁多,石细胞中多,味甜酸适中,卵圆形果实品质较好;10 月中旬成熟,极耐贮存。

树势较旺,树冠半开张,呈自然圆头形;一年生枝粗硬,浅黄绿色;叶片幼时呈浅橙黄色,成叶绿色,主脉基部暗红色,倒卵圆形或卵圆形,叶缘微波状,先端锐尖,长尾;每个花序 5～6 朵花居多;幼树树冠直立抱合,枝量少,盛果期树势健壮,成枝力强,潜芽萌发力强;嫁接后 4 年始果,初果期以短果枝结果为主,长、中果枝次之;盛果期果枝群及腋花芽增多;短果枝群 7～8 年后坐果率逐渐降低,中、长果枝群可连续结果 3～5 年;果枝一般能抽生 1～2 个果台枝;花期 4 月中旬,当地以'槎子梨'和'绵梨'为授粉树;大小年结果现象较轻。

抗旱、耐涝、耐瘠薄,抗梨黑星病及轮纹病的能力较'绵梨'差。叶脆,遇风易破碎,但不易落果。果皮稍经摩擦极易变褐。

七、绵梨

别名鸡子绵梨,百年前为平邑县主栽品种,1960 年代栽培数量仅次于子母梨,费县、邹城和滕州等梨区也有栽培。

果实圆球形,单果重 130 g 左右;果皮厚,采收时浅绿色,贮后为黄色,微具光泽,美观;果点土黄色,小而密;果梗长,中粗,无梗洼;萼片宿存或凋落,宿萼者萼片开张,萼洼浅而广;果肉白色,质地较粗,汁少,味甜,品质中下;10 月上中旬采收,10 月下旬成熟,耐贮存,经短期贮存肉质稍变细,具浓香。

幼树树冠圆锥形，结果后树冠逐渐开张，一年生枝细软弯曲，浅棕色微绿；叶片卵圆形或长圆形，淡绿色，叶缘微波，先端急尖，叶基阔楔形，锯齿细锐；芽萌发力强，成枝力较弱，潜伏芽寿命长，对修剪反应敏感，盛果期以短果枝群结果为主。

适应性强，抗旱、耐涝、抗风，树寿命长，对波尔多液和石硫合剂敏感，易受药害。

八、安梨

别名酸梨，原产于东北的中南部地区和河北省燕山山区，河北迁安、兴隆、青龙等地栽培较多。

果实近圆形或短卵圆形，平均单果重127 g，纵径5.9 cm、横径6.5 cm，果实扁圆形，果皮厚而粗糙，采收时为黄绿色，贮存后变成黄色；果点小而密、黄褐色，梗洼中广，附近有锈斑，萼洼广而较浅，萼片宿存开张；果肉白色，质粗而硬，石细胞多，后熟后变软，汁多，味甜酸，可溶性固形物含量12.5%，品质中上等；果实耐贮存，也可作冻梨食用。

树势强旺，幼树多直立，大树开张；萌芽力强，成枝力强；以短果枝结果为主，树寿命长，产量高而稳定；一年生枝紫褐色，皮孔少而较小，叶芽离生，花芽长圆形或卵圆形，尖端稍锐，灰褐色；叶片卵圆形或广卵圆形，长12.2 cm，宽9.6 cm，叶尖急尖，叶基楔形，叶面深绿色，幼叶浅绿色；每个花序6~8朵花，花蕾浅粉红色，雄蕊28~30枚，花药紫红色；在河北昌黎地区，4月上旬萌芽，4月中旬初花，4月下旬盛花，花期较'蜜梨'和'红宵梨'早2~5天，果实9月下旬至10月上旬成熟，果实发育期150天左右。

抗寒、抗涝、抗旱力均强，对黑星病有极强的抵抗力。

九、鸭梨

可能起源于河北省正定或定州一带。

果实倒卵圆形，近果柄基部有斜形突起，似鸭头状；平均单果重159 g，纵径7.1 cm，横径6.5 cm，绿黄色，贮后淡黄色；近果柄处有锈色斑条，果点淡棕黄色，圆形，近柄洼处较大，近萼洼处细小；萼洼深，萼片脱落；果柄长，基部肥大；果心小，5心室；果皮细薄，光滑微具蜡质；果肉白色，嫩脆，清香多汁，味甜微酸，石细胞少，可溶性固形物含量12.0%，品质上等。

树势健壮，树皮暗灰褐色，新梢密被浅棕黄色茸毛，向阳面略带紫红色；一年生枝黄褐色；皮孔较稀，椭圆形，黄灰色；二年生枝红褐色；皮孔卵圆形；花芽长圆锥形、稍钝，鳞片黄褐色，茸毛较多；叶片广卵圆形，长13.4 cm，宽8.1 cm，先端渐尖，基部广圆形；花蕾白色，每个花序有5~10朵花，平均7.9朵；雄蕊20~24枚，平均21.1枚；花药浅紫红色；雌蕊柱头浅黄色，基部分离，无毛，与雄蕊等长；花冠直径4.2 cm；以短果枝和短果枝群结果为主，中长果枝亦能结果；北京地区3月中旬花芽萌动，4月上旬开花，9月中旬果实成熟，11月上旬落叶；适宜的授粉品种有'八里香''鸭广梨''京白梨'等。

抗黑星病、梨木虱能力较差。

十、雪花梨

原产于河北省，赵县生产的雪花梨最为有名。

果实极大，椭圆形或宽卵圆形，平均单果重391 g，纵径9.4 cm、横径8.8 cm，最大者重1 100 g；果皮较厚，果面较粗糙，具蜡质，采收时为黄绿色，贮存后变为金黄色；果点多而明显，圆形或不规则形，褐色，近柄洼处较稀而大，近萼洼处渐细密；果柄长，柄洼中等广，周缘有棱脊和锈斑；萼片脱落，萼洼广而深，内缘有锈斑；果心小，5或4心室；果肉乳白色，质细嫩而脆，石细胞较多，果汁较少，味甜，可溶性固形物含量14%，品质上等；果实耐贮存和运输。

树姿直立，树势中庸，幼树直立性强，结果后开张；大枝暗灰褐色，皮孔圆形或扁圆形；二年生枝灰褐色，皮孔卵圆形或圆形；一年生枝绿褐色，皮孔较少；叶片长椭圆形或椭圆形，长11.4 cm，宽7.7 cm，先端渐尖，基部圆形；花芽大，长圆锥形，先端尖，深紫褐色；每个花序5～7朵花，平均6.0朵；花蕾白色，边缘淡粉红色；雄蕊19～24枚，平均21.3枚；花药深紫红色，雌蕊花柱浅黄色，基部分离；花冠直径4.3 cm。

萌芽力和成枝力均强；短果枝结果最多，中、长果枝及腋花芽结果较少；坐果率较高，熟前不易落果；较丰产，但大小年现象明显；喜肥水。

北京地区3月中旬花芽萌动，4月上旬开花，果实9月下旬成熟，10月下旬落叶。授粉品种可选用'鸭梨''红宵梨''红香酥'等。

该品种不易感染黑星病，抗风力较差，枝干容易感染腐烂病。

十一、砀山酥梨

原产于安徽砀山，品系较多，以白皮酥品质最好。

果实近圆形，平均单果重300 g，纵径7.6 cm，横径7.8 cm；果皮绿黄色，贮后变黄，果皮光滑，近果柄处果点略大而稀；柄洼附近常具锈斑；柄洼深，萼洼较浅，萼片脱落或残存；果柄长4.2 cm，粗4.5 mm；果心中等大，5心室，果心周围有大颗粒石细胞；果肉白色，较细或中粗，松脆，汁多，味甜，无香气；可溶性固形物含量12%，品质中上等；果实耐贮存。

树势较强，树姿半开张；一年生枝黄棕色，皮孔长圆形；二年生枝黑褐色，皮孔圆形；叶片卵圆形，长9.8 cm，宽7.2 cm，叶尖渐尖，叶基圆形；花蕾白色，每个花序4～7朵花，平均6朵；雄蕊19～25枚，平均20.7枚，花冠直径4.2 cm；以短果枝结果为主，中、长果枝及腋花芽结果少；果台一般可抽生1～2个副梢，偶有抽生3个副梢的；很少形成短果枝群，因而连续结果能力差，结果部位易外移；北京地区3月中旬花芽萌动，4月上旬开花，果实9月下旬成熟；授粉品种为'锦丰''鸭梨''茌梨'等。

适应性强，抗旱，耐涝，较抗寒，采前易因风落果，食心虫、黄粉虫危害重。

十二、金花梨

原产于四川省金川县沙耳乡孟家河坝，系金川雪梨中选出的优良单株。

果实大，果实倒卵圆形或圆形，平均单果重 300 g，最大果重 600 g；果皮绿黄色，贮后金黄色，且具光泽；果面不太平滑，有蜡质，果点小而密，大小不均匀；梗洼狭而深，少数有锈斑，果梗中粗；抗风力强，采前落果少；果皮薄，果心小，果心线不明显；果肉白色，质地细脆，汁多味甜，具香气，可溶性固形物含量 12.0% ~ 15.0%，总糖 8.0%，酸 0.15%；果形美，品质优，耐贮运；在华北地区果实 9 月中下旬成熟。

树势强健，生长旺盛，树姿半开张；萌芽力强，成枝力中等；一年生枝黑褐色，皮孔大而密，呈梭形，白色；叶片大，广卵圆形，先端短尖，基部广楔形，叶缘有刺芒状锯齿；以短果枝结果为主，花序坐果率高，丰产稳产。

适应性较强，较耐寒、耐湿，抗旱力较强，抗病虫能力较强。

十三、历城木梨

原产于山东省济南市历城区，在锦绣川有一定的栽培，2017 年 2 月通过山东省林木品种审定委员会审定，定名为'历城木梨'。

果实倒卵圆形，中大，平均单果重 300 g，最大可达 500 g；梗洼部有褐色锈斑，萼洼深；果皮黄绿色，果肉乳白色，细脆，多汁，可溶性固形物含量 11.8%，总糖含量 8.9%，耐贮存；泰安地区 8 月下旬成熟，果实发育期 142 天左右。

幼树树姿直立，成龄树树姿半开张，树冠近自然圆头形，主干灰褐色，一年生枝棕褐色；叶片厚，长卵圆形，绿色，叶尖渐尖，较长，叶基圆形，锯齿钝；叶片大，叶长 11.83 cm，宽 8.05 cm，叶姿平展；花白色，花瓣 5 ~ 8 瓣，卵圆形。

十四、胎黄梨

又名'泰山小白梨'，分布于德州及济南周边地区。1970 年代曾以'泰山美人梨'之称远销港澳等地。

幼树树姿直立，成龄树树姿半开张，树冠近自然圆头形，主干灰褐色，一年生枝棕褐色；叶片厚，长卵圆形，绿色，叶尖渐尖，较长，叶基圆形，锯齿钝；叶片大，叶长 11.83 cm，宽 8.05 cm，叶姿平展；花白色，花瓣 5 ~ 8 瓣，卵圆形；在山东泰安 3 月中旬花芽萌动，3 月底初花期，4 月初盛花期，花期持续 7 ~ 8 天；萌芽率和成枝力均高，以短果枝结果为主，中、长果枝和腋花芽亦具有较强的结果能力，成花容易，坐果率高，无大小年现象，连续结果能力强；早实性强。

第二节　国内选育品种

一、早熟品种

1. 早酥

中国农业科学院果树研究所以'苹果梨'为母本、'身不知'为父本育成。1956年杂交，1969年命名。

果实圆锥形，平均单果重234 g，纵径8.4 cm、横径7.5 cm；果顶突出，呈猪嘴状，表面有明显的棱沟；果皮黄绿色，果面平滑，具蜡质光泽，西北地区栽培阳面有红晕，美观；果皮薄而脆，果点小，不明显；果梗长4.0 cm，粗3.7 mm；梗洼浅而狭，有棱沟；萼片宿存，中等大，直立，半开张；萼洼中深、中广，有肋状突起；果心中小，5心室；果肉白色，肉质细，酥脆，石细胞极少，汁液特多，味淡甜；可溶性固形物含量11.0%、可溶性糖含量7.23%、可滴定酸含量0.28%，品质上等。

叶片长10.6 cm，宽6.3 cm，卵圆形，叶尖长尾尖，叶基圆形；树姿半开张，主干棕褐色，表面粗糙，2~3年生枝暗棕色，一年生枝红褐色，有白色茸毛；花蕾粉红色，花瓣白色，边缘微红，花冠直径3.7 cm，平均每个花序8.6朵，花粉量多。

幼树生长势强，结果后中庸；萌芽率84.8%，剪口下平均抽生2个长枝；定植2~3年结果，极易形成短枝，中果枝及腋花芽均可结果；各类结果枝的比例为：短果枝91%、中果枝6%、腋花芽3%；花序坐果率85%，平均每个序坐果1.9个；连续结果能力强，丰产稳产；采前落果轻，大小年不明显；4月上旬花芽萌动，5月上旬盛花，10月下旬至11月上旬落叶；在山东阳信7月中下旬成熟，果实室温下可贮放1个月左右；自花结实力弱，需配置授粉树，授粉品种有'锦丰''雪花梨''砀山酥梨''苹果梨''鸭梨'等。

适应性广，抗寒力和抗旱性均强，梨黑心病、食心虫危害轻，但易感染白粉病。

2. 中梨1号

又名'绿宝石'，中国农业科学院郑州果树研究所以'新世纪'为母本、'早酥'为父本育成。

果实近圆形或扁圆形，果形整齐，略扁斜，平均单果重250 g，果面较光滑，果点中大，绿色；果梗长3.8 cm，粗3.0 mm；梗洼、萼洼中等深广；萼片脱落；果心中大，5~7心室，果肉乳白色，肉质细，脆，石细胞少，汁液多，味甘甜；可溶性固形物含量12.0%~13.5%、可溶性糖含量9.67%、可滴定酸含量0.085%，品质上等。

叶片长卵圆形，长12.5 cm，宽6.4 cm，叶缘锐锯齿；新梢及幼叶黄色；树姿较开张，树冠圆头形，主干灰褐色，表面光滑；一年生枝黄褐色，皮孔小，节间长5.3 cm；叶芽中等大小，长卵圆形，花芽心脏形；每个花序6~8朵花；花冠白色；种子中等大小，狭圆锥形，棕褐色。

树势较强，萌芽率 68%，成枝力中等；以短果枝结果为主，腋花芽也能结果；果台可抽生 1 ~ 2 个枝条，连续结果能力强，花序坐果率 75%，自花结实率 35% ~ 53%，平均每个果台坐果 1.5 个；采前落果不明显，极丰产，无大小年现象；花芽萌动期 3 月上中旬，盛花期 4 月上旬，果实成熟期 7 月中旬，落叶期 11 月下旬；果实发育期 95 ~ 100 天，营养生长期 215 天；耐贮运，自然贮存期 30 天左右，冷藏条件下可贮存 2 ~ 3 个月，是早熟梨品种中较耐贮存的一个品种；授粉品种有'早美酥''金水 2 号''新世纪'等。

抗逆性强，抗旱、耐涝、耐瘠薄，耐高温高湿气候，对轮纹病、黑星病等有较强的抗性。

3. 新梨 7 号

塔里木大学和青岛农业大学以'库尔勒香梨'为母本、'早酥'为父本育成，2000 年通过新疆维吾尔自治区农作物品种审定委员会审定。

果实椭圆形，平均单果重 165.6 g，纵径 7.7 cm，横径 6.8 cm；底色黄绿色，阳面有红晕；果皮薄，果点中大；萼洼浅，萼片宿存；果肉白色，汁液多，肉质细，酥脆，石细胞较少，果心小，味甜，有清香；可溶性固形物含量 12.3%，品质上等；口感最大特点是特别酥、皮很薄，十分爽口；早熟，丰产，耐贮存。

叶片椭圆形，长 10.3 cm、宽 6.5 cm，叶尖急尖，叶基圆形，叶缘细锯齿、具刺芒；树姿半开张，一年生枝绿色，初生新梢被茸毛，略带红色；节间长 3.3 cm，花芽肥大、圆锥形；每个花序 5 ~ 12 朵花，花药红色，无花粉。

树势中庸，萌芽率高，成枝力强；新梢平均长度 1.0 ~ 1.6 m，直径 1.32 cm，节间长 4.58 cm，易抽生中短枝，易形成二次分枝，容易整形；幼树分枝角度大，成花能力强，早果性好，丰产稳定性强；幼树以中、短枝结果为主；易成花，花序坐果率高，采前不易落果；在山东地区 3 月中上旬萌芽，4 月初开花，花期 9 ~ 11 天，果实 5 月上旬开始着色，7 月中下旬成熟，果实发育期 90 天左右；授粉品种有'鸭梨''锦丰''雪花梨''砀山酥梨'等。

耐盐碱，耐旱，耐瘠薄，较抗晚霜，较'库尔勒香梨'抗寒能力强，易受鸟害。该品种易缺钙、缺硼，造成果肉木栓化。

4. 早金酥

辽宁省果树科学研究所以'早酥'为母本、'金水酥'为父本，采用杂交育种途径选育而成，2009 年通过辽宁省非主要农作物品种备案办公室备案。

果实纺锤形，果个较大，平均单果重 240.3 g，纵径 8.64 cm、横径 7.63 cm，果面光滑，底色绿黄色，萼片脱落或残存，果点中密，果柄较长，梗洼浅；果皮较薄，果肉白色，肉质酥脆，汁多，风味酸甜，果心小，可溶性固形物含量 12.6%，品质佳。

树姿直立，树势较强，萌芽率和成枝力都比较高，早果性强，丰产性好，连续结果能力强；一年生枝黄褐色，叶芽贴生，顶端尖，芽托小；叶片卵圆形，叶柄长 3.62 cm，叶片平均长 11.90 cm、宽 6.85 cm，叶尖急尖，叶基宽楔形；花蕾白色，花冠直径 3.9 cm，每个花序平均着花

8.6 朵，花药淡紫色；在河北省昌黎地区，4 月上旬萌芽，4 月中旬初花，4 月下旬盛花，5 月上旬展叶，8 月初果实成熟，果实发育期 100 天左右。

抗梨苦痘病，抗寒性中等，树龄越大抗寒能力越强。

5. 翠冠

浙江省农业科学院园艺研究所以'幸水'为母本，'新世纪'ד杭青'为父本杂交选育而成，1999 年通过浙江省农作物品种审定委员会审定。

果实圆形或长圆形，大型果，平均单果重 236 g，最大 500 g，纵径 6.8 cm，横径 7.1 cm；果皮黄绿色，似新世纪，果面平滑，有少量锈斑，果点稀疏，果梗长 4.2 cm，粗 0.3 cm，略有肉梗；梗洼中广、扁圆形，萼洼广而深，有 2 ~ 3 条沟纹，萼片脱落；果心中位，心脏形，果心线不抱合；果肉白色，质细，酥脆，汁多，味甜，石细胞少，与母本'幸水'相似；可溶性固形物含量 11.5% ~ 13.5%，品质上等；杭州地区盛花期 3 月下旬，成熟期 7 月上中旬。

成熟枝深褐色，一年生嫩枝绿色，新梢尖端红色，茸毛中等，皮孔长圆形开裂；多年生枝深褐色；叶芽节间距 3.8 cm；叶片长圆形，长 11.5 cm，宽 6.9 cm，叶柄长 5.4 cm，粗 0.13 cm，叶缘锯齿锐尖，尖端渐尖略长，叶基圆形，叶色深而厚；雄蕊 20 ~ 22 枚，雌蕊淡黄色，5 枚。

树势较强，树姿直立，4 年生树干径 5 cm，冠幅 2.2 m×2.4 m；萌芽率高，发枝力强，以短果枝结果为主，易形成腋花芽；新梢自 4 月中旬开始生长至 6 月中旬停长期间，出现 2 次生长高峰；花量中等，坐果率高，丰产稳产，无明显大小年现象；宜选用'翠玉''西子绿'等品种作为授粉树。

该品种耐高温高湿，抗裂果，对黑星病、锈病、轮纹病具有较强的抗性。

6. 翠玉

浙江省农业科学院园艺研究所以'西子绿'为母本、'翠冠'为父本杂交选育而成的特早熟梨品种，2011 年通过江苏省农作物品种审定委员会审定命名。

果实圆整、端正，果皮浅绿色，果面光滑，无或少量果锈，果点小，萼片脱落，外观十分美观；果肉白色，肉质细嫩，味甜多汁，品质上等；平均单果重 230 g，最大单果重 375 g，无石细胞，果心小，可溶性固形物含量 12% 左右，贮存性好；泰安地区 7 月下旬成熟。

树势中庸，树姿半开张，成龄树主干树皮光滑、灰褐色；一年生枝阳面褐色；叶亮绿色，叶片卵圆形，叶基圆形，叶尖渐尖，叶缘锐锯齿；花白色，花药紫红色，花粉量较多，每个花序 5 ~ 8 朵花；花芽极易形成，中、短果枝结果能力强；配置'翠冠''黄冠'为授粉品种。

对高温、高湿的抗性较'黄花''翠冠'强，对黑星病、炭疽病等抗性较高。

7. 苏翠 1 号

江苏省农业科学院园艺研究所以'华酥'为母本、'翠冠'为父本于 2003 年杂交选育而成，2011 年通过江苏省农作物品种审定委员会审定命名。

果实倒卵圆形，平均单果重 260 g，最大单果重 380 g；果面平滑，蜡质多，果皮黄绿色，果锈极少或无，果点小疏；梗洼中等深度；果心小，果肉白色，肉质细脆，石细胞极少或无，汁液多，味甜，可溶性固形物含量 13.0% 左右。

一年生枝条青褐色，节间长度 3.65 cm；叶片长椭圆形，长 11.9 cm，宽 7.2 cm，叶柄长 2.4 cm，叶面平展，叶基圆形，叶尖锐尖，叶缘钝锯齿；每个花序 5 ~ 7 朵花，花瓣重叠，圆形，花药浅粉红色，花粉量多。

树体生长健壮，枝条较开张，萌芽率 88.56%；成枝力中等，易形成花芽，腋花芽较多；以短果枝结果为主，果台副梢结果能力中等；成龄后树冠较大，树势易衰弱；在山东泰安，3 月中旬萌芽，4 月上旬开花，4 月下旬谢花，花期 15 天左右，7 月中旬果实成熟，果实发育期 110 天左右，11 月中旬落叶；宜选用'丰水''清香''黄冠'等品种作为授粉树。

该品种抗锈病、黑斑病。果实采后贮存过程中的主要问题包括果皮变黄、风味变淡、果实失重、果肉发绵和褐变等，货架期缩短。

8. 早冠

河北省农林科学院石家庄果树研究所以'鸭梨'为母本、'青云'为父本杂交培育而成，2005 年通过河北省林木品种审定委员会审定。

果实近圆形，单果重 230 g；果面淡黄色，果皮薄，光洁无锈，果点小，萼片脱落；果肉洁白，果心小，肉质细腻酥脆，汁液丰富，酸甜适口，具'鸭梨'的清香，石细胞少，无残渣，可溶性固形物含量 12% 以上；总糖、总酸、可溶性糖及维生素 C 含量分别为 9.276%、0.158 3%、6.055% 和 25.6 mg/kg。

树势强，树冠圆锥形，树姿半开张；主干灰褐色、有纵裂，多年生枝红褐色，一年生枝黄褐色；叶芽三角形，花芽圆锥形、矮胖、离生；叶片椭圆形，幼叶红色，成熟叶片深绿色，叶缘具刺毛齿，叶长平均 10.4 cm、宽 8.2 cm、叶柄长 3.7 cm；花冠白色，花药浅红色，一般每个花序 8 朵花；新梢平均长度 86.2 cm，萌芽率中等（55.9%），成枝力较弱（剪口下可抽生 15 cm 以上枝条 2.55 个）；以短果枝结果为主，幼旺树腋花芽结果明显；自然授粉条件下平均每个花序坐果 4.16 个，具良好的丰产性能；自交亲和，自花授粉花序坐果率为 76.8%，每个花序平均坐果 1.6 个；在石家庄地区 3 月中旬萌芽，盛花期 4 月上旬，花期 7 天左右，果实 7 月下旬或 8 月上旬成熟，发育期 110 天；高抗黑星病。

9. 冀秀

河北省农林科学院石家庄果树研究所用'冀蜜'为母本、'新杭'为父本杂交培育而成，2020 年 4 月通过河北省林木品种审定委员会审定。

果实中等大小，平均单果重 210 g，卵圆形；果皮薄、绿黄色，果点小、密，果柄处有明显"鸭突"；果心小，可食率高，石细胞少，果肉细、松脆，汁液丰富，风味酸甜，具有芳香气味，可溶性固形物含量 12.98%，综合品质优，较耐贮存。

树势中庸，树冠圆锥形；一年生枝黄褐色，有绒毛，平均节间长度 3.48 cm；花芽圆锥形，红褐色；叶片椭圆形，长 10.3 cm，宽 6.7 cm，叶片反卷生长；每个花序 7～9 朵花，花冠白色，花瓣椭圆形，重叠，每朵花 5～10 个花瓣，花药紫红色；在河北石家庄地区，果实成熟期为 8 月上旬。抗逆性较强，不抗轮纹病。

10. 早红蜜

中国农业科学院郑州果树研究所以 '中梨 1 号' 为母本、'红香酥' 为父本杂交选育的优质红皮梨新品种，2019 年获得植物新品种权授权。

果实纺锤形，纵径 7.67 cm，横径 6.48 cm；果皮底色绿色，果面盖色暗红色，果肉绿白色；果肉口感松脆，汁液多，风味纯正，甘甜，可溶性固形物含量 12.2%，品质上等。

树势中等，树姿半直立，一年生枝向阳面黄褐色，平均一年生枝条长度 77.1 cm、粗度 0.6 cm、节间长度 4.1 cm；嫩叶淡红色，叶片椭圆形，长 11.25 cm、宽 6.93 cm；平均每个花序 8 朵花，花朵白色，花药粉红色，花瓣 5 个，柱头位置高于花药，雌蕊 5 个、雄蕊 24 个；在郑州地区，花芽萌动期 3 月上旬，盛花期 3 月中下旬，果实成熟期 7 月中下旬，果实生育期 110 天，营养生长期 210 天；发枝力强，栽培管理容易，适宜细长圆柱形树形；需要选配至少两种授粉树，授粉品种可选择 '圆黄''中梨 4 号''早酥蜜''黄冠' 等，必要时辅以人工授粉；易成花，坐果率高，合理疏花疏果。

11. 鄂梨 2 号

湖北省农业科学院果茶蚕桑研究所用 '中香' 作母本、'43-4-11（伏梨 × 启发）' 作父本杂交选育的梨新品种，2002 年通过湖北省农作物品种审定委员会审定。

果实倒卵圆形，纵径 8.44 cm，横径 7.23 cm，果形指数 1.17；果柄长 4.89 cm，粗 0.27 cm，细长柔韧，梗洼中深、中广；萼片脱落，萼洼中深，中狭；平均单果质量 200 g，最大 330 g，果形整齐；果皮黄绿色，果点小、少；果面光滑，外观美；石细胞少，汁多，味甜，肉质细嫩酥脆，具香气，果肉洁白，可溶性固形物含量 12.0%～14.7%，总糖含量 7.76%，总酸含量 0.14%～0.16%，果心极小；果实耐贮存。

树姿半开张；一年生枝黄褐色，平均长 99 cm，粗 0.78 cm，节间长 3.45 cm；叶片长 11.53 cm，宽 6.61 cm；平均每个花序 5.5 朵花，花瓣 5 枚；幼树以腋花芽结果为主，盛果期以短果枝、腋花芽结果为主；早果性好，丰产稳产，无采前落果和大小年现象；在石家庄地区，3 月上中旬萌芽，4 月上旬盛花，7 月底果实成熟。

12. 夏露

南京农业大学以 '新高' 为母本、'西子绿' 为父本杂交，于 2012 年选育。

果实近圆形，果个大，果皮绿色，果锈无或少，平均单果重 330 g，纵径 8.51 cm，横径 9.11 cm，纵径/横径比 0.93，果点中大、较密；果肉白色，肉质细腻，石细胞少，果心小，汁液多，味甜；可溶性固形物含量 11.5%，可滴定酸含量 0.18%，果实硬度 6.0 kg/cm^2。

树势中庸，树姿直立，主干灰褐色，成枝力中等。一年生枝棕褐色，节间长 6.95 cm，新梢及幼叶淡红色，被披黄色茸毛；花冠白色，花瓣相接，花瓣中等大小，柱头高于花药；叶片呈卵圆形，长 12.69 cm，宽 8.7 cm，长 / 宽比为 1.46，深绿色，叶缘锐锯齿状，尖端长、渐尖，基部圆形；在南京地区，初花期 3 月中旬，果实 8 月初成熟，生长期 125 ~ 130 天。

13. 早美酥

中国农业科学院郑州果树研究所以'新世纪'为母本、'早酥'为父本杂交选育的早熟品种，2002 年通过全国农作物品种审定委员会审定。

果实卵圆形，平均单果重 250 g；果面洁净、光滑，果点小而密，果皮黄绿色；果肉白色，石细胞少，汁液多，味酸甜，果心小；可溶性固形物含量 11% ~ 12.5%，总糖含量 9.77%，总酸含量 0.22%，维生素 C 含量 56.3 mg/kg，风味酸甜适度，品质上等；山东泰安地区 7 月下旬成熟，货架期 20 天，冷藏条件下可贮存 2 ~ 3 个月。

树冠圆头形，树姿直立，萌芽率高，成枝力较低；主干灰褐色，表面光滑，一年生枝黄褐色，新梢及幼叶被黄色绒毛；叶片长卵圆形，叶缘中锯齿，花冠白色；以短果枝结果为主，果台副梢结果能力较强，花序坐果率高，具有早果、丰产特性。

抗旱、耐涝、耐高温多湿，对轮纹病、黑斑病、腐烂病有较好的抗性。

14. 七月酥

中国农业科学院郑州果树研究所以'幸水'为母本、'早酥'为父本杂交培育而成，1999 年通过安徽省农作物品种审定委员会审定。

果实卵圆形，果皮黄绿色，平均单果重 220 g，大者 650 g 以上，果面光滑洁净，果点小；果肉乳白色，肉质细嫩松脆，果心极小，无石细胞或很少，汁液丰富，风味甘甜，微具香味；可溶性固形物含量 12.5%，总糖含量 9.08%，总酸含量 0.10%，维生素 C 含量 52.2 mg/kg，品质极上；室温下果实可贮放 20 天左右，贮后色泽变黄，肉质稍软；在郑州地区 7 月初成熟，较'早酥'早熟 20 天。

幼树树冠近长圆形，成年树树冠细长纺锤形；主干灰褐色，光滑，有轻微块状剥裂；1 年生枝红褐色，叶片淡绿色，长卵圆形；花药较多，浅红色；每个花序 7 ~ 9 朵花，多者达 12 朵，花序自然坐果率 42% 左右；树势强健，幼树生长旺盛，枝条直立，分枝少；定植 3 年开始结果，进入结果期生长势逐渐缓和，大量形成中短枝，较丰产稳产；果台副梢抽生能力弱，顶花芽和腋花芽较少，以短果枝或叶丛枝结果为主，大小年结果和采前落果现象不明显；可在黄淮地区及长江流域栽培。

抗逆性中等，较抗旱，耐涝、耐盐碱，抗风能力弱，抗病性较差，叶片易感染早期落叶病和轮纹病，年降水量 800 mm 以上地区不宜大量栽培。

15. 华酥

中国农业科学院兴城果树研究所以'早酥'为母本、'八云'为父本种间远缘杂交育成，2002 年通过全国农作物品种审定委员会审定。

果实近圆形，个大，平均单果重 250 g；果皮黄绿色，果面光洁，平滑有蜡质光泽，无果锈，果点小而中多；果心小，果肉淡黄白色，酥脆，肉质细，石细胞少，汁液多；可溶性固形物含量 10%~11%，可滴定酸含量 0.22%，维生素 C 含量 10.8 mg/kg，酸甜适度，风味较为浓厚，并略具芳香，品质优良；耐贮性较差，室温下可贮放 20~30 天；在石家庄地区 7 月中旬成熟，较早酥早熟 10~15 天。

幼树树姿直立，树势强健，多头高接树多水平枝或斜生枝；一年生枝绿褐色，新梢密被白色茸毛，皮孔长圆形，浅褐色，较稀；叶片长椭圆形，深绿色，叶缘针芒状，叶芽尖小，呈三角形斜生；萌芽率高，成枝率低，以短果枝结果为主，中长果枝也有腋花芽结果习性，果台副梢结果能力较强；坐果率高，花序坐果率为 97%，花朵坐果率 60% 以上；其产量与'早酥'相当，无裂果落果现象。

适应性较强，抗腐烂病、黑星病能力强，兼抗果实木栓化斑点病和轮纹病。

16. 华金

中国农业科学院兴城果树研究所以'早酥'为母本、'早白'为父本杂交育成，2006 年获植物新品种权。

果实长圆形或卵圆形，果个大，平均单果重 305 g；果皮绿黄色，果面平滑光洁，果心较小；果肉黄白色，肉质细，酥脆，汁液多，味甜，微香；可溶性固形物含量 11%~12%，品质上等；郑州地区 7 月上旬果实成熟。

树冠圆锥形，树姿半开张，一年生枝黄褐色；幼叶淡绿色，老叶绿色，卵圆形，叶缘细锐锯齿，具刺芒，叶尖渐尖，叶基圆形；树势较强，萌芽率高，成枝力中等偏弱；以短果枝结果为主，间有腋花芽结果，果台连续结果能力中等；结果早，丰产性能好。

适应性强，耐高温多湿，抗寒、抗病性较强，高抗黑星病。

17. 美人酥

中国农业科学院郑州果树研究所以'幸水'为母本、'火把梨'为父本杂交育成，2008 年通过河南省林木品种审定委员会审定。

果实卵圆形，单果重 275 g，大果可达 500 g，部分果柄基部肉质化；果面光亮洁净，底色黄绿，几乎全面着鲜红色彩，外观像红色苹果；果肉乳白色，细嫩，酥脆多汁，风味酸甜适口，微有涩味；可溶性固形物含量 15.5%，最高可达 21.5%，总糖含量 9.96%，总酸含量 0.51%，维生素 C 含量 72.2 mg/kg；品质上等，较耐贮运，贮后风味、口感更好；郑州地区 9 月下旬成熟。

树冠圆锥形，树势强健，枝条直立性强，结果后开张；叶片长卵圆形，深绿色，叶缘细锐锯齿，具稀疏黄白色茸毛；每个花序 9~10 朵花，花药粉红色；幼树生长旺盛，萌芽率 72%，成枝力中等；生理落果轻。

对梨黑星病、干腐病、早期落叶病和梨木虱、蚜虫有较强的抗性，抗晚霜，耐低温能力强。

18. 中梨 4 号

中国农业科学院郑州果树研究所以'早美酥'为母本、'七月酥'为父本杂交选育的早熟品种，2013 年通过河南省林木品种审定委员会审定。

果实近圆形，果面光滑，平均单果重 300 g；果皮绿色，采后 10 天鲜黄色且无果锈；果心极小，果肉乳白色，肉质细脆，石细胞少，汁液多，可溶性固形物含量 12.8%，风味酸甜可口，无香味，品质上等；果实 7 月中旬成熟。

树姿半开张，树势中强，树冠阔圆锥形；一年生枝红褐色；生长势强，萌芽率高，成枝力低；以短果枝结果为主，腋花芽也可结果；果台枝 1 ~ 2 个，连续结果能力强；采前落果不明显，极丰产，无大小年。

适应性强，耐高温多湿，抗寒、抗病性较强。

19. 初夏绿

浙江省农业科学院园艺研究所以'西子绿'为母本、'翠冠'为父本杂交选育而成的特早熟品种，2008 年通过浙江省非主要农产品认定委员会认定。

果实圆形或长圆形，果皮浅绿色，果点较大，萼片脱落，果锈少，平均单果重 250 g；果肉白色，肉质松脆，味甜多汁，可溶性固形物含量 12% 左右，可溶性糖含量 7.48%，可滴定酸含量 0.06%，维生素 C 含量 4.15 mg/kg，品质较好，较耐贮存；在泰安地区 7 月下旬成熟。

树势强健，树姿较直立；成龄树主干树皮光滑，一年生枝阳面黄褐色，嫩枝表面无绒毛；叶片亮绿，卵圆形，叶基圆形，叶尖渐尖，叶面平展；花瓣白色，花药浅紫红色，花粉量较多；花芽易形成，早产丰产性强。

20. 西子绿

原浙江农业大学园艺系以'新世纪'为母本、'翠云'为父本杂交选育的优质早熟品种，1996 年通过专家鉴定。

果实中大，扁圆形，平均单果重 190 g，大果达 300 g；果皮黄绿色，果点小而少，果面平滑，有光泽，有蜡质，外观极美；果肉白色，肉质细嫩，酥脆，石细胞少，汁多，味甜，品质上等，可溶性固形物含量 12%；杭州地区 7 月下旬成熟；较耐贮运。

生长势中庸，树姿开张，萌芽率和成枝力中等，以中短果枝结果为主；树皮光洁，多年生枝黄褐色，一年生枝棕褐色；嫩叶黄绿色，叶尖渐尖，叶基圆形，叶缘有较浅锯齿；定植第三年结果。

对裂果抗性较强，对黑星病、锈病抗性较强。

21. 苏翠 2 号

江苏省农业科学院园艺研究所以'西子绿'为母本、'翠冠'为父本杂交选育而成的早熟砂梨新品种，2011 年通过江苏省农作物品种审定委员会审定。

果实圆形，平均单果重 270 g；果面平滑，果皮黄绿色，无果锈；果肉白色，肉质细脆，石细胞极少，味甜多汁，可溶性固形物含量 12%；在南京地区 7 月中下旬成熟。

树势强健，树姿半开张，成枝力中等，萌芽率高；该品种花芽极易形成，连续结果能力强，坐果率高。

22. 早酥蜜

中国农业科学院郑州果树研究以'七月酥'为母本、'砀山酥梨'为父本杂交选育而成的极早熟梨新品种，2014 年通过河南省林木品种审定委员会审定。

果实卵圆形，平均单果质量 250 g；果皮绿黄色，果点小而密，萼片脱落；果肉乳白色，肉质极酥脆，汁液多，风味甘甜；可溶性固形物含量 13.1%，可滴定酸含量 0.096%，总糖含量 7.84%，维生素 C 含量 54.6 mg/kg，带皮硬度 5.36 kg/cm^2，品质上等；在河南郑州地区 7 月上旬成熟，比'早酥'早熟 20 天；货架期 30 天，冷藏条件下可贮存 3 ~ 4 个月。

树姿半开张，树冠纺锤形；多年生枝深褐色，一年生枝暗褐色；叶片卵圆形，开展，叶背有少量绒毛，叶尖渐尖，叶基部无托叶；花冠白色；树势中庸，幼树生长旺盛，枝条直立，萌芽率高，成枝力中等；易形成中、短枝，以短果枝结果为主，腋花芽也可结果，果台副梢连续结果能力强。

23. 新玉

浙江省农业科学院园艺研究所以'长二十世纪'×'翠冠'杂交选育的早熟鲜食砂梨新品种，2018 年 1 月获植物新品种权证书。

果实扁圆或圆形，果形指数 0.85，端正；成熟果实整体呈亮黄褐色，底色不明显；果梗直立无肉质，萼片脱落，偶有宿存；果心较小，果肉白色，肉质松脆细嫩，味甜多汁，石细胞少；平均单果质量 305 g，大果质量可达 700 g，可溶性固形物含量 12.1%。

树势中庸偏强，树姿较直立，成龄树主干树皮光滑；一年生枝直立，阳面主色为暗褐色；当年生嫩枝及幼叶呈黄绿色；叶片呈卵圆形，平展不反卷，叶基部呈截形，叶尖急尖，叶缘具锐锯齿，叶柄基部无托叶；成熟花芽呈长椭圆形，每个花序平均 5 ~ 8 朵花，多者 12 ~ 13 朵。

耐高温高湿，萌芽率高，成枝力较强，枝条质地硬脆；以短果枝结果为主，中长果枝具有结果能力，连续结果能力强；腋花芽形成容易，花量较大，坐果率高；无采前落果和裂果现象，丰产稳产。

24. 红早酥

西北农林科技大学园艺学院选育，为'早酥'梨的芽变品种，2013 年通过陕西省果树品种审定委员会审定。

平均单果重 253.0 g，纵径 9.0 cm，横径 8.4 cm，卵圆形，全面着色或条纹状着色，色泽深红；

果点中等大，灰白色；果柄较长，长 4.3 cm，粗 4.7 mm；萼片宿存或残存；果心小，5 心室；果肉白色，肉质细、脆，汁液多，味淡甜；可溶性固形物含量 10.5% ~ 12%，可滴定酸含量 0.25%，品质中等；果实贮存性和'早酥'相当。

树姿半开张，一年生枝直立，红褐色；幼叶褐红色，成熟叶绿色；叶片卵圆形，长 9.0 cm，宽 5.5 cm，叶尖急尖，叶基楔形；花蕾粉红色，每个花序 6 ~ 8 朵花，平均 7.0 朵；花药紫红色，雄蕊低于雌蕊，雄蕊 22 ~ 24 枚，平均 22.0 枚；花冠直径 3.1 cm；萌芽力强，成枝力较弱；结果早，以短果枝结果为主，产量中等；在北京地区 3 月中旬花芽萌动，4 月上旬开花，8 月中旬果实成熟，果实发育期 120 天左右；授粉树可选'砀山酥梨''黄冠''金二十世纪'等品种。

适应性较强，抗黑星病、腐烂病，比较抗旱、抗寒、耐瘠薄。

二、中熟品种

1. 黄冠

河北省农林科学院石家庄果树研究所以'雪花梨'为母本、'新世纪'为父本杂交培育而成，1997 年 5 月通过河北省林木良种审定委员会审定。

果实椭圆形，平均单果重 235 g，果实纵径 7.5 cm，横径 6.9 cm；果皮黄色，果面光洁，果点小、中密；果柄长 4.35 cm，粗 0.28 cm；梗洼窄，中广；萼洼中深，中广，萼片脱落；果心小，果肉洁白，肉质细腻，松脆，石细胞及残渣少；风味酸甜适口并具浓郁香味；可溶性固形物含量 11.4%，总糖、可溶性糖、总酸、维生素 C 含量分别为 9.376%、8.07%、0.200 9% 和 2.8 μg/g。

树冠圆锥形，树姿直立；主干及多年生枝黑褐色，一年生枝暗褐色，皮孔圆形、中等密度，芽斜生、较尖；叶片椭圆形，成熟叶片暗绿色，叶尖渐尖，叶基心脏形，叶缘具刺毛状锯齿，嫩叶绰红色；叶柄长度 1.98 cm，粗度 0.26 cm，叶片平均纵、横径分别为 12.9 cm 和 7.6 cm；花冠直径 4.6 cm，白色，花药浅紫色；平均每个花序 8 朵花；一般管理条件下，一年生苗形成顶花芽率达 17%，2 ~ 3 年即可结果；以短果枝结果为主，短果枝占 68.9%，中果枝占 10.8%，长果枝占 16.8%，腋花芽占 3.5%；一般每个果台可抽生 2 个副梢，连续结果能力强，平均每个果台坐果 3.5 个；采前落果轻，极丰产稳产；石家庄地区初花期为 4 月初，4 月上旬盛花期，花期 7 天；新梢 6 月下旬停长，幼旺树二次生长，果实 8 月中旬成熟；果实生育期 120 天；营养生长天数 220 ~ 230 天。

高抗黑星病，抗逆性强，适应性广。

2. 玉露香

山西省农业科学院果树研究所以'库尔勒香梨'为母本、'雪花梨'为父本育成。1974 年杂交，2002 年通过山西省品种审定。

果实近圆形或卵圆形，单果重 250 g；采收时果皮黄绿色，阳面局部或全部具红晕及暗红色纵向条纹，贮后底色呈黄色，色泽更鲜艳；果点细密不明显，果面光洁具蜡质，果梗长约 4 cm；梗洼中大、中深；萼片宿存或脱落，萼洼中大、中深；果皮薄，果心小，肉质细、松脆，汁液多，石细胞少，味甜，具清香；可溶性固形物含量 12.0% ~ 15.1%，可溶性糖含量 8.62% ~ 9.93%，可滴定酸含量 0.08% ~ 0.17%，品质上等；果实耐贮存，土窑洞可贮存 4 ~ 6 个月，冷库可贮存 8 个月以上。

叶片卵圆形至椭圆形，长 9.5 ~ 12.0 cm，宽 6 ~ 10 cm，较厚，叶基近圆形或宽楔形，叶缘细锐锯齿；叶芽较大，三角形，先端向内弯曲；树冠中大，树姿较直立，多年生枝灰褐色，一年生枝绿褐色，皮孔圆形或近圆形；花芽长卵形，中大；花白色，每个花序 7 ~ 10 朵花，花冠直径 4.5 ~ 5.0 cm，花瓣近圆形、5 片，雄蕊 20 枚左右，花药暗红色，花粉少，柱头 5 枚。

树势中庸，10 年生树高 4.5 m，冠径 3.2 m × 3.3 m；萌芽率 65.4%，延长枝剪口下可抽生 1 ~ 2 个长枝和 1 ~ 2 个中枝；定植 3 ~ 4 年结果；幼树以中、长果枝结果为主，成龄树以短果枝结果为主，长果枝、中果枝、短果枝、腋花芽结果比率分别为 6.7%、24.2%、67.5%、1.6%；每花序坐果 2 ~ 4 个，壮果枝可连续结果，其他果枝多隔年结果；果实 8 月下旬初熟，9 月上旬完熟，果实发育期 130 天左右，11 月上旬落叶；授粉品种有'砀山酥梨''雪花梨''鸭梨''晋蜜梨'等。

抗腐烂病能力强于'雪花梨'和'库尔勒香梨'，次于'砀山酥梨'和'鸭梨''茌梨'；抗褐斑病能力与'砀山酥梨''雪花梨'相同，强于'鸭梨''金花梨'，次于'库尔勒香梨'；抗白粉病能力强于'砀山酥梨''雪花梨'；抗黑星病能力中等。

3. 雪青

浙江大学园艺系以'雪花梨'为母本、'新世纪'为父本杂交育成，2001 年通过重庆市农作物品种审定委员会审定。

果实扁圆形，果形指数 0.84，平均单果重 360 g，纵径 7.63 cm，横径 8.81 cm；果皮绿色，果面光洁，无果锈，有光泽，果点小而稀、不明显；果柄长 4.28 cm，粗 2.9 mm，柄洼中等深、中等广；萼片脱落，萼洼深、中等广；果心小，5 心室；果肉洁白，细嫩而脆，石细胞少，无渣，汁多，味甜，微香，品质上等；可溶性固形物含量 12.5%。

多年生枝灰褐色，一年生枝绿褐色；叶芽尖锥形，花芽圆锥形；叶长 13.1 cm，宽 8.1 cm，叶片大，广卵圆形；幼叶淡绿色，有白色茸毛；叶浓绿色、平展，叶缘锯齿稀浅、具刺芒，叶端渐尖，叶基圆形；每个花序 6 ~ 9 朵花；花冠直径 3.5 cm，白色；花瓣 5 枚，少数 6 ~ 10 枚；雄蕊 25 枚，花药淡紫红色，花粉多。

树势中等，树姿半开张；萌芽力高，成枝力中等，以中、短果枝结果为主，果台枝连续结果性好，并有腋花芽结果现象；在北京地区 3 月中旬萌芽，4 月上旬开花，8 月中旬果实成熟，果实发育期 130 天；授粉品种有'早酥''中梨 1 号'等。

适应性强，抗轮纹病、黑星病，耐晚霜。

4. 冀玉

河北省农林科学院石家庄果树研究所以'雪花梨'为母本、'翠云'为父本杂交培育而成，2009 年通过河北省林木良种审定委员会审定。

果实椭圆形，平均单果重 260 g；果面绿黄色，蜡质较厚，果皮较薄，光洁无锈，果点小；果肉白色，果心小，肉质细腻酥脆，汁液丰富，风味酸甜适口，并具芳香，石细胞少；可溶性固形物含量 12.3%，总糖、总酸、可溶性糖、维生素 C 含量分别为 9.28%、0.16%、6.06%、25.6 mg/kg，综合品质上等；常温下可贮存 20 天以上。

树冠半圆形，树姿半开张；主干褐色，一年生枝灰褐色，多呈弯曲生长，枝条密度大；皮孔小、密集，叶芽较小、离生；叶片椭圆形，幼叶红色，成熟叶片深绿色，叶尖长尾尖，叶基圆形，叶姿波浪形，叶缘细锯齿，有刺芒；花芽圆锥形，红褐色，每个花序 6 ~ 8 朵花，花冠白色，花药浅红色；树势强健，萌芽率中等（58.9%），成枝力中等（剪口下可抽生 15 cm 以上枝条 3.05 个）；以短果枝结果为主，幼旺树腋花芽结果明显；果台副梢连续结果能力中等；自然授粉条件下平均每个花序坐果 2.3 个；在石家庄地区 3 月中旬萌芽，3 月至 4 月上旬初花，4 月上中旬盛花，花期 7 天左右，4 月中旬新梢开始生长，6 月下旬停长，8 月下旬至 9 月初果实成熟，11 月上旬落叶。

高抗黑星病。

5. 丹霞红

中国农业科学院郑州果树研究所以'中梨 1 号'为母本、'红香酥'为父本杂交选育的优质红皮梨品种，于 2001 年杂交，2016 年命名并申请植物新品种权保护，2018 年获得授权。

树势中庸，树姿开张，一年生枝向阳面黄褐色，平均一年生枝条长度 75.3 cm、粗度 0.5 cm、节间长度 4.2 cm；嫩叶黄绿色，叶片窄椭圆形，长 11.35 cm、宽 5.75 cm；每个花序 7 朵花；花朵白色，花药紫红色，花瓣 6 枚，柱头位置高于花药。

果实近圆形，平均单果重 250 g，纵径 7 cm、横径 7 cm；果皮底色绿色，果面盖色橘红色，果肉白色；果肉酥脆多汁，质地极细；果汁多，果心小，果皮蜡质层较厚，品质上等，耐贮存；花芽萌动期 3 月上中旬，盛花期 3 月下旬，果实成熟期 8 月中旬，果实生育期 135 天，营养生长期 210 天。

对早期落叶病、黑星病等均具有较强的抗性，重点防治食心虫和梨木虱。

6. 岱酥

山东省果树研究所 2009 年以'黄金'为母本、'砀山酥梨'为父本杂交选育，2018 年通过山东省林木品种审定委员会审定。

果实圆形，果形端正，无棱沟，平均单果重 353.5 g；果皮底色黄色，果点较明显，果锈无或极少；果梗长 2.8 cm，基部无膨大，直生；梗洼深度、广度中等；萼洼平滑，深度中等，广度广，萼片脱落；果心中位，中等大小，5 心室；果肉淡黄白色，细脆，汁液多，石细胞少，酸甜可口，风味浓；可溶性固形物含量 12.1%，可溶性糖含量 8.50%，可滴定酸含量 0.17%，维生素 C 含量 41.5 mg/kg，硬度 6.2 kg/cm^2，品质上等。

树势较强，树姿开张，萌芽力高，成枝力中等；多年生枝褐色，一年生枝黄褐色，皮孔数量中等，节间长 3.77 cm；叶片平展，卵圆形，长 10.5 cm、宽 7.9 cm，叶背无茸毛，叶尖急尖，叶基宽楔形，叶缘细锯齿，无托叶，无刺芒，无裂刻；叶芽斜生；每个花序 5 ~ 9 朵花，花瓣卵圆形，多为 5 瓣；花冠白色，直径 4.1 cm，雄蕊 20～30 枚，花药紫红色，花粉量较大；坐果率高，以短果枝结果为主，丰产稳产；在进入盛果期后，应合理疏花疏果，严格控制坐果量；在泰安地区 3 月中旬花芽开始萌动，4 月上旬盛花，8 月中旬果实成熟，果实发育期 120 天左右。

适应性强，适宜种植范围广，对土壤要求不严格。经连续多年观察，未发现有严重病虫危害，对黑星病、褐斑病、炭疽病等抗性较强。

7. 琴岛红

青岛农业大学梨育种团队以'新梨 7 号'为母本、'中香梨'为父本杂交育成。

果实圆形，果形端正，横径平均 8.87 cm、纵径 8.72 cm，果形指数 0.98，平均单果重 347 g；果皮黄绿色，果点小、密；果实阳面有粉红色片状红晕，外表美观；果实套袋期间不着色，摘袋后一个星期左右阳面迅速着色，上色快；果肉乳白色，肉细、疏松、汁多、味甜；果心较小；可溶性固形物含量 13.6%，果肉硬度 7.1 kg/cm²，品质上等。

树势强健，树姿直立、半开张；多年生枝深褐色；一年生枝淡褐色，光滑，皮孔中等大、较密；新梢粗度 0.57 cm，节间平均长度 4.83 cm；叶片卵圆形，长 8.5 cm、宽 6.7 cm；叶基圆形，顶端急尖，叶缘锐锯齿，有刺芒，无裂刻；叶片平展，背面无茸毛；果实发育期 130 天左右，在青岛地区 9 月上旬成熟，果实较耐贮存；成枝力弱，以短果枝结果为主；高接树 3 年后平均单株产量 17.4 kg，折合 3 079 kg/666.7 m²，丰产性好。

对梨黑星病、黑斑病、梨锈病、轮纹病等常见病虫害有一定抗性。

8. 香红

河北省农林科学院昌黎果树研究所利用'红安久梨'自然杂交的实生种子，经 γ-⁶⁰Co 射线辐射诱变选育而成的优质红皮梨新品种。

果实粗颈葫芦形，平均单果重 216.0 g；果面光滑，底色黄色，盖色鲜红，着色程度 80% 以上；果点小，中等密度，萼片宿存；果皮较厚，果肉白色，后熟后香气浓郁、肉质细腻、软而多汁、酸甜适度，石细胞少，果心小，可溶性固形物含量 12.5%，综合品质上等。

树姿直立，生长势较强；以中、短果枝结果为主，顶芽极易成花；连续结果能力强，采前落果现象不明显，丰产稳产；一年生枝红褐色，叶芽斜生，叶片平均长度 5.80 cm，平均宽度 3.39 cm，叶柄平均长度 2.88 cm；叶片椭圆形，叶基楔形，叶尖渐尖，叶缘全缘，无裂刻，无刺芒，叶背无茸毛，叶面呈伸展状态抱合，叶姿斜向上，有托叶；花型为中型花，花瓣 5～8 瓣，浅粉红色，花瓣相对位置重叠，卵圆形，柱头位置与花药等高，花粉量多；河北昌黎地区 4 月初花芽萌动，4 月下旬盛花期，8 月中旬果实成熟，果实发育期 110 天左右。

高抗梨黑星病。

9. 岱翠

山东省果树研究所以'黄金'为母本、'鸭梨'为父本杂交选育的梨新品种，2020 年通过山东省林木品种审定委员会审定。

果实卵圆形，果肩明显，平均单果重 396.3 g；果面黄色，果点较明显，梗端有果锈；果梗直生，基部稍膨大；果肉白色，果心小，肉质细脆，石细胞少，汁液多，风味浓，有香气，可溶性固形物含量 12.8%，品质上等。

树势较强，树姿半开张，萌芽力强，成枝力中等；叶片卵圆形，长 10.5 cm，宽 7.2 cm；果实发育期 125 天左右，在山东泰安地区 8 月中下旬成熟。

适应性较强，抗旱、耐涝、耐瘠薄，未发现有严重病虫危害，对黑星病、炭疽病等抗性较强。

10. 岱红

山东省果树研究所 2011 年在天平湖试验基地发现的'秋洋'梨红色芽变品种，2020 年通过山东省林木品种审定委员会审定。

果实葫芦形，平均单果重 234.4 g；果皮绿黄色，阳面有明显红晕，果面光滑，稍有凹凸，果点小；果梗斜生，萼片宿存；果肉白色，石细胞极少，后熟后细软多汁，香气浓郁，可溶性固形物含量 14.5%，品质上等。

树势较强，树姿开张；叶片卵圆形，长 7.0 cm，宽 3.9 cm；果实发育期 130 天左右，在山东泰安地区 8 月底 9 月初成熟。

适应性较强，经连续多年观察，未发现有严重病虫危害。

三、晚熟品种

1. 红香酥

中国农业科学院郑州果树研究所以'库尔勒香梨'为母本、'鹅梨'为父本杂交选育而成。

果实纺锤形或长卵圆形，平均单果重 200.0 g；果面洁净、光滑，果点大；果皮底色绿黄色，阳面着鲜红色；梗洼浅，中广；萼端微突起，萼洼浅而广，萼片宿存；果肉白色，肉质细、细脆，石细胞少，汁多、味甘甜，可溶性固形物含量 13.3%，品质上等。

树势中庸，树姿半开张；萌芽力强，成枝力强，以短果枝结果为主，丰产稳产；多年生枝棕褐色，一年生枝红褐色；叶片卵圆形，长 11.0 cm，宽 7.4 cm，叶尖渐尖，叶基圆形，叶缘细锯齿且整齐；花蕾白色，每个花序 6～8 朵花，雄蕊 20～30 枚，花药紫红色；在河北省昌黎地区，4 月上旬萌芽，4 月中旬初花，4 月下旬盛花，9 月下旬果实成熟，果实发育期 140 天左右。

适应性强，高抗梨黑星病，易遭受梨木虱和食心虫类危害。

2. 晚玉

河北省农林科学院昌黎果树研究所以'蜜梨'为母本、'砀山酥梨'为父本，采用杂交育种途径选育而成，2015 年通过河北省林木品种审定委员会审定。

果实近圆形，平均单果重 344.1 g，纵径 8.44 cm，横径 8.66 cm；果面光滑，底色黄色，锈量少，萼片脱落，果点不明显；果皮较厚，果肉白色，质地松脆，果汁多，酸甜适度，微香，石细胞少，果心极小，可溶性固形物含量 13.6%，果实肉质综合评价极佳。

树姿直立，树势较强，刻芽易发枝，以中、短果枝结果为主，成花容易，早果性好，树冠容易控制；一年生枝红褐色，节间平均长度 4.4 cm，叶芽离生；叶片椭圆形，平均长度 11.3 cm、宽度 6.5 cm，叶基楔形，叶尖渐尖，叶缘全缘，无裂刻；花型为中型花，花瓣 5 ~ 8 瓣，白色，卵圆形，花粉量多；在河北省昌黎地区 4 月初花芽萌动，4 月上旬叶芽萌动，4 月中旬花芽开绽，4 月 25 日初花期，4 月 27 日盛花期，4 月 30 日末花期，5 月上旬新梢开始旺盛生长，9 月末至 10 月上旬果实成熟，发育期 150 ~ 160 天；果实晚熟，极耐贮存。

高抗梨黑星病，抗寒、抗旱。

3. 锦丰

中国农业科学院果树研究所以'苹果梨'为母本、'茌梨'为父本，杂交选育的晚熟品种，在华北北部栽培较多。

果实大，近圆形；平均单果重 280 g，果实纵径 7.6 cm，横径 8.0 cm；果皮黄绿色，贮存后变为黄色，果面平滑，具小锈斑，果点大而密、褐色；梗洼浅，中广；萼洼深、中广，萼片宿存，闭合；果心小，果肉白色，肉质细，松脆，汁液多，石细胞少，味酸甜，可溶性固形物含量 13.5%，品质佳；果实耐贮存。

树势强旺，树姿半开张；萌芽力强，成枝力强；成年树以短果枝结果为主，丰产；主干及多年生枝灰褐色，一年生枝褐色；叶片卵圆形，叶缘细锯齿，叶尖渐尖，叶基圆形；叶片颜色深绿，嫩叶绿中带紫红色；花蕾白色带粉红色，花冠直径 4.3 cm；每个花序 6 ~ 7 朵花，雄蕊 20 ~ 22 枚，花粉量多；在河北省昌黎地区 4 月上旬萌芽，4 月下旬至 5 月上旬盛花，果实 10 月上旬成熟，11 月上旬落叶。

抗寒力强，抗黑星病能力强，果实成熟前易发生裂果，易受椿象危害。对土壤条件要求较严，在碱性土壤中栽培易发生梨木栓斑点病。

4. 山农酥

山东农业大学以'新梨七号'为母本、'砀山酥梨'为父本杂交选育的晚熟新品种。

果个大，纺锤形，平均单果重 500 g，不套袋果绿色，套袋果浅黄色；果面光滑，萼片宿存，呈聚合态，果梗斜生，长 3.5 cm，果点中等，浅褐色；果肉白色，皮薄肉细，汁多味甜，酥脆可口，具香味，果核小，果核处无酸味，石细胞含量少，可溶性固形物含量 14.8%；果肉抗褐变能力强，具有良好的鲜食和加工品质；常温下贮存 2 个月品质不变。

树势较强，树姿开张；萌芽力中等，成枝力较强，枝条较秋月梨柔软，以顶花芽结果为主，抽生短果枝容易，初果期树中短果枝结果，盛果期树长中短果枝均可结果；自花授粉结实不良，需配置授粉树，授粉品种宜选'鸭梨''秋月'，坐果率较高，丰产性较好。

抗寒、抗病能力强，对叶斑病、梨黑星病、褐斑病和轮纹病有较强抗性。

5. 新梨6号

新疆库尔勒市农二师农科所以'库尔勒香梨'为母本、'苹果梨'为父本杂交选育的抗寒、早果、丰产优良品种。

果实扁圆形，平均单果重191 g，最大果重296 g；果皮底色青黄，阳面有紫红晕，果皮薄；果肉乳白色，肉质松脆，汁液多，风味酸甜适口，品质上等；果实9月中旬成熟，较耐贮存。

树冠自然圆锥形，树姿较开张；幼树生长健壮，多年生枝灰褐色，一年生枝青灰色，枝条形态微曲；皮孔中稀，椭圆形，节间中长；叶片卵圆形或椭圆形、中大，叶尖突或渐尖，叶基圆形或楔形，叶缘锯齿状，叶柄中长、中粗，叶片肥厚，叶色深绿，叶面多褶皱；以短果枝结果为主，在自然状态下极易成花，坐果率高，花序坐果率在60%以上，平均每个花序坐果2.6个。

6. 新梨9号

新疆生产建设兵团以'库尔勒香梨'为母本、'苹果梨'为父本杂交培育的优良品种。

果实近圆形，平均单果重185.5 g，果形端正；果皮底色黄色，阳面红晕较多，光亮，果皮中厚，果点小而密；果梗木质，柔韧性强，抗风；果肉乳白色，肉质松脆，果汁多，风味酸甜适口，可溶性固形物含量14.3%，总酸含量0.92 g/kg，维生素C含量4.9 mg/kg，水解后还原糖9.5%，品质上等，综合性状优良；果实9月中旬成熟，耐贮性强。

树冠自然圆锥形，树姿较开张；幼树生长健壮，多年生枝灰褐色，一年生枝黄褐色；枝条平斜，皮孔小、中密、椭圆形，节间中长；叶片卵圆形或椭圆形、中大，叶尖突或渐尖，叶基圆形或楔形，叶缘锯齿状，叶柄中长、中粗，叶片肥厚、深绿，叶面有皱褶；叶芽小，三角形，贴伏着生；花芽大，卵圆形，贴生。

树势强健，萌芽力强，成枝力中等。以短果枝结果为主，占49.3%；腋花芽结果占29.8%；长果枝结果占8.3%；中果枝结果占12.6%。在自然状态下极易成花，坐果率高，花序坐果率在67.3%以上，平均每个花序坐果2.6个。

7. 冬蜜梨

黑龙江省农业科学院园艺分院以'龙香梨'为母本，'圆月''库尔勒香梨''冬果梨'3个品种混合花粉为父本杂交育成的鲜食冻藏兼用新品种。

果实圆形，平均单果重140 g，最大单果重343 g，果实大小较整齐；果皮棕黄色、较薄，果点中大、多；果肉乳白色，肉质细软，石细胞少，汁液中多，酸甜适口，风味浓，品质上等；可溶性固形物含量14.23%，可溶性糖含量10.28%，可滴定酸含量0.31%，维生素C含量6.8 mg/kg；在哈尔滨地区9月末果实成熟，鲜食最佳食用期10月末，贮存期3～4个月，耐运输；适于冻藏，冻藏后表皮黑褐色，果肉细软多汁，易溶于口，甜酸适度。

树姿半开张，主干及多年生枝黄褐色、光滑，分枝较密；一年生枝红棕色，无茸毛，蜡质少；枝条较直，皮孔小、长圆形、灰色；叶片长圆形，深绿色，叶尖渐尖，叶缘钝，叶基较窄，单锯齿，中大，叶柄浅绿色；每个花序5～9朵花，花蕾淡粉色，花冠中大，花瓣白色，花药紫色，大而饱满，花粉较多。

8. 满天红

中国农业科学院郑州果树研究所以'幸水'为母本、'火把梨'为父本杂交育成。

果实近圆形，平均单果重 280 g；果实阳面着鲜红色晕，占 2/3，果点大且多；果心极小，果肉淡黄白色，肉质细，酥脆化渣，汁液多，无石细胞或很少，风味酸甜可口，香气浓郁；可溶性固形物含量 13.5% ~ 15.5%，总糖含量 9.45%，总酸含量 0.40%，维生素 C 含量 32.7 mg/kg，品质上等；较耐贮运，贮后风味、口感更好；郑州地区 9 月下旬成熟。

树姿直立，干性强；枝干棕灰色，较光滑，一年生枝红褐色；嫩梢具黄白色毛，幼叶棕红色，两面均有毛；叶阔卵形，浓绿色，叶缘锐锯齿；每个花序 7 ~ 10 朵花，花冠初开放时粉红色，花药深红色；幼树生长势强旺，萌芽率 78%，成枝力中等；结果较早，当年生枝极易形成顶花芽和腋花芽，以短果枝结果为主，丰产稳产。

对梨黑星病、干腐病、早期落叶病和梨木虱、蚜虫有较强的抗性，抗晚霜，耐低温能力强。

9. 晋蜜

山西省农业科学院果树研究所以'酥梨'为母本、'猪嘴梨'为父本杂交育成。

果实卵形至椭圆形，平均单果重 230 g，最大果重 480 g；果皮绿黄色，贮后黄色，具蜡质，果点中大、较密；肩部果点较大，较稀；果梗长 3 ~ 4 cm，梗洼中大、中深；有的肩部一侧有小突起；萼片脱落或宿存，脱萼者萼洼较深、广，宿萼者萼洼中大、较浅；套袋果实较白净，美观；果心小，果肉白色，细脆，石细胞少，汁液多，味浓甜，具香气；9 月下旬采收的果实可溶性固形物含量 12.2% ~ 16%，可溶性糖含量 8.29% ~ 10.18%，可滴定酸含量 0.004% ~ 0.08%，维生素 C 含量 2.2 mg/kg；10 月中旬采收的果实可溶性固形物含量 18.8%，品质上等或极上；果实耐贮运，贮后蜡质增厚，香气变浓，风味有所增加，在土窑洞内可贮至翌年 5 月份；最适食用期为 10 月份至翌年 4 月份。

树姿较直立，生长势强，大量结果后树势中庸；2 ~ 3 年生枝红褐色至灰褐色，皮孔近圆圆至扁圆形，中大，中多；一年生枝绿褐色至紫褐色；叶芽较小，花芽短圆锥形，较小；叶片浓绿，较厚，卵形至阔卵形，先端渐尖或尾尖，基部近圆形至心形；有的叶柄阳面有红晕，嫩梢及幼叶暗红色；花蕾及初开花的花瓣边缘红色，每个花序 5 ~ 8 朵花，花较大，花瓣近圆形至扁圆形，花瓣间重叠。

萌芽率高（70.7%），幼树成枝力中等，大量结果后成枝力减弱；以短果枝结果为主，结果初期，部分中、长果枝也结果；果台连续结果能力弱，多为隔年结果，但不同的枝组间可交替结果，果枝健壮；如坐果过多，管理不当，会形成大小年；无采前落果。

较耐旱，较耐寒，抗寒性较酥梨强，有的年份易受黄粉蚜危害。

10. 晚香

黑龙江省农业科学院园艺所育成，亲本为'乔玛'דbig冬果'。

果实近圆形，平均单果重 180 g，最大果重 400 g；果面浅黄绿色，贮后黄色；果皮中厚，蜡质少，有光泽，无果锈，果点中大；果心圆形，果心小；果肉白色，肉质较细，石细胞少，果汁多；可溶性固形物含量 12.1%，可滴定酸含量 0.53%，维生素 C 含量 4.3 mg/kg，品质中上；9 月末成熟，可贮存 5 个月，最佳食用期 10 月末到 11 月初；适于冻藏，经冻藏后不皱皮，果面油黑，果肉洁白，多汁，风味鲜美。

树冠圆锥形，树姿半开张，主干及多年生枝深褐色、光滑，一年生枝条棕褐色；叶片长卵圆形，深绿色，嫩叶黄绿色，叶缘平展，叶基阔圆形；花冠中大，花蕾淡粉色，花瓣白色；平均每个花序 5 ~ 8 朵花，花药紫红色，花粉较多；生长势强，萌芽率高，成枝力强；低接幼树第 3 年开始结果，以短果枝结果为主；果台抽生能力强；无采前落果，丰产稳产。

抗寒能力强，抗腐烂病能力强，抗黑星病能力中等。

11. 硕丰

陕西省农业科学院果树研究所以'苹果梨'为母本、'砀山酥梨'为父本杂交育成。

果实大，平均单果重 250 g，最大果重 600 g；果实近圆形或阔倒卵形，果面光洁，具蜡质；果皮绿黄色，具红晕，果点细密，淡褐色；果肉白色，质细松脆，石细胞少，汁液特多，酸甜适口，具香气；可溶性固形物含量 12.0% ~ 14.0%，可溶性糖含量 8.36% ~ 10.56%，可滴定酸含量 0.102% ~ 0.170%，品质上等；山西晋中地区果实 9 月初成熟，耐贮存。

树体生长势较强，树姿较开张；易成花，结果早；结果初期，中长果枝较多，大量结果后以短果枝结果为主，腋花芽结果能力较强，丰产、稳产；较抗寒，适应性广。

12. 新梨 4 号

新疆生产建设兵团农七师农科所以'大香水'为母本、'苹果梨'为父本杂交育成。

果实长卵圆形，平均单果重 158 g，最大果重 182 g，大小整齐；果面光滑，底色绿黄，覆鲜红色晕或霞，外观美丽；果皮厚，果点中等大而密，灰白色，凹入；梗洼中深，中广，波状，有肉瘤；果心小；果肉白色，肉质中粗而脆，汁液中等，酸甜味浓，可溶性固形物含量 14.0%，可滴定酸含量 0.23%，品质上等；较耐贮存，在一般条件下可贮存到翌年 1—2 月份；果实 9 月下旬成熟。

幼树树势较强，成年树树势中庸；成年树开张，主枝角度 70°；树干灰色，表面粗糙；树皮纵裂；多年生枝灰色；新梢粗壮，直顺，直立或斜生，枝质较硬；一年生枝浅褐色，皮孔显著，圆形，灰白色，中等大小，中等密度，凹入；嫩梢绿黄色，茸毛多；叶片卵圆形，叶面绿色，叶背灰绿色，叶片形状和颜色颇似苹果叶片，光滑，平展，无茸毛，中等厚薄；叶基圆形，叶缘锐锯齿，中等大小，整齐；花冠中等大小，花瓣扁圆形，白色，花药紫红色，花粉量大；成枝力中等，延长枝剪口下抽生 3 个长枝；嫁接苗 5 年开始结果，高接树高接后第 3 年开始结果，成年树主要结果枝是短果枝；生理落果轻，采前基本不落果。

抗寒力较强，较抗腐烂病，蚜虫发生较少，不抗食心虫。

13. 寒露梨

吉林省农业科学院果树研究所以'延边大香水'为母本、'杭青'为父本种间杂交选育而成的抗寒梨新品种。

果实黄绿色，短圆锥形，平均单果重 220 g，最大 320 g；果心较小；果肉白色，肉质酥脆，多汁，酸甜，石细胞少，有香气；可溶性固形物含量 14.0%，可溶性糖含量 9.01%，可滴定酸含量 0.20%，维生素 C 含量 6.8 mg/kg，品质上等；吉林中部地区 9 月中下旬果实成熟。

树势中庸，干性弱，较开张；萌芽力中等，成枝力较强；叶片长椭圆形，长尾尖，叶基圆形，叶缘单锯齿状；花冠中大，花药粉红色，花粉量大；以短果枝结果为主，果台连续结果能力强，大小年现象不明显。

抗寒能力较强，抗黑星病和轮纹病能力强。

14. 龙园洋梨

黑龙江省农业科学院园艺分院以'龙香梨'×混合花粉杂交选育而成。

果实葫芦形，平均单果重 120 g，最大单果重 350 g；果皮浅黄色，阳面有红晕，中厚，果点小而少；果心圆形，中大、中下位；果肉乳白色、细软，汁液中多，甜酸，有香气，品质中上；可溶性固形物含量 13.43%，可溶性糖含量 10.55%，维生素 C 含量 18.5 mg/kg，可滴定酸含量 0.536%；果实 9 月中旬成熟，耐运输，可贮存 35 天。

树势中庸，树姿半开；主干深褐色，表皮光滑；一年生枝浅棕黄色，皮孔长圆形，绒毛较轻，枝条直立；叶片绿色，长椭圆形，叶尖钝尖，叶基圆形，叶缘微卷；花蕾浅粉红色，花瓣白色，花药粉红色，花粉量少。

萌芽力强，成枝力中等，骨干枝分枝角度约 70°；幼树结果早，低接树第 3 年可见果；以短果枝结果为主，个别枝条有腋花芽；花粉量较少，自花不结实，需配置授粉树，晚香梨、脆香梨、冬蜜梨均可作其授粉树；采前有轻微落果现象；寒冷地区栽植，必须用山梨作砧木。

15. 红酥脆

中国农业科学院郑州果树研究所以'幸水'为母本、'火把梨'为父本杂交育成。

果实卵圆形，平均单果重 260 g；果皮底色绿黄色，阳面具鲜红色晕；果肉淡黄色，肉质酥脆，汁液特多，果心极小，石细胞少或无，风味甘甜微酸，稍有涩味，贮存后涩味退去，具香气，可溶性固形物含量 14.5% ~ 15.5%；郑州地区 9 月上中旬成熟。

幼树长势较旺，进入结果期树势缓和，大量形成中短果枝；果台枝抽生能力中等，可连续结果；以短果枝结果为主，坐果率高，采前落果较轻，极丰产稳产。

16. 新萍梨

辽宁省果树研究所从'苹果梨'实生后代中选出的优质、晚熟新品种，2003 年通过辽宁省农作物品种审定委员会审定。

果实卵圆形，平均单果重 357 g；果面黄绿色，果点较大；果肉白色，果心小，石细胞少，果肉酥脆多汁，可溶性固形物含量 11.85%；熊岳地区 9 月底成熟；果实极耐贮存，常温下可贮至翌年 5 月中旬，贮后风味更佳。

树冠圆锥形，树姿较直立；生长势较强，萌芽率高，成枝力强，以短果枝结果为主，果台连续结果能力较差；采前不落果，大小年不明显；可选用'苹果梨''朝鲜洋梨'作为授粉品种，适于密植栽培；高抗黑星病和黑斑病。

17. 红香蜜

中国农业科学院郑州果树研究所以'库尔勒香梨'为母本、'郑州鹅梨'为父本杂交育成。

果实长圆形或倒卵圆形，平均单果重 235 g；果皮底色黄绿色，阳面具鲜红色晕；果面光洁，无果锈，果点明显、较大；果肉乳白色，果心小，肉质酥脆细嫩，石细胞少，汁液多，可溶性固形物含量 13.5% ~ 14.0%；郑州地区 9 月上旬成熟。

幼树生长旺盛，直立性强，树冠长圆形；成年树树姿较开张，树冠近圆形或披散形；以中短果枝结果为主，抽生果台枝能力中等，果台枝连续结果能力不强；采前落果不明显，较丰产稳产。

抗逆性强，高抗黑星病、锈病。果实近成熟期易受鸟类和金龟子危害。

第三节　国外优良品种

一、日韩砂梨品种

1. 早生黄金

韩国以'新高'为母本、'新兴'为父本杂交选育的早熟品种。

果实圆形，平均单果重 258 g；果皮黄绿色，果肉白色，肉质细、酥脆，石细胞少，汁液多，味甜，可溶性固形物含量 11.3%，品质中上；武汉地区 7 月下旬成熟。

树势较强，树姿半开张；萌芽率中等，成枝力中等；早果，成苗定植第 3 年开始结果；适应性强，抗逆性较强，南北梨产区均可种植；栽植密度可为 2.5 m×4 m，授粉品种为'幸水'；幼树可适度重剪，疏除细弱枝，注意培养骨干枝；成年树适度中剪，促发新枝，及时更新结果枝组。

2. 若光

日本千叶县农业试验场以'新水'为母本、'丰水'为父本杂交选育。

果实近圆形，平均单果重 320 g；果皮黄褐色，果面光洁，果点小而稀、无果锈；果心小，石细胞少，汁液多，味甜；可溶性固形物含量 11.6% ~ 13.0%，品质上等；在南京地区 7 月中旬成熟，采前落果不明显。

树势较强，树姿开张；成枝力较弱，幼树生长势强，萌芽率高，易成花；短果枝及腋花芽结果，连续结果能力强，结果枝易衰弱，须及时更新。

抗性较强，抗寒性好，抗旱、抗涝，对黑星病、黑斑病有较强的抗性。

3. 鲜黄

韩国园艺研究所以'新高'为母本、'晚三吉'为父本杂交育成的早熟品种。

果实圆形或扁圆形，平均单果重400 g；果皮鲜黄色，果肉细，石细胞少，果心小，汁液多，品质上等；河南地区8月上旬成熟，常温贮存1个月，冷藏可贮存5个月以上。

树势很强，树姿半开张；短果枝形成和维持性一般，徒长枝较多。花粉量大，可用作授粉树。树势强，不宜使用过多氮肥。

抗黑斑病性强，抗黑星病性弱。

4. 喜水

日本的松永喜代治以'明月'为母本、'丰水'为父本杂交选育的早熟梨品种，最初名为'清露'。

果实扁圆形或圆形，平均单果重300 g，最大单果重514 g；果皮橙黄色，果点多且大，呈锈色，果面有不明显棱沟；果梗较短，梗洼浅、狭；萼片脱落，萼洼广、大，呈漏斗形；果肉黄白色，石细胞极少，肉质细嫩，汁液多，味甜，香气浓郁；果心较大，短纺锤形；可溶性固形物含量12.8%～13.5%；山东泰安地区7月中旬成熟，室温条件下可贮存7～10天。

树体中大，树姿直立，树势强，主干灰褐色；一年生枝暗红褐色，前端易弯曲；皮孔稀、大，长椭圆形；新梢绿色，有茸毛；叶片平展、卵圆形、厚，有光泽，叶基截形，叶柄长，叶缘锯齿粗、锐；花冠中大，白色，花粉多；幼树生长势强，萌芽率高，成枝力强，易成花；苗木定植后第2年开始结果，以腋花芽结果为主；成龄树以长果枝和短果枝结果为主，每个花序坐果1～3个。

5. 新世纪

日本以'二十世纪'为母本、'长十郎'为父本杂交选育。

果实圆形，平均单果重200 g，最大350 g以上；果皮绿黄色，果面光滑；果肉黄白色，肉质松脆，石细胞少，果心小，汁液中多，味甜；可溶性固形物含量12.5%～13.5%，品质上等；在河南郑州，果实8月上旬成熟。

树势中等，树姿半开张；以短果枝结果为主，果台副梢抽生枝条能力强；定植2～3年结果坐果率高，丰产稳产，无大小年结果现象；连续结果能力强。

雨水多地区易裂果，有落果现象，对多种病害有较强抗性。

6. 爱甘水

日本以'长寿'为母本、'多摩'为父本杂交选育的早熟品种。

果实扁圆形，中大，整齐，平均单果重190 g；果皮褐色，具光泽，果点小、中密、淡褐色；

果梗中长至较长，梗洼浅、圆形；萼洼圆正，中深，脱萼；果肉乳黄色，质地细脆、化渣，味浓甜，具微香，汁多；品质优，可溶性固形物含量 12% 以上，可溶性糖含量 9.12%，可滴定酸含量 0.924%，维生素 C 含量 32.07 mg/kg；山东地区 8 月上旬成熟。

树冠圆头形或半圆形，树姿较开张，生长势中庸，主干明显，萌芽力较强，成枝力中等；叶片椭圆形，叶缘锯齿中粗，先端较尖；花蕾紫红色，花瓣白色、椭圆形；幼树以长、中果枝结果为主，成年树以短果枝结果为主。

7. 菊水

日本以'太白'ב× '二十世纪'杂交选育而成。

果实扁圆形，微显棱，一侧常较高，平均单果重 150 g；果皮绿色微黄，果顶部常有锈斑，较粗糙；果点大，黄白色，显著，尤以锈斑最为突出；果梗在近梗洼处常膨大成肉质，梗洼广，常呈浅沟状；脱萼，间或残存，萼洼浅而广；果肉白色，肉质细脆，汁特多，味甚甜，石细胞少，品质上等；8 月上中旬成熟，不耐贮存。

树冠中大或小，树势中庸或较弱；枝条开张，主干较光滑，灰褐色；新梢黄褐色，被有浓密的茸毛；一年生枝黑褐色；叶片卵形，深绿色；嫁接后 3 ~ 4 年始果，以短果枝和短果枝群结果为主。

对肥水要求较高，耐旱性中等，易遭病虫危害，常二次开花；果实抗风力强。

8. 黄金

韩国园艺研究所选育，母本为'新高'，父本为'二十世纪'，1984 年育成，20 世纪末引入我国。

果实圆形，果形端正，果肩平，平均单果重 430 g；果皮黄绿色，贮存后变为金黄色；套袋果黄白色，果面光洁，无果锈，果点小且均匀；果肉白色，肉质细嫩，石细胞及残渣少，汁液多，味甜，具清香，果心小，可溶性固形物含量 14.9%，品质上等；在 1 ~ 5℃条件下，果实可贮存 6 个月左右；山东泰安地区果实 8 月下旬成熟。

树势强，树姿半开张；主干暗褐色，一年生枝绿褐色；叶片大而厚，卵圆形或长圆形，叶缘锯齿锐而密，嫩梢叶片黄绿色，这是区别于其他品种的重要标志；该品种花器发育不完全，花粉量极少，花粉败育，需配置授粉树；幼树生长势强，萌芽率低，成枝力较弱，有腋花芽结果特性，易形成短果枝和腋花芽，果台较大，不易抽生果台副梢，连续结果能力差。

对肥水条件要求较高，进入结果期后需保证肥水供应。果实、叶片抗黑星病、黑斑病。

9. 丰水

日本农林省园艺试验场 1972 年命名的优质大果褐皮砂梨品种，母本为'幸水'，父本为'石井早生'ב × '二十世纪'后代，20 世纪 70 年代引入我国。

果实圆形或近圆形，平均单果重 253 g，最大单果重 530 g；果皮黄褐色，果点大而多；果肉白色，肉质细，酥脆，汁液多，味甜，可溶性固形物含量 13.6%，品质上等；泰安地区 8 月下旬成熟。

树冠纺锤形，树势中庸，树姿半开张；萌芽力强，成枝力较弱；幼树生长势旺盛，进入盛果期后树势趋向中庸；以短果枝结果为主，中长果枝及腋花芽较多，花芽易形成，果台副梢抽枝能力强，连续结果能力强。

适应性较强，抗黑星病、黑斑病，成年树干易感染轮纹病。应加强肥水管理，预防树势早衰。

10. 圆黄

韩国园艺研究所以'早生赤'为母本、'晚三吉'为父本杂交育成。

果形扁圆形，平均单果重 250 g，最大果重可达 800 g；果面光滑平整，果点小而稀，无水锈、黑斑；成熟后金黄色，不套袋果呈暗红色；果肉为透明的纯白色，可溶性固形物含量 12.5% ~ 14.8%，肉质细腻多汁，几无石细胞，酥甜可口，并有奇特的香味，品质极佳；在山东 8 月中下旬成熟，常温下可贮存 15 天左右，冷藏可贮存 5 ~ 6 个月，耐贮性胜于'丰水'，品质超过'丰水'。

树势强，枝条开张、粗壮，易形成短果枝和腋花芽，每个花序 7 ~ 9 朵花；叶片宽椭圆形，浅绿色且有明亮的光泽，叶面向叶背反卷；一年生枝条黄褐色，皮孔大而密集；抗黑星病能力强，抗黑斑病能力中等，抗旱、抗寒、较耐盐碱；栽培管理容易，花芽易形成，花粉量大，既是优良的主栽品种又是很好的授粉品种；自然授粉坐果率较高，结果早、丰产性好。

11. 南水

日本长野县南信农业试验场以'越后'בּ'新水'杂交育成的中熟品种，2000 年初引入山东。

果实扁圆形，平均单果重 360 g，最大单果重 480 g；果皮黄褐色，果点稀、中等大，果柄粗、短，果顶圆，萼洼浅广，脱萼；果肉白色，肉质致密，石细胞极少，可溶性固形物含量 15% 左右，果心小，果肉硬度大，甜味浓，带香气，品质上乘，无裂果现象；常温下可贮存 60 天以上，冷藏可贮至春节，气调库贮存至翌年 4 月份果实仍不变质。

树势中庸，萌芽率高，成枝力中等，枝条粗壮，芽间距小，属半乔化树种；树姿较直立，一年生枝顶端粗壮，不易下垂，中、短枝发达，以短果枝结果为主，腋花芽有结果能力；花芽形成容易，坐果率高，丰产性强，无明显大小年现象，花粉多。

12. 明月

别名'早三吉'，为日本品种。

果实长圆形，单果重 230 g 左右，大者可达 500 g；果皮薄，褐色至黄褐色，贮后变为橘红色；果点大，较密，土黄色，显著，微凸；果梗长，绿褐色，近洼处多膨大似肉质，梗洼锐深；萼片多数宿存，多交叉闭合，萼洼浅，有浅沟；果肉白色，肉质脆，较其他日本梨粗，汁中多，味甜，芳香，石细胞较多，品质中等；8 月下旬采收，9 月中旬成熟，较耐贮存。

树势中庸，树姿直立；当年生枝油绿黄色，嫩梢黄绿色，微显棱，曲折性较显著；叶片特大，阔椭圆形或阔倒卵形，绿色，有光泽，先端渐尖或突尖，基部圆形，锯齿钩刺状；初生幼叶淡橘黄色，茸毛较稀；萌芽力强，成枝力特弱；一般栽植后 4 年始果，以短果枝结果为主，坐果率极高，但不抗风，产量中等。

抗寒力强，与'鸭梨'相似。

13. 大果水晶

韩国 1991 年从'新高梨'的枝条芽变中选育成的黄色新品种。

果实圆形或扁圆形（酷似苹果），单果重 500 g 左右；果皮前期绿色，近成熟时逐渐变为乳黄色；套袋果表面黄白色，晶莹光亮，有透明感，果点稀小，外观十分诱人；果肉白色，肉质细嫩多汁，无石细胞，果心小，可溶性固形物含量 14.0%，蜜甜浓香，口感极佳；10 月上中旬成熟，果实生育期 170 天；耐贮存性突出，在室温下可贮至春节。

树势强，叶片阔卵圆形、极大且厚，抗黑星病、黑斑病能力强；结果早，高接后翌年结果；丰产性好，花序坐果率 90% 以上。

14. 华山

韩国园艺研究所以'丰水'为母本、'晚三吉'为父本杂交选育。

果实圆形或扁圆形，果皮黄褐色，单果重 543 g；果肉白色，肉质细，松脆，汁液多，味甜；可溶性固形物含量 12.9%，品质上等，果实 9 月下旬至 10 月上旬成熟；常温下可贮 20 天左右，冷藏可贮 6 个月。

树势强，树姿开张，萌芽率高，成枝力中等；以中、短果枝结果为主，腋花芽可结果；短果枝易形成，维持性和腋花芽的形成能力一般，要不断更新修剪新枝条；该品种花粉量大，可作为授粉树；果肉过熟时，果肉内会出现蜜病现象，要适时采摘。

高抗黑斑病，黑星病抗性较弱。

15. 满丰

韩国园艺研究所以'丰水'为母本、'晚三吉'为父本杂交育成。

果实扁圆形，单果重 550 ~ 770 g；果皮浅黄褐色，果面光滑，有光泽；果肉细嫩多汁，酸味少，酸甜可口，可溶性固形物含量 14.0%，口感好，风味佳；采收时，个别果实呈黄绿色，贮存 30 天后全部变黄；在辽宁绥中地区 9 月下旬至 10 月上旬果实成熟；果实耐贮存，常温下可贮存 3 个月，在恒温库中可贮存至翌年 5 月上旬。

树势强健，树体高大，树姿开张；萌芽率高，成枝力弱，以中、短果枝结果为主，适宜授粉品种为爱甘水；苗木定植后第 2 年开始结果。

耐瘠薄，较耐寒，较抗梨黑斑病和梨黑星病。

16. 秋月

日本农林水产省果树实验场用 162-29（'新高'×'丰水'）×'幸水'杂交，1998 年育成命名，2001 年进行品种登记的晚熟褐色砂梨新品种；2002 年引入我国。

果形扁圆形，平均单果重450 g，最大可达1 000 g左右；果形端正，果实整齐度极高；果皮黄红褐色，果肉白色，肉质酥脆，石细胞极少，口感清香，可溶性固形物含量14.5% ~ 17.0%；果核小，可食率可达95%以上，品质上等；耐贮存，长期贮存后无异味；山东胶东地区9月中下旬成熟，比'丰水'晚10天左右；无采前落果现象，采收期长。

树势强，树姿较开张；一年生枝灰褐色，枝条粗壮；叶片卵圆形或长圆形，大而厚，叶缘有钝锯齿；萌芽率低，成枝力较强；易形成短果枝，一年生枝条可形成腋花芽，结果早，丰产性好；幼树定植后，一般第2年开始结果。

适应性较强，抗寒力强，耐干旱。

17. 新高

日本神奈川农业试验场以'天之川'为母本、'今秋村'为父本杂交育成。

果实近圆形，平均单果重410 g；果皮黄褐色，果面光滑，果点中密；果肉细，松脆，石细胞中等，汁液多，味甜，可溶性固形物含量13.0% ~ 14.5%，品质上等；采前落果轻，果实耐贮存，适当延迟采收能提高果实含糖量；山东地区9月中下旬成熟。

树冠阔圆锥形，树势较强，树姿半开张；萌芽率高，成枝力稍弱；以短果枝结果为主，幼旺树有一定比例的中、长果枝结果，并有腋花芽结果；每个果台可抽生1 ~ 2个副梢，但连续结果能力较差。

适应性强，抗黑斑病和轮纹病，较抗黑星病。

18. 二十世纪

日本发现的自然实生品种，1888年发现，1898年命名。20世纪30年代我国从日本引入，在辽宁、河北、浙江、江苏和湖北等省有少量栽植。

果实近圆形，整齐，平均单果重136 g；果皮绿色，贮放后变为绿黄色；果肉白色，果心中大，肉质细，疏松，汁液多，味甜，可溶性固形物含量11.1% ~ 14.6%，品质上等；果实不耐贮存。

树势中庸，枝条稀疏，半直立，成枝力弱；在辽宁兴城，9月上旬果实成熟。

抗寒、抗风能力弱，易感染黑斑病、轮纹病。

19. 新兴

日本自'二十世纪'梨实生种中选育。

果实圆形，平均单果重400 g；果皮褐色，套袋后呈黄褐色，果面不光滑；果肉淡黄色，肉质细、脆，味甜，可溶性固形物含量12.0% ~ 13.0%，品质中上等；山东胶东地区9月下旬成熟；耐贮存，可贮存至翌年2月，贮存后品质更佳。

树势中庸，树姿半开张，萌芽率中等，成枝力低；早果，成苗定植第3年开始结果；以短果枝结果为主，中、短枝衰弱快，丰产、稳产；对病虫害抗性较强；栽植密度以2.5 m×4 m为宜，可选择'黄花''西子绿'等品种为授粉树，配置比例3:1或4:1。

20. 晚秀

韩国园艺研究所用'单梨'与'晚三吉'杂交育成的晚熟新品种，1998年引入我国。

果实圆形，平均单果重620 g，最大单果重2 000 g；果面光滑，果点大而少，无果锈；果皮黄褐色，中厚；果肉白色，石细胞极少，肉质细、硬脆，汁液多，可溶性固形物含量14.0%～15.0%，品质极佳；山东胶东地区10月上旬成熟；一般条件下可贮存4个月左右，低温条件下可贮存6个月以上，且贮存后风味更佳。

树姿直立；一年生枝浅青黄色、粗壮，新梢浅红绿色；叶片大，长椭圆形，叶缘锐锯齿，叶柄浅绿色，叶脉两侧向上卷翘，叶片呈合拢状且下垂；叶芽尖而细长、紧贴枝条为该品种的两大特征；花芽饱满，花冠大、白色，每个花序5～6朵花，花粉量大。

树势强健，萌芽率低，成枝力强；高接树枝条甩放1年，腋芽形成花芽能力弱；甩放2年，容易形成短果枝和花束状果枝；苗木定植后第3年开始结果，以腋花芽结果为主；花序自然坐果率12.5%，人工授粉花序坐果率高达93.7%；套袋后，果面整洁，无水锈，无黑斑；需配置'圆黄'等品种作授粉树。

黑星病、黑斑病发病极轻，较耐干旱，耐瘠薄，采前不落果。

21. 秋黄

韩国园艺研究所以'今村秋'为母本、'二十世纪'为父本杂交选育，1985年育成，1997年引入中国。

果实扁圆形，平均单果重395 g，最大果重590 g；果皮黄褐色，果面粗糙，果点中大，较多；果肉乳白色，果心中等，石细胞少，果肉柔软、致密，汁液多，味浓甜，具香气，可溶性固形物含量14.1%，品质上等；郑州地区果实成熟期为9月中下旬，耐贮存，常温可贮存2个月。

树势较强，树姿较直立，萌芽力强，成枝力中等；以短果枝结果为主，短果枝和中果枝易形成，结果能力强；花芽易形成，结果年龄比较早。

抗黑斑病能力强，但抗黑星病能力较弱。

22. 新一梨

韩国园艺研究所以'新兴'为母本、'丰水'为父本杂交选育而成。

果实扁圆形，平均单果重370 g；果皮为鲜明的黄褐色；果肉为透明的白色，柔软多汁，石细胞极少，可溶性固形物含量13.8%；果实9月中旬成熟，常温下可贮存15～20天。

树势中庸，树姿半开张；易形成短果枝，以短果枝结果为主；花粉多，可用作授粉树；抗黑斑病能力强，但抗黑星病能力较弱。

23. 爱宕

日本用'二十世纪'与'今村秋'杂交育成的砂梨型、特大果、耐贮存的优良晚熟梨品种，我国从日本引入并栽培成功。

果实扁圆形，平均单果重 450 g，最大果重 2 100 g；果皮黄褐色或橘黄色，表面光滑；果肉乳白色，肉质松脆，甘甜可口，无石细胞，果心小，可溶性固形物含量 13.8%，品质上等，极耐贮存。

结果早，极丰产；树姿半开张，萌芽率高，成枝力弱；自花结实率高，若配置授粉树，其产量更高；抗黑斑病、黑星病能力强。

24. 晚三吉

原产于日本，19 世纪末从日本神户果树研究所引入山东。

果实阔卵圆形，平均单果重 400 g；果皮厚、棕色，果点大、褐色、较密；果梗深褐色，较粗，梗洼大而深，有棱沟；脱萼或少数宿存；果肉白色，质地较细，嫩而脆，石细胞较少，汁液多，初采时甜酸、微涩，稍经贮存味甜微香，可溶性固形物含量 11.5%，品质中上等；10 月上中旬成熟，极耐贮存，在自然条件下可贮至翌年的 5 月。

树姿半直立，树冠圆锥形或圆头形，株型较小；萌芽力强，成枝力极低；以骨干枝上的短果枝群和短果枝结果为主，丰产，高产，大小年现象很轻；对土壤适应性强，喜大肥水，管理不善树势极易衰弱，影响寿命。

抗黑星病，较不抗风，适于密植和早期丰产栽培。

25. 今村秋

日本品种，在胶东梨区及原莱阳农学院等地有少量栽培，有近百年的栽培历史。

果实扁圆形，两端较细，单果重 160 g 左右；果皮粗糙，锈褐色，阳面呈黄褐色，果点大、密布；果梗甚短，梗洼窄深、急入，常具 3 ~ 4 条沟纹；萼片脱落或残存，萼洼特狭深，洼周具有数条明显的棱；果肉白色，微绿，肉质较细而脆，石细胞较少，汁多，味淡甜，品质中等；9 月下旬至 10 月上旬成熟。

幼树生长旺盛，成龄树树势较弱，树冠中等大小；枝条稀疏，半开张或水平生长；嫩梢具赤黄色茸毛；当年生枝紫褐色，曲折性不显著；叶片大，较厚，深绿色，圆形或阔椭圆形，先端突尖，具三角形刺状齿缘；初生叶褐红色，边缘密被灰白色茸毛；芽早熟性强，发枝力弱；嫁接后 4 ~ 5 年始果，以短果枝结果为主，产量中等。

抗寒力中等，植株寿命短，对风、土适应性差。

二、西洋梨品种

1. 小伏梨

原名 Madeleine，别名'伏梨''小伏洋梨''早茄梨'等。原产法国，为西洋梨中最优良的极早熟品种。1871 年由 J.L.Nevins 带入烟台，在牟平、莱阳、济南等地有少量栽培。

果实多短瓢形，单果重 60 g 左右；果皮较厚，黄绿色，细而光滑；果点细、密，黄白色或锈色，不甚明显；果梗较长，稍粗，黄褐色，基部肥大，周围稍隆起；萼片宿存，开或闭，萼洼浅广，周围有小棱起；果肉乳白色，肉质细软，果汁多，味甜，微涩，不需后熟，品质上等，可溶性固形物含量 16.3%。

树体中大，成龄期半开张，树冠圆头形；主干灰褐色，1 年生枝黄褐色，阳面棕褐色，粗壮，直立；嫩梢黄绿色，密被茸毛；叶片较小，卵圆形至长椭圆形，浓绿色，先端渐尖，基部楔形或钝圆形，锯齿锐、浅小、不整齐，两侧稍向上卷；树体健壮，萌芽及成枝率高；栽后 4～5 年结果，以短果枝和短果枝群结果为主，坐果率高，熟前落果少；果小，故产量较低，年年结果；在莱阳 4 月中下旬开花，果实 7 月上旬成熟，6 月中下旬即可采收，不耐贮运。

易感染枝干病害。

2. 伏茄

又名'伏洋梨'，法国品种，为极早熟优良品种。我国山东半岛、辽宁、山西等地有栽培。

果实葫芦形，平均单果重 147 g；果皮黄绿色，阳面有红晕；果肉白色，肉质细，后熟变软，汁液多，风味酸甜，有微香，可溶性固形物含量 14.6%。

树势中庸，树姿半开张，以短果枝结果为主；抗虫、抗病；北京地区 7 月中旬成熟，采前落果轻，产量中等。

3. 考西亚

中国农科院郑州果树研究所自美国引入。

果实葫芦形，平均单果重 210 g，最大单果重 450 g；果皮淡黄白色，阳面具有鲜红色晕；果心小，果肉淡黄色，肉质柔软细嫩，汁液多，味甜，有香气，可溶性固形物含量 11.5%～12.5%；适合河南、河北等地栽培，7 月下旬成熟。

树势强，树姿直立，以中、短果枝结果为主；幼树宜轻剪缓放，开张枝条角度，促进早果丰产。

4. 拉达娜

北京市农林科学院果树研究所 2001 年从捷克引进的早熟红色西洋梨品种。

果实倒卵形，平均单果重 233.9 g；果皮紫红色，熟后橘红色，果点小，果皮嫩、厚度中等，果面较光滑；果梗上常有瘤状突起，萼片宿存；果肉淡黄色，肉质细软，汁多，味甜，粉香，果心大小中等，可溶性固形物含量 11.0%，品质上等；果实 7 月底成熟，采后在室温下经 3～5 天后熟，表现出最佳食用品质。

树势强健，树姿直立，枝条粗壮；一年生枝红褐色，萌芽率高，成枝力低；叶片窄椭圆形，小，浓绿色；大树芽接后第 4 年开始结果，以短果枝结果，不易形成腋花芽；花量大，花粉多，坐果率高；丰产，5 年生树株产 20 kg。

抗性较强，适应性广，对黑斑病、黑星病、轮纹病、梨木虱抵抗力强，抗寒性中等。

5. 超红

又名'早红考密斯'，原产于英国的早熟、优质西洋梨品种，1979 年引入山东。

果实粗颈葫芦形，果个中大，平均单果重 190 g，大者可达 280 g；幼果期果实即呈紫红色，果皮薄，较光滑；阳面果点细小，中密，不明显，蜡质厚；阴面果点大而密，明显，蜡质薄；果柄粗短，基部略肥大，弯曲，锈褐色，梗洼小、浅；宿萼，萼片短小，闭合，萼洼浅、中广，多皱褶，萼筒漏斗状、中长；果肉雪白色，半透明，稍绿，质地较细，硬脆，石细胞少，果心中大，可食率高，果心线明显；经后熟肉质细嫩，易溶，汁液多，具芳香，风味酸甜，品质上等；8月上旬采收，采收时可溶性固形物含量12.0%，后熟1周后达14%，果实在常温下可贮存15天，在5℃左右温度条件下可贮存3个月。

树冠中大，幼树期树姿直立，盛果期半开张；主干灰褐色，一年生枝（阳面）紫红色，2年生枝浅灰色；叶片深绿色，长椭圆形，叶面平整，质厚，具光泽，先端渐尖，基部楔形，叶缘锯齿浅钝。

树体健壮，改接树前期长势旺盛，当年枝条生长量可达116 cm；萌芽率高达77.8%～82.8%，成枝力强，一年生枝短截后，平均抽生4.3个长枝；花芽形成易，早实性强，高接树2年见果；进入结果期以短果枝结果为主，部分中长果枝及腋花芽也易结果；该品种连续结果能力强，大小年结果现象不明显，丰产稳产。

适应性较广，抗旱、抗寒、耐盐碱力与普通巴梨相近，较抗轮纹病、炭疽病，抗干枯病。

6. 红茄

20世纪50年代美国发现的'茄梨'红色芽变品种，1977年由南斯拉夫引入我国。

果实葫芦形，平均单果重132 g；果面全紫红色，平滑，有蜡质光泽，果点小而不明显；果心中大，果肉乳白色，肉质细脆，稍韧；经5～7天后熟，肉质变软易溶于口，汁液多，石细胞少，味酸甜，有微香，品质上等；可溶性固形物含量12.3%，可溶性糖含量8.93%，可滴定酸含量0.24%；果实不耐贮存，常温下贮存15天左右；山东地区果实8月上中旬成熟。

叶片长卵圆形、渐尖，叶缘钝锯齿、无刺芒；主干灰褐色，一年生枝暗红褐色；树势中庸，树姿直立，萌芽率63.9%，成枝力弱；定植4年结果，以短果枝结果为主，较丰产、稳产，采前落果轻。

7. 粉酪

1960年意大利用Goscia和Beurre Clairgeau杂交育成，1994年自美国引入我国。

果实葫芦形，平均单果重325 g，底色黄绿色，果面60%着鲜红色晕，果面光洁，果点小，果梗短，果肉白色，石细胞少。经后熟果实底色变黄，果肉细嫩多汁，风味甜，香气浓郁，品质极佳。果实采收后常温下贮存20天，风味更佳；冷藏可达60～80天。

幼树长势较强，成龄树中庸；以短果枝结果为主；在昌黎地区7月底果实成熟；适应性广，抗病力强；树形宜采用纺锤形，授粉品种以西洋梨品种为主；由于果柄较短，套袋后遇大风易落果。

8. 巴梨

1770年在英国发现的自然实生种，是世界上栽培最广泛的西洋梨品种，1871年自美国引入山东烟台。

果实粗颈葫芦形，平均单果重217g；果皮黄绿色，阳面有红晕；果心较小，果肉乳白色，肉质细，易溶于口，石细胞极少；采后经一周左右后熟，汁液多，味甜，有香气；可溶性固形物含量12.5%～13.5%，可溶性糖含量9.87%，可滴定酸含量0.28%，品质极佳；果实不耐贮存；山东地区8月中下旬果实成熟。

叶片卵圆形或椭圆形，叶基圆形，叶缘锯齿钝、无刺芒；枝干较软，结果负荷可使主枝开张下垂；主干及多年生枝灰褐色，一年生枝淡黄色，阳面红褐色。

树势强，树姿直立，呈扫帚状或圆锥状，盛果期后树势易衰弱；萌芽率79%，成枝力强；定植3～4年开始结果，以短果枝结果为主，腋花芽可结果，丰产稳产。

易受冻害并感染腐烂病，抗黑星病和锈病。

9. 三季梨

1870年在法国发现的实生种，我国辽宁大连和山东烟台有栽培。

果实粗颈葫芦形，平均单果重244g；果皮绿黄色，后熟后淡黄色，部分果实阳面有暗红晕；果心较小，果肉白色，肉质细，经后熟变软，汁液多，有香气，味酸甜；可溶性固形物含量14.5%，可溶性糖含量7.21%，可滴定酸含量0.38%，品质上等，果实不耐贮存；在山东胶东地区8月中下旬成熟。

叶片卵圆形或椭圆形，叶缘锯齿钝，无刺芒；多年生枝灰褐色，一年生枝黄褐色；花白色，花粉多；树势中庸，树姿半开张，萌芽率71%，成枝力中等；定植3～4年开始结果，幼树以腋花芽结果为主，成年树以短果枝结果为主，丰产、稳产；抗旱，有一定的抗寒性，易感染腐烂病，采前易落果。

10. 日面红

原产于比利时。

果实粗颈葫芦形，平均单果重256g；果面绿黄色，阳面有红晕；果皮平滑有光泽，较薄；果肉白色，肉质中粗，后熟后变软，汁液中多，味香甜，可溶性固形物含量15.7%，品质中上等；在郑州地区果实8月中旬成熟。

树冠倒圆锥形，树势强，枝条角度开张；萌芽率高，成枝力弱；以短果枝结果为主，成年树株产130kg，但有隔年结果现象。

适应能力强，较抗寒，较耐旱，在各种土壤上生长表现良好；对腐烂病的抵抗力较强，较丰产。

11. 朝鲜洋梨

原产于朝鲜，吉林延边朝鲜族自治州栽培较多。

果实扁圆形，平均单果重203g；果皮绿色，果点中大、中多，呈褐色；果肉乳白色，肉质中粗，脆，汁液中多，味淡甜酸，可溶性固形物含量12%左右，品质中等；在辽宁大连地区果实8月中旬采收，采后即可食用，一般不宜存放。

树冠圆头形，树势中等，萌芽率高，成枝力弱；以短果枝结果为主，成龄树株产 150 kg 左右。抗枝干病害能力较强，抗寒能力强，可耐 −30 ~ −27℃的低温；耐盐碱，耐干旱，耐瘠薄，适应能力强，在沙壤土上生长良好。

12. 秋洋梨

原名 Alexandrine Douillard，又名'好本号'，原产于法国，20 世纪 80 年代引入山东烟台。

果实长瓢形或纺锤形，果实中大，平均单果重 262.03 g；果面光滑，稍有凹凸，鲜黄绿色，阳面有红晕；果点小，果梗斜生、稍弯曲，萼片宿存；果肉白色，石细胞极少，后熟后细软，多汁，香气浓郁，果心极小，可溶性固形物含量 13.5% ~ 14.8%，总糖含量 9.6%，总酸 0.11%，维生素 C 含量 56.1 mg/kg，品质上等；泰安地区 8 月下旬成熟，果实发育期 131 天左右。

树姿半开张，树冠纺锤形；多年生枝黄褐色，被灰色膜；新梢直立，较粗壮；叶片椭圆形或倒卵圆形，浓绿色，叶片大，叶长 7.43 cm、宽 3.68 cm；叶尖渐尖，叶基圆形，叶缘刺芒状，大小整齐；萌芽率和成枝力均高，以短果枝结果为主，成花容易；进入结果期早，坐果率高，无大小年现象，连续结果能力强，结果后树势健壮、稳定。

具有较好的适应性，抗旱、抗寒，耐盐碱力较强；未发现有严重病虫危害，对黑星病、褐斑病、锈病、炭疽病及干枯病的抵抗力较强。

13. 阿巴特

1866 年法国发现的实生种，为目前欧洲主栽品种之一，20 世纪末引入我国。

果实长颈葫芦形，平均单果重 257 g；果皮绿色，经后熟变为黄色，果面光滑；果肉乳白色，果心小，肉质细，石细胞少，采后即可食用；经 10 ~ 20 天后熟，芳香味更浓；可溶性固形物含量 12.9% ~ 14.1%，品质上等；在山东烟台地区 9 月上旬成熟。

叶片长圆形，叶尖急尖，幼叶黄绿色；树冠圆锥形，枝条直立生长；多年生枝黄褐色，角度较为开张，一年生枝黄绿色；花瓣白色，花粉多。

幼树生长旺盛，干性强，进入结果期后骨干枝自然开张，树势中庸；以叶丛枝、短果枝结果为主，萌芽率 82.9%，成枝力中等偏弱，连续结果能力强。

抗旱，抗寒性强；抗黑星病、黑斑病能力强，抗梨锈病，不抗枝干粗皮病，梨木虱危害较轻。

14. 派克汉姆

1897 年澳大利亚以'UvedaleSt.Germain'为母本、'Bartlett'为父本杂交育成，1977 年从南斯拉夫引入我国。

果实粗颈葫芦形，平均单果重 184 g；果皮绿黄色，阳面有红晕；果面凹凸不平，有棱突和小锈片，果点小而多，蜡质中多；果心中小，果肉白色，肉质细密，韧，石细胞少，经后熟变软，汁液多，味酸甜，香气浓郁；可溶性固形物含量 12.0% ~ 13.7%，可溶性糖含量 9.60%，可滴定酸含量 0.29%，品质上等；9 月底果实成熟，果实不耐贮存，可贮存 1 个月左右。

树势中庸，树姿开张，萌芽率和成枝力中等；以短果枝结果为主，腋花芽结果能力强，连续结果能力强，丰产、稳产；易感染黑星病和火疫病。

15. 李克特

1882 年法国以 'Bartlett' 为母本、'BergamotteFortune' 为父本杂交选育而成，1992 年大连市农业科学院从日本引入。

果实粗颈葫芦形，果个大，平均单果重 225 g，最大单果重 400 g；果皮黄绿色，果面蜡质少，果点小而疏；果肉白色，石细胞极少，果心小；经后熟果皮变为黄色，果肉变软，易溶于口，肉质细，汁液多，可溶性固形物含量 17.0%，总酸含量 0.13%，品质上等；在大连地区 10 月中下旬成熟。

幼树长势旺，树姿直立，以短果枝结果为主，萌芽率、成枝力中等；该品种有明显的花粉直感现象，配置的授粉树以果形为葫芦形的西洋梨系统品种为主，可选择 '三季梨''巴梨' 为授粉树。

16. 康佛伦斯

1894 年英国人自 LeonLeclercdeLaval 实生种中选育，英国、德国、法国和保加利亚等国的主栽品种之一，20 世纪 70 年代引入我国。

果实细颈葫芦形，平均单果重 255 g，肩部常向一侧歪斜；果皮黄绿色，阳面有部分淡红晕，果面平滑、有光泽，外形美观；果心小，果肉白色，肉质细密，经后熟变软，汁液多，味甜，有香气，可溶性固形物含量 13.5%，可溶性糖含量 9.90%，可滴定酸含量 0.13%，品质极佳；果实不耐贮存；在辽宁兴城地区 9 月中旬成熟。

叶片椭圆形，叶尖渐尖，叶基圆形；一年生枝浅紫色，新梢紫红色；花白色，每个花序 5 ~ 6 朵花，花粉量多；树势中庸，幼树生长健壮，树姿半开张，枝条直立；萌芽率 78%，成枝力中等；定植 3 年结果，以短果枝结果为主，果台连续结果能力强，丰产；抗寒力中等，抗病性强。

17. 凯斯凯德

美国用大红巴梨（MaxRedBartlett）和考密斯（Comice）杂交育成。

果实短葫芦形，果个大，平均单果重 410 g，最大单果重 500 g；幼果紫红色，成熟果实深红色；果点小且明显，无果锈，果柄粗、短；果肉白色，肉质细软，汁液多，香气浓，风味甜，品质上等；可食率高，可溶性固形物含量 15.0%，总糖含量 10.86%，总酸含量 0.18%，糖酸比 60.33，维生素 C 含量 8.65 mg/kg；采后常温下 10 天左右完成后熟，后熟果实食用品质最佳；较耐贮存，0 ~ 5℃条件下贮存 2 个月仍可保持原有风味，可供应秋冬梨果市场；在山东泰安地区 9 月上旬成熟。

树势强，树冠中大；幼树树姿直立，盛果期树姿半开张；主干灰褐色，多年生枝灰褐色，2 年生枝赤灰色，一年生枝红褐色；叶片浓绿色，平展，先端渐尖，基部楔形，叶缘锯齿渐钝；顶芽大，圆锥形，腋芽小而尖，与枝条的夹角大；花序为伞房花序，每个花序 5 ~ 8 朵花，边花先开；

花瓣白色，花药粉红色；萌芽率高，可达 80%；成枝力强，改接树前期长势旺盛；以短果枝结果为主，短果枝占 75%，中果枝占 20%，长果枝占 5%，自然授粉坐果率 65% 左右；易成花，早实性强，丰产、稳产；苗木定植后第 3 年开始结果，产量可达 600 kg/666.7 m²。

具有较好的适应性，耐旱，耐盐碱。对黑星病、梨褐斑病免疫，对梨锈病和梨炭疽病抗性强。

18. 红考密斯

美国华盛顿州从'考密斯'梨中选出的浓红型芽变新品种。

果实短葫芦形，平均单果重 324 g，最大 610 g；果面光滑，果点极小；果皮厚，完熟时果面呈鲜红色；果肉淡黄色，极细腻，柔滑适口，香气浓郁，可溶性固形物含量 16.8%，品质佳；6 天完成后熟过程，呈现最佳食用品质；山东地区 9 月上旬果实成熟。

树势强健，树姿直立，枝条稍软，分枝角度大；萌芽率 51.5%，成枝力 3.6；以中短果枝结果为主，中果枝上腋花芽多；着生单果极多，几乎无双果；早实性强，定植第 3 年开始见果。

高抗梨木虱、黑星病、梨黄粉虫等。

19. 红巴梨

1938 年美国在一株 1913 年定植的巴梨树上发现的红色芽变品种，先后由南斯拉夫、美国等引入我国。

果实粗颈葫芦形，平均单果重 225 g，果点小，少；幼果期整个果面紫红色，迅速膨大期果实阴面红色逐渐退去，开始变绿，阳面仍为紫红色，片红；套袋果和后熟的果实阳面变为鲜红色，底色变黄；果肉白色，采收时果肉脆，后熟后果肉变软，易溶于口，肉质细，汁液多，石细胞极少，果心小；可溶性固形物含量 13.8%，可溶性糖含量 10.8%，可滴定酸含量 0.20%，味甜，香气浓郁，品质极佳；山东地区 9 月上旬成熟；常温下贮存 10～15 天，0～3℃条件下可贮存至翌年 3 月。

叶片长卵圆形，嫩叶红色；主干浅褐色，表面光滑，一年生枝红色；每个花序 6 朵花，花冠白色；树势中庸，幼树树姿直立，成年树半开张；定植 3 年结果，萌芽率 78%，成枝力强，以短果枝结果为主；采前落果轻，较丰产、稳产；幼树有二次生长特点，后期应控制肥水，以提高其抗寒和抗抽条的能力。

适应性较强，抗寒能力弱，抗病性弱，易感染腐烂病，抗风、抗黑星病和锈病能力强。

20. 红安久

1823 年起源于比利时的晚熟、耐贮型西洋梨品种，栽培面积在北美居第二位。1997 年山东省果树研究所自美国引入我国。

果实葫芦形，平均单果重 230 g，大者可达到 500 g；果皮全面紫红色，果面平滑，具蜡质光泽，果点中多，小而明显，外观漂亮；梗洼浅而狭，萼片宿存或残存，萼洼浅而狭，有皱褶；果肉乳白色，质地细，石细胞少；经一周后熟后变软，易溶于口，汁液多，风味酸甜可口，具有宜人的浓郁芳香，可溶性固形物含量 14% 以上，品质极佳；果实在室温条件下可贮存 40 天，在 0～1℃冷藏条件下可贮存 6～7 个月，在气调条件下可贮存 9 个月；在泰安 9 月下旬至 10 月上旬果实成熟。

树势强健，树姿半开张；主干深灰褐色、粗糙，2～3 年生枝赤褐色，一年生枝紫红色；花瓣粉红色，幼嫩新梢叶片紫红色，其红色性状表现远超红巴梨和红考密斯，具有极高的观赏价值；当年生新梢较安久梨生长量小；叶片红色，叶面光滑平展，先端渐尖，基部楔形，叶缘锯齿浅钝。

萌芽力和成枝力强，成龄树树势中庸或偏弱；幼树栽植后 3～4 年见果，高接后大树第 3 年丰产；成龄大树以短果枝和短果枝群结果为主，中、长果枝及腋花芽也容易结果；该品种连续结果能力强，大小年结果现象不明显，高产稳产。

该品种适应性广，抗寒性高于‘巴梨’，对细菌性火疫病、梨黑星病的抗性高于‘巴梨’；对白粉病、叶斑病、果腐病、梨衰退病（植原体病害）和梨脉黄病毒的抗性类似于‘巴梨’；对食心虫的抗性远高于‘巴梨’；但对螨类特别敏感。

21. 贵妃梨

又名‘香槟梨’，原产于美国。

果实纺锤形，平均单果重 142.2 g；果皮绿黄色，阳面有红晕，果点小、多，呈褐色；果肉黄白色，肉质中粗，稍脆，汁液中多，味淡酸甜，可溶性固形物含量 10.5% 左右，微香，品质中等；在大连地区 10 月上旬采收。

树冠长圆形，树势中等。萌芽率高，成枝力弱；以短果枝结果为主，成龄树株产 100 kg。可用于加工罐头。

适应能力较强，有较强的抗逆性；抗黑叶病能力较强，抗寒力强。

参考文献

王少敏，王宏伟 . 梨绿色高效生产关键技术［M］. 济南：山东科学技术出版社，2014.

王少敏 . 山东梨地方品种图志［M］. 济南：山东科学技术出版社，2020.

王少敏 . 山东特色优势果树种质资源图志［M］. 北京：中国农业出版社，2019.

陆秋农 . 山东果树志［M］. 济南：山东科学技术出版社，1996.

陈新平 . 梨新品种及栽培新技术［M］. 郑州：中原农民出版社，2010.

曹玉芬，张绍玲 . 中国梨遗传资源［M］. 北京：中国农业出版社，2020.

刘军，王小伟 . "图说果树良种栽培"丛书：西洋梨［M］. 北京：北京科学技术出版社，2009.

第五章

梨的生物学特性

第一节　根系的生长发育特性

一、根系种类

梨根系主要分为主根和侧根、吸收根和输导根、延长根和过渡根。主根主要指由种子胚根发育而来，向垂直方向分布的粗大根；当主根生长到一定长度时，就会从内部侧向生出许多支根，为侧根；在须根尖端，白色的初生结构为吸收根；输导根是由过渡根变为浅褐色和深褐色的根，初生皮层已经脱落死亡，产生了周皮和次生维管组织；延长根是初生结构的根，白色，有强大的分生组织，较粗，生长快。过渡根是次生结构的根。不同类型的根系在梨树生长过程中发挥着不同的作用，不仅可以吸收和贮存营养元素，还可以固定植株，并且还为许多生物合成提供场所。主根和侧根具有吸收、支持和固着作用；吸收根和营养根主要负责从土壤中吸收水分和营养物质，并转化为有机物；输导根主要负责输导水分和营养物质，对梨树有一定的固着作用。梨的根系发达，有明显的主根，须根较稀少，主根分布较深。

二、根系的形态结构

根尖部分是梨根系最活跃的部分，主要指从顶端到着生根毛的部分，分为根冠、分生区、伸长区和根毛区。各细胞区的形态结构不同，具有不同的生理功能。根冠指梨根尖的顶端，是由许多薄壁细胞组成的冠状结构。根冠外壁有黏液覆盖，原生质体内也含有淀粉和胶黏性物质，这一现象可使根尖易在土壤颗粒间推进，保护幼嫩的生长点不受擦伤。分生区由顶端分生组织构成，长 1~2 mm，大部分被根冠包围，分生区细胞一直具有分裂能力，是产生新细胞的主要位置。伸长区的细胞生长迅速，细胞分裂活动逐渐减弱，细胞分化程度明显加强，逐步分化出一些形态不同的组织。原生韧皮部的筛管和原生木质部的导管相继出现。成熟区位于伸长区之上，又称为根毛区，分布较多的根毛，有效增加了根的吸收面积。

梨根系的初生结构，由内到外可以划分为表皮、皮层和中柱三个明显的部分。表皮是位于成熟区最外的一层排列紧密的细胞，细胞呈长方形。皮层位于表皮的里面，分为外皮层、薄壁细胞和内皮层三部分，是水分和溶质从根毛到中柱的横输导途径，占幼根横切面的很大比例。外皮层一般由 2～3 层薄壁细胞组成，中皮层薄壁细胞的层数较多，细胞体积较大。内皮层是皮层的最内一层，细胞排列紧密，没有细胞间隙。维管柱是内皮层以内的中轴部分，细胞一般较小且密集，由中柱鞘、初生木质部、初生韧皮部、薄壁组织四部分组成。中柱鞘位于中柱外围，与内皮层毗邻，由一层或几层薄壁细胞组成。初生木质部位于根的中央，主要功能是向上运输水分。初生韧皮部位于中柱内，其主要功能是运输叶制造的有机营养物质到根、茎、花、果等部位。薄壁细胞位于初生木质部和初生韧皮部中间，常有几列薄壁细胞。梨主根和较大侧根在完成初生生长以后，由于形成层的发生和活动，不断产生次生维管组织和周皮，使根的直径增粗，这种生长过程称为次生生长。

三、根系生长和分布

梨树每年发生的新根，根据其主要功能的不同，可分为延伸根和吸收根，一般延伸根较粗，吸收根较细。随着树龄的增长，根系也在不断扩大。其中，延伸根是梨根系扩大的主要动力，幼树单一延伸根生长量最高可达 80 cm，一般均在 3 cm 左右，其向水平方向、垂直方向、水平和垂直之间的方向延伸。延伸根生长过程中，其上生长出多个侧根，这些侧根少数可以发展成延伸根，大部分侧根成为发生吸收根的根基，上面生长出大量的吸收根。吸收根可以吸收水分和养分，吸收根数量比延伸根多，但是其寿命较短，每年的死亡率较高。

在年生长周期中，梨根系的生长高峰主要有两个，一个是 5—6 月份快速生长时期，春季萌芽以前根系即开始活动，以后随着土温的上升而日益转旺，新梢转入缓慢生长以后，根系生长明显增强，新梢停止生长以后根系生长最快；另一个是 10—11 月秋根生长高峰期，秋季果实成熟前根系生长进入快速生长阶段，出现第二次生长高峰，以后随着温度的下降而进入缓慢生长阶段，落叶以后到寒冬，生长微弱或者被迫停止生长。在不同深度的土层内，新根开始生长的时期是不同的。一般梨树根系较其他果树根的水平分布范围大，而且比树冠的扩展范围宽广。根系的垂直分布深度可达 2～3 m，水平分布一般为冠幅的 2 倍左右，少数品种可达 4～5 倍。砧木、树种、品种、土壤深度、下层土性质、排水系统和地下水高度等条件都可以影响梨根系的分布。

四、根系生长的影响因素

新根的伸长和生长与温度、水肥、空气、修剪量、土质等具有密切关系。根系生长的适宜温度是 15～20℃，根系显著快速生长时期是每年的 4—6 月份和 9—11 月份，根系在温度是 6℃时即开始伸长。冬季低温条件下，地下深层土壤中的根系也能正常生长。根系的伸长和生长与水、肥料养分具有密切关系。梨根系在持续的水分胁迫下，极易造成根系老化，致使根系活力、吸收力下降，影响地上部分生长。根系生长具有趋肥性，土壤施肥可以有效诱导根系向纵深和水平方向扩展，促进梨根系生长发育。空气是根系伸长和充分发挥吸收机能所必需的。如果只依靠水中少量的氧气，短时间内根系即处于窒息状态，严重时可以造成根系死亡。地上部分不同修剪程度可以影响地下根系的生长，轻剪处理水平根系分布深而广，不修剪的梨树垂直根系深，水平分布不广，重剪处理根系分布居中。

第二节 叶的生长发育特性

一、叶的形态

梨叶由叶片、叶柄和托叶三部分组成。叶片的形状主要有圆形、卵圆形、椭圆形、披针形和裂叶形。叶片近叶柄的一端成为叶基，先端成为叶尖，两缘称为叶缘。叶基形状主要有狭楔形、楔形、宽楔形、圆形、截形和心形。叶尖的形状主要有渐尖、钝尖、急尖和长尾尖。叶缘主要有五种类型，分别是全缘、圆锯齿、钝锯齿、锐锯齿和复锯齿。多数品种的叶缘为锯齿状，齿尖上有针芒状的刺芒。梨叶片内分布着叶脉，是羽状网状脉，具有支持叶片平展和疏导养分的功能。

叶柄位于叶片基部，并与茎相连，叶柄支持叶片，并安排叶片在一定的空间，接受较多的阳光，叶柄内部具有发达的机械组织和输导组织，具有联系叶片和茎间的输导功能。托叶位于叶柄和茎相连接处的两侧，通常细小，与叶柄基部连生在一起。梨叶互生，叶子呈螺旋状排列在茎上，每隔 2/5 周长出一叶。大部分梨品种资源不具有托叶。托叶多为线状披针形，但在叶生长早期自行脱落。

叶片是叶最重要的部分，是蒸腾作用和光合作用的主要场所。梨叶片的大小不一，野生类型中川梨、杏叶梨、木梨等叶片较小。在栽培种中，秋子梨、新疆梨和西洋梨叶片较小，其他栽培种叶片较大。

二、叶片的解剖结构

梨叶片的构造由表皮、叶肉和叶脉三部分组成。表皮来源于原表皮，由一层细胞构成，叶片腹面为上表皮，背面为下表皮。表皮细胞一般为形状不规则的扁平体，垂周壁凹凸不齐，细胞之间紧密嵌合，外壁有角质膜，有些品种在角质膜外边还有蜡被。表皮除了基本组成的表皮细胞外，还有气孔器、表皮毛、腺毛、异细胞和排水器等。

叶肉是进行光合作用的主要场所，细胞内含有大量的叶绿体，形成疏松的绿色组织。背覆型叶其近轴的一面成为腹面（上面），远轴的一面成为背面（下面）。由于上下两面向光的情况不同，叶肉组织的上部分化成栅栏组织、下部分化为海绵组织。栅栏组织是一列或几列长柱形的薄壁细胞，其长轴与上表皮垂直相交，呈栅栏状排列，是进行光合作用的主要场所。海绵组织是位于栅栏组织和下表皮之间的薄壁组织，细胞大小和形状不规则，也能进行光合作用。

叶脉由贯穿在叶肉内的维管束及其外围的机械组织组成，是叶的输导组织和支持结构。叶脉的粗细、大小不同，结构也存在差异。主脉和大的侧脉由维管束和机械组织组成，维管束中有木质部和韧皮部。随着叶脉越来越细，结构也越简单，形成层消失，机械组织逐渐减少，甚至消失。

叶脉可以为叶提供水分和无机盐、输出光合产物，支撑叶片，保证叶的正常的生理功能。

三、叶片的周年生长

梨树叶片随新梢的生长而生长，一般基部第一片叶最小，自下而上逐渐增大。在有芽分化的长梢上，一般自基部第一片叶开始，自下而上逐渐增大。当出现最大一片叶后，会接着出现以下 1~3 片叶明显变小，以后又逐渐增大，后又渐次变小的现象。梨树叶片数量和叶面积与果实生长发育的关系密切。如砂梨品种一般每生产 1 个果实需要 25~35 片叶片，否则当年的优质丰产就没有保证。

四、叶片脱落

木本植物落叶之前，在靠近叶柄基部分裂出数层较为扁小的薄壁细胞，横隔于叶柄基部，称为离区。离区形成以后，在其范围内，一部分薄壁细胞的胞间层发生黏液化而分解或初生壁解体，形成离层。离层形成以后，叶片受重力或者外力的作用时，便从离层处脱落，在离层的下方发育出木栓细胞，逐渐覆盖整个断痕，并与茎部的木栓层相连接。气候环境变化、栽培管理措施不当，均可以导致梨树早期落叶现象。

第三节　枝芽的生长特性

一、枝的组成与特性

梨树枝条是以茎为主轴，着生叶、芽、花和果实的重要营养器官，是形成和构成树冠的基本器官。枝条根据年龄分为新梢、一年生枝、二年生枝、多年生枝；根据枝条的性质又可以划分为营养枝和结果枝。新梢是由叶芽发出的新枝，当年落叶以前称为新梢，新梢上面具有芽和叶。芽着生在新梢顶端和叶腋间。新梢上着生叶的部位是节，节与节之间的茎是节间。新梢落叶以后到第二年萌芽以前称作一年生枝条，具有花芽的一年生枝称为结果枝，无花芽的一年生枝是营养枝。营养枝根据发育特点和枝条长短分为发育枝、细弱枝、叶丛枝和徒长枝。发育枝生长健壮、叶片肥大、组织充实、芽体饱满。根据枝条的长度又可以划分为短枝、中枝和长枝条，绝大多数的梨以中、短果枝结果为主。一年生枝在萌芽以后至下一年萌芽以前称为二年生枝条，以此类推，形成多年生枝条。只有新梢能够加长生长，一年生以上的枝条只有加粗生长，没有加长生长。多年生枝条加粗生长较快的时间是 6—8 月份，8 月份以后各部分只是缓慢加粗生长，到 10 月下旬停止生长。

二、芽的种类与特性

1. 芽的种类

梨树的芽是一种临时性器官，是枝、叶等营养器官和花、果实等生殖器官形成的基础，梨树生长和结果、更新和复壮等重要生命活动都是通过芽来实现的。芽包括花芽和叶芽，花芽形成时间较早，新梢停止生长，芽鳞片分化后的 1 个月即开始分化，叶芽多数在春末夏初形成。

叶芽根据其在枝条上的位置分为顶芽和侧芽（腋芽），不同种类、品种的梨树芽的大小形态不同，一般砂梨品种叶芽较大，白梨次之，西洋梨最小。叶芽的姿态可以分为贴生、离生和斜生三种类型。一般情况下，顶芽较大、圆满，侧芽较小较尖。梨的顶芽和侧芽在形成后的第二年可以萌发形成枝条，不萌发的芽很少，称作隐芽，其寿命较长，是树体更新复壮的基础。

梨树的花芽属于混合芽，即在花芽内包含花和叶的原始体，萌发后能发育成带有数片叶的花序。花芽分为顶花芽和腋花芽。顶花芽是梨树结果的主要花芽，一般顶花芽质量好，结果率就高。腋花芽的结果能力因品种而异，其发育迟缓，开花晚。除少数品种外，大多数品种都能发生不同数量的腋花芽。

2. 芽的特性

梨树的芽一般具有较高的萌发力。一年生枝条上的芽，越冬后基本都可以萌发。芽的外部有革质化的鳞片包裹，鳞片的多少在品种间有一定的差异，一般为 7 ~ 18 个。梨树的芽有较高的萌发能力可能与其芽鳞片较多有关。鳞片越多，芽轴越长，表示芽的分化程度高，冬季越冬以后芽更容易萌发。梨树的芽具有休眠特性，是梨树暂时停止生长的现象，是梨树经过长期演化而获得的一种对环境条件以及季节性变化的生物学适应性，包括夏季休眠和冬季休眠。另外，不同品种的梨芽的需冷量也有明显的差异，如'鸭梨'为 496 h，'库尔勒香梨'为 1 371 h，秋子梨品种为 1 635 h，砂梨的需冷量最少。

三、花芽的分化时期

梨树的花芽分化主要分为两个阶段，一个是生理分化时期，另一个是形态分化期。生理分化时期一般是 5—6 月，新梢停止生长以后，芽生长点处于生理活跃时期，在适宜的生理条件下便开始分化。生理分化时期叶芽和花芽没有区别，此阶段形成芽的鳞片大小、多少是芽好坏的标志，鳞片多则芽质基础好。若第一阶段生理分化后芽营养状况好，则进入花芽的形态分化时期，反之仍然是叶芽。花芽的生理分化完成以后即进入形态分化期，分化生长期主要由花芽分化初始期、花原基和花萼出现期、花冠出现期、雄蕊出现期、雌蕊出现期、心室分化期，花器官形成期和胚珠发育时期等组成。进入形态分化的芽，往往开始于新梢停止生长后不久，时间周期较长，跨年度进行。树势、各枝条生长强弱、停梢早迟、营养状况、环境条件等不同，花芽分化开始的时间不同。另外，北方果树花芽分化的时间比南方果树早，同一地区种植的不同梨品种，其花芽分化时间也有差异。

四、调控花芽形成的因素

花芽分化的早晚与新梢种类及其生长状态、内源激素、碳水化合物、矿质营养、碳氮化合物有关。一般新梢停止生长早，则花芽分化开始的时间就早。短果枝花芽分化较早，中、长果枝花芽分化较晚。植物内源激素的比例和组成调控梨树花芽分化的过程，如玉米素、玉米素核苷、吲哚乙酸、赤霉素、脱落酸等。另外，花芽分化依赖于内源激素互相调节和动态平衡。碳水化合物以及碳氮化合物的含量是花芽分化的物质基础。

第四节　开花结果习性

一、花的类型

梨树的花序为伞房花序，多数品种每个花序有 5 ~ 10 朵花，边花先开，中心花逐渐开放。梨花是两性花，杯状花托，下位子房。萼片 5 片，呈三角形，基部合生、筒状。花冠轮状辐射对称，花瓣 5 枚，白色离生，形状卵圆形，多为单瓣覆瓦状排列，个别品种偶有重瓣，带粉色。正常花蕊，雄蕊显著高于雌蕊，雌蕊高度高于雄蕊的基本为不育品种，也有部分品种雌蕊与雄蕊等高。

二、花器官的组成

梨的花器官由花梗、花托、花被（花瓣、萼片）、雄蕊（花药、花丝）和雌蕊（柱头、花柱、子房）组成。花冠直径 2.1 ~ 6.1 cm，梨花颜色通常有白色、淡粉红色、粉红色、深粉红色四种颜色。雌蕊数目 3 ~ 5 枚，离生，在不同品种间数目基本一致。雄蕊 16 ~ 34 枚，分离，轮生。花药颜色种类较多，主要包括黄白色、淡粉色、淡紫色、粉红色、红色等。雄蕊数目在不同品种间具有明显的差异，雄蕊数目少的资源主要是杜梨和野生秋子梨，雄蕊极多的资源主要是砂梨品种，还有少量的白梨、秋子梨和西洋梨。

三、花芽萌发时期

梨树花芽开花的物候期主要有 5 个，即花芽萌动期、花序伸长期、初花期、盛花期和终花期。梨花期的早晚和长短因品种、气候和土壤管理不同而不同。根据开花时间的早晚可以将梨分为 4 种类型，包括极早（面梨、白八里香）、早（黄金、白宵）、中（京白梨、苹果梨）和晚（红麻梨、赤穗）。在南方，秋子梨和白梨的花期较早，西洋梨的花期偏晚，砂梨居中。同一品种不同年份的花期也不尽相同。

四、花药发育和花粉粒形成

花药的发育可以分为两个阶段，第一阶段是花药的形态建成，细胞与组织发生分化，小孢子母细胞进行减数分裂；第二阶段是细胞的衰退和凋亡阶段，花药膨大并被花丝托到合适的位置，组织发生衰退开裂，花粉囊破裂，花粉粒释放。

1. 花药壁发育

花药壁主要可以分为四层，由外到内分别是表皮、药室内壁、中层和绒毡层。表皮是包围在花药表面的一层细胞，在花药发育过程中可以进行垂周分裂，增加细胞数目，从而适应花药内部组织的增大。花药内壁由一层细胞组成，在花药成熟过程中，该层细胞壁从内切向壁向外和向上发生带状纤维质加厚，有助于花粉囊开裂。中层一般由 2~3 层细胞组成，在小孢子减数分裂时期，中层细胞已开始变化，贮存物质减少，细胞变为扁平状，然后逐步解体被吸收。绒毡层位于花药壁最内层，由一层较大的细胞组成，其主要功能是在小孢子发育过程中输送营养和提供某些构成物质以及贮存物质。

2. 花粉发育

雄配子体的发育是从小孢子开始的，小孢子刚形成时，细胞被胼胝质包围，细胞质浓，核位于中央，液泡不明显；之后在胼胝质和细胞质膜之间开始形成很薄的壁，随着小孢子从四分体中释放出来逐渐增厚，体积迅速增大，细胞液泡化程度增加，逐渐形成中央大液泡，并把细胞质挤压到与萌发孔相对的一个区域内。随后小孢子进入第一个不对称的有丝分裂，形成两个大小不对等的细胞，一个是生殖细胞，一个是营养细胞，此时称之为雄配子体。

生殖细胞最初是贴着花粉壁发育的，后来逐渐向中央推移，最后脱离花粉壁，游离在营养细胞的细胞质中。生殖细胞壁物质消失后，细胞由质膜所包围。生殖细胞在花粉中再次进行有丝分裂，最终形成两个精细胞。

五、梨自交不亲和特性

成熟的花粉粒落到雌蕊柱头上，萌发生长出花粉管，花粉管在花柱中向下生长，引导进入子房，之后花粉管释放精细胞，雄配子和雌配子融合，从而完成受精过程。梨授粉最适宜的温度是24℃左右，完成授粉需要 3~5 天的时间。自然界中的梨绝大多数属于自交不亲和品种，生产栽培中需要配置授粉树。但是也有少部分品种是亲和性梨品种，如'奥嘎二十世纪''闫庄鸭梨'、西洋梨品种 Abugo 和 Ceremeno，是由于花柱基因突变导致的；'金坠梨'也是亲和性品种，主要是由于花粉 S 基因突变导致的；还有由于倍性变异导致的亲和性，如'大果黄花''沙01'。

梨的自交不亲和性主要是受单基因位点（称为 S 位点）上的复等位基因（S1、S2、S3、S4、…、Sx）所控制，该位点至少包括编码 1 个花柱和 1 个花粉组分的 S 基因。花粉和花柱的 S 基因型相同时，花粉管不能在花柱中生长，无法完成授粉受精过程。当两者携带的基因型完全不相同或者有一半相同时，表现出完全亲和性或半亲和性。S-RNase 可以被吸收进花粉管，导致不亲和花粉发生一些类的程序性死亡事件，如微丝、微管解聚。另外，S-RNase 破坏了不亲和花粉管尖端 ROS 的浓度梯度，导致质膜钙离子通道关闭和微丝解聚，并最终诱导细胞核降解，导致花粉管停止生长。

生产中常用的克服自交不亲和的方法主要有以下几种：一是蕾期延迟授粉，即在开花前 2 ~ 7 天授粉，此时花柱尚未发育成熟，其中 S-RNase 的产物表达极少或者不表达，不具备开放花朵的自我识别能力，因此花粉管可以在花柱中生长和有效受精；二是蒙导授粉法，即用被杀死的亲和花粉与不亲和花粉的混花粉授粉；三是化学方法；四是转基因方法，创造自交亲和性株系；五是常规杂交育种，选育亲和性品种。

六、梨坐果与落果特性

花期授粉受精完成后，胚珠发育成种子，子房发育成果实。梨的果实主要是由下位子房的复雌蕊形成的，花托强烈增大和肉质化并与果皮愈合，属于假果。梨花序坐果率一般为 70% ~ 80%，花朵坐果率为 20% ~ 30%，每个花序坐果 1 ~ 3 个。坐果率因品种不同而有所差异，坐果率高的品种有'鸭梨''二十世纪''丰水'等，坐果率中等的品种有'砀山酥梨''长十郎''湘南'等，坐果率低的品种有'伏茄''苍溪梨'等，坐果率高的品种往往容易出现大小年现象。另外，坐果率的高低还与温度、水分、光照、激素、树体营养等有关系。加强梨园的土、肥、水管理以及病虫害防治，花期人工授粉、果园放蜂、适当的疏花疏果等措施，均可以提高坐果率。

开始结果的年龄因树种和品种不同而不同，一般砂梨较早，为 3 ~ 4 年，白梨 4 年左右，秋子梨较晚，为 5 ~ 7 年。品种间差异也比较大，如白梨系统中，'鸭梨' 3 年就可以结果，而'蜜梨'要 7 ~ 8 年才结果。一般以短果枝结果为主，中、长果枝结果较少。在不同树种和品种间差异比较大，如秋子梨多数品种有较多的长果枝和腋花芽结果，砂梨中的'新世纪''幸水'等以及西洋梨中则比较少。一般初结果期中、长枝结果较多，老龄树则较少。

梨经开花、授粉受精后坐果，从坐果到果实成熟，中间要经历几次生理落果期。梨树一般有两次落果，第一次是在花后 7 ~ 10 天，未受精的幼果会逐渐枯萎、脱落，称为早期落果，主要是由于授粉受精不良引起的；第二次落果是花后 30 ~ 40 天，称为后期落果。有些品种在成熟前还会经历一次落果现象，叫做采前落果，如砀山酥梨、明月、长十郎等。造成落果的原因主要有内源激素、光照、温度、水分、病虫害、品种、树体营养状况等。

第五节　果实发育与成熟

一、果实的形态结构

1. 果型特征

梨的果型特征主要是指形状、大小、表面颜色、光泽和光滑度等，每个种和品种都有其固有的形态和大小。

果实形状各异，主要包括扁圆形、圆形、长圆形、卵圆形、倒卵形，圆锥形和圆柱形等。砂梨品种的果实多为球形或扁圆形；白梨品种的果实多为圆形、卵圆形和长圆形；秋子梨的果实多为圆形或扁圆形；新疆梨多为葫芦形或卵圆形；西洋梨多为葫芦形。

果皮颜色多样，主要为黄色、绿黄色、黄绿色、绿色、黄褐色、褐色和红色。多数品种果实底色是黄绿色，其次是黄色和绿黄色。秋子梨和白梨主要为绿皮梨，少数为红皮梨类型，稀有褐皮梨类型；砂梨品种主要是绿皮和褐皮，红皮梨较少；西洋梨主要是绿皮和红皮梨；新疆梨主要是绿皮梨。

果实大小因品种不同而存在较大差异。梨单果重最小不足 1 g，最大可达 500 g。秋子梨果实一般是小到中等大，单果重 35 ~ 210 g；白梨、砂梨的平均单果重分别为 151.5 g 和 161.3 g；西洋梨果实的单果重一般为 36 ~ 287 g；新疆梨平均单果重 108.7 g；野生种杜梨果实最小，直径只有 0.5 ~ 1.0 cm。

2. 果实结构

成熟的果实包括果壁和种子两部分。果壁是指果皮或果皮与其连生的部分。果皮通常可以划分为三层，从外向里依次是外果皮、中果皮和内果皮。梨果实的组织结构主要由表皮层、果肉、石细胞、维管组织和果心组成。表皮层是果实最外面的细胞层，通常是一层比较均匀的细胞，可以分化成各种功能结构不同的细胞，如表皮毛、气孔、皮孔等。除了气孔外，表皮层细胞一般没有发育完全的叶绿体。

果肉是指表皮层以内可以食用的部分，果肉主要由薄壁组织构成，其间分布维管组织、石细胞和其他异形细胞。石细胞是梨果实组织中一类常见的厚壁组织细胞，由大量木质素和纤维素组成，是梨果实中所特有的，也是影响梨果实品质的重要因素之一。梨果实石细胞在果肉中单个或者成群存在，果实顶部石细胞的数量最多，中部次之，果柄部最少。

梨果实中分布着发达的维管组织，主要负责果实各部分养分的运输，对梨果实的发育具有重要的作用。维管组织包括 5 个花瓣束、5 个萼片束、5 个中央心皮束和 10 个侧生心皮束。除了侧生心皮束以外，其他维管组织均分布于薄壁组织内，为果实生长发育提供必需的物质。

3. 萼片

萼片指花的最外一轮，构成花萼，一般呈叶状，绿色，在花期有保护花蕾的作用。萼片通常在花朵开放后即脱落，但是也有一些萼片直到果实成熟也不脱落，这种叫做宿存萼，对幼果具有一定的保护作用。梨萼片状态分为脱萼、残萼和宿萼，萼片的姿态有聚合、直立和开张。萼片形态可以用于新物种、野生种的鉴定工作中。

二、果实动态发育

果实生长发育的曲线模型主要有两种，一种是单 S 曲线，一种是双 S 曲线。单 S 曲线包括的阶段主要有果实发育初期、快速膨大期和成熟期；双 S 曲线主要包括果实发育初期、快速膨大期、硬核期、快速膨大期和成熟期。

梨果实生长分为两个主要时期：细胞分裂期和细胞膨大期。这两个时期都伴随着果实内细胞间隙空间的增大，共同决定着果实的生长速度。在生长开始时，细胞分裂占主导地位，从花后 50 天开始，细胞膨大在整个果实的增大中占重要的位置。种子数量及其分布、树体养分和叶果比、温度、湿度、日照和风、无机营养和水分等都是调控果实发育的重要因子。

三、果实成熟期

梨果实成熟期一般在 6 月到 10 月，集中分布在 9 月份。极早成熟的梨大多数为西洋梨，西洋梨和秋子梨果实成熟期较早，白梨和砂梨成熟期较晚。果实成熟期主要依据品种特性、果实成熟度和用途以及气候条件确定，并适当照顾市场供应及劳动力调配。秋子梨和西洋梨的果实，采后需要经过后熟阶段才能食用，需要在成熟前采收。白梨和砂梨的果实，采后即可食用。一般果面变色，果肉由硬变脆，果梗易与果台分离，种皮变为褐色，即可采收。鲜食果实可以在接近或完全成熟时采收；用作贮存的，依据成熟度适时采收；用作加工的，依据加工品种的特殊性适时采收。

第六节　物候期

一、主要物候期

1. 根系生长期

梨根系发达，有明显的主根，须根较稀少，主根分布较深，垂直分布在 2～3 m 的土层内，水平分布是其冠径的 2～4 倍。梨根系每年有 2 个生长高峰期，第一次是在新梢停长以后（约在六月中下旬），即根系在萌芽前即开始活动，以后随着温度的升高而逐渐转旺；到新梢进入缓慢生长时，根系生长旺盛；新梢停止生长的时候，到达第一个生长高峰时期。第二个是在梨果实采收后（9月中下旬到10月下旬），即秋季梨果实采收以后，根系生长进入第二个高峰期，然后随着气温的下降而逐渐减慢，直至落叶进入冬季休眠期停止生长。

2. 萌芽开花期

梨萌芽开花期一般在每年的3月中旬到4月中旬。春季平均气温高于5℃以上时，芽开始迅速膨大，芽鳞错开，进入萌芽物候期。梨树属于先花后叶果树，花芽萌发分为5个时期，即花芽膨大期、花芽开绽期、露蕾期、花蕾分离期、鳞片脱落期，之后进入初花期、盛花期和终花期。

叶芽的萌发比花芽稍晚，可以分为4个阶段，即叶芽膨大期、叶芽开绽期、外层鳞片脱落、雏梢伸长期，之后进入展叶期。

3. 新梢生长和幼果生长期

梨树新梢生长和幼果生长期是在4月中旬到6月中旬。叶芽萌发后，新梢开始生长，短新梢在萌芽后5~7天停止生长，中、长新梢在落花后2个月内陆续停长。

授粉受精完成以后形成幼果，幼果开始生长。幼果开始生长时，先是果心增大，此后果肉加速生长。在新梢生长期，梨果实生长相对缓慢。

4. 花芽分化和果实膨大期

梨树的花芽分化时期和果实膨大期一般是6月中下旬到8月底。梨花芽的形态分化多从6月下旬到7月上旬开始，短梢开始最早，新梢越长开始分化的时间越晚。6月中旬后果实迅速生长，从7月到成熟前为果实膨大期。

5. 果实成熟期

果实经过4~5个月的生长发育之后，即两个迅速生长时期和一个缓慢生长期（第一个迅速生长期是花后30~40天；6月上旬到7月中旬，果实体积增长缓慢，果肉组织进行分化；从7月中下旬开始，进入快速生长期），进入果实成熟期。梨果实的大小、形状和色、香、味均达到该品种固有的特点，逐渐进入生理成熟期。

6. 养分贮存期

9月中下旬到11月上旬，梨果实采收后，根系生长进入高峰期。根系吸收养分，叶片制造碳水化合物，贮存营养物质为梨树越冬做准备。

7. 休眠期

梨树从秋季落叶完全到翌年春季萌芽前属于休眠期。

二、环境条件对梨树生长发育的影响

梨树对土壤要求不严格，沙土、壤土、黏土、盐碱土等均有栽培，但以土层深厚、土质疏松、排水条件良好的沙壤土为好；喜中性偏酸的土壤，pH 5.8 ~ 8.5 均可以生长。不同砧木对土壤的适应能力不相同，沙梨、豆梨要求偏酸；杜梨可偏碱，耐盐，盐含量小于 0.3% 时均可生长。

不同的梨树对温度的要求不同，秋子梨最耐寒，可耐 −35 ~ −30℃，白梨可耐 −25 ~ −23℃，砂梨和西洋梨可耐 −20℃。梨树花期要求 10℃以上的温度，14℃以上时开花较快。花粉萌发需要 10℃以上的气温，24℃左右花粉管生长最快，4 ~ 5℃时花粉管受冻。花芽分化时温度 20℃最好。果实在成熟过程中，昼夜温差大、夜晚温度比较低有利于同化物质积累，有利于糖分积累和果实着色。

梨树喜光，年需日照时数在 1 600 ~ 1 700 h 之间。在肥水条件良好的条件下，阳光充足，梨叶片增厚，有效光合面积增大。梨树生长需水量在 353 ~ 564 mm 之间，种类和品种间有区别。砂梨需水量最多，在年降水量 1 000 ~ 1 800 mm 的地区仍然生长良好；白梨、西洋梨在年降水量 500 ~ 900 mm 的地区生长良好；秋子梨比较耐旱，对水分要求不敏感。

第七节　种子发育特性

一、种子的形态

梨的种子多为卵圆形或卵形，稍扁，先端急尖、渐尖或钝尖，基部圆形或斜圆形，先端呈尖嘴状或歪嘴状，种子颜色多为褐色、黑褐色、栗褐色、灰色和棕灰色。不同品种的种子外观存在明显的差异。种子大小可以分为大、中、小三种，大粒种子有昌黎白挂梨、新疆黑酸梨、西山沙果梨、昌黎歪把子梨；中等大小的有红杜梨、西山青杜梨和塔城野梨；小粒种子有兰州木梨、西山杜梨等。梨种子个体之间在长度、宽度和厚度方面也有显著性差异。

二、种子的结构

梨种子由种皮和胚两部分组成，胚乳在发育过程中被吸收，故成熟的种子中没有胚乳，是无胚乳的种子。种皮是种子外面的保护层，由珠被发育而成，分为外种皮和内种皮两种。外珠被发育成外种皮，内珠被发育成内种皮，内种皮薄而软，外种皮厚而坚硬，常具有光泽。成熟的种子种皮上具有种脐和种孔。种脐是种子附着在胎座上的部分，是发育过程中营养物质的传输通道。胚是梨种子最主要的部分，由受精卵发育而来，一般由胚芽、胚轴、胚根和子叶四部分组成。胚芽是叶、芽原始体，位于胚轴的上端，顶部是芽生长点。胚芽在种子萌发前具有一定的分化程度，将来发育成茎和叶。胚轴是连接胚芽和胚根的过渡部分，将来发育成主茎的一部分。胚根将来发育成主根。子叶是种胚的幼叶，贮存养分，供给幼苗生长，萌发后展开变绿，能暂时进行光合作用，为幼苗初期生长制造有机物。

三、种子的发育

种子由胚珠发育而来，通常分为胚乳、胚和种皮三部分，分别由受精极核、受精卵和珠被发育而来。胚乳的发育起始于初生胚乳，其发育过程早于胚的发育过程，可以为幼胚的生长发育提供必需的营养物质。初生胚乳核形成不久后即开始分裂，分裂后的核不立即形成细胞壁，而是呈游离状态分布在胚囊中央细胞的细胞质中。随着合子的发育，游离核增加，常被挤向周缘。在球形原胚末期，游离核之间逐渐形成细胞壁，从而形成胚乳细胞。在胚乳细胞发育后期，随着淀粉的大量积累和淀粉粒的成熟度提高，胚乳细胞内发生程序性死亡，营养物质逐渐被吸收利用，胚乳消失。

梨胚的发育时期是从受精卵开始的，可以分为原胚期、幼胚期和胚成熟期。原胚期是从顶细胞开始的，直到器官分化前的胚发育阶段。在该阶段，基细胞很快发育形成胚柄；顶细胞则先横裂或纵裂，经过几次分裂后，细胞变小，细胞质变浓，液泡化程度降低，细胞器逐渐均匀分布，核蛋白体的数量增加，核质比相对发生变化。顶细胞经过若干次分裂形成球形胚，然后进入各器官的分化和发育期。

幼胚期是从球形胚到胚的各组成器官分化形成的阶段。在幼胚期初期，球形原胚和合点端相对的一端的亚顶端两侧分别发育产生子叶；子叶的内侧、原胚的顶端发育形成胚芽；原胚的基部和与之交界处的一个珠柄细胞参与胚根的发育，原胚的中部发育成胚轴。

成熟胚期，是胚的各部分器官形成后，胚的形态、结构和生理上成熟的整个时期。在胚发育成熟初期，幼胚仍然通过珠柄从胚乳细胞、珠心细胞吸收养分来维持自身生长发育。随着胚体发育逐渐完善，胚柄细胞逐渐凋亡，胚的子叶不断长大，并且可以直接从胚乳中吸收和转化养分，从而保障胚发育成熟。此后，胚的子叶弯曲、折叠生长，形成成熟胚特有的结构。子叶也开始储存淀粉，形成淀粉粒，胚发育逐渐进入后熟期。

四、种子的萌发

1. 种子的休眠特性

梨种子具有休眠的特性，即使种子处于适宜的萌发条件下也不会萌发，必须解除休眠才能萌发。其休眠的特性主要是由种皮和种胚造成的，种胚是休眠的主要因素，与胚未完成生理后熟和胚中存在抑制萌发因子有关。种皮也可以抑制种子的萌发过程，去掉种皮可以提高梨种子的萌发率。目前，低温层积处理是解除果树种子休眠、提高种子发育率最常用、最有效的方法，适用于被迫休眠和生理休眠的种子。

2. 影响种子萌发的因素

种子萌发，除了种子本身具有健全的萌发力外，外界因素也是影响种子萌发的重要因素，主要包括4个方面：足够的水分、适宜的温度、充足的氧气和光照。水分是影响种子萌发的最重要因素，干燥的种子自由水含量低，原生质处于凝胶状态，代谢水平极低，种子不能萌发。种子吸收水分以后，原生质变成溶胶状态，细胞器结构恢复，代谢水平提高，子叶贮存的物质逐渐转化为可溶性物质，供器官生长。种皮膨胀软化，氧气可以透过种皮，增强胚乳的呼吸作用，有利于种子生长。充足的水分也可以将可溶性物质运输到正在生长的组织和器官，供代谢需要。温度也是影响种子萌发的重要因素之一，种子萌发过程中伴随着较多的酶促反应发生，酶促反应对温度的敏感性较强，酶活性在适宜的温度下增加，而种子的萌发速度也随之增加。氧气是种子萌发过程中呼吸作用所必需的，种子在萌发过程中要吸收氧气、分解有机质、释放能量，满足各种生理活动的需要。梨种子在有无光照的条件下均可以萌发，黑暗条件下可以提高种子的萌发率。

种子萌发过程中，种子吸水膨胀，由子叶提供萌发所需的养分，在适当的温度和氧气条件下，即可快速萌发生长。生长过程中，胚根先突破种皮而露于种子之外，随着下胚轴生长，子叶逐渐露出种壳，直至完全脱落种壳，最后胚根上分生出侧根。

参考文献

张绍铃. 梨学［M］. 北京：中国农业出版社，2013.

曹玉芬，张绍铃. 中国梨遗传资源［M］. 北京：中国农业出版社，2020.

张玉星. 果树栽培学各论［M］. 北京：中国农业出版社，2003.

郑智龙，张慎璞，张兆合，等. 果树栽培学：北方本［M］. 北京：中国农业科学技术出版社，2011.

葛维桢. 果树栽培学：北方本［M］. 北京：工人出版社，1988.

第六章

梨生长发育对环境条件的要求

第一节　温度

温度是梨树生长发育的重要影响因子之一，直接影响梨树的生长和分布，制约着梨树生长发育的整个过程。

梨不同品种对温度的适应能力不同，秋子梨极耐寒，野生种可耐 −52℃低温，栽培种可耐 −35 ~ −30℃低温；白梨可耐 −25 ~ −23℃低温；砂梨及西洋梨可耐 −20℃低温。不同品种生长发育对温度的需求有所不同，梨树适宜的年平均温度，秋子梨为 4 ~ 12℃，砂梨为 13 ~ 21℃，白梨及西洋梨为 7 ~ 15℃。当地温高于 0.5℃时，根系开始活动，6 ~ 7℃时新根开始生长，超过 30℃或低于 0℃时根系受到抑制并逐渐停止生长。当气温高于 5℃时，芽开始萌动；气温高于 10℃即能开花，14℃以上开花加速。梨每个物候阶段都受到有效积温的影响。徐义流调查表明，砀山酥梨花蕾期的有效积温为 52.7℃，累计时间约需 12 天。花蕾期出现高温天气，蕾期缩短，性细胞发育受到影响。

梨的需冷量、需热量范围广，种间差异符合一定的地域特性。杨祥等对梨种质需冷量与需热量关系进行了探究，犹他模型所估算的梨花芽需冷量范围为 292 ~ 486.5℃·U，叶芽需冷量范围为 347.5 ~ 519℃·U；0 ~ 7.2℃模型估算的梨花芽需冷量范围为 86 ~ 324 h，叶芽需冷量范围为 176 ~ 361 h；≤ 7.2℃模型估算的梨花芽需冷量范围为 94 ~ 1 052 h，叶芽需冷量范围为 321 ~ 1 120 h。生长度时数模型估算的梨花芽需热量范围为 6 108 ~ 9 728 gDH℃。散点图比较结果显示，梨叶芽的需冷量普遍大于花芽。相关性分析结果显示，花芽需冷量平均值整体呈现为西洋梨 > 新疆梨 > 白梨 > 砂梨 > 秋子梨，需热量平均值整体呈现为砂梨 > 西洋梨 > 新疆梨 > 白梨 > 秋子梨。

第二节　光照

光是光合作用的能量来源，是形成叶绿素的必要条件。此外，光还调节碳同化过程中酶的活性和叶片气孔开度，是影响光合作用的重要因素，梨树 80% 以上的干物质是通过光合作用获得的。

一、光照对梨树生长发育的影响

梨是喜光果树，光照对改善梨树体营养、提高梨果内在和外观品质具有显著作用。梨树栽培多采用疏散通透的树体结构，生产上主要通过对幼树早期整形和成年树合理修剪来提高和改善光照条件，达到通风透光的目的。

1. 光照对树体营养的影响

光是叶片进行光合作用的主要能源，叶片通过叶绿素吸收光能、产生碳水化合物，供应其他器官生长发育。光照不足，叶小而薄，产生的营养物质少，影响树体健壮生长；光照过强或不足都会影响光合作用效能，从而影响植株正常生长。

2. 光照对花芽分化的影响

在一定范围内，花芽形成的数量随着光照强度的降低而减少，花芽质量也随着光照强度的减弱而降低。一般来说，树冠外围枝叶接受较充足的光照，因此这些部位枝上的花芽较树冠内枝条的花芽多而充实。

3. 光照对果实品质的影响

光照为果实生长发育提供了物质基础，同时还可促进果皮色泽的形成。因此，光照条件好的部位的果实，果个较大，色泽鲜亮，果皮光滑，含糖量高，风味浓郁。而光照条件差的部位的果实，果皮发青，含糖量低，风味淡。在梨果实发育过程中，过氧化物酶、苯丙氨酸裂解酶、多酚氧化酶是梨石细胞木质素合成的关键酶。刘小阳等以'砀山酥梨'为材料，研究发现光照强度对果实发育过程中过氧化物酶、苯丙氨酸裂解酶、多酚氧化酶的活性具有明显的影响，从而影响果实的石细胞含量。

二、梨树光合作用

1. 梨树光合作用的基本特性

（1）光合作用的日变化规律：光合特性的高低在很大程度上取决于品种自身的遗传特性，不同类型品种净光合速率日变化曲线主要有单峰型和不对称双峰型。研究表明，'新鸭梨'和'黄冠'的净光合速率曲线呈单峰型，两者的单峰值分别出现在11时和13时；'清香''库尔勒香梨'和'红巴梨'则呈现不对称双峰型，2个峰值分别出现在11时和15时，且第一个峰值高于第二个峰值。刘政等发现，'莱阳茌梨'和'阿巴特'的净光合速率为单峰型，而'金水1号''黄冠'及'鄂梨1号'均为不对称双峰型。双峰型的"光合午休"现象是植物对中午气温过高引起气孔部分关闭产生的一种适应性表现，反映出不同遗传背景的梨品种对外适应力存在差异。同一品种的净光合速率在不同的栽培环境条件下也可能会呈现出不同的日变化曲线，这可能是由于测定当天果园的外在环境因素不同所致。

不同环境条件可以使梨树光合作用日曲线发生改变。'库尔勒香梨'和'新梨7号'在晴天条件下表现为典型的双峰曲线，两个品种的净光合速率均值分别为16.59和14.31 μmol/（m²·s）；而在阴天条件下，'库尔勒香梨'和'新梨7号'均为不对称单峰曲线，其净光合速率均值分别为6.01和8.21 μmol/（m²·s）。正常情况下，'丰水'的日变化曲线是双峰型，但是在盐胁迫处理条件下净光合速率有明显的下降。以杜梨为砧木的'丰水'梨与对照相似，是双峰曲线，但光合"午休"现象较对照严重；而以豆梨为砧木的'丰水'梨在盐处理条件下则变成单峰曲线，这种差异可能与两种砧木对盐胁迫适应性不同有关。

（2）光合作用的季节变化：梨树的光合季节变化一般为双峰曲线型，'库尔勒香梨'在5月和8月达到峰值，且5月份的峰值低于8月份。5月份左右净光合速率达到第一次高峰，可能是由于春季树体生理机能有活力、外界环境温湿度适宜所致；夏季气温升高，蒸腾速率过旺，导致净光合速率降到低谷；8月份气温下降，蒸腾速率有所降低，净光合速率又重回高峰；之后随着叶片衰老，净光合作用速率又逐渐下降。

2. 影响梨树光合作用的内在因素

（1）品种特性：不同梨品种的光合特性存在明显差异，净光合速率从高到低依次是'早酥''红早酥''红巴梨'以及'巴梨'；'早酥'及'红早酥'的气孔导度为双峰型，而'巴梨'及'红巴梨'为单峰型曲线。'新梨7号'相比'库尔勒香梨'有较低的光补偿点，说明'新梨7号'对弱光的适应能力较强；而'库尔勒香梨'光饱和点较高，说明其对强光的适应能力较强。

（2）枝条类型：梨树不同类型的枝条，叶片的生理基础有所不同，因此光合特性存在一定的差异。研究发现，结果枝的综合光合能力高于营养枝；梨树结果枝随着长度的增加，其叶片的净光合速率逐渐下降。这可能是由于梨果实"库"的作用加速叶片中的光合产物向外运输，同时降低了叶片的气孔阻力和叶肉阻力，减弱呼吸消耗，加快同化物运转，从而促进叶片的光合作用。

（3）叶位与叶龄：自基部至顶部依次测定不同叶位的叶片，随着叶位上升，净光合速率逐渐增加，在第7～9叶位达到最大值，之后又迅速下降。此外，净光合速率随叶龄增加出现"低—高—低"的规律，即叶龄在30～40天净光合作用逐渐达到最高值，之后随着叶片的衰老又逐渐下降。随着叶位的变化，气孔阻力与光合速率的变化规律是相反的，暗示气孔阻力是影响不同叶位光合速率的关键因素。

（4）果实：梨果实作为光合产物的"库"，可加速叶片中的光合产物向外运输，减小同化物对二磷酸核酮糖羧化酶等的反馈抑制，有助于提高净光合速率。梨果实的存在降低了果树叶片的气孔阻力和叶肉阻力，减弱呼吸消耗，加快同化物转运。此外，幼果也具有一定的光合能力，对果实的生长发育具有重要作用。

3. 影响光合作用的环境因素

（1）光照：光照不仅是光合作用的能量来源，也是影响光合碳循环中光调节酶活性的重要因素以及形成叶绿素的重要条件。随着光照的增强，光合速率也会随之提高。然而超过光饱和点后，光合速率反而降低。不同的品种在不同的时间点，光饱和点存在差异。'新梨七号'和'库尔勒香梨'的光补偿点分别为 42 和 56 μmol/（$m^2 \cdot s$），光饱和点分别为 1 392 和 1 619 μmol/（$m^2 \cdot s$）。在 9 时，'圆黄'的光饱和点明显高于'翠冠'，而在 13 时两者则相近；受到高温强光影响，两个品种在 13 时的光饱和点明显低于 9 时。在晴天条件下，遮阴处理后'苹果梨'叶片的净光合速率由于有效辐射降低而下降，但是在中午"午休"期间其净光合速率反而高于未遮阴处理。

（2）温度：植物的光合作用有其最适宜的温度范围。温度通过影响光合作用催化反应过程中的酶活性和膜透性影响光合作用强度的变化。在一定的范围内，梨叶片净光合速率随着温度的升高而增大，达到一定程度后又逐渐下降，即光合作用存在对温度感应的"三基点"。在其他条件适宜的情况下，'砀山酥梨''黄金''丰水'等品种叶片光合作用的最适温度为 22～23℃。

（3）水分：水分不仅是光合作用的主要原料之一，也是各种生化反应的介质。叶面喷水能够使'苹果梨'叶片净光合速率升高，峰值上升，同时也使气孔导度增大，叶表温度明显下降。喷水能够使叶面水分蒸发带走一部分热量，从而减小叶片与环境的蒸气压梯度，缓和了叶片出现气孔关闭的现象。严重干旱的梨叶片，其超微结构也发生明显的改变。相比正常的叶片，亏缺灌溉的叶肉细胞结构明显损伤，细胞膜完整性受到破坏，液泡化程度显著加剧，叶绿体明显变小。

（4）CO_2：CO_2 是光合作用的底物，其浓度影响果树的光合作用。但大气中 CO_2 的浓度远远满足不了植物光合作用的需要。在光照较强、温度适宜的晴朗天气，CO_2 浓度往往是光合作用的限制因子。因此，增加 CO_2 浓度通常可以提高光合速率和促进植物生长。当梨树叶片充分成熟后，气孔发育完全，气孔导度大，气孔 CO_2 通量大，叶室 CO_2 浓度高，净光合强度增强。Rubisco 具有催化光合作用碳还原的作用，该酶对 CO_2 浓度敏感，增加 CO_2 浓度能够提高叶片固碳能力。此外，提高 CO_2 浓度能够减少卡尔文循环酶的钝化效应和气孔关闭的影响，通过光系统Ⅱ（PSⅡ）提高电子传递的总效率，从而提高光合作用效率。在田间条件下 CO_2 不是光合作用的限制因子，但在高光照下则成为限制因子。

（5）施肥与微量元素：施肥与微量元素对植物光合作用的影响，主要是通过调节植物叶片叶绿素的合成与降解起作用。氮是叶绿素的基本组成成分，在一定氮肥用量范围内，氮肥含量越高越有利于'南果梨'的叶绿素合成和稳定；施磷肥不仅可以提高叶片中的叶绿素含量，还可以使叶绿素降解的时间提前；而钾肥对叶绿素含量的增加效果不明显。沼液作为一种速效性和长效性兼备的生物有机肥料，通过叶面喷施能够提高梨叶片厚度和叶绿素总含量，增强光合作用效率，有利于可溶性蛋白的积累，使叶片增厚。此外，喷施沼液可提高果实中还原性糖和总糖含量，降低可滴定酸含量。叶面喷施 5 mg/L 的硒可降低叶片衰老进程中的质膜相对透性以及丙二醛和脯氨酸含量，提高其净光合速率以及谷胱甘肽 GSH、抗坏血酸（AsA）和淀粉含量，从而延缓叶片衰老。喷施氨基酸螯合微量元素有促进梨叶片生长，提高叶片叶绿素含量和净光合速率的作用。

（6）栽培措施：良好的树形结构改善冠层内的受光环境，有利于光合产物的形成和积累。魏树伟等对'丰水'梨的不同树形的光合特性进行了比较，发现开心形、小冠疏层形、棚架形的净光合速率日变化相似，均表现为不对称双峰曲线，首峰出现在 11 时，次峰出现在 15 时左右。棚架形净光合速率最高，树冠不同部位光合速率差异最小。'库尔勒香梨' 3 种树形的光合特性，净光合速率日均值最强的是水平棚架形，自然开心形次之，疏散分层形最低。

行间生草可以改善果园小气候，有利于根系生长发育及对水肥的吸收利用，具有影响果树光合作用的效应。赵明新等对不同生草制度下的 '雪青' 梨的净光合速率进行了比较，发现行间种植三叶草处理的叶片净光合速率最高，其次是黑麦草和苜蓿，清耕条件最低，推测这可能与三叶草能有效减少土壤水分蒸发，保水作用强有关，而清耕长时间水分亏缺会影响叶绿体的水合度，导致原生质体结构发生改变，酶活性降低，从而影响光合作用。

栽植密度也是影响梨树光合特性的一个因素。韩苹苹等比较了 '玉露香' 梨间伐与未间伐果园梨树树体的光合作用参数，发现间伐能够提高 '玉露香' 梨叶片的光合作用能力。其主要表现为：间伐的梨叶片最大净光合速率是未间伐的 1.5 倍左右，对强光的利用范围更宽，效率更高。

第三节　水分

水直接参与梨树的生长发育、生理生化过程、代谢活动和产量的形成，对梨树生命活动起着决定性作用。水分供应不足或过多，都会严重影响梨树的营养生长和生殖生长。

一、水分对梨树生长发育的影响

梨树需水量较多，对土壤水分的反应比较敏感。水分过剩会诱使树体旺长，果实品质下降，同时造成水资源浪费；而水分不足则直接影响梨树正常的生长和发育，造成减产和果实品质下降。通常认为，适宜梨树生长发育的土壤含水量为 12%～16%，相对含水量为 60%～70%，土壤相对含水量降至 55% 左右时即表现为干旱，降到 40% 以下为严重干旱。

1. 水分对梨树枝条生长发育的影响

梨树枝条含水量通常为 40%～50%。新梢含水量最高，其中在新梢生长发育初期高达 63%，随着枝龄增大，枝条的含水量逐渐降低。一年生枝条的年均含水量为 45% 左右，生长期的一年生枝条含水量为 45%～50%，休眠期则降至 40% 左右，甚至更低。早熟梨混合芽的含水量为 50%～60%，冬季休眠期下降至 50% 以下，春季萌芽前上升到 63% 左右。

梨树枝条中的水分存在束缚水和自由水两种不同的状态，其中束缚水含量的增加与植物抗寒性的增强有关。研究表明，抗寒性强的梨品种，束缚水与自由水比值在 1.0 以上；而抗寒性较差的梨品种，束缚水与自由水比值约 1.0。'库尔勒香梨' 一年生枝条在冬季的含水量为 46% 左右，在杜梨上高位嫁接 '库尔勒香梨' 可提高枝条的束缚水含量，增强枝条的抗寒性。不同灌溉方式和栽培模式会明显改变 0 ~ 20 cm 土层的土壤含水量、土壤蒸发强度和土壤温度，从而影响梨树的生长发育。

尽管新梢长度极显著长于渠内行和沟植的渠外行，不同土层的平均土壤含水量小于渠内行而大于沟植，但差异并不显著，渠外行 10 cm 土层的含水量分别是渠内行和沟植的近 2 倍和 3 倍多。因此，充足的浅层土壤水分供应可能更利于梨树的新梢生长。在北方干旱的山地梨园，穴贮肥水技术可以使'苹果梨'的新梢生长量显著增加。而调亏灌溉无论是在萌芽期至盛花后 25 天还是在盛花后 25 ~ 80 天，均可显著抑制'鸭梨'的营养生长，使得新梢长度较对照短 15% ~ 25%。

2. 水分对梨树根系生长发育的影响

水分对梨树根系影响显著，根系干重、长度和粗度均随土壤含水量的升高而增大，充足的水分供应能够促进根系生长发育；而土壤含水量过低则会抑制根系活力，限制根系生长发育和干物质累积，从而降低根系导水率。根系活力与梨树的抗旱性密切相关，抗旱性越强的品种在干旱胁迫下根系活力下降的幅度越小。

不同的水分供应方式也会对根系生长发育产生显著影响，在'黄冠'梨（杜梨砧木）上分区交替灌溉，结果表明，前期 1/3 量的分区交替灌溉，到秋季恢复常量灌水后会促发较多的侧根和须根，补偿生长现象显著。由于分区交替灌溉每次的灌水量较小，显著抑制了梨树地上部的营养生长，有限的水分优先供应给根系生长发育，导致其根冠比增大。

二、水分对叶片生理代谢的影响

1. 水分对叶片气孔开度的调节作用

气孔开度是植物对水分胁迫最敏感的指标，受到植物水分状况的影响。土壤含水量直接影响梨叶片的水势，随着土壤含水量的下降，梨树叶片组织水势降低，叶片气孔开度减小，气孔导度下降，气孔阻力增大，叶片水分散失减少。气孔是植物与环境进行水气交换的重要门户，空气相对湿度也会影响梨叶片气孔的开度，从而影响叶片的光合速率。

2. 水分对叶片蒸腾作用的影响

水分与蒸腾的关系密不可分，土壤含水量和空气湿度均可影响叶片的蒸腾速率，但土壤水分对蒸腾的调节作用属于前馈式调节，而空气湿度对蒸腾的影响属于反馈式调节。随着土壤含水量的下降，叶片气孔开度减小，气孔阻力增大，叶片水分散失减少，从而促使叶片蒸腾强度减弱。叶片蒸腾强度减弱，阻碍了水分亏缺的进一步发展，减轻了水分胁迫对光合器官的伤害。干旱复水后，蒸腾速率又会有较大回升。但水分胁迫程度不同，对蒸腾速率变化的影响也不一样，调亏灌溉期间的土壤水分亏缺会显著降低'库尔勒香梨'的叶片蒸腾速率和气孔开度，调亏处理恢复充分灌水后，叶片的蒸腾速率和气孔开度均在一定程度上恢复，其中轻度调亏处理可恢复到与对照相同水平，而重度水分胁迫处理却始终低于对照。此外，叶面喷水也可降低梨叶片的蒸腾速率，减少叶片水分散失，有效缓解"光合午休"现象，提高叶面的净光合速率。

3. 水分对叶片光合作用的影响

光合作用是产量形成的基础。当土壤含水量为75%左右时，'黄冠'叶片的光合效率最高。土壤水分亏缺会使梨叶片的净光合速率降低，调亏处理或自然干旱恢复充分灌水后，叶片的净光合速率会有较大回升，轻度调亏处理可恢复到与对照相同的水平，而重度的水分胁迫处理始终低于对照，这可能与重度水分胁迫下叶片羧化功能受损有关。在'库尔勒香梨'的调亏灌溉中，过长时间的土壤水分胁迫也不利于复水后光合作用的恢复。但也有研究发现，轻度水分胁迫对'鸭梨'叶片的光合速率及其日变化规律没有显著影响，而中度胁迫和重度胁迫则会显著降低光合速率，改变光合速率的日变化规律。

果实膨大期，土壤含水率对梨叶片的光合特性影响很大。当土壤含水率低时，"光合午休"现象发生程度重，1天内叶片净光合速率维持在较高水平的时间短，但其水分利用效率明显提高。而生长早期干旱造成的梨树叶片面积减小，对梨树全年的光合作用都有很大的限制。水分胁迫对光合作用的影响可分为气孔因素和非气孔因素。在水分胁迫初期，梨树光合作用受抑制的主要原因是气孔限制引起的，水分亏缺引起气孔关闭，影响 CO_2 进入叶片，进而降低光合速率。随着水分胁迫程度的加重，非气孔限制起主导作用，长时间的水分胁迫使得植物体内活性氧代谢失调而引发生物膜结构破坏，叶绿素含量降低，从而影响光合效率。

不同梨树品种和砧木，适宜的土壤含水量也存在差异。'鸭梨'生长适宜的土壤相对含水量为60%~75%，可利用的土壤含水量为10%~12%。'黄冠'梨叶片净光合速率在土壤相对含水量为75%时最高，土壤相对含水量降至65%时净光合速率极显著下降，当土壤相对含水量降至55%甚至更低时净光合速率下降到极低水平。梨树不同生长期的需水量也不相同，果实膨大期土壤含水率为田间持水量的60%可满足梨树生长的需要。此外，水分供应状况还会影响梨树干物质的积累分配，当土壤水分供应较为充足时，幼龄梨树积累的干物质有偏向叶片和枝条分配的趋势；而在干旱条件下，幼龄梨树干物质分配偏向于根和干。

4. 水分对叶片水分利用效率的影响

水分利用效率是指植物消耗单位水量生产出的同化量，是反映植物生长中能量转化效率的重要指标。在叶片水平上，水分利用效率是净光合速率与蒸腾速率的比值。相对于叶片的光合作用，蒸腾作用对土壤水分表现得更敏感。调亏灌溉研究表明，适度的水分胁迫可以显著提高叶片的水分利用效率。当土壤相对含水量为50.6%时，'黄冠'幼树叶片的水分利用效率最高。当土壤相对含水量由97.9%降至50.6%时，气孔导度、蒸腾速率和净光合速率均下降，但由于蒸腾速率的下降幅度大于净光合速率，水分利用效率升高；土壤相对含水量继续由50.6%降至19.7%时，其水分利用效率降低。干旱复水后第2天，'黄冠'幼苗的净光合速率和蒸腾速率均大幅度回升，但蒸腾速率回升的幅度更大，导致此时的水分利用效率降至最低。交替滴灌可以在整个根系区域更均匀地供应水分，因此可显著增加总导水率，提高水分利用效率，减少浇水25%~33%。

5. 水分对叶片活性氧代谢及质膜氧化还原系统的影响

正常水分供应条件下，叶片内的活性氧代谢处于相对平衡状态，抗氧化酶活性较低。干旱胁迫时，叶片内不断产生活性氧。随着水分胁迫的加重，叶片内的超氧化物歧化酶、过氧化氢酶和抗坏血酸过氧化物酶活性逐步增大。但当水分胁迫超过一定程度后，随着水分胁迫时间的延长，抗氧化酶活性逐步降低，活性氧积累越来越多，最终导致细胞膜脂质过氧化并发生自由基链式反应，形成丙二醛，进一步造成细胞功能紊乱甚至死亡。丙二醛含量在轻度水分胁迫条件下未发生显著变化，而在中度及严重水分胁迫条件下明显上升。土壤相对含水量在 75% 左右时，'黄冠'梨超氧化物歧化酶和抗坏血酸过氧化物酶的活性均较低。随着土壤相对含水量的降低，抗氧化酶活性增强，土壤相对含水量维持在 55% 时抗氧化酶的活性达到最高。但当土壤相对含水量降低到40% 时，抗氧化酶活性又显著降低。因此，适度的土壤水分胁迫能够激发梨树叶片保护酶系统的活性；严重的水分胁迫条件下，叶片保护酶系统受到破坏，相关酶活性显著降低。

水分胁迫会提高'早酥'梨和杜梨叶片质膜三磷酸腺苷酶的活性，降低质膜 NADH 和 NADPH 的氧化速率及 $Fe(CN)_6^{3-}$ 和 $EDTA-Fe^{3+}$ 的还原速率，提高谷胱甘肽（GSH）和维生素 C 的氧化速率。在水分胁迫条件下，GSH 和维生素 C 可作为质膜氧化还原系统的电子供体代替 NADH 和 NADPH。

6. 水分对叶片渗透调节的影响

渗透调节是在轻度和中度干旱胁迫发生时，植物细胞通过增加溶质含量来降低渗透势的一种主动调节作用，可防止细胞水分过度散失，保持细胞膨压，维持细胞正常的生理代谢，降低水分胁迫对植物的伤害。梨树属于低水势耐旱类型，水分胁迫条件下渗透调节能力较强。在自然水分亏缺时，其叶片水势显著降低、膨压明显增大，而气孔相对开度、蒸腾速率和净光合速率无明显变化。

随着土壤含水量的降低，梨叶片组织的相对含水量下降，水势增加。在水分胁迫初期，叶片中的 K^+ 和可溶性糖含量显著增加。随着水分胁迫的加重，诱发脯氨酸大量生成。水分胁迫超过一定程度后，细胞膜透性增加，原生质体遭到破坏，植株枯死。但短期水分胁迫恢复灌水后，梨叶片中的可溶性糖含量能恢复到正常状态。'苹果梨'叶片中的脯氨酸含量对干旱的反应很敏感，田间'苹果梨'的敏感期在 28 天左右，盆栽幼树在 11 天左右，'苹果梨'叶片的脯氨酸含量可作为树体抗旱生理的响应指标。轻度水分胁迫还能够诱导梨成龄叶中甜菜碱含量增高近 1 倍，且在水分胁迫下诱导的甜菜碱主要是由叶片独立合成的。

三、水分对梨果实产量和品质的影响

果实生长主要依赖于干物质的积累和水分的供应，而干物质的积累和分配受到水分供应的影响，因此水分成为影响果实生长的主要因素。梨果实的生长在大部分时期是基于木质部高通量的水分交换和蒸腾作用，大量水分进入果实主要是在下午，与此时叶片水势增加、气孔关闭有关。而水分胁迫可抑制梨树的茎水势，同时降低果实的木质部流，最终导致果实日生长量减少。此外，果实生长早期的水分胁迫条件还是梨果肉石细胞形成的决定因素之一。

　　水分供应过多或过少都会影响梨果品质，适宜的土壤含水量有利于果实生长发育和提早成熟，是梨果优质的保证。在黄土山地丘陵旱作梨园以及'库尔勒香梨'主产区，由于水资源严重匮乏，果园灌水得不到保障，梨树对水分的需求较对肥的需求更为迫切，适度补水结合中量施肥、覆盖保墒技术可获得高产。

　　不同的灌溉方式会影响梨果的产量和品质。采前灌水虽能显著增加果实重量，但会使果实含糖量明显下降，导致风味变淡。微喷灌可以显著提高梨园土壤含水量，增强梨叶片净光合速率，极显著增加梨果产量（增产 50% 以上）；同时微喷灌和滴灌对梨果品质的改善效果明显，相对于沟灌和畦灌而言，可以显著提高梨果的单果重、可溶性固形物含量及可溶性总糖含量，并显著降低果实硬度、含酸量及石细胞含量。交替灌溉可以显著降低梨树蒸腾速率，提高水分利用效率，而对光合作用、产量和单果重无显著影响，从而达到既节约用水又不影响产量的目的。调亏灌溉的时期和具体措施不一致，对果实生长的影响也不尽相同。花后 32 ~ 60 天调亏灌溉处理会降低'巴梨'果实的大小，而"康弗伦斯"的采后亏缺灌溉研究表明，采用亏缺灌溉 3 年的产量均与对照相近，但发现一个滞后效应，即亏缺灌溉降低了第 2 年的坐果和树体负载，但是果个增大；采后正常灌水 2 周再进行亏缺灌溉则对果实产量和品质完全没有影响。

　　不同土壤管理措施也可以改变梨果的品质。如果园行间覆膜和树盘覆草，可增大酥梨果个，提高果实固酸比，改善果实口感和风味，是黄河故道沙区无公害酥梨生产土壤水分调控的较佳措施。梨树在采前进行土壤水分调控，能够影响果实内部糖分积累和转化，是一项有效的果实增糖技术措施。

第四节　土壤

　　土壤是梨树所需矿质营养的主要供给源，保持梨园土壤营养平衡，是促进根、枝、叶、花、果实分化和生长的前提。如果土壤的营养、水分和温度等条件不适宜，极易造成根系生长不良，进而影响梨树正常发育。

一、梨树根系的分布和生长

1. 根系的分布

　　梨是深根性果树，通常根系深度为 2 ~ 3 m，分布广度约为冠径的 2 倍，少数情况可达 4 ~ 5 倍。根系分布受土壤、地下水位和栽培管理等因素的影响，生长在排水良好、土层深厚的沙质壤土中，以杜梨为砧木的结果盛期'鸭梨'，须根集中分布在地表以下 0.2 ~ 1.4 m，根深 3.4 m，水平分布达 4.5 m。

2. 根的生长

土壤温度、养分、水分、通气等环境条件适宜时，梨树根系可正常生长。树体贮存的养分不足，土壤过于干旱、通气不良，都会削弱根的生长。不同的梨园和生长的不同时期，梨树根系生长的动态不完全相同。通常情况下，周年根系生长有 2 个旺盛期，第一次在新梢停止生长、叶面积基本形成之后，第二次在果实采收至落叶前后。盛果期'茌梨'的根系自 3 月下旬开始生长，6 月中旬至 7 月上旬生长最快，11 月上旬出现根系生长较快的短暂期。杜梨砧'雪花梨'的根系，3 月下旬、5 月中旬前后和 10 月上旬各有一个生长高峰，第二个高峰生长量最大。

二、土壤条件与梨树生长

1. 土层厚度与梨树生长

一般情况下，梨树适宜的土层厚度为 60 ~ 120 cm。土层厚度与地下水位高低及土层中有无板结层有关。地下水位高时，下层根系易浸水，常常因根系缺氧而削弱生长，进而影响梨树生长与结果。板结的硬土层影响根系活动和生理代谢，阻碍根系向下生长。另外，河流故道或冲积土下层常有砾石层分布，养分含量及保水保肥能力不足，根系处于贫瘠和干旱状态，影响梨树正常生长。

2. 土壤质地与梨树生长

梨树对土壤要求不严，沙土、壤土、黏土均能生长。沙质壤土通透性好、肥力水平较高，是梨树适宜生长的土壤；梨树在黏重土层中生长较弱，产量和品质下降。'砀山酥梨'在黄河故道及其附近的沙土中栽植，树势中庸，果实品质优良，表现为果面光亮、可溶性固形物含量较高、石细胞含量较低、酥脆多汁等优点；在黏质土壤中栽植，营养生长良好，果实品质下降，表现为果实较小、果面发青、果皮增厚、石细胞团颗粒较多、核大、酥脆程度下降。另外，土壤的坚实度对梨树根系的生长影响较大。据测定，当果园土壤硬度为 18 ~ 20 kg/cm^2 时，细根发育良好；大于 25 kg/cm^2 时，根系生长受限，坚硬的土壤质地影响土壤的通气性，导致果树根系呼吸困难而生长发育不良。

3. 土壤肥力与梨树生长

肥料是根系正常生长、形成产量、提高品质不可缺少的重要物质。梨树对土壤肥力的要求是营养全面而均衡，应富含有机质和氮、磷、钾、钙、镁、铁、锌等元素。梨树根系在不同肥力的土层中，常进行比较明显的选择性分布，在施肥层或保肥保水较好的土层中，根系分布密集且分支多，树体抗性增强；而在贫瘠的沙土层中，根系分支少且部分死亡。

调查黄河流域主要梨园的土壤养分丰缺状况，发现 90% 以上梨园土壤有机质含量低于 20 g/kg，其中 24.1% 的梨园有机质含量低于 10 g/kg；62.1% 的梨园土壤碱解氮含量低于 60 mg/kg，且绝大多数低于 90 mg/kg；约 18% 的梨园土壤有效磷含量低于 15 mg/kg，而 43.3% 的梨园高于 40 mg/kg；

17.4%的梨园土壤有效钾含量低于100 mg/kg，但有41.1%的梨园高于200 mg/kg；梨园土壤有效磷、钾富集现象明显。梨园土壤交换性钙、镁含量均较高，平均值分别达3 073 mg/kg和219.8 mg/kg。土壤微量元素含量表现为：75%梨园有效铁含量低于10 mg/kg，27%左右梨园有效锰含量低于7 mg/kg，29.2%梨园有效铜含量低于1 mg/kg，30%左右梨园有效锌含量低于1 mg/kg；有效硼含量在0.25 ~ 1.0 mg/kg及 >1 mg/kg范围的梨园分别约占57.6%和27.2%。总体而言，黄河流域主要梨园土壤有机质含量普遍偏低，碱解氮含量总体处于较低水平，有效磷、钾富集现象明显；梨园土壤交换性钙、镁含量整体均偏高；微量元素方面存在较高的缺铁、锰、铜、锌或硼的风险。

4. 土壤水分与梨树生长

土壤水分既是梨树生长所需水分的最主要来源，也是土壤和树体中许多物理、化学过程的必需条件，对梨生长发育和果实品质的形成起着重要作用。一般认为，保持梨园田间持水量的60% ~ 80%时，根系可良好生长。园土缺水时，直接影响树体原生质膜的透性和代谢，首先使根细胞伸长减弱，新根木栓化加快，生长减慢，直至停止生长；缺水严重时，根体积收缩，不能直接与土粒接触，根生长点死亡。园土水分过多时，会使土壤氧含量降低，细胞膜选择透性降低，根系生理代谢活动受阻，发生叶片变黄等症状。

5. 土壤通气性与梨树生长

土壤通气性是指土壤空气与大气间的交换以及土壤气体的扩散与流通的性能。梨树的根系生长以呼吸提供能量，土壤的通透性直接影响土壤空气的更新和梨树根的代谢和生长。新生根要求土壤含氧量在8%以上，当土壤含氧量降至2% ~ 3%时，根生长完全停止。另外，土壤容重低，孔隙度大，通气性好，根系生长好。果园土壤孔隙度一般应在20%左右，在5% ~ 8%时根系生长受抑制，在1% ~ 2%时气体交换困难，供氧量不足，根系会受到损害。马丽研究表明，在梨园生态系统中，土壤呼吸速率变化季节特征明显。随着树龄的增加，土壤容重增加，土壤孔隙度降低。

6. 土壤温度与梨树生长

土壤温度是影响果树生长发育最重要的环境条件之一。在较高的土壤温度下，根的膜透性和物质运输加强，水黏滞性减少，土壤元素的移动增强；低温条件下则相反。在早春深层的土温较高，根系活动较早；在温度较高的7—8月，各土层的根系均缓慢生长，生长衰弱的树几乎停止生长；晚秋深层的土温下降慢，深层根系停长较晚。徐义流认为，'砀山酥梨'根系在7 ~ 8℃时开始加快生长，生长适宜的温度为13 ~ 27℃。随着土壤温度的升高，根系生长由强到弱，达到30℃时根系生长不良，到35℃时根系生长则完全停止。鲁韧强等测定，'鸭梨'幼树根系地温在7℃左右时根系活动明显，在15 ~ 22℃时生长旺盛，23℃以上时生长缓慢，25℃以上即停止生长。

7. 土壤pH与梨树生长

梨树对土壤pH的适应范围较广，在pH 5.5 ~ 8.5的土壤中均能生长。土壤的酸碱度可直接影响土壤养分的有效性、植物生长状况和土壤元素的化学反应。在酸性土壤中，锰、铁的有效性能正常发挥，锌、铜的有效性降低，硼变得无效；在碱性土壤中，锌、硼、铜和磷的溶解度降低，常伴有缺铁、锰等症状。例如，土壤 pH 升高，易使土壤中的 Fe^{2+} 变为 Fe^{3+} 而发生沉淀，降低有效铁的含量，果树易发生缺铁黄化。

8. 土壤盐碱性与梨树生长

土壤盐渍化是限制园艺植物生产的一个重要环境因素。一般沙质土壤，因其颗粒粗、粒间孔隙大、渗透性强、排水良好，脱盐快，盐渍化程度轻；黏质土颗粒细，孔径小，透水性差，不易脱盐。果树属于对盐敏感的植物，生长极限盐度小。低浓度的盐不影响果树种子发芽，高浓度的盐抑制果树种子发芽，随着盐浓度的增加，种子的萌发率逐渐降低。植物在盐胁迫下最常见和最显著的生理过程是生长受到抑制，盐胁迫也会降低果实的产量。

土壤中对梨树生长有害的盐类主要是碳酸钠、碳酸氢钠、氯化钠和硫酸钠等，富集过多会毒害树体的组织和细胞结构。土壤中某金属离子过多，树体吸收后，将引起离子吸收失衡。如树体吸收钠离子过多，便抑制了钙和钾的吸收，减少了对硝酸盐、磷酸盐和铁盐的吸收能力；锌对铁的吸收呈拮抗作用，增加锌的供应可明显抑制根部对铁的吸收和运转。在盐碱条件下，土壤的高渗透压影响根系吸水，植株体内的矿质营养平衡被破坏，使生长衰退。傅玉瑚等认为，通常情况下，梨树根系分布层中的总盐量控制在 0.14% ~ 0.25% 时，根系和地上部生长较正常；含盐量超过 0.3% 时，根系生长就受到严重抑制甚至死亡。

姜卫兵等研究了盐胁迫下不同砧木'丰水'梨幼树叶片光合特性的日变化规律。结果表明，盐胁迫改变了梨叶片的光合特性日变化曲线，尤其是导致了 Pn 日变化曲线整体下降；盐胁迫下梨光合特性日变化的改变受到不同砧木及不同盐处理水平的明显影响。高光林等研究了不同盐浓度处理对豆梨、杜梨作砧木的'丰水'梨幼树叶片光合作用的影响。结果表明，以豆梨为砧木的'丰水'梨叶片较相同处理下以杜梨为砧木的'丰水'梨叶片，光合特性变化对盐胁迫反应更为敏感，尤其是在低盐处理下表现得更为明显。从光合角度来说，在适度盐胁迫下，以杜梨为砧木的'丰水'梨表现较以豆梨为砧木的'丰水'梨要好。李晓庆等研究了盐胁迫对杜梨吸收根生长指标的影响，发现盐胁迫会显著抑制吸收根的根长、表面积、体积、根长密度及根尖数量，以抑制杜梨整体根系的生长发育。此外，盐胁迫处理后，杜梨光合速率、气孔导度、蒸腾速率、水分利用效率受到严重抑制，吸收根中的可溶性糖和淀粉含量亦显著小于对照。霍宏亮等研究了不同杜梨资源对盐碱胁迫的生理响应，从中筛选出河底杜梨 1 和甘肃杜梨 15 属于高抗盐碱类型，而甘肃杜梨 13 为盐碱敏感型资源。

三、土壤环境污染对梨树生长的影响

果园土壤污染是指人类活动产生的污染物进入土壤，并积累到一定程度，引起土壤质地恶化的现象。果园土壤污染常是因农药、化肥、地膜、生活垃圾、动物排泄物和大气沉降物（如 SO_2、NO_x）引起的污染。当土壤中的污染物在树体内残留，其含量超过树体的忍耐限度时，常常引起吸收和代谢失调，影响生长发育，甚至会导致遗传变异。另外，污染土壤的重金属和病原体等有害物质，通过根部被梨树吸收进入果实，食用后会引起人体消化道疾病或中毒情况的发生。

重金属会抑制梨花粉萌发及花粉管生长，陈至婷等研究表明，镍（Ni）、镉（Cd）、铜（Cu）、铅（Pb）和锌（Zn）等5种重金属对'黄花'梨花粉萌发和花粉管伸长的抑制作用呈现浓度依赖性，并表现出 Pb < Ni < Cd < Zn < Cu 的趋势。经重金属处理后，花粉管尖端发生肿胀，尖端 ROS 的浓度梯度被破坏。不同处理下花粉管尖端肿胀率与其花粉萌发及花粉管伸长所受抑制程度相一致。

长期不合理使用农药，可导致土壤重金属污染。刘玉学等调查分析了浙江省梨主产区梨园土壤重金属状况。结果表明，所有调查的梨园土壤重金属铜、锌、铅、铬含量总体上均符合土壤环境质量二级标准，只有东阳采样点存在重金属镉含量超标的问题。乔晓芳等评价了北京地区常规施药（每年8~10次）梨园土壤重金属污染程度。结果表明，各取样梨园的各土层镉含量均超土壤背景值（0.12 mg/kg），大部分地区超出国家土壤环境质量标准（0.6 mg/kg）；铬与汞超北京市土壤背景值，但未超出国家土壤环境质量标准。顺义、密云地区测试的梨园土壤已发生镉污染。建议梨园减少含磷化肥、农药的使用，种植镉超富集植物牛膝菊、碎米芥等。

参考文献

陈至婷，徐凯，史梦琪，等.不同重金属对'黄花'梨花粉萌发及花粉管生长的影响［J］.果树学报，2017，34（10）：1266-1273.

董彩霞，谢昶琰，李红旭，等.黄河流域主要梨园土壤养分丰缺状况［J］.土壤，2021，53（1）：88-96.

傅玉瑚，申连长.梨高效优质生产新技术［M］.北京：中国农业出版社，1998.

高光林，姜卫兵，汪良驹，等.砧木对盐处理下'丰水'梨幼树光合特性的影响［J］.园艺学报，2003，3：258-262.

韩苹苹，牛自勉，林琭，等.果园间伐对玉露香梨光合特性的影响［J］.山西农业科学，2016，44（6）：737-740.

霍宏亮，王超，杨祥，等.杜梨对盐碱胁迫的生理响应及耐盐碱性评价［J］.植物遗传资源学报，2022，23（2）：480-492.

计玮玮，邱翠花，焦云，等.高温强光胁迫对砂梨叶片光合作用、D1蛋白和Deg1蛋白酶的影响［J］.果树学报，2012，29（5）：794-799.

姜卫兵，高光林，戴美松，等.盐胁迫对不同砧穗组合梨幼树光合日变化的影响［J］.园艺学报，2003，6：653-657.

李六林，宋宇琴，李洁，等.梨水分生理研究进展［J］.河北农业科学，2015，19（6）：34-39.

李晓庆，王星斗，樊艳，等.盐胁迫对杜梨吸收根生长指标的影响［J］.山西农业大学学报（自然科学版），2021，41（5）：62-67.

刘小阳，李玲，高贵珍，等.光照对砀山酥梨果实发育过程中POD、PAL、PPO酶活性的影响研究［J］.激光生物学报，2008，17（3）：295-298.

刘秀田，刘振魁，郑云棣，等.雪花梨栽培技术［M］.石家庄：河北科学技术出版社，1989.

刘玉学，陈立天，戴美松，等.浙江省梨主产区梨园土壤理化性质及重金属状况调查分析［J］.浙江农业科学，2022，63（11）：2587-2591+2594.

刘政，秦仲麒，伍涛，等.梨树光合作用研究进展［J］.湖北农业科学，2016，55（24）：6327-6330.

柳伟杰，任李欣，崔振华，等.梨园采前水分调控对果实品质的影响［J］.北方园艺，2021，18：22-28。

鲁韧强，刘军，王小伟，等.梨树实用栽培新技术［M］.上海：科学技术文献出版社，2008.

马丽.不同树龄梨园土壤碳通量和有机碳储量分析［J］.核农学报，2018，32（11）：2240-2247.

乔晓芳，刘奇志，刘松忠，等.梨园常规施药与土壤重金属潜在污染风险评价［J］.果树学报，2018，35（8）：947-956.

束怀瑞.苹果学［M］.北京：中国农业出版社，1999.

陶书田，张绍铃，乔勇进，等.梨果实发育过程中石细胞团及几种相关酶活性变化的研究［J］.果树学报，2004，21（6）：516-520.

王国泽，刘永臣.干旱对梨树叶片质膜氧化还原系统的影响［J］.华北农学报，2007，6：127-129.

魏树伟，王宏伟，张勇，等.不同树形对丰水梨光合特性的影响［J］.山东农业科学，2012，44（4）：53-55.

徐义流.砀山酥梨［M］.北京：中国农业出版社，2009.

杨祥，霍宏亮，郭瑞，等.梨种质需冷量与需热量研究［J］.果树学报，2022，39（7）：1213-1220

袁卫明.果树生产技术［M］.苏州：苏州大学出版社，2009.

张朝红.酥梨缺铁黄化症及矫治技术的研究［D］.西安：西北农林科技大学，2000.

赵明新，孙文泰，张江红.不同生草处理对雪青梨光合特性的影响［J］.安徽农业科学，2010，38（33）：18689-18690+18692.

第七章

梨优质高效栽培技术

第一节　我国梨栽培技术发展现状与趋势

一、我国梨栽培技术发展现状

1. 发展历程

中华人民共和国成立之初，我国梨树生产技术水平整体偏低，突出表现为经验管理，生产粗放，产量低，病虫害严重，经济落后和缺乏专职科研队伍，栽培技术研究基本处于空白阶段。20 世纪 50 年代后期，是我国梨树栽培技术研究的起步阶段，主要是针对梨园管理粗放、单位面积产量低等问题，以提高产量为目标开展综合技术研究，很大程度上是施肥、灌水、修剪、授粉和病虫防治等常规技术的综合应用，在当时生产管理起点低的情况下，产量大幅提高，由 7 500 ~ 9 000 kg/hm^2 提高到 15 000 ~ 30 000 kg/hm^2。这一阶段栽培研究的特征是常规技术的集成与普及。20 世纪 60 年代初至改革开放前，生产中存在的核心问题依然是管理水平差导致的产量低。对此，以河北省农业科学院昌黎果树研究所为代表，开展了"鸭梨高产稳产优质栽培技术与理论研究"，1957—1977 年历经 20 年的研究与推广取得了显著试验效果，实现了试验园'鸭梨'产量 120 000 ~ 161 900 kg/hm^2，为'鸭梨'高产优质提供了理论依据和配套技术，获得全国科技大会奖和国家科技进步二等奖。

20 世纪 80 年代至 90 年代初是我国梨树大发展时期。据我国梨核心产区河北省统计，1986 年全省面积达 12.4 万 hm^2，7 年增加 6.6 万 hm^2，其中 1984—1986 年 3 年发展了近 6.0 万 hm^2，平均每年增加 2.0 万 hm^2。其间生产上需要解决的主要问题是幼树早果丰产和成龄树高产稳产。河北省农业科学院石家庄果树研究所开展了"乔砧梨树密植丰产栽培技术研究"，在我国首次创建了"乔砧梨树密植丰产配套技术"，开创了梨树现代栽培新模式，实现了幼树定植 3 年结果 5 年丰产的生产目标。此外，河北、山东、新疆、安徽、辽宁等省份分别在'鸭梨''茌梨''香梨''酥梨''南果梨'等成龄园高产稳产研究方面取得了良好成果，进一步提高了梨园产量，并克服了大小年结果现象。

20 世纪 90 年代中期至 20 世纪末，由于梨园单位面积的产量提高、新发展的幼树大量进入结果期，加之果农盲目追求产量导致果品质量下降等原因，我国梨主产区出现了严重的卖果难、梨园经济效益大幅下滑的现象，突出表现在'鸭梨''酥梨'和'南果梨'等传统优良品种。在这一背景下，河北、山东等省率先提出了提质增效生产新理念，提高果实品质栽培技术研究成为这一时期的核心领域。河北农业大学等单位1994—1999年立项系统研究了'鸭梨'果实品质发育特性和优质调控技术，在我国率先建立了梨优质栽培技术体系，明确了'鸭梨'优质丰产的树相指标和叶片营养元素含量指标，建立了叶分析指导平衡施肥的计算机专家系统。技术成果的推广应用，显著提高了试验示范县'鸭梨'品质，1997年、1998年实现了我国'鸭梨'首次直销美国、加拿大和澳大利亚的市场突破，为后来我国加入世界贸易组织扩大梨果出口作出了积极贡献。

进入21世纪以来，梨生产科研的重点任务是提质增效、品种结构调整和低产果园的改造。针对提质增效的生产和栽培技术研究在全国展开，河北、安徽、山西、湖北、河南、江苏、山东等省相继取得了大批研究成果，并应用于生产。品种结构的调整山东省起步早，大量引进日本、韩国梨品种优化品种结构，抢得市场先机。河北省将老龄梨园改造和品种结构调整结合起来，大力发展以'黄冠'为突出代表的'圆黄''中梨1号''黄金'等新品种，'鸭梨''雪花梨'面积比例由原来的86%降为64%。其间，河北农业大学研究提出了集树体改造和品种更新为一体的老龄梨园改造技术，并发明了大树高接换优的"嵌芽接"方法，在生产上得到了大面积推广。随着产业的发展，劳动力成本飙升的问题愈加突出，省力省工栽培成为科研和生产的当务之急。河北农业大学等自2005年开展了此项研究，历经8年在我国率先研究建立了梨"四化"栽培模式（矮密化，省力化，机械化，标准化），受到业内高度关注，在全国迅速得到了推广应用。2009年国家启动了"国家梨产业技术体系"建设专项，在栽培技术领域分别设置了土壤与水分管理、养分管理、树体管理、花果管理、果园生态与环境综合治理和生理障碍调控6个研究领域，每个领域组建了岗位专家团队。体系专项的启动显著壮大了梨科技人员的队伍，从此梨栽培技术研究步入了更加全面、系统和深入的新时期。经过10余年的持续研究，河北农业大学、南京农业大学、安徽农业大学、浙江大学、山东省果树研究所、湖北省农业科学院果树茶叶研究所等单位取得大批研究成果，将我国梨科研和生产水平推向了新高度。

2. 取得的成果

（1）栽培模式：为解决我国梨园种植模式落后、生产用工成本高、劳动力紧缺这些迫切问题，河北农业大学等单位历经8年研究，创建了梨"四化"栽培模式及配套技术体系，实现了梨园生产机械化、省力化和标准化，较常规梨园降低生产成本40.2%，提高经济收入2.6倍，被政府、产区、企业誉为引领我国梨栽培制度变革、加快传统生产向现代模式转变的标志性成果。2011年以来，成果已被河北、山西、辽宁、新疆、北京、湖北、云南和上海等全国16个省市区采用，新建"四化"模式示范、生产园2万余 hm²。河北省近10年新发展梨园1.3万余 hm²，几乎全部采用该技术成果。

山东省莱阳市采用水平网架结构改造梨园，能有效增加树体通风透光度，防止风灾造成落果、断枝现象，对增进品质起到很大的作用。日韩梨的棚架栽培是1990年代中期引入我国的，日本、韩国开始应用棚架栽培是根据气候的特异性，为防止台风的侵害而架设的，经多年实践已获得成功，目前日本、韩国梨全部实行棚架栽培。但日本和韩国的棚架，成本较高，一次性投资大，并不适合我们的实际情况。在借鉴其棚架的基础上，根据莱阳当地的自然条件，改进并推广了一种新的水平网架模式，即把原设计棚架的钢骨架立柱用 2.2 m 高的水泥立柱代替，把原来用在 8 m 高的直立钢管上的钢丝斜拉网架，改为在底下增加水泥立柱顶，把原来 6 m×6 m 的骨干用 16 股钢绞线改为 8 m×8 m 的骨干用 8 股钢绞线的方法，可省 1/2 的成本，获得良好的经济效益。棚架栽培与立式栽培相比，具有省工、易管理、产量高、果实品质好、便于集约化经营等优点，已经成为莱阳等胶东梨产区普遍采用的梨树栽培模式。

（2）营养与施肥：为解决我国长期以来果园施肥以经验为主，盲目性大、科学性差的问题，河北农业大学、安徽农业大学等单位在揭示梨树营养特性和需肥规律的基础上，研发出梨营养诊断指导平衡施肥技术体系和计算机专家系统，建立了'鸭梨''黄冠''香梨'等品种优质丰产叶片营养元素含量标准，研制出"梨有机－无机专用平衡肥料"。这一成果实现了梨园由传统的经验施肥向数字化精准施肥的技术突破，为梨树生产减施化肥提供了技术支撑和保证。

（3）优质高效栽培技术集成：为提高果品质量，实现提质增效，南京农业大学、山东省果树研究所、湖北省农业科学院果树茶叶研究所、安徽省农业科学院园艺研究所和河北农业大学等单位，在揭示果实发育特性基础上，在高光效树形、省力化修剪、培肥地力、液体授粉、农药减量等方面实现了单项技术的新突破，集成构建了梨树优质高效栽培技术体系，在生产中进行了大面积示范推广，取得了良好的经济、社会和生态效益。

二、发展趋势

1. 由单一技术向系统技术转变

果园生产管理很难靠单一技术的突破实现整体水平的提高，应从资源利用、技术体系、可持续发展的整体考虑，采用多学科协作方式，建立梨树栽培转型升级的技术体系，从而解决生产中的重大问题。

2. 加快现代栽培模式的示范与推广

结合老龄低效梨园更新和现代园区建设，加快传统落后栽培模式的更新，实现果园生产矮密化、省力化、机械化和标准化。

3. 研究建立智慧果园数字系统

研究果园环境参数、个体及器官生长发育模型、园相树相表型参数，以及环境因子对树体、器官影响的相关分析，为实施果园管理智能化提供理论依据。

4. 研究建立生态果园管理系统

遵循循环农业理论、绿色发展理念，研究生态果园的要素构成和评价系统、资源循环利用技术、生态环境治理技术等，建立生态果园生产管理系统。

5. 研究建立大苗繁育体系

研究加快苗木繁育的关键技术、工厂化育苗工艺流程以及促枝成花技术，构建大苗繁育技术体系，为生产提供成形快、结果早、整齐度好的高规格苗木。

第二节　梨苗木繁育

一、梨苗木产业现状

1. 现状

梨栽培品种涵盖了白梨、砂梨、秋子梨、新疆梨和西洋梨5个种，每个栽培区都有规模不等的种苗繁育企业或育苗户。我国梨种苗生产企业及育苗农户基本上集中在梨主产区，形成了育苗专业县或村镇。育苗能力较强的企业主要分布在河北、山东、安徽、四川、河南、浙江等地，有专业育苗的村镇，育苗基地很集中，成为全国梨苗的重要产地。

我国主要梨种苗繁育基地有河北省的昌黎县（年产400余万株）、深州市（年产400余万株），河南省的武陟县（年产500余万株）、武钢县（年产400余万株）、鲁山县（年产200余万株）、南阳市（年产100余万株），山西省的永济市（年产200余万株）等。

梨种苗繁育企业推广应用的品种主要集中在原有的优势品种及新育成的综合性状优良的品种，如'早酥''翠冠''黄冠''玉露香''新梨7号''翠玉''苏翠1号''红香酥'等。部分日韩品种也有引进发展，如'秋月''丰水''圆黄'等。

2. 存在的问题

（1）缺少龙头企业：梨苗木繁育多以小型企业或一家一户的散户育苗为主，繁育推广的苗木多为引进品种或者引进品种的芽变品种，多数苗木繁育企业没有自己的育种圃、采穗圃，且各企业之间缺乏有效合作，相互压价、争抢客户等不当竞争的现象普遍存在，没有形成整体合力，亟需对现有苗木企业进行有效整合，培植大型龙头企业，合力抱团打天下。

（2）品种同质化严重，知识产权保护能力不足：目前，梨苗木繁育企业基本以销售较为紧俏的品种如'苏翠1号''秋月''翠玉''新梨7号'等为主，同质化竞争严重。同时存在知识产权保护能力不足的问题，新品种繁育门槛较低，侵犯知识产权的违法成本太低。

（3）脱毒苗木比例低：目前，梨产业发展较为先进的地区，果农已经认识到病毒病的危害及脱毒苗木的重要性，但是品种的脱毒研究、生产、销售滞后于产业的需要，造成市场上假脱毒苗普遍存在。

（4）标准和市场准入机制不健全：目前，缺少有效的梨苗木繁育技术标准，如脱毒苗等苗木繁育标准，亟需进行补充。同时，现有苗木繁育缺少有效的准入机制，大量没有苗木繁育资格的企业如肥料、农药、果袋等农资企业从事苗木繁育和销售工作，加剧了市场的无序竞争。

3. 发展趋势

（1）加强品种更新：加快老劣品种的更新换代，目前生产中仍有大量产量、效益低下的老果园，应加快这些果园的更新换优力度，改换产量高、效益好、管理省工的品种。同时，围绕品种，搞攻关、求突破，针对国际梨新品种发展趋势和我国品种结构，选育特色梨新品种，尤其是耐贮性好、抗病性强、适于无袋栽培的早、中熟品种，实现优质高效。

（2）高度重视发展脱毒种苗：要改变梨生产的栽培模式，缩小与发达国家的差距，必须从建园开始，从苗木抓起。采用脱毒苗木建园是世界梨生产发达国家普遍采用的一项常规技术，要加快梨病毒病检测与脱毒技术研究，扶持建设高标准脱毒苗木繁育基地，为现代栽培示范园建设提供苗木保障。同时，应进一步规范营养钵育苗繁育标准和带分枝大苗繁育标准。生产带分枝的大苗，达到当年定植、2年结果、3年丰产的效果。

（3）规范梨种苗企业准入门槛，加强产权保护：目前，果树苗木市场没有准入门槛，大量从事农药、化肥生产销售、果品贮存加工等没有苗木繁育资质的企业，以及合作社、果农等都在大量繁育苗木，导致梨种苗产业侵权事件不断发生，梨品种市场混乱，私自篡改品种名称，获取不正当利益，一个品种多种名字现象普遍存在。应对在市场上流通的种苗，建立追根溯源机制，严控私自篡改品种名称、偷盗种子种苗行为。梨种苗企业应定期到当地农业主管部门将繁育种苗的种类、数量、类型等进行备案，不备案的企业不允许进行果树种苗经营活动。主管部门应严格审核从事种苗繁育和经营活动企业的资质，没有繁育和经营资质的企业严禁从事果树种苗经营活动，规范种苗企业入市的门槛。进一步带动建立一批梨种苗繁育企业，开展无病毒良种苗木工厂化、规模化生产，引领我国梨种苗产业健康发展。

二、嫁接苗培育

1. 苗圃地的建立

（1）苗圃地选择：苗圃地尽量选择地势平坦、宽阔、旱能灌、涝能排、通气良好的沙壤土，并注意不要重茬。山区苗圃地要地势开阔，坡向以东南向最好。其次，苗圃地应交通方便，电力有保障，周边无污染。

（2）苗圃地规划：大型专业苗圃应包括母本园和繁殖区两部分。母本园主要提供良种繁殖材料，包括采种母本园和采穗母本园及砧木母本园。园内的树种和品种均要登记、编号，确保正确无误。为便于管理，繁殖区应分为若干小区，各小区可安排不同的品种。此外，专业苗圃还必须规划道路、排灌系统、防风林和房舍等建筑物。

（3）苗圃地整理：苗圃地冬季进行深耕翻土，每666.7 m² 施优质基肥2 500 ~ 5 000 kg、复合肥40 ~ 50 kg。播种前整平做畦，畦宽1.0 ~ 1.5 m。地下水位高或雨水多的地区采用高畦，以利于排水；干旱或水位低的地区则采用低畦，以利于灌溉。同时，除去影响种子发芽的杂草、残根和石块等杂物。撒施 5% 辛硫磷颗粒 4.5 g/m²，用来防治蛴螬、蝼蛄及地老虎等害虫。

2. 砧木母本园的建立

砧木是嫁接时用以承受、支撑和固着接穗的植物体，是优质嫁接苗培育的基础。砧木对嫁接苗的抗逆性和适应性有明显的影响，砧木分为实生砧木苗和自根苗。一般情况下，实生砧木嫁接苗比自根砧嫁接苗具有更强的抗逆性和适应性。因此，用近缘野生或半野生果树种类培育的实生苗，是嫁接果树最广泛、最重要的砧木资源。

（1）建立砧木母本园：建立砧木母本园，一是可以统一人工种植适合嫁接品种的砧木类型，专供采种用；二是可以利用周边野生砧木资源，通过人工干预、管理，建成野生砧木母本园。无论是人工建成的还是用野生资源改建的砧木母本园，均需保证品种类型的纯度，防止机械混杂和生物学混杂，以便繁殖出性状一致的优良砧木苗。

（2）砧木的选择：我国梨树的砧木资源极为丰富，类型很多，分布面广。一般选用对当地气候、土壤适应性强，抗盐碱、抗旱、抗涝、抗寒、抗病虫害，与嫁接品种亲和力强的野生种作砧木。北方各省，如河南、山东、河北、山西、陕西以及江苏、安徽北部，多用杜梨作砧木，少量用褐梨、豆梨；辽宁、吉林、内蒙古、黑龙江及河北北部多用秋子梨作砧木。长江以南各省区，如湖北、湖南、江西、浙江、福建、安徽南部、广东、广西等，多用豆梨和砂梨；四川、云南、贵州用川梨；甘肃、宁夏、青海、新疆多用木梨。矮化砧木分为榅桲梨矮砧和梨属矮化砧木，榅桲梨矮砧分为榅桲 A、榅桲 C 和云南榅桲，梨属矮化砧木分为 OHXF51、PDR54、S5、S2 等。

3. 品种母本园的建立

品种母本园为苗木繁育提供高质量和高纯度的优良品种接穗，建立品种母本园必须严格要求。

（1）建立品种母本园：建立品种母本园，一是要保证品种典型纯一；二是必须建立在无重要病虫害、无检疫对象的地区；三是要选择条件适宜、肥水条件好的地方；四是要加强园区管理，保证树体健壮。

（2）接穗的采集与贮运：采集接穗时，应选择品种纯正、树势健壮、进入结果期、无枝干病虫害的母株，剪取树冠外围生长充实、芽饱满的一年生枝作接穗。每 50 条或 100 条扎成一捆，做好品种标记。从外地采集接穗时，要搞好包装，用湿锯末填充空隙，外包一层湿草袋，再用塑料薄膜包装，以保持湿度。要尽量减少运输时间，防止日光暴晒。到达目的地后，应立即打开，竖放在冷凉的山洞、深井或冷库内，并用湿沙埋起来。湿沙以手握即成团，一触即散为宜。

嫁接时，将接穗基部剪去 1 cm，竖放在深 3 ~ 4 cm 的清水中浸泡一夜，以备次日使用。

4. 繁殖区的建立

苗圃可细划分成实生苗繁殖区、自根苗繁殖区和嫁接苗繁殖区。建立砧木母本园时，主要采用采集的砧木种子进行种植，称为实生苗繁殖；在生产上，梨的营养系矮化砧木多采用压条和扦插的方法进行繁殖，称为自根苗繁殖；将品种接穗接到砧木苗上，使接穗和砧木苗成为嫁接共生体，称为嫁接苗繁殖。

（1）实生苗繁殖区：凡是用种子播种而成的苗木均为实生苗，这种繁殖方法操作简便、种子来源多，适合大量繁殖。异花授粉植物所产生的种子为杂种，因而一般栽培品种的种子长出的苗木变异很大，野生种由于本身遗传性强，因而变异性小。所以梨树砧木多为近缘野生或半野生果树种类培育的实生苗。

①砧木种子采集。待种子充分成熟后，采收果实。一般杜梨在 9 月下旬至 10 月上旬成熟，豆梨在 9 月中旬才采收。种子采收过早，种子尚未成熟，种胚发育不完全，养分不足，其生活力弱，发芽率低；采收过晚，果实易受到鸟、虫等危害，难以保证种子的数量和质量。将成熟的果实采收后，清除杂物，放在缸中或堆集起来，上盖一层青草，使其后熟发酵。数日后，果皮变黑，果肉变软时，揉碎果肉，取出种子，用清水洗净，放在室内或阴凉处晾干，避免阳光下暴晒。经去秕、去劣、去杂、选出饱满的种子。根据种子的大小及饱满程度或重量分级。

种子贮存方法有冷凉干燥贮存和冷凉潮湿贮存。一般杜梨种子冷凉干燥贮存，种子充分晾干后，装入容器置于 0 ~ 5℃、空气相对湿度在 50% ~ 60% 的地方贮存。

②层积处理。砧木种子具有自然休眠特性，需要在适宜条件下完成后熟，才能解除休眠、萌芽生长。解除休眠需要经过层积处理，即种子与沙粒依次层积，在低温、通气和湿润的条件下，经过一段时间的贮存即可解除休眠。进行层积处理所用的基质为河沙，此法也称沙藏。

层积方法：精选优质干燥的种子，用 30℃ 的温水浸泡 24 h 左右；或用凉清水浸种 2 ~ 3 天，每日换水并搅拌 1 ~ 2 次。全部种子都充分吸水后，捞出备用。同时，将小于砧木种子的沙粒用清水冲洗干净，沥去多余的水分，使沙粒的含水量达到 50% 左右，以手握沙成团、一触即散为适度。将种子与河沙按 1 :（5 ~ 6）的比例混合均匀，盛在干净的木箱、瓦盆或编织袋等易渗水的容器中。选择地势高、土壤干燥、地下水位低、背风和背阴的地方挖坑，把容器埋入坑中，使其上口距地面 20 ~ 25 cm。再用沙土将坑填满，并高出地面，以防止雨水或雪水流入坑中引起种子腐烂。

层积时间和温度：一般播种前 1 个月左右进行层积处理。在 2 ~ 7℃ 的层积温度下，杜梨层积 35 ~ 54 天、秋子梨层积 40 ~ 55 天、豆梨层积 35 ~ 45 天、榅桲 35 ~ 50 天、褐梨 38 ~ 55 天、川梨 35 ~ 50 天即可。

层积管理：层积期间，要经常进行检查，看是否有雨水或雪水渗入，是否发生鼠害。每 10 天左右上下搅拌一次种子，以防止霉变，并使其发芽整齐。搅拌时，还要注意检查温、湿度，使温度保持在 2 ~ 7℃。温度过高时，要及时翻搅降温；过低时，要及时密封。湿度过大时，添加干沙；湿度不足时，喷水加湿。发现霉变种子，要及时挑出，以免影响其他种子。当 80% 以上种子尖端发白时即可播种。如果发芽过早或来不及播种，可把盛种子的容器取出，放在阴凉处降温，或均匀喷施浓度为 40 ~ 50 mg/L 的萘乙酸，抑制胚根生长，延缓萌动。若临近播种时种子尚未萌动，可将其移置于温度较高处，在遮光条件下促进种子萌动，或喷浓度为 30 ~ 100 mg/L 的赤霉素进行催芽。

如无沙藏条件，也可将采收后的果实堆积于冷库中，第二年春天播种前 15 天取出，用水冲洗取出种子，并用温水浸泡等方法进行催芽，然后播种。这种方法省工省时，但层积效果较沙藏略差。

③播种及管理。层积的种子在华北地区和西北地区 3 月中旬至 4 月上旬开始播种。播种前，苗圃地要充分灌水。播种量 1.5 ~ 2.5 kg/666.7 m²，播带状条播，带内距 15 cm，带间距 50 cm，播种深度 1.5 ~ 2.0 cm。

为培育优质砧木苗，可采用地膜覆盖技术，幼苗出土后及时破膜，防止膜内高温烧苗。幼苗出土后，要经常中耕除草、松土保墒。如土壤干旱，可于幼苗一侧开沟浇水或喷水。6 月上旬和 7 月上旬结合灌水，各追施尿素 10 ~ 20 kg/666.7 m²。当苗高 16 cm 左右时进行摘心，促使砧木增粗。为了多发侧根，不移栽的苗可用铁锨从幼苗侧面距苗木基部 20 cm 左右、与地面呈 45° 倾斜向下铲断主根，及时除草、防病、灭虫，保证苗木健壮生长。

（2）自根苗繁殖区：用扦插、压条和分株等方法使营养器官生根或发芽培育成的苗木，因其都具有自身的根系，故称为自根苗，也称为自根营养苗。自根苗遗传变异小，进入结果期早，植株生长健壮，繁殖方法简单，不存在嫁接亲和力的影响。但其抗逆性和适应性不及实生苗和嫁接苗。一般在生产上，梨的营养系矮化砧木多采用压条和扦插的方法进行繁殖。

（3）嫁接苗繁殖区：嫁接就是将接穗接到砧木苗上，使接穗和砧木苗成为嫁接共生体。砧木构成其地下部分，接穗构成其地上部分。接穗所需的水分和矿质营养由砧木供给，而砧木所需的同化产物由接穗供应。

①嫁接方法及时期。梨树嫁接方法主要分为芽接法和枝接法。

芽接法：以芽片为接穗的嫁接繁殖方法称为芽接法，是应用最为广泛的一种嫁接方法。其主要优点是节省接穗，接口愈合好，操作简便，易掌握，可嫁接的时间长，成活率和效率高，以及容易对未接活的植株进行补接等。芽接的方法主要分为不带木质部芽接和带木质部芽接 2 种。

a. 不带木质部芽接方法。不带木质部芽接要求制取的芽片不带或少带木质部，皮层容易剥离，苗木达到嫁接要求的粗度，接芽发育充实。我国大多地区在 7 月下旬至 9 月上中旬嫁接成活率最高。常用的不带木质部芽接方法有"T"字形芽接、方形贴皮芽接及套芽接等。

"T"字形芽接也称为盾片芽接，一般用于一年生砧木苗。嫁接时，左手拿接穗，右手持芽接刀，先在芽上方 0.5 cm 处横切一刀，然后在芽下 1.0 ~ 1.2 cm 处向上斜削一刀，达到木质部，形成一个盾状芽片，用手取下。在要嫁接的一年生砧木上距地面 3 ~ 5 cm 处切一个"T"字形切口，深达木质部，用刀剥开，将盾形芽片插入切口内，至芽片的横切口与砧木的横切口对齐为止；最后用地膜捆绑，把叶柄露在外面，露芽或不露芽均可。

b. 带木质部芽接法。当砧木和接穗不离皮时，采用带木质芽接法。春季和秋季均可进行，我国南方一些地区几乎可以周年嫁接，在大多数地区 2—4 月和 8—9 月两个时期的嫁接成活率最高。常用的嫁接方法为嵌芽法。先将一年生枝的接穗芽，向下斜削成带木质部的盾片，在芽下 1.2 cm 处斜切成舌片状；然后用右手将砧木压斜，在距地面 3 ~ 5 cm 处的树皮光滑处，从上向下斜削，相当于接芽盾片长度时斜切一刀，取下砧木上的盾片；将接穗盾片插入砧木切口，使两者相互吻合，形成层紧密结合；最后用地膜自下而上全面绑缚。

枝接法：枝接法是以带芽枝段为接穗的一种嫁接繁殖方法，在苗木繁殖中应用不多，主要用于秋季芽接未成活的苗木在翌年春季进行补接。但在砧木较粗，砧、穗处于休眠期皮层不易剥离，高接换种或利用坐地苗建园时，采用枝接法更为有利。枝接法在果树苗木繁殖中应用较多的是劈接、切接、腹接等。

a. 劈接法。生产上应用较多的一种方法，多在春季芽萌动而尚未发芽前进行。嫁接时，先在砧木上离地面 3~5 cm 处将砧木剪断，剪口要平齐，在断面直径上，向下直切一刀，深 2~3 cm；然后削取接穗，选带 2~4 个芽的一段，在下部两侧各削一刀，削时应外面稍厚、里面稍薄，呈楔形，削面要平滑。削时应在距下部芽 1 cm 处下刀，以免过近伤害下芽。最后用芽接刀撑开砧木切口，插上接穗，用塑料薄膜把接口包扎好，再套上塑料袋，避免水分蒸发。插接穗时，要求接穗厚面向外、薄面向里，接穗和砧木的形成层靠一侧密接，并注意不要把削面全部插入，应留 0.5 cm 左右，叫做"留白"。

b. 切接法。切接法是春季应用广泛的方法，操作简单、嫁接成活率高，适用于砧木不离皮和粗度 1 cm 以上的砧木。

在砧木离地面 5 cm 处剪断，削平剪口，选光滑平整的一侧，从断面 1/3 处向下垂直切下，长 3 cm 左右，切口的长宽与接穗长相对应。接穗带 1~2 个芽为宜，削成长面长 2.5~3.0 cm、短面长 0.5~1.0 cm 的双削面。将接穗的长切面紧贴砧木的内切面插入，将砧穗双方一侧的形成层对齐，用塑料薄膜将砧穗上的剪口密封扎紧，防止水分蒸发和雨水淋入，确保嫁接成活率。接穗成活后，新梢长出 10 cm 左右时及时解膜。

c. 单芽切腹接。与一般腹接不同的是接穗由多芽改为单芽，可在 2 月中旬至 4 月中旬进行嫁接。先剪接穗，从距接芽下 0.3~0.5 cm 处将接芽削成楔形，削面一侧略厚，留 1 个接芽在芽上方 0.5 cm 处剪平。砧木留 4~6 cm 剪平，在距截面 3~4 mm 处斜向下剪一个剪口，长度比接穗的长削面略长。将接穗插入，注意接穗的形成层与砧木的形成层对齐。接穗的深度要适宜，要把接穗切面的木质部露出 3~4 mm。接穗插好后要立即包扎，先用薄膜绕接口 2~3 周，固定接芽，防止接芽松动；然后将薄膜顺接穗上绕，把接穗上的剪口裹严，接芽露在薄膜外；再将薄膜顺接穗下绕至接口，绕扎于接口上。

②嫁接苗的管理。

a. 检查与补接：春季进行劈接或嵌芽接，约 1 个月愈合。嫁接后半个月内，接穗或芽保持新鲜状态或萌发生长，说明已成活；相反，如接穗或接芽干缩，说明未接活，应及时在原接口以下部位补接。或留一个萌蘖，夏季再进行芽接。夏、秋两季芽接后 7~10 天愈合，此时接芽保持新鲜状态，或芽片上的叶柄用手一触即落，说明已成活；相反，接芽干缩或芽片上的叶柄用手触摸不落，则说明未接活。

劈接苗或嵌芽接苗，一般在接后一个半月解绑；夏、秋芽接苗，在接后 20 天解绑。解绑不宜过早，过早会影响成活。

b. 剪砧及除萌：越冬后的半成苗应在发芽前将芽以上的砧木部分剪去，以集中养分供接芽生长，称为剪砧。秋季嫁接苗应在第二年春季发芽前剪砧；春季嫁接的苗木，多在接活后剪砧；快速繁殖的矮化中间砧苗木，为缩短育苗年限，促使接芽早萌发，早生长，嫁接后应立即剪砧。

剪砧时应紧贴接芽横刀口上部 0.5～1.0 cm 处进行，一次性剪除砧干，剪口要略向接芽背面倾斜，但不要低于芽尖，并且要平滑，防止劈裂。

剪砧后，由于地上部较小、地下部相对强大，砧木部分容易发生萌蘖，消耗植株养分，影响接芽或接穗生长。因此，必须及时除萌。

c. 摘心与圃内整形：在苗木停止生长前，要按照高度需求及时进行摘心，以控制苗木延长生长，促进苗干增粗和芽体充实饱满。摘心应分次进行，先达到要求高度的苗木先摘心。梨树一般在 6 月下旬至 7 月中旬摘心。

在苗圃内完成树形基本骨架的苗木，称为整形苗。用整形苗建园，虽然成本较高，但果园树体整齐，成型快，结果早。梨大多数品种萌芽力强，但成枝力弱，圃内整形效果一般不好。

d. 肥水管理及病虫害防治：苗木追肥，特别是在苗木生长前期及时、合理追肥，对苗木迅速、健壮生长有重要作用。苗木追肥应以氮肥为主，后期偏磷肥和钾肥。施肥时，沿苗行挖浅沟，将肥料均匀撒施于沟内，覆土后浇水。在夏季及早秋可以采用叶面喷肥的方法进行根外追肥。苗木施肥，一般情况下每 666.7 m² 追施尿素 6 kg 或者硫酸铵 16 kg，有机肥 250 kg 左右。喷施叶面肥时要注意肥料的浓度，以防止肥害，一般硫酸铵 0.2%、尿素 0.3%～0.5%、过磷酸钙 1%～3%、磷酸二氢钾 0.3%、硫酸钾 0.3%、有机肥 10% 左右。

苗木的病虫害种类较多，应着重注意金龟子、蚜虫类、螨类等虫害，以及白粉病、梨锈病等病害。

三、梨无病毒苗木繁育

果树病毒是指能够侵染果树，导致果树生长结果不良的病毒和类菌原体。长期采用营养繁殖的果树传毒快，发病率高，危害范围广。我国报道的梨病毒有 6 种，分别为梨脉黄病毒、梨环纹花叶病毒、苹果茎沟病梧桲矮化病毒、苹果锈果类病毒和梨锈皮类病毒，其中前 3 种的带毒株率分别为 61.8%、44.3%、32.8%。多数病毒侵入果树后慢性危害，最终导致树势衰弱，产量锐减，果实品质下降。根据病毒侵染果树后的反应和特点不同，可分为潜隐性病毒和非潜隐性病毒两大类。对已感染病毒的果树，无有效治愈方法，只能采取预防措施，以控制病毒蔓延。栽植无病毒苗木，建立无病毒苗木繁育体系，是防治果实病毒病的主要途径和有效措施。

无病毒苗木繁育体系包括无病毒母本园、无病毒苗木繁殖圃、无病毒砧木繁育和无病毒苗木嫁接四部分。

1. 无病毒母本园的建立

（1）无病毒原种保存圃：梨无病毒原种保存圃具有无病毒原种培育、保存的功能，主要进行梨品种和砧木的脱毒、培育和从国内外引进无病毒原种，提供无病毒品种、无性系砧木原种，协助母本园单位建立无病毒品种采穗圃、砧木采种园和无性系砧木压条圃。梨品种和砧木确认无病毒后即可作为无病毒原种，在田间原种保存圃或组培保存，也可建立基因库保存。

（2）无性系砧木压条圃：无性系砧木繁殖方法有垂直压条和水平压条等，其方法与普通砧木苗相同。无病毒无性系砧木压条圃只提供无性系砧木自根苗和用作中间砧的接穗，不允许在压条圃嫁接。

（3）无病毒品种采穗圃：母本树由无病毒原种保存圃提供，应具有详细的档案，包括品种名称、引进时间、地点及脱毒检测等相关内容。按品种集中定植，株行距不小于 3 m×5 m，定植后绘制定植图。要加强肥水管理和病虫害防控，保证树势健壮，并建立技术档案。

2. 无病毒苗繁殖圃地的选择

无病毒苗繁殖圃地应选择地势平整、土壤疏松、灌溉便利的地块，距苹果、梨园或一般生产性苗圃 100 m 以上。苗圃应规划实生苗播种区、无性系砧木繁殖区、成苗培养区等，并规划各级道路、排灌系统等基本设施。

3. 无病毒砧木繁育

砧木种子必须为品种纯正、采自无病毒砧木采种园或经病毒检测确认无病毒的种子。播种方法和田间管理与一般生产性苗圃相同。

4. 无病毒苗木嫁接

（1）接穗的采集：接穗必须从无病毒品种采穗圃采集，剪下的接穗立即剪去叶片，分扎成捆，并登记母本树的品种（品系）名称、采集时间。

（2）砧木与嫁接：砧木必须是从未嫁接过的实生砧木或无病毒营养系砧木。嫁接方法和时期与普通苗木相同，嫁接后要按品种、品系分别记载。补接时，必须保证与原来嫁接的母株相同，避免不同单株间病毒感染。

（3）注意事项：嫁接工具要做到专管专用，及时消毒，避免交叉使用、重复感染。

四、苗木出圃、包装、运输

1. 苗木出圃时间及方法

苗木达到要求的标准即可出圃。梨苗多在秋季苗木新梢停止生长并已木质化、顶芽已经形成、叶片脱落后起苗。起苗前应在田间做好标记，防止苗木混杂。

起苗前如圃地干旱，应提前 2~3 天浇水，使土壤疏松、潮润，此时起苗省力且不伤根。起苗时注意保护苗木根系，做到不伤大根，多留侧、须根；起苗后避免风吹日晒，保持根系湿润。此外，应保护好苗木的干、芽和嫁接口。有条件的苗圃可采用机械起苗。

2. 苗木分级

苗木起出后，按照相应的苗木标准划分等级。一般分成 1~3 级，不合格的苗木留圃继续培养，剔除无培养价值的苗木。具体质量标准如表 7-1 所示。

表 7-1 梨实生砧木苗木分级标准

项目		规格	
		一级	二级
	品种与砧木	纯度 ≥ 95%	
根	主根长度 / cm	20 ~ 25	
	主根粗度 / cm	≥ 1.2	≥ 1.0
	侧根长度 / cm	15.0	
	侧根粗度 / cm	≥ 0.3	≥ 0.2
	侧根数量 / 条	≥ 5	≥ 4
	侧根分布	均匀、舒展而不卷曲	
	基砧段长度 / cm		
	苗木高度 / cm	≥ 120	≥ 100
	苗木粗度 / cm	≥ 1.0	≥ 0.8
	倾斜度	≤ 15°	
	根皮与茎皮	无干缩皱皮、无新损伤，旧损伤总面积 ≤ 1 cm²	
	饱满芽数 / 个	≥ 8	≥ 8
	接口愈合程度	愈合良好	

3. 苗木包装、运输和保存

经检疫合格的苗木，可按等级包装外运。包装时，按品种每捆 50 株或 100 株扎好，挂上标签，注明品种、数量和苗木等级。打捆时把根系端摆齐，在近根系部位和苗木上部 1/3 处各捆一道草绳，将苗木扎紧；然后把成捆的苗木根端装入比较厚的塑料包装袋内（用麻袋、编织袋等也可以），紧贴包装袋内壁填塞湿稻草，把根系全部用湿草围起来，最后用绳扎紧袋口。为防止苗干部分失水，最好用塑料布裹严。为了节约，可不分别包裹，装车前在车厢中衬上大块塑料薄膜，然后把成捆的苗木排入车厢，最后将四周的塑料薄膜掀起盖在苗上，上面用篷布包盖严密。既可有效地保持水分，又能减轻运输途中的风害失水。

苗木不立即外运或栽植时，可挖沟进行假植。假植地点应选择地势平坦、背风、不易积水处。假植沟一般为南北方向，沟深 0.5 m，沟宽 0.5 ~ 1.0 m，沟长依苗木的数量而定。假植时，苗木向南倾斜放入，根部用湿沙填充，将根和根茎以上 30 cm 的部分埋入土内并踏实，严寒地区应埋土到定干高度。苗木外运时，必须采取保湿措施。途中要经常检查，发现干燥应及时喷水。

第三节 规划与建园

一、规划

1. 园地选择

梨树对土壤条件要求不严，但在土层深厚、质地疏松、透气性好的肥沃沙壤土上栽植的梨树比较丰产、优质。

一般而言，平原地要求土地平整、土层深厚、肥沃；山地要求土层深度 50 cm 以上，坡度 5°~10°，坡度越大，水土流失越严重，不利于梨树生长发育，北方梨园适宜在山坡的中下部栽植，对坡向要求不很严格；沙滩地地下水位在 1.8 m 以下。生产实践表明，优质高产梨园土层厚度要 1.0 m 以上，土壤有机质含量 1% 以上，土壤 pH 6.0~7.5。

盐碱地土壤含盐量不高于 0.3%，含盐量高时，需经过洗碱排盐或排涝进行改良后栽植。对于 pH 8 以上，严重影响果树正常生长的盐碱地，以淡水洗碱，挖排水沟，定期引淡水浇园，把过多的水分排出园外，通过淋洗降低土壤盐碱度。

碱性土壤施用碱土调理剂及石膏、磷石膏等以钙离子交换出土壤胶体表面的钠离子，降低土壤的 pH。酸性土壤施用酸土调理剂"波美度"降酸改良，提高土壤 pH。

总之，园地要有良好的生态环境，尤其是发展无公害梨园，环境、水质、大气质量要符合 ANT/T 391-2000 绿色食品产地环境技术条件要求，以避免有害气体和粉尘对梨果造成污染，保证果品安全。

（1）大气监测标准：大气监测可参照国家制定的大气环境质量标准（GB 3095-82）执行。大气环境质量标准分三级（表7-2）。

一级标准：为保护自然生态和人群健康，在长期接触情况下，不发生任何危害影响的空气质量要求。生产绿色食品和无公害果品的环境质量应达到一级标准。

二级标准：为保护人群健康和城市、乡村的动植物，在长期和短期接触的情况下，不发生伤害的空气质量要求。

三级标准：为保护人群不发生急慢性中毒和城市一般动、植物（敏感者除外）正常的空气质量要求。

表 7-2 大气环境质量标准

污染物	取值时间	浓度限值（mg/dm³）		
		一级标准	二级标准	三级标准
总悬浮微粒	日平均	0.15	0.30	0.50
	任何一次	0.30	1.00	1.50

（续表）

污染物	浓度限值（mg/dm³）			
	取值时间	一级标准	二级标准	三级标准
飘尘	日平均	0.05	0.15	0.25
	任何一次	0.15	0.50	0.70
二氧化硫	年日平均	0.02	0.06	0.10
	日平均	0.05	0.15	0.25
	任何一次	0.15	0.50	0.70
氮氧化物	日平均	0.05	0.10	0.15
	任何一次	0.10	0.15	0.30
一氧化碳	日平均	4.00	4.00	6.00
	任何一次	10.00	10.00	20.00
光化学氧化剂（O_3）	一小时平均	0.12	0.16	0.20

　　大气污染物主要包括二氧化硫、氟化物、臭氧、氮氧化物、氯气、碳氢化合物以及粉尘、烟尘、烟雾、雾气等气体、固体和液体粒子。这些污染物既能直接伤害果树，又能在植物体内外积累，人们食用后会引起中毒。

　　（2）土壤标准：土壤中的污染物主要是有害重金属和农药。果园土壤监测的项目有汞、镉、铅、砷、铬5种重金属以及pH等。其中，土壤中的5种重金属的残留标准因土壤质地而有所不同，一般与土壤背景值（本底值）相比。参阅《中国土壤背景值》，土壤污染程度共分为5级，一级（污染综合指数≤0.7）为安全级，土壤无污染；2级（0.7~1）为警戒级，土壤尚清洁；3级（1~2）为轻污染，土壤污染超过背景值，作物、果树开始被污染；4级（2~3）为中污染，即作物或果树被中度污染；5级（>3）为重污染，作物或果树受污染严重。只有达到1~2级的土壤才能作为生产无公害果品基地。

　　（3）灌溉水标准及灌水排水：果园灌溉水要求清洁，并符合国家《农田灌溉水质量标准》（GB 5084-92），其主要指标是：pH 5.5~8.5，总汞≤0.001 mg/L、总镉≤0.005 mg/L、总砷≤0.1 mg/L（旱作）、总铅≤0.1 mg/L、铬（六价）≤0.1 mg/L、氯化物≤250 mg/L，氟化物2 mg/L（高氟区）、3 mg/L（一般区），氰化物≤0.5 mg/L。除此之外，还有细菌总数、大肠菌群、化学耗氧量、生化耗氧量等项。水质的污染物指数分为3个等级，1级（污染指数≤0.5）为未污染，2级（0.5-1）为尚清洁（标准限量内），3级（≥1）为污染（超出警戒水平）。只有符合1~2级标准的灌溉水才能生产无公害果品。

　　土壤含水量为土壤最大持水量的60%~70%最适宜，低于或高于这个数值都对梨树生长不利。灌水量以浸透根部分布层（40~60 cm）为准，梨园灌水应根据天气情况，原则上随旱随灌，做到灌、排、保、节水并重。施肥与灌水并重，一般每次施肥后均应灌水，以利肥效的发挥。施肥时期有萌芽期、幼果膨大期、催果膨大期及封冻前，因此全年至少应浇 4 次水。梨园供水应平稳，灌水的量以灌透为度，避免大水漫灌，否则不但浪费水而且效果不好。套袋梨园采前 20 天禁止灌水，否则果实含糖量降低。套袋梨园果实易发生日烧病，因此土壤应严防干旱，浇水次数和浇水量应多于不套袋梨园，一般套完袋要浇一遍透水防止日烧。

2. 园地规划与建设

梨园园地的规划原则是省工高效，充分利用土地，便于生产管理。园地规划主要包括水利系统的配置、栽培小区的划分、防护林的设置以及道路、房屋的建设等。

（1）平整土地：在平整土地时，以确定的主路为基线，确定另一条垂直方向的主路，并延伸到梨园的边缘，定好标记。在此记号的基础上，确定每行两端的位置，做好标记。挖定植坑时，在长绳上按株画记号，点出定制点。道路及各行的木桩标记在定植前不要拔掉，定植时以此作为标记，可随时校正，确保栽植整齐。在山区及丘陵地区则应按等高水平线测量定点，行向可以根据地形确定。

（2）小区设计：为了便于管理，可根据地形、地势以及土地面积确定栽植小区。一般平原地每 1 ~ 2 hm² 为一个小区。小区之间设有田间道，主道宽 8 ~ 15 m，支道宽 3 ~ 4 m。山地要根据地形、地势进行合理规划。

（3）排灌系统：水是建立梨园首先要考虑的问题，要根据水源条件设置好水利系统。有水源的地方要合理利用，节约用水；无水源的地方要设法引水入园，拦蓄雨水，做到能排能灌，并尽量少占土地面积。水肥一体化是利用管道灌溉系统，将肥料溶解在水中，同时进行灌溉与施肥，适时、适量地满足农作物对水分和养分的需求，实现水肥同步管理和高效利用。

（4）道路系统：梨园道路要根据梨园实际情况合理规划。面积较小的梨园，只设环园道和园内作业道即可。面积较大的梨园，划分成若干个作业区，设计主、干、支三级路面。主路宽 8 ~ 12 m，是果园内生产物资及果品运输的主要途径，用于连接公路和园内的干路；干路一般宽 3 ~ 6 m，是连接主路与果园内各个作业区的机械运输道路，通常也是作业区的分界线；支路宽 1 ~ 3 m，是果园人工作业道，主要供工人作业，通常为节省土地可用畦埂、边界代替。为方便机械化作业，要在果园外围设计环园路，宽 3.5 m。

（5）建立防护林：栽植防护林能改善生态环境，保护梨树正常生长发育。因此，建立梨园时要搞好防风林建设工作。一般每隔 200 m 左右设置一条主林带，方向与主风向垂直，宽度 20 ~ 30 m，株距 1 ~ 2 m，行距 2 ~ 3 m；在与主林带垂直的方向，每隔 400 ~ 500 m 设置一条副林带，宽度 5 m 左右。小面积的梨园可以仅在外围迎风面设一条 3 ~ 5 m 宽的林带。

（6）设立气象哨：规模较大的果园要设立气象哨。气象哨要设立在地势略高、四面空旷平坦的地方，按相关规定进行配置，并设专人管理，以保证记录的正确性与完整性。基于物联网技术的智能气象站，可自动采集温度、湿度、风向、风速、太阳辐射、雨量、气压、光照度、土壤温度、土壤湿度等多项信息，并做公告和趋势分析，配合软件更可以实现网络远程数据传输和网络实时气象状况监测。

（7）建筑物规划：规模较大的梨园需要规划和建造必要的生产用房，包括工具室、机械库、包装场、储藏库等。在梨园规划时，梨园各建设部分要尽量减少占生产用地的比例。一般梨园生产用地面积占85%，防护林占5%，道路占6%～8%，建筑物占0.5%～1%，其他占1%～1.5%，根据实际情况调整各项比例。

3. 授粉树的配置

大多数梨品种不能自花结果，或者自花坐果率很低，生产中配置适宜的授粉树是省工高效的重要手段。一个果园内最好配置两个授粉品种，以防止授粉品种出现小年时花量不足。主栽品种与授粉树比例一般为4～5:1，定植时将授粉树栽在行中，或每隔4～5株主栽品种定植一株授粉树；或每隔4～5行主栽品种，定植一行授粉品种。

授粉品种必须具备以下条件：

（1）与主栽品种花期一致；

（2）花量大，花粉多，与主栽品种授粉亲和力强；

（3）最好能与主栽品种互相授粉；

（4）本身具有较高的经济价值。

4. 栽植密度

适宜的栽植密度是省工高效的重要手段，随着果园机械的大量使用，宽行密植成为发展方向。当然，栽植密度要根据品种类型、立地条件、整形方式和管理水平来确定。一般长势强旺、分枝多、树冠大的品种，如白梨系统的品种，密度要稍小一些，株距4～5 m，行距5～6 m，每公顷栽植333～500株；长势偏弱、树冠较小的品种要适当密植，株距3～4 m，行距4～5 m，每公顷栽植500～833株；树冠小的品种可以更密一些，株距2～3 m，行距4 m，每公顷栽植840～1 245株。在土层深厚、有机质丰富、水浇条件好的土壤上，栽植密度要稍小一些；而在山坡地、沙地等瘠薄土壤上应适当密植。

二、建园

1. 栽植时期、方式和方法

果园定植时应尽量选用质量好的苗木，避免死苗补栽。栽之前应采用生根粉等方法处理苗木，提高苗木成活率。栽植后要及时灌溉、覆膜，可长期保水、保墒，促进苗木生长发育。

（1）栽植时期：梨树一般从苗木落叶后至第二年发芽前均可定植，具体时期要根据当地的气候条件来决定。冬季没有严寒的地区，适宜秋栽。落叶后尽早栽植，有利于根系恢复，成活率较高，次年萌发后能迅速生长。华北地区秋栽时间一般在10月下旬至11月上旬。在冬季寒冷、干旱或风沙较大的地区，秋栽容易发生抽条和干旱，因而最好在春季栽植，一般在土壤解冻后至发芽前进行，北方一般适宜在4月上中旬栽植。

（2）栽植方式：栽植方式有多种，包括长方形、正方形、带状和等高等。

①长方形栽植方式。梨园栽培中应用最广泛的一种方式，行距大于株距，通风透光，便于行间操作和机械化管理。株行距一般为4 m×6 m或3 m×5 m。

②正方形栽植。株行距相等，前期透光好，但土地利用率低，后期易造成郁闭，多用于计划管理株行距通常为2 m×2 m。

③带状栽植。栽植双行为一带，带距大于行距，适合高密度栽植。但带内管理不方便，郁闭较早，后期树冠难以控制，可与架式栽培一起应用，方便管理。

④等高栽培。适用于山地和坡地梨园，有利于水土保持，行距可根据坡度来确定。

（3）栽植前的准备：定植前首先按照计划密度确定好定植穴的位置，挖好定植穴。定植穴的长、宽和深度均要达到1 m左右，山地土层较浅，也要达到60 cm以上。栽植密度较大时，可以挖深、宽各1 m的定植沟。

回填时每穴施用50~100 kg土杂肥，与土混合均匀，填入定植穴内。回填至距地面30 cm左右时，将梨苗放入定植穴中央位置，使根系自然舒展，然后填土，同时轻轻提动苗木，使根系与土壤密切接触，最后填满，踏实，立即浇水。栽植深度以灌水沉实后苗木根颈部位与地面持平为宜。

2. 主要栽植模式

（1）矮化密植栽培模式：随着科学技术的不断发展，果树栽培制度也在迅速变革，生产上经历了由稀植转向密植、粗放管理到精细管理、低产到高产、低品质到高质量的发展过程，并且正在向集约化、矮化密植和无公害方向发展。近些年来，果树矮化密植栽培发展很快，已成为当前国内外果树生产发展的大趋势。所谓矮化密植栽培，是指利用矮化砧木、选用矮生品种（短枝型品种）、采用人工致矮措施和植物生长调节剂等，使树体矮化，栽植株行距缩小，并采取与之相适应的栽培管理方法，获得早期丰产的一种新的果树栽培技术。

世界许多国家已推广梨矮化密植栽培，如目前美国、德国等的梨树均以矮化密植栽培为主。目前，欧洲西洋梨产区，不同梨园栽培密度变化较大，亩栽67~800株，常用行距3~4 m（表7-3）。

表7-3　欧洲梨园栽植密度

类型	株/666.7 m²	株距（m）
低密度	< 67	> 2.5
中密度	67~167	2.5~1
高密度	167~333	1~0.5
极高密度	333~533	0.5~0.3
超高密度	> 533	< 0.3

近 50 年来，尤其是近 20 年来，我国果树发展异常迅猛，生产上常用的果树栽植密度由 20 世纪 50—60 年代株行距 5 m×6 m 和 4 m×5 m 变成 20 世纪 70—80 年代的株行距 4 m×4 m 和 3 m×4 m。20 世纪 90 年代至 21 世纪初的株行距变得更小，有的为 2 m×3 m 和 1 m×3 m。当前，我国梨园栽培密度变化较大，最少 22 株 /666.7 m², 最多为 296 株 /666.7 m²。树形也由过去的自然分层形、开心形逐渐发展为改良分层形、二层开心形、V 形、纺锤形和网架形等。果树矮化密植，一般栽植第二年就可挂果，第三年就可丰产，8~10 年就可以完成一个栽培周期。如矮密栽培苹果树较传统栽培有许多优点，它可提前 1~2 年结果，早丰产 2~3 年，5 年以前的产量是乔化砧的 2.2~2.7 倍。6 年生果树单产达 75 000 kg/hm² 以上，且产量稳定，盛果期时间占一生的 2/3 以上，果实品质优良，市场售价比乔化果高 10%~20%。

①矮密栽培效果。矮密栽培早结果、早丰产、早收益。矮密栽培的果树普遍结果早，丰产早。发展矮砧栽培，可以生产优质高档果品、提高早期产量和经济效益。矮化果树缩短了营养生长阶段，改变了幼树时期的枝类比例，减少了营养消耗，增加了物质积累，从而促进果树早成花、早结果、早丰产、早收益。矮砧栽培一般栽后 2~3 年开始开花结果，4~5 年即可进入丰产期，要比以往稀植的丰产期提前 3~4 年。

a. 单位面积产量高。矮密栽培由于单位面积株数较多，叶片面积系数大，能经济利用土地和光能，靠群体增产，因而能提高单位面积的产量。乔化果树由于树体高大，栽植稀且结果晚，土地、光能利用不经济，所以单位面积效益低。生产实践表明，矮砧梨可以密植，是获得高产高效的重要途径。

b. 果实品质好、耐贮存。矮密栽培的果树比乔化果树受光量多，叶片光合效率高，利于光合产物积累，所以表现出果实着色早，色泽鲜艳，含糖量高，果个大，均匀整齐，成熟期相应提前，硬度变化缓慢，果实较耐贮存。

c. 便于田间管理，适于机械化作业，有利于果树集约化栽培。矮砧梨园不仅果品质量好，产量高，而且由于树体矮小、单株枝量少等原因，管理也方便，适合机械化作业，可显著提高修剪、打药、采摘等工效。矮密果园多采用宽行密株、小冠整形，便于田间喷药、施肥、中耕除草等机械化作业，从而进一步提高果园经济效益。矮化砧木嫁接树冠高 2~3 m，容易修剪、打药除虫，便于管理。在西欧和美国，由于梨建园基本应用了矮化砧木，加之机械的管理，梨园每年用工多为 400~500 h/hm²。

d. 生产周期短，便于更新换代。种性是影响果品质量优劣的首要因素，及时改换优良品种是现代果树栽培的重要特点。矮化果树由于结果早，可以提早收益；能早期丰产，可以提前获得较高的效益，为品种及时更新提供了有利条件。日本从 20 世纪 60 年代以来，品种更新基本是 10 年 1 代，西欧一些先进国家时间还要短些，这使他们一直保持着果品质量的领先地位。

e. 经济利用土地。矮密栽培可最大限度地提高土地利用率，在有限的土地上获得较高的产量和效益。

虽然矮化密植具有上述优点，是果树栽培发展的总趋势，但也存在不足之处。例如，利用矮化砧时，矮化砧木的矮化性越强，树势越弱，寿命越短，尤其在土壤瘠薄和干旱地区表现更为明显。由于矮化砧木根系浅，抗倒伏能力差，对风等自然灾害抵抗力弱。矮化砧木育苗繁殖比乔化砧困难。矮化密植栽培建园成本较高，在许多国家需要设立支柱，防止倒伏；在利用乔砧进行矮密栽培时，在控制树冠、抑制生长、促进花芽形成等方面比较费工。

②矮化密植途径。目前生产上果树的矮化途径，一是利用矮化砧木；二是选用矮生品种，一些矮生短枝型品系，大都由芽变产生；三是采取措施控制树体，果树生产中多采用早期促花措施如控肥、控水、环剥、倒贴皮、拉枝等，使果树延缓长势，达到矮化目的；四是使用生长调节剂。

③矮化砧木

a. 榅桲。榅桲是西洋梨的矮化砧木，法国现在约有90%的梨树以榅桲为砧木。生产上应用最多的是EmA、EmB和EmC三种砧木，EmC为矮化砧、EmB为半矮化砧。榅桲与中国梨之间存在嫁接不亲和现象。

b. 中矮1号。树冠为圆头形，树姿矮壮紧凑；抗寒性强，高抗枝干轮纹病和腐烂病；1999年通过辽宁省作物品种审定委员会审定并命名，开始推广，2003年获得品种保护权；可直接入盆进行盆栽。作中间砧使嫁接品种树矮化，早结果、早丰产，矮化程度相当于对照的70%。

c. 中矮2号（极矮化中间砧）。抗寒，抗腐烂病和轮纹病；与嫁接品种亲和良好，接口平滑；作梨树中间砧矮化效果极好，其矮化程度相当于对照的35.4%；早果，作梨树中间砧嫁接早酥梨，定植第二年开花株率达95%以上；丰产性好，一般定植园4～5年进入盛果期。

d. 矮化中间砧S5。紧凑矮壮型，抗寒力中等，抗腐烂病和枝干轮纹病；品种亲和性好，接口平滑；作梨树中间砧矮化效果好，矮化程度相当于对照的53.9%；早果、丰产性好。

④密植栽培树体结构。树高3.0～3.5 m，干高60 cm左右，中心干上均匀着生18～22个大、中型枝组，枝组基部粗度为着生部位中心干直径的1/3～1/2，枝组分枝角度70°～90°；行间方向的枝展不超过行间宽度的1/3，整行呈篱壁形。圆柱形建园时，选用2～3年生砧木大苗于春季土壤解冻后按照0.75 m×3.0 m的株行距定植，砧木萌芽期嫁接梨品种。秋后培育出高度1.6～2.5 m的优良品种大苗，在此基础上培养圆柱形。中心干多位刻芽促枝技术是培养该树形的关键。春天萌芽时，对大砧梨苗中心干基部60 cm以上和顶端30 cm以下的芽实施刻芽技术。在芽上方0.5 cm处重刻伤，深达木质部，长度为枝条周长的1/2。翌年继续对中心干采用多位刻芽促枝技术，对中心干延长枝顶端30 cm以下的芽体进行刻芽促分枝，通过3年可完成圆柱形树形的培养。

幼树及初果期树不短截，不回缩，只采用疏枝和长放技术，保持枝组单轴延伸。盛果期树不短截，少回缩，结果枝组更新，采取以小换大的方法控制树体大小；注意控制树冠上部强旺枝，防止上强下弱。结果枝组枝头一律不短截，过长枝或枝头角度过大、过小的枝组进行回缩。该修剪技术修剪方法简单，修剪量小，树体通风透光条件好。

（2）架式栽培模式：架式栽培是日本、韩国梨树的主要栽培模式，最初的目的是抵御台风的危害。通过多年的实践发现，架式栽培还具有提高果实品质和整齐度、操作管理方便、省工省力等优点。20世纪90年代架式栽培引入我国，近年来，我国梨架式栽培发展较快。

梨架式栽培，主要是通过整形修剪的手段，将梨树的枝梢均匀分布在架面上，再结合其他管理技术，进行新梢控制和花果管理的一种栽培方式。目前，日本大面积采用的是水平网架。具体的树形主要有水平形、漏斗形、折中形、杯状形，主枝数目有二主枝、三主枝和四主枝。目前应用较多的是三主技折中形。20世纪30年代以后，梨的水平网架栽培技术从日本传入韩国，并得到迅速发展。后来韩国根据国情对其进行了改良，形成了拱形网架。

我国网架梨园发展迅速，主要分布在山东、辽宁、河北、浙江、江苏、上海、福建、江西等东部沿海或近海地区，湖北、河南、安徽、四川等省也有少量种植。我国梨园网架栽培的架式主要包括水平形、Y形、屋脊形（倒V形）、梯形网架模式等。从建园方法上，我国网架梨园多数通过大树高接，少量是从幼树定植建园而来。

网架式栽培可以分散顶端优势，缓和营养生长和生殖生长的矛盾。通过改变树体的姿势，可以合理安排枝和果实的空间分布。改善树体的受光条件，枝不搭枝、叶不压叶，提高了光合作用效率。提高果实品质，改善果实外观。枝条呈水平分布，枝条内的养分比较均匀地分配到各个果实，果形和果重的整齐度显著改善。同时梨果都在网架下面，减轻了枝磨叶扫，好果率大大提高。梨树正常生长树体高大，这给梨树日常管理带来很大不便。网架离地面1.8~2.0 m，利于人工操作和机械化作业，老人和妇女站在地上也可方便完成工作，降低了劳动成本，提高了劳动效率，符合果树栽培省力化的要求。

①水平网架梨园的建立。秋季或早春，选择高1.0~1.2 m的优质苗木栽植。生长势较强的品种如'幸水'等，永久树的株行距为5 m×6 m；长势中庸的品种如'新水''丰水''新高'，永久树的株行距为4 m×4 m，配置授粉树。

水平网架架设时间一般在幼树栽植2年后的冬季。在梨园的四个角分别设立一根角柱（20 cm×20 cm×330 cm），向园外倾斜45°，每根角柱设两个拉锚（间距为1 m）。拉锚（15 cm×15 cm×50 cm）用钢筋水泥浇筑，埋入土中深度1 m，其上配置一根1.2 m长的钢筋并预留拉环，用于与边柱连接，拉索为钢绞线，角柱之外设有角边柱。梨园同边两角的间距不超过100 m，若距离太远，角柱负荷太大，可能引起塌棚。在每株、行向的外围四周分别立一边柱（12 cm×12 cm×285 cm），向园外倾斜45°，棚面四周用钢绞线固定边柱，每根柱下设一个拉锚（12 cm×12 cm×30 cm）。拉锚用钢筋水泥浇铸，埋入土中深度为0.5 m，其上配置一根60 cm长的钢筋并预留拉环，用于连接棚面钢绞线，拉索同上。棚面用镀锌线（10#或12#）按50 cm×50 cm的距离纵横拉成网格，先沿一个方向将镀锌线固定在围定的围线上，再拉与之垂直方向的线时，先固定一端，再一上一下穿梭过相邻网线，最终固定在另一端围定的钢绞线上。用钢绞线将角柱分别与角边柱固定，顺行向在每株间设一间柱（规格为10 cm×10 cm×200 cm），支撑中间棚架面保持高度1.8~2.0 m。

②水平网架梨园的树形与产量标准。水平网架梨园的树形主要有水平形、漏斗形、杯状形、折中形等，均为无中心干树形。水平形，干高180 cm左右，主枝2~4个，接近水平，每个主枝上配备2~3个侧枝，侧枝与主枝呈直角，侧枝上配备结果枝组。漏斗形，干高50 cm左右，主枝

2～3个，主枝与主干夹角30°左右。杯状形，干高70 cm左右，主枝3～4个，主枝与主干角60°左右，主枝两侧培养出肋骨状排列的侧枝。折中形，其他三种树形改良后的树形，干高80 cm左右，主枝2～3个，主枝与主干夹角45°左右，在每个主枝上配置2～3个侧枝，每个侧枝上配置若干个中、小型结果枝组。目前，折中形树体结构简单，修剪量轻，整形容易，操作方便，节约用工，在生产中应用较多。梨水平网架栽培主要在架面上呈平面结果状，丰产期每666.7 m² 产量控制在2 500～3 500 kg，优质果率90%以上。

（3）主干形模式：主干形模式具有种植密度大、成型快、结果早、产量高、便于机械化操作、利于标准化生产等优点。主干形树体株行距（1～2）m×4 m，树高3.5 m，中心干上螺旋排列10～20个主枝，第1主枝离地面60 cm，最后一个主枝距中心干顶端30 cm，所有主枝单轴延伸，长度控制在60～100 cm，主枝与中心干夹角70°～80°，粗度不超过中心干粗度的1/3。

3. 栽植后的管理

（1）浇水及覆膜：春季定植灌水后立即覆盖地膜是省工高效的栽植方法，覆盖地膜可以提高地温，保持土壤墒情，促进根系活动。土壤干旱后要及时浇水和松土。秋季栽植后要于苗木基部埋土堆防寒，苗干可以套塑料袋以保持水分，春季去除防寒土后再浇水覆盖地膜。

（2）定干：栽后应立即定干，以减少水分蒸腾，防止"抽条"，同时应防止风吹，造成倒苗，影响根系生长和成活。

（3）剪萌：苗木发芽后，要及时剪掉苗干下部的萌芽条，以利于新梢生长及扩大树冠。

（4）补栽：春季应检查苗木栽植后的成活情况，发现死苗可在雨季带土移栽补苗，栽后及时浇水。

（5）树盘管理：栽植当年可在行间种植豆类、花生或者苜蓿、草木樨等，每次浇水后应及时松土。

（6）追肥：6月上旬每株追施尿素50～100 g；7月下旬追施磷肥和钾肥，喷洒0.3%尿素于叶面；8—9月喷施0.3%～0.5%磷酸二氢钾于叶面，全年叶面喷肥4～5次。

（7）抗冻措施：简单有效的方法是苗木培土，土堆30 cm以上；或在苗木和土壤上喷一次用水稀释8～10倍的土面增温剂，积雪融化后再喷一次。

第四节　主要树形与整形修剪

梨园是一个复杂的、动态平衡的人工生态系统，气候条件（温度、水分、光照、风速等）、土壤条件、地形特点和栽培措施等相互联系和制约。

光照是光合作用的能源，合理的梨园宏观层次应尽量提高光能的利用率，同时提高果实品质。光照是最主要的影响果树光合作用的因子，对果树冠层内光合有效辐射与光合作用的关系研究是光合作用研究的重点。光照状况直接影响果实品质，不但影响果实着色，而且通过对碳水化合物的合成、运输和积累作用的影响，影响果实单果重和多项品质指标。太阳辐射到达树冠时，一部分被叶片截获用于光合作用，另一部分则穿过树冠空隙到达地面，用于土壤增温和蒸发耗热。

果树冠层为树木主干以上集生枝叶的部分，一般由骨干枝、枝组和叶幕组成。冠层是梨树形结构的主要组成部分，其结构及组成对树体的通风透光有决定性的影响。冠层结构决定着太阳辐射在冠层内的分布，myneni 等认为在冠层内部同时存在着半影效应、透射、反射和叶片散射现象。朱劲伟等提出了短波辐射通过林木冠层时的吸收理论，将叶层结构分为水平叶层、垂直向光叶层、特殊交角叶层和随机分布叶层等四种情况，分别推出了被林冠吸收的直射和散射光强的数学模式。对冠层的光合作用的影响除了冠层内的光合有效辐射，温度、湿度、CO_2 浓度、风速，土壤水分和养分状况等因子对冠层的光合作用也有很大的影响，这种影响也是由冠层结构决定的。

叶幕是果树叶片群体的总称，叶幕结构即叶幕的空间几何结构，包括果树个体大小、形状和群体密度，其主要限定因素是栽植密度以及平面上排列的几何形状、株行间宽度、行向、叶幕的高度、宽度、开张度、叶面积系数和叶面积密度。就树冠叶幕的光截留、光通量和光分布而言，总的趋势是光照从内到外、从上到下逐渐减弱。

在一定范围内，果树产量随着光能截获率提高而增加，果树光能截获率在 60% ~ 70% 时对平衡果树负载和果实品质最有利。程述汉等以气象理论为基础，根据果树生长发育特点，以树冠基部外围日照时间大于 25% 总日照时间为前提，建立了生产中常用的三种树形（纺锤形、圆锥形、圆柱形）的果园光能截获率的数学模型，进而计算位于任意纬度的果园的最佳栽植行向、理想的树体结构。Patricia 研究了四种树形（圆锥形、纺锤形、圆柱形和中间形）表面光能差异，结果表明，圆柱形表面光能截获最多，有利于果实品质的形成，其次分别是纺锤形、圆锥形、中间形。

光能截获和光合有效辐射的透过率是一对矛盾体，受到国内外科研人员的关注。Jackson 研究表明，叶幕光能截获率和果园群体叶面积系数呈正相关，当群体叶面积系数高时，树冠光能截获率高，透射率低，光能利用率高，但是透射率低又造成了树冠内的光照不均匀分布。如果考虑到树冠光能均匀分布，那必然导致树冠光能截获减少。篱壁形树太阳辐射透过率较高，而在纺锤形，自由纺锤形树上，由于叶幕层太厚，太阳辐射由树冠外层向内层迅速递减。

生产上人们总是从经济效益的角度，尽可能充分利用生态环境资源获得最大的经济效益。园艺工作者一般认为高密度果园早期结果的关键是在栽植后的前几年快速发展树冠内的枝叶数量，提高果园早期的叶面积。因此，近 20 年来，为了提早结果，增加土地和光热资源的利用率，果树栽培由大冠稀植逐步向小冠密植发展，树形由适合大冠的自然圆头形、扁圆形等向适合密植的小冠疏层形、自然纺锤形、细长纺锤形和开心形等转变。

一、主要树形与培养

1. 二层开心形与整形修剪技术

树体的基本结构是树高 3.5 ~ 4.0 m，冠径 4 ~ 4.5 m，干高 50 ~ 60 cm。全树分两层，一般有

5 个主枝，其中第一层 3 个主枝，开张角度 60°～70°，每个主枝着生 3～4 个侧枝，同侧主枝间距要达到 80～100 cm，侧枝上着生结果枝组；第二层 2 个主枝，与第一层距离 1.0 m 左右，2 个主枝的平面伸展方向应与第一层的 3 个主枝错开，开张角度 50°～60°。该树形透光性好，最适宜喜光性的品种。

定植后，留 80～100 cm 定干。第一次冬剪时选生长旺盛的剪口枝作为中央领导干，剪留 50～60 cm，以下 3～4 个侧生分枝作为第一层主枝。以后每年同样培养上层主枝，直到培养出第三层主枝时，去掉第三层，控制第二层以上的部分，最终落头开心成二层开心形。侧枝要在主枝两侧交错排列，同侧侧枝间距要达到 80 cm 左右。

2. 开心形与整形修剪技术

树体的基本结构是树高 4～5 m，冠径 5 m 左右，干高 40～50 cm。树干以上分成三个势力均衡、与主干延伸线呈 30°角斜伸的中干，因此也称为"三挺身"树形。三主枝的基角为 30°～35°，每个主枝上，从基部起培养背后或背斜侧枝 1 个，作为第一层侧枝，每个主枝上有侧枝 6～7 个，成层排列，共 4～5 层，侧枝上着生结果枝组，里侧仅留中、小枝组。该树形骨架牢固，通风透光，适用于生长旺盛、直立的品种，但幼树整形期间修剪较重，结果较晚。

定植后留 70 cm 定干。第一次冬剪时选择 3 个角度、方向均比较适宜的枝条，剪留 50～60 cm，培养成 3 条中干。第二年冬剪时，每条中干上选留一个侧枝，留 50～60 cm 短截，以后照此培养第二、三层侧枝。主枝上培养外侧侧枝。整个整形过程要注意保持三条中干势力均衡。

3. 小冠疏层形与整形修剪技术

树高 4.0 m，干高 60～70 cm。冠径 4.0～4.5 m。树冠呈半圆形。全树分三层，主枝 5～7 个，其中第一层 3 个主枝，层内距 30 cm；第二层 2 个主枝，层内距 20 cm；第三层 1 个主枝。第一、二层间的间距在 80 cm 左右，第二、三层之间为 60 cm。第一层主枝开张角度 70°～80°，第二层主枝开张角度 50°～60°，各层主枝不配备侧枝，直接着生大、中、小型结果枝组，相互交错、插空排列。该树形整形容易，修剪量轻，长树快，树冠体积和主枝数量适当，枝组易配备，结果早，具丰产潜力，适于大多数品种。该树形多用于中度密植园，一般株距 3～4 m，行距 4～5 m。

整形方法：定植后在 80～90 cm 处定干。第一年冬剪时选择最上面的一个旺长枝条作为中央领导干，留 50～60 cm 短截；从下部抽生的长枝中选 3 个作为一层主枝，主枝间水平夹角以 120° 为最佳，同样留 50～60 cm 短截，促发分枝，以便将来选配结果枝。以后每年如此。于第五层主枝 60 cm 处选留第六层主枝，其位置最好在北部，以免影响下部光照。主枝配齐后，要及时落头开心。定植后的前几年，根据树冠生长情况，对中央干和主枝延长枝进行短截或长放。主枝要及时拉枝开角，基角为 50°，腰角为 70° 左右。小冠疏层形主枝上一般不配侧枝，直接着生各类结果枝组，因此应特别注意对大型结果枝组的培养。在第一层主枝上距中央干 50 cm 处，选一背斜枝作大型枝组，距第一个大枝组 50 cm 的另一侧选第二个大枝组。第二层主枝上可选一个大枝组，第三层无大枝组。大枝组多用连截法培养。主枝上其他枝培养成中小枝组。幼树期背上直立枝培养成的枝组不易控制，应尽量不用。

4. 自由纺锤形与整形修剪技术

树体的基本结构是树高 3 m 左右，冠径 2.0 ~ 2.5 m，干高 60 cm。中心干上直接着生大型结果枝组（亦即主枝）10 ~ 15 个，中心干上每隔 20 cm 左右一个，插空排列，无明显层次。主枝角度 70° ~ 80°，枝轴粗度不超过中干的 1/2。主枝上不留侧枝，直接着生结果枝组。其特点是只有一级骨干枝，树冠紧凑，通风透光好，成形快，结构简单，修剪量轻，生长点多，丰产早，结果质量好。

定干高度 80 ~ 100 cm，第一年不抹芽。在树干 40 cm 以上，枝条长度 80 ~ 100 cm 者秋季拉枝，枝角角度 90°，余者缓放，冬剪时对所有枝进行缓放。翌年对拉平的主枝背上萌生的直立枝，离树干 20 cm 以内的全部除去，20 cm 以外的每隔 25 ~ 30 cm 扭梢 1 个，其余除去。中干发出的枝条，长度 80 cm 左右的可在秋季拉平，过密的疏除，缺枝的部位进行刻芽，促生分枝。第三年控制修剪，以缩剪和疏剪为主，除中心干延长枝过弱不剪，一般缩剪至弱枝处，将其上的竞争枝压平或疏除；弱主枝缓放，向行间伸展太远的下部主枝从弱枝处回缩，疏除或拉平直立枝，疏除下垂枝。第四或第五年中心干在弱枝处落头，以后中心干每年在弱处修剪，保持树体高度稳定。修剪应根据树的生长、结果状况而定，幼旺树宜轻剪，随树龄的增长，树势渐缓，修剪应适度加重，以便恢复树势，保持丰产、稳产、优质树体结构。

5. Y 形与整形修剪技术

树体的基本结构是无中干，干高 50 ~ 60 cm，两主枝呈 V 字形，主枝上无侧枝，其上培养小型侧枝和结果枝组，两主枝夹角为 80° ~ 90°。

该树形要求定植壮苗，定干高度 70 ~ 90 cm。定干后第 1 ~ 2 个芽抽发的新枝，开张角度小，其下分枝开张角度大，可以培养为开张角度大的主枝。在生长季，开张角度小的可疏除。第 2 ~ 3 年冬剪时，主枝延长枝剪去 1/3，夏季注意疏除主枝延长枝的竞争枝等。第四年对主枝进行拉枝开角，并控制其生长势，生长季节对旺长枝进行疏除，扭枝抑制生长，使其形成短果枝和中果枝。第五年树形基本形成，主枝前端直立旺盛，徒长枝少，短果枝形成合理。

6. 棚架形与整形修剪技术

水平棚架梨的树形主要有水平形、漏斗形、折中形、杯状形等。水平形，干高 180 cm 左右，主枝 2 个，接近水平。漏斗形，干高 50 cm 左右，主枝多个，主枝与主干夹角 30° 左右。杯状形，干高 45 cm 左右，主枝 3 ~ 4 个，主枝与主干角 60° 左右，主枝两侧培养出肋骨状排列的侧枝。折中形，其他三种树形改良后的树形，干高 80 cm 左右，主枝 3 个，主枝与主干夹角 45° 左右，在每个主枝上配置 2 ~ 3 个侧枝，每个侧枝上配置若干个中、小型结果枝组。

定干高度 80 cm，将一根竹竿插栽在苗木附近，用麻绳将其与苗木固定。萌芽后，待苗木上端抽生的新梢长 20 cm 左右时，选留 3 ~ 4 个生长方向不同、健壮的枝梢作为主枝培养，保持其直立生长，落叶后将主枝拉成与主干呈 45° 角，三主枝间相互呈 120°，四主枝间相互呈 90°，用麻绳将其与竹竿绑定，留壮芽剪去顶端部分。

第二年继续培育主枝，并选留侧枝。继续保持主枝与主干呈 45° 角，上一年主枝的延长枝直立生长。每个主枝上选留 2~3 个侧枝，其背上、背下枝尽早抹除。第一侧枝距主干 60~70 cm，其下枝、芽要全部抹除，第二侧枝在第一侧枝对侧，二者在主枝上间距 50~60 cm，第三侧枝在第二侧枝对侧，二者在主枝上间距 40~50 cm。

第三年继续培育主枝、侧枝，并选留副侧枝。此时幼树已有一定的花量，但都着生在主枝与侧枝上，应严格控制坐果量，否则影响今后整个树冠的扩大。开花前，将主枝上的花芽全部去除，每个侧枝上最多保留两个果实，其余的全部去除。主枝仍未培育好的树，生长期内将主枝延长枝顶芽下的第四个芽作为第三侧枝培育，要及时摘心控制其生长势，以防其与主枝延长枝竞争。对顶芽发出的新梢要保持垂直向上生长，对剪口下方其他新梢进行连续摘心控制生长，以防与主枝延长枝竞争。此时树体骨架基本形成，应继续调整主枝、侧枝的主从关系。在每个侧枝上选留 2~3 个副侧枝，选留副侧枝的方法与选留侧枝的方法基本相同。在 6 月上中旬，枝梢停长后、硬化前，要及时加大主枝、侧枝、副侧枝的生长角度，以免后期将其引缚到棚面时枝梢折断。副侧枝选留后，树体高度已超过棚面。冬季落叶 2 周后，将主枝延长枝、侧枝、副侧枝超过棚面的部分引缚在棚面上。用麻绳 "8" 字形绑定枝梢与网线，将枝梢在其韧性允许的情况下尽可能放平固定。主枝延长枝留壮芽剪去顶端后，将其顶部竖直并用竹竿固定。引缚侧枝时，应考虑不同主枝上的侧枝顶部之间间距不小于 1.2 m，侧枝与主枝延长枝顶部间距不小于 1.2 m，尽可能相互错开后再绑定。将侧枝顶端留壮芽短截后，与棚面保持 45°，用竹竿固定。副侧枝在其相互错开的情况下进行水平引缚。

成年树的修剪主要是保持主枝的先端生长优势。主枝先端易衰弱，可以适当回缩。生长势已经下降的树要改变修剪方法，首先确保预备枝，以恢复树势，剩下的枝配置长果枝。如果回缩修剪也不能使主枝健壮，可利用基部发生的徒长枝更新主枝。被更新的主枝不要立即剪去，作为侧枝利用，当新的主枝基部长到与被更新主枝同样粗度时再更新。延长头 "牵引力" 的强弱是维持树势的关键，树不断长大，生长点变远后，必须考虑启用下一条枝作延长头，即先用两个延长头 "牵引"，然后进行回缩更新。主枝和侧枝的延长枝继续向外引缚，始终保持主枝和侧枝先端的生长优势，疏除竞争枝，特别是主枝和侧枝先端的 2~3 个强枝。主枝延长枝的顶端保持直立，侧枝延长枝的顶端保持 45° 角。每次冬剪后，整理棚架，修剪留下的结果枝时也要全部绑缚诱引。

7. 细长纺锤形及整形修剪技术

树体结构：树高 3.0~3.5 m，干高 60 cm 左右，中心干上均匀着生 18~22 个大、中型枝组。枝组基部粗度为着生部位中心干直径的 1/3~1/2，枝组分枝角度 70°~90°，不留主枝，不分层。行间方向的枝展不超过行间宽度的 1/3。该形整形简单，结果早，有时株间相连，行间有间隔，整行呈篱壁形。适宜株行距（1.2~1.5）m×（3.5~4.0）m.

建园时，选用 2～3 年生砧木大苗于春季土壤解冻后定植，砧木萌芽期嫁接梨品种。秋后培育出高度 1.6～2.5 m 的优良品种大苗，在此基础上培养细长纺锤形。春天萌芽时，对大砧梨苗中心干基部 60 cm 以上和顶端 30 cm 以下的芽实施刻芽，在芽上方 0.5 cm 处重刻伤，深达木质部，长度为枝条周长的 1/2。翌年继续对中心干采用多位刻芽促枝技术，对中心干延长枝顶端 30 cm 以下的芽体进行刻芽促分枝，通过 3 年可完成圆柱形树形的培养。幼树及初果期树不短截、不回缩，只采用疏枝和长放技术，保持枝组单轴延伸。盛果期树不短截、少回缩，结果枝组更新，采取以小换大的方法控制树体大小。

注意控制树冠上部的强旺枝，防止上强下弱。结果枝组枝头一律不短截，对于过长枝或枝头角度过大、过小的枝组进行回缩。该修剪技术修剪方法简单，修剪量小，树体通风透光条件好。

二、整形修剪技术

1. 与整形修剪有关的特点

要对树体进行合理地整形修剪，必须了解枝芽的生长特点，并按其特点采用适当的修剪方法和适宜的丰产树形。

（1）树体结构合理：树体结构是梨丰产的基本骨架，是通过修剪来形成的。合理的树体结构能够保证梨早期结果和丰产、稳产。树体结构的基本构成有：树高、干高、主枝及主枝基角、腰角和梢角，层间距、中干、大中小型枝组及其排列，辅养枝、总枝量等。生产中采用的树形比较多，无论采用哪一种树形，合理的树体结构应具备以下特点：

①适宜的树体高度。梨树为高大果树，自然条件下或控制不当树体易过高，不仅对修剪、病虫害防治、疏花疏果、套袋及采收等工作带来不便，还易造成上部枝叶对下部枝叶及相邻两行相互遮阴。生产中稀植大冠树树高一般控制在 4.5 m 以下，中冠树高为 3.5 m 以下，密植小冠树高为 3 m 以下。

②骨干枝数适当，层次分布合理。骨干枝过少，不能充分利用空间，产量低；骨干枝过多，树冠内通风透光不良，果实品质降低。

③叶幕成层，叶面积系数合理。叶幕是指叶片在树冠上集中分布的叶片群体，叶幕的厚度和层次组成叶幕结构，两层叶幕之间的距离称为叶幕间距。叶面积系数是指单位土地面积与该面积内植株叶片总面积的比值。叶面积系数过大或叶片分布过于集中，都不能充分利用光能，影响果实产量和品质。

（2）结果枝组的配置：着生在各级骨干枝上的小枝群，其中有若干结果枝和营养枝，是生长和结果的基本单位，常被称为结果枝组。梨的大、中、小型枝组均易单轴延伸，应使其多发枝，以中结果枝组为主，大结果枝组占空间，小结果枝组补空间，达到合理配置。

（3）萌芽力较强、成枝力较弱：一年生枝上的芽能够萌发枝叶的能力称为萌芽力，一般以萌发的芽数占总芽数的百分率来表示，称为萌芽率。一年生枝上的芽不仅能够萌发，而且能够抽生长枝的能力，称为成枝力，一般以长枝占总芽数的百分率或者具体成枝数来表示。梨树的萌芽力较强，成枝力比较弱，发枝少，主枝上枝的密度小。因此，在整形修剪上应注意要使主枝、侧枝和大枝组多发枝。

（4）顶端优势较强：在同一枝条或植株上，处于顶端和上部的芽或枝，其生长势明显强于下部的现象，称为顶端优势，也称为极性。梨树的顶端优势强，枝条间生长势差异较大、开张角小，容易上强下弱，中心枝延长头应适当重截，并及时换头，以控制增粗过快，上升过快。另外，梨树缓苗期较长，定植第一年往往发枝少，留不足主枝，要经过两年完成。

2. 修剪的基本方法与运用

（1）短截与回缩

①轻短截。仅剪去枝条的顶端部分，大约截去枝条全长的 1/4。一般剪口下选留弱芽或次饱满芽。修剪后，由于剪口芽不充实，削弱了顶端优势，使芽的萌发率提高。剪口下发出的中长枝条的生长势较原来的枝条弱，可形成较多的中短枝和叶丛枝，有缓和树势、促进花芽形成的作用。

②中短截。指在一年生枝中部的饱满芽处剪截，截去枝条全长的 1/4 ~ 1/2。中短截加强了剪口以下芽的活力，从而提高萌芽率和成枝力，增强生长势。中短截常用于培养大、中型结果枝组，以及在骨干枝的延长段上采用，以扩大树冠。另外，为复壮弱树、弱枝等也常运用中短截。

③重短截。在枝条下部或基部次饱满芽处剪截，剪去枝条全长的 1/2 ~ 3/4。由于剪去的芽多，枝势集中到剪口芽，可以促使剪口下萌发 1 ~ 2 个旺枝及部分中短枝。通常在对某些枝条既要保留利用又要控制其生长部位和生长势时采用，常用于控制竞争枝、直立枝或培养小型枝组。

④极重短截。在枝条基部轮痕处剪截，剪口下留弱芽或芽鳞痕，促使基部隐芽萌发。剪后一般萌发 1 ~ 2 个中庸枝，能够起到削弱枝条生长势、降低枝位的作用。有些部位需要留枝，但原有枝条生长势太强，可采取极重短截的办法，以强枝换弱枝。

⑤回缩。也称缩剪，是指对多年生枝或枝组进行剪截。缩剪可以改变枝条角度，限制枝组的生长空间，减少枝条生长量，增强局部枝条的生长势，调节枝组内的枝类组成，减少营养消耗，保证营养供应，促进成花结果。对生长势较强的枝组，去强留弱，可以改善光照，平衡树势；对衰老枝组去弱留强，下垂枝抬高枝头，可以达到更新复壮的目的；解决交叉枝、重叠枝，采用放一缩一，充分利用。

（2）疏剪与缓放

①将一年生枝条或多年生枝从基部全部剪除或锯掉称为疏剪。疏剪主要是去除影响光照的过密大枝、交叉枝、重叠枝、竞争枝，没有利用价值的徒长枝、病虫枝、枯死枝、衰弱枝和过多的弱果枝等。疏剪减少了梨树总体的生长量，能够调节枝条密度、枝类组成和果枝比例，改善树冠内的透光条件，调节局部枝条的生长势。疏剪的剪口阻止养分上运，因此对剪口上部枝条的生长有削弱作用，同时疏剪改善了下部枝的光照及营养条件，因而有利于促进剪口下部枝条的生长势。

疏剪主要用于盛果期梨树，既削弱树势，又能减少总生长量。疏剪与短截相比，更有利于形成花芽。此法有利于通风透光，增加中、短枝数量，并且可提高果实品质，增加效益。

②对一年生发育枝不进行剪截处理，任其自然生长称为缓放，也称甩放或长放。

缓放多应用在幼树和旺树的辅养枝上。由于缓放没有剪口的刺激作用，可以减缓顶端优势，使枝条长势缓和、促进萌芽率的提高，增加中短枝比例，促进花芽形成，对促进旺树、旺枝早成花和早结果有良好效果。长枝不剪，具明显增粗效果，生长势减弱，且萌生大量中、短枝，早期形成的叶多，有利于营养物质的积累和花芽的形成；中枝缓放不剪，由于顶芽有较强的生长能力，某些品种由于顶芽与母枝生长势相近或略弱于中枝，下部侧芽发生较多的、生长弱的短枝。但对长枝、中枝连续数年缓放不剪，会造成枝条紊乱，枝组细长、结果部位外移较快，后部易光秃。因此，长枝缓放 1～2 年以后，须结合短截或缩剪进行处理。

（3）摘心与刻芽：生长季节，在尚未木质化或半木质化时，把新梢顶端的幼嫩部分摘除叫摘心。其作用是抑制新梢旺长，减少养分消耗，削弱枝条生长势，促进分枝，增加枝条密度，培养结果枝组，促进花芽形成。对果台枝摘心还具有提高坐果率和减轻生理落果的作用。摘心因品种、栽培条件和目的而不同，以整形为目的，在新梢有一定生长量时，选饱满芽进行较重摘心；培养枝组时，应早摘、轻摘，进行多次；促使侧芽形成腋花芽时，可以晚摘，并以不使侧芽萌发为适度。

春季萌芽前，在枝条或芽上方 0.5 cm 处用钢锯条横拉呈月牙形的伤口，深达木质部，从而刺激芽萌发抽枝的方法称为刻芽。在芽或枝条的上方刻，可使水分和养分集中到伤口下的芽或枝条上，促进芽萌发；在芽的下方刻，可以抑制芽萌发。刻芽时，注意以刻两侧芽为主，尽可能不刻背上芽。

抹芽也称为除萌，在春季将骨干枝上多余的萌芽抹除。及时抹芽可以减少养分的消耗，避免树冠内部枝条密集，改善树体的通风透光条件。

（4）拿梢：拿梢即用手握住一年生新梢，拇指向下慢慢压低，食指和中指上托，弯折时要能感到木质部轻轻的断裂声。树冠内直立生长的强旺梢、竞争梢，有空间需要保留时，可在 7—8 月进行拿梢。对生长较粗、生长势过强的应连续拿梢数次，使新梢呈平斜状态生长。拿梢作用效果同揉枝。

（5）环剥与环割：在枝干上按一定宽度用刀剥去一圈环状皮层称为环剥。环剥暂时切断了营养物质向下运输的通道，使光合作用制造的有机营养较多地留在环剥口上方，因而对促进花芽形成和提高坐果率效果明显，并且能够抑制环剥口上部枝条的生长势，可促使幼旺树早成花、早结果。一般多用于旺树、旺枝、辅养枝和徒长枝等。

环剥的宽度越宽，愈合越慢，对环剥部位以上的抑制生长和促进成花作用越强。但剥口过宽会严重削弱树势，甚至造成死树或死枝。一般环剥口以枝干粗度的 1/10 左右、20～30 天愈合为宜，强旺枝可略宽一些。环剥时注意切口深度要达到木质部，但不要伤及木质部，剥皮时要特别注意保护形成层，以利于愈合。多雨季节，剥口应包裹塑料布或牛皮纸加以保护。

环割是在枝干上横割一圈或数圈环状刀口，深达木质部但不损伤木质部，只割伤皮层，而不将皮层剥除。环割的作用与环剥相似，但由于愈合较快，作用时间短，效果稍差，主要用于幼树和旺树上长势较旺的辅养枝、徒长旺枝等。

3. 不同树龄修剪技术

（1）幼树期：幼树整形修剪应以培养骨架、合理整形、迅速扩冠占领空间为目标，在整形的同时兼顾结果。由于幼龄梨树枝条直立，生长旺盛，顶端优势强，很容易出现中干过强、主枝偏弱的现象。因此，修剪的主要任务是控制中干过旺生长，平衡树体生长势，开张主枝角度，扶持培养主、侧枝，充分利用树体中的各类枝条，培养紧凑健壮的结果枝组，早期结果。

定植后，首先依据栽培密度确定树形，根据树形要求培养中干和一层主枝。为了在树体生长发育后期有较大的选择余地，整形初期可多留主枝，主枝上多留侧枝，经 3～4 年后再逐步清理，明确骨干枝。其余的枝条一般尽量保留，轻剪缓放，以增加枝叶量，辅养树体，以后再根据空间大小进行疏、缩调整，培养成为结果枝组。

选定的中干和主枝，要进行中度短截，促发分枝，以培养下一级骨干枝。同时，短截还能促进骨干枝加粗生长，形成较大的尖削度，保证以后能承担较高的产量。为了防止树冠抱合生长，要及时开张主枝角度，削弱顶端优势，促使中后部芽萌发。一般幼树期一层主枝的角度要求在 40°左右。

修剪时注意幼树期要调整中干、主枝的生长势，防止中干过强、主枝过弱，或者主枝过强、侧枝过弱。对过于强旺的中干或主枝，可以采用拉枝开角、弱枝换头等方法削弱生长势。

（2）初果期：梨树进入初结果期后，营养生长逐渐缓和，生殖生长逐步增强，结果能力逐渐提高。此时要继续培养骨干枝，完成整形任务，促进结果部位的转化，培养结果枝组，充分利用辅养枝结果，提高早期产量。

修剪时首先对已经选定的骨干枝继续培养，调节长势和角度。带头枝仍中截向外延伸；中心干延长枝不再中截，缓势结果，均衡树势。辅养枝的任务由扩大枝叶量、辅养树体变为成花结果、实现早期产量。此时梨树已经具备转化结果的生理基础，只要势力缓和就可以成花结果。因此，要对辅养枝采取轻剪缓放、拉枝转换生长角度、环剥（割）等手段，缓和生长势，促进成花。

培养结果枝组，为梨树丰产打好基础，是该时期的重要工作。长枝周围空间大时，先短截，促生分枝，分枝再继续短截，继续扩大，可以培养成大型结果枝组；周围空间小时，可以连续缓放，促生短枝，成花结果，等枝势转弱时再回缩，培养成中、小型结果枝组。中枝一般不短截，成花结果后再回缩定型。大、中、小型结果枝组要合理搭配，均匀分布，使整个树冠圆满紧凑，枝枝见光，立体结果。

（3）盛果期：梨树进入盛果期，树形基本完成，骨架已经形成，树势趋于稳定，具备了大量结果和稳产优质的条件。此时修剪的主要任务是维持中庸健壮的树势和良好的树体结构，改善光照，调节生长与结果的矛盾，更新复壮结果枝组，防止大小年结果，尽量延长盛果年限。

树势中庸健壮是稳产、高产、优质的基础。中庸树势的标准是：外围新梢生长量 30～50 cm，长枝占总枝量的 10%～15%，中、短枝占 85%～90%，短枝花芽量占总枝量的 30%～40%；叶片肥厚，芽体饱满，枝组健壮，布局合理。树势偏旺时，采用缓势修剪手法，多疏少截，去直立留平斜，弱枝带头，多留花果，以果压势；树势偏弱时，采用助势修剪手法，抬高枝条角度，壮枝、壮芽带头，疏除过密细弱枝，加强回缩与短截，少留花果，复壮树势。对中庸树的修剪要稳定，不要忽轻忽重，各种修剪手法并用，及时更新复壮结果枝组，维持树势中庸健壮。

结果枝组中的枝条可以分为结果枝、预备枝和营养枝三类，各占1/3，修剪时要区别对待，平衡修剪，维持结果枝组的连续结果能力。新培养的结果枝组要抑前促后，使枝组紧凑；衰老枝组及时更新复壮，采用去弱留强、去斜留直、去密留稀、少留花果的方法，恢复生长势。多年生长放枝结果后及时回缩，以壮枝壮芽带头，缩短枝轴。去除细弱、密集枝，压缩重叠枝，打开空间及光路。

梨树是喜光树种，维持冠内通风透光是盛果期树修剪的主要任务之一。解决冠内光照问题的方法有：①落头开心，打开上部光路；②疏除、压缩过多、过密的辅养枝，打开层间；③清理外围，疏除外围竞争枝以及背上直立大枝，压缩改造成大枝组，解决下部及内膛光照。

（4）衰老期：梨树进入衰老期，生长势减弱，外围新梢生长量减少，主枝后部易光秃，骨干枝先端下垂枯死，结果枝组衰弱而失去结果能力，果个小，品质差，产量低。因此，必须进行更新复壮，恢复树势，以延长盛果年限。更新复壮的首要措施是加强土肥水管理，促使根系更新，提高根系活力，在此基础上通过修剪调节。

此期的主要任务是增强树体的生长势，更新复壮骨干枝和结果枝组，延缓骨干枝衰老死亡。梨树的潜伏芽寿命很长，通过重剪刺激，可以萌发较多的新枝用来重建骨干枝和结果枝组。修剪时将所有主枝和侧枝全部回缩到壮枝壮芽处，结果枝去弱留壮，集中养分。衰老程度较轻时，可以回缩到2~3年生部位，选留生长直立、健壮的枝条作为延长枝，促使后部复壮；严重衰老时加重回缩，刺激隐芽萌发徒长枝，一部分连续中短截，扩大树冠，培养骨干枝，另外一部分截、缓并用，培养成新的结果枝组。一般经过3~5年的调整即可恢复树势，提高产量。

4. 不同品种修剪特点

（1）鸭梨：鸭梨幼树生长健壮，树姿开张，进入结果年龄较早，一般4~5年开始结果，盛果期后产量容易下降。鸭梨萌芽率高，成枝力弱。长枝短截后萌发1~2个长枝，其余基本为短枝；经过缓放后，侧芽大部分能形成短枝，并容易成花结果。短果枝连续结果能力强，易形成短果枝群。短果枝群寿命长，结果稳定，是鸭梨的主要结果部位，应注意适当回缩复壮。

树形依据栽植密度确定，稀植条件下适宜的树形为主干疏层形或多主枝自然形，密植园可采用纺锤形。幼树期尽量少疏枝或不疏枝，选留的骨干枝多短截，促使树冠快速扩大；其他枝条可以全部缓放，一般第二年就可以结果，也可以多截少疏，抚养树体，以后再缓放结果。盛果期以前，多缓放中枝培养结果枝组。进入盛果期以后，对结果枝成串的枝条适当回缩，集中养分。结果枝及短果枝群注意及时更新，每年去弱留强、去密留稀，剪除过多的花芽，留足预备枝。鸭梨成年树生长势弱，丰产性强，要加强土肥水管理，保持健壮的树势。要保持树上有一定比例的长枝，主枝延长枝生长量在40~50 cm，长枝少则果个小。因此，成年鸭梨树的长枝要多截、不疏。鸭梨果枝成长容易，坐果率高，控制负载量非常重要，过度结果会造成大小年结果。因此，控制花量和过多结果，是此期修剪的主要任务。鸭梨具有较强的更新能力，老梨树更新可取得较好的效果。

鸭梨成枝力弱，在幼树期要用主枝延长枝剪留旁芽的方法促生分枝，适当增加短枝的比例，刺激中长枝的形成。进入结果期后，每年适当短截一部分外围枝，以促进中长枝的形成，保持一定的比例，以便维持生长势，稳定结果。

密植园修剪主要是控制树高，树冠大小应控制为株间交接量少于10%，行间留有足够的作业空间。合理调节大中型结果枝的密度，大中型枝所占的比例宜小，大体应控制在总枝量的20%以内。鸭梨容易形成小枝，在修剪时应注意培养大中型枝组。鸭梨干性强，中干过强抑制基部枝生长，不利于产量和品质的提高，可通过中干多留花果消耗中干内贮存的养分，缓和中干的长势。

（2）酥梨：酥梨树势中庸，干性强，树姿直立；枝条分枝角度较小，幼树树冠直立，萌芽率高，成枝力中等。发育枝短截后剪口下萌发1~3个长枝，下部形成少量中枝，大多为短枝。发育枝缓放，顶端萌生少数长枝，下部形成大量短枝。副芽易萌发生枝，有利于枝条更新。

酥梨一般4~6年生开始结果，早期产量增长缓慢，常采用疏散分层开心形等。但要避免中心枝生长过旺，各主枝开张角度应循序渐进，不宜一次开张过大，主枝延长枝易轻剪。主枝上要多留枝，一般少疏或不疏枝，以增加主枝的生长量，避免中心干过强。对于中心干过强的树，改为延迟开心形。以短果枝结果为主，有少量中果枝和长果枝结果。果台枝多数萌发一个枝，有的比较长，不易形成短果枝群。果台枝短截依长度而定，短于20 cm的果台枝一般只保留2个叶芽短截，20~35 cm的强果台枝留3个叶芽，35 cm以上特强的果台枝按发育枝处理。短果枝寿命中等，结果部位外移较快。果枝连年结果能力弱。新果枝结果好，衰弱的多年生短果枝或短果枝群坐果率低，应及时更新复壮。小枝组修剪反应敏感，易复壮。

酥梨修剪整体上要维持树势均衡，树冠圆满紧凑，主从分明，通风透光，上层骨干枝组要明显短于下层骨干枝，从属枝为主导枝条让路，同层骨干枝的生长势应基本一致。使花芽枝和叶芽枝有一个适当的比例，一般为1:（2~4）。徒长枝过密时去强留弱，去直留斜，甩放至次年成花。短枝在营养充足的条件下易转化为中、长枝，容易转旺，常使整形初期的侧枝与辅养枝不分明。树体进入盛果期，应适当缩减辅养枝和结果枝组，使之与侧枝逐渐分明。短果枝组成的枝组不用疏枝，大、中型结果枝组过大时可缩剪，以增强后部枝组的生长势。旺树的中、长枝应多甩放，待形成花芽后回缩更新。上强枝齐花回剪，换弱头；对下弱枝从基部饱满芽处重短截，增强生长势。基部主枝生长势不均衡的树，采用强主枝齐花剪、细弱枝从顶部饱满芽处重截的办法，促使各主枝生长势逐步均衡。

（3）茌梨：茌梨生长势强，长枝短截能抽生2~3个长枝，其余多为中枝，短枝很少；缓放多抽生中枝，只在基部萌发少量短枝。幼树干性强，生长直立，主枝角度小，但成龄后主枝角度容易过度自然开张，可采用背上枝换头的方法抬高角度。

幼树期以短果枝结果为主，成龄后长、中、短果枝均可结果，腋花芽较多且结果能力较强。茌梨不易形成紧凑的短果枝群，结果部位容易外移，但隐芽萌发能力强，短截容易发枝，可对结果枝进行放、缩，结合修剪稳定结果部位。

适宜树形为二层开心形。定植后先按主干疏层形整枝，多留主枝，以后再逐渐调整成二层开心形。幼树主枝保持40°，延长枝第一年轻打头，第二年回缩到适宜的分枝处，以增加枝条尖削度，促使骨架牢固。

茌梨的结果枝组更新容易，对大、中型结果枝组不要急于回缩，可在空间允许的情况下任其自然扩大，枝组后部出现光秃时再回缩更新，萌发的新枝很容易结果。茌梨幼树、成龄树对修剪反应均敏感，剪重了，全树冒条，旺长；剪轻了，易出现光秃现象。幼龄树修剪以轻为主，以疏为主，不可强调整形而强行修剪；大树花芽多时，修剪易稍重，但不宜枝枝重剪，直立强旺的去强枝留中庸枝，生长弱的要回缩复壮。果枝花芽成串时，要短截以提高坐果率。大树修剪过重，仍有全树返旺的可能。

（4）砂梨：丰水、晚三吉、幸水、新高等品种都属于砂梨系统，具有共同的修剪特点。幼树生长较旺，树姿直立，萌芽率高，成枝力弱。长枝短截萌发1~2个长枝和1~2个中枝，其余均为短枝。以短果枝和短果枝群结果为主，连续结果能力强，中、长果枝及腋花芽较少。

由于成枝力低，骨干枝选留困难，因此不必强求树形，可采用多主枝自然圆头形、改良疏散分层形、自由纺锤形或改良纺锤形等。幼树期多留主枝，多短截促发枝条，到盛果期后再逐步清理，调整结构。修剪时要少疏多截，直立旺枝拉平利用，培养枝组。在各级骨干枝上均应培养短果枝群，并且每年更新复壮，疏除其中的弱枝弱芽，多留辅养枝。对树冠中隐芽萌生的枝条注意保护，培养利用。

幼树树形宜采用自由纺锤形或改良纺锤形。定干后，对发出的枝条进行摘心，促发分枝。秋季枝条拿枝开角。当年冬剪时，根据树形要求疏除竞争枝、徒长枝、背上枝、交叉枝，中干适当短截，其余枝尽量轻截或缓放，以增加枝叶量。对结枝组的培养，应采取先放后缩的方法。进入盛期应注意对枝组及时更新和利用幼龄果枝，以保持健旺的树势。大树高接宜采用开心形，改接后前两年轻剪缓放，一般不疏不截，以利于快速恢复树冠，实现早期丰产。修剪以生长期为主，休眠期为辅。生长期主要进行夏季修剪措施；休眠期以疏枝为主，调整树形。

（5）西洋梨：幼树生长旺盛，枝条直立，但成龄后骨干枝较软，结果后容易下垂，树形紊乱、不紧凑，萌芽率和成枝力都比较强。长枝短截后抽生3~5个长枝，其余多为中枝，短枝较少。枝条需连续缓放2~3年才能形成短果枝。以短果枝和短果枝群结果为主，连续结果能力强，短果枝群寿命长，更新容易。

适宜树形为主干疏层形，可适当多留主枝。除骨干枝延长头外，其余枝条一律缓放，不短截；等缓出分枝，成花后再回缩，培养成结果枝组。结果后骨干枝枝头易下垂，可将背上旺枝培养成新的枝头，代替原枝头。对主干一般不要换头或落头，主枝更新时要先培养好更新枝，然后再回缩。巴梨枝组形成有两个途径，一是短果枝结果后抽生短枝，再成长结果，形成短果枝群；二是中庸枝缓放成花，回缩后形成中、小结果枝组。小年时可利用腋花芽结果，短果枝群呈鸡爪状，要不断疏剪，保证短枝叶长大，芽饱满。巴梨主枝不稳定，结果期过度开张下垂的，要用背上斜生枝替代原主枝，抬高主枝角度，增强生长势。主枝角度过大时，要控制内膛徒长枝。巴梨枝组一般宜选在骨干枝两侧，不用背上枝组。巴梨丰产性好，成花容易，坐果率也高，成龄树易衰弱，从而枝干病害加重，应加强土肥水管理和疏花疏果。大年时，仅用健壮短果枝结果，留单果。

（6）黄金梨：幼树生长缓慢，修剪越重，生长量越小，影响树体生长和早期产量的形成，直至延迟进入盛果期。与白梨系统相比，树冠小，寿命也短。

萌芽率高，成枝力低。黄金梨长枝缓放，除基部盲节以外，绝大部分芽易萌发。萌发后，大多形成短枝和短果枝，而中枝或中、长果枝较少。枝条短截后，多发生 2~3 个长枝。易成花，结果早，栽后第二年在中、长枝上形成较多的腋花芽，也有少量中、短果枝。幼树期可充分利用腋花芽结果习性，增加早期产量。第三年进入初果期，5~6 年生进入盛果期。

幼树枝条直立性强，易出现上强下弱、外强内弱，以及背上强、背下弱现象。修剪越重，角度越直立。因此，3 年生以前幼树修剪时，宜采用轻剪或缓放延长枝的方法，促进树冠开张，促进营养生长向生殖生长转化。同时，修剪时要抑强扶弱，解决好干强主弱和主强侧弱的问题。

黄金梨低龄结果枝坐果率高，个大质优，而 3 年生以上果枝所结的果实个小质差。修剪时，应采取经常更新结果枝的方法，复壮其结果能力。与白梨系统相比，黄金梨中、短枝转化力弱，但由长枝分化为中、短枝的能力较强。中、短枝结果后经多年抽枝结果，形成短果枝群。

总之，黄金梨修剪总的原则是强枝重剪，少留枝，延长枝中短截；重疏、少留外围枝，开张其角度，多留果；弱枝应轻剪，多留枝，延长枝轻短截或缓放，注意抬高骨干枝角度。

（7）秋月

①与修剪有关的特点。秋月梨枝条直立，硬度较大；树势较强，树姿半开张；萌芽力低，成枝力较强；以短果枝结果为主，果台副梢连续结果能力稍差；一年生枝条甩放后可形成腋花芽；随着枝龄的增加，花芽形成率和叶芽率减少，结果枝的维持变得困难；3 年生以上结果枝配置过多，树体生产性能降低，树势容易衰弱。

②生长季节修剪。夏季主要是枝条诱引、疏除，诱引主要是对幼树整形、成年树骨干枝延长头和过旺大枝利用设施固定，以调节其生长方向和长势。一般不环割或环剥和摘心，也不疏枝。对背上枝、过旺枝，只要不密生或改造后不影响延长头优势生长，全部保留。

秋季是拉枝的最佳季节，特别是新梢停长后的 1 个月，此时拉枝对促进形成优质花芽效果最好。拉枝要确保基部平直，先端自然抬头。

③休眠期修剪。秋月梨适宜的树形有 Y 形、水平棚架形，其次是纺锤形。

幼树期应尽早拉枝开角，将新梢绑缚在网架上，促进花芽形成。幼树期要轻剪、少疏枝，尤其对主枝、延长枝要轻剪。

盛果期树冬剪，通过疏枝、回缩、短截等措施，调节平衡树势，保持枝条健壮，花芽饱满。在主枝、侧枝延长枝中选健壮新梢轻剪，顶芽留侧上位芽，偏弱枝可留背上芽，延长头可用设施固定抬高。可利用徒长枝和直立旺枝作为较弱骨干枝的延长枝，以平衡骨干枝均匀生长，不宜采用强枝换弱头方式平衡骨干枝生长。如无设施固定，主枝延长头宜选用侧背芽，并按树冠控制目标回缩更新延长头。强枝一般不疏除，直立枝、背上枝、徒长枝拉大角度易改造成结果枝，也可用于骨干枝生长后期，因为骨干枝易出现下部光秃现象，所以主枝后部的直立徒长枝要适当保留并拉枝开角，以便更新原来的结果枝组。中干上过密的大枝组疏除时需要留橛，以促发新枝。

在骨干枝培养上，强调树体主侧枝承载果实的能力，扩大枝叶数量，维持稳定的产量和质量，减少无用大枝。主枝延长枝短截修剪，抬高角度。

在结果枝培养上，枝条单轴延伸生长，严禁中途变角变向，稳定枝梢生长势，维持结果枝生长的稳定。老化结果枝及时更新，3～5年更新一次，同时采用基部培养技术，选留预备枝进行培养，减少树体结果部位外移和保持产量的稳定。因此，结果枝早期更新管理技术，对维持稳定的花芽数量和果实生产十分必要。在结果枝与营养枝的配置问题上，不单独配置营养枝，将营养枝与结果枝培养合二为一。

5. 不同类型树修剪特点

（1）放任树修剪：多年放任不剪的梨树大枝多而密生，无主次之分，内膛枝直立、细弱、交叉混乱，光照条件差，结果枝组少而寿命短。对放任树的修剪，应本着"因树制宜、随枝作形、因势利导、多年剪成"的原则进行改造，不要强求树形、大拉大砍、急于求成。首先从现有大枝中选定永久性骨干枝，逐年疏除多余的大枝，对可以保留的大枝开张角度，削弱长势，辅养树体并促进结果，然后在保留的骨干枝上选择培养侧枝和各类结果枝组。对生长较旺的一年生枝，选位置好、方位正、有生长空间的从饱满芽处剪，对留下的背后枝、斜生枝，可选作侧枝和为培养中、大型结果枝组作准备；另一部分一年生枝甩放不剪，结果后回缩培养中、小型枝组，背上过密的一年生枝疏除或夏季拿枝结果。对小枝进行细致修剪，去弱留强，适当回缩。树冠过高时落头开心，清理外围密挤枝、竞争枝，调整枝条分布范围及从属关系，做到层次分明、通风透光。对过密的短果枝群，疏密留稀，疏弱留强，结果适量。

（2）大小年树修剪：梨树进入盛果期后，留果过多或肥水供应不足，易出现大小年结果现象。防止和克服大小年的措施，一是加强土、肥、水管理，二是通过修剪进行调整。

①大年树的修剪。主要是控制花果数量，留足预备枝，适当疏除短果枝群上过多的花芽，并适当缩剪花量过多的结果枝组。对具有花芽的中、长果枝，可采取打头去花的办法，促使翌年形成花芽；对长势中庸、健壮的中、长营养枝，可以缓放不剪，使其形成花芽在小年结果；对长势较弱的结果枝组，可采用去弱、疏密、留强的剪法进行复壮，但修剪时应注意选留壮芽和部位较高的带头枝；对过多、过密的辅养枝和大型结果枝组，也可利用大年花多的机会适当进行疏剪。

②小年树的修剪。要尽量多留花芽，少留预备枝，以保证小年的产量。同时缩剪枝组，控制花芽数量。对长势健壮的1年生枝，可选留1～2个饱满芽进行重短截，促生新枝，加强营养生长，以减少大年花量；对后部分枝有花、前部分枝无花的结果枝组，可在有花的分枝以上进行缩剪；对前后都没有花的结果枝组上的分枝，可多短截、少缓放，以减少翌年花量，使大年结果不致过多。

（3）失衡树修剪：梨树顶端优势明显，上部枝条长势较强，而树冠下部和骨干枝基部不具备顶端优势，长势较弱，成花较易，易造成上强下弱。若不及时调整，基部枝条就会由于衰弱而枯死。

调整上强下弱的方法是回缩上部长势强旺的大、中枝条，减少树冠上部的总量。保留下来的树冠上部大枝上的1年生枝，可疏除强旺枝，缓放平斜枝，结果后再根据不同情况分别进行处理。疏除部分强旺枝，可缓和长势，促其结果。保留在树冠上部的强旺枝，可适当多留些花果，以削弱其长势。同时，还可通过夏季修剪予以控制。

调整外强内弱，可抑前促后，即对先端枝头进行回缩，以减少先端枝量。选用长势中庸、生长平斜的侧生枝代替原枝头。对枝头附近的1年生枝缓放不截，后部枝条多留、少疏，或多短截、少缓放，以促生新枝，增加后部枝量。同时，还应注意在前端多留花果，后部少留，逐年调整，直至内外长势平衡。

（4）郁闭园修剪：良好的树体结构，不仅要控制树高，保持行间距，而且叶幕层不能太厚，以保证树体通风透光。若对中央领导干上骨干枝以外的大、中枝控制不当，或主、侧枝的背上枝放任生长，或枝组过大、过密，会造成树冠郁闭，内膛光照差。解决办法：

①及时回缩或疏除中央领导干上骨干枝以外的大、中枝和主、侧枝背上过密的多年生直立大型枝组，以保持一定的叶幕间距，大枝应分批疏除，采收后疏除大枝是最佳时期。

②及时疏除或回缩冠内交叉、重叠、并生的密挤枝或枝组，压缩过大的枝组。

③对骨干枝背上的一年生直立旺枝和徒长枝，在结果期一般均应疏除。盛果期后，在较有空间的位置，可改变角度培养成枝组。

④对长势中庸或细弱的一年生枝，可根据空间大小或疏除或缓放，培养成结果枝组。

三、传统梨园树体结构优化

从20世纪90年代中后期开始，我国大部分梨产区所栽培的梨树品种老化，管理粗放，过分追求产量，致使品质下降，梨果销售不畅，市场价格一路走低。随着梨产业的发展、科技的进步和市场的需求，国内外梨新品种不断涌现，如黄金、水晶、丰水、新高、圆黄、爱宕、秋月、玉露香、黄冠、中梨1号、翠冠、晋蜜等，市场行情看好，要求以新品种代替老品种。为适应市场需求，利用部分传统老品种梨园，采用结果早、见效快、效益高的大树高接换优的方法进行品种更新，改良优化品种结构，是一条迅速提高果园经济效益的有效途径。一般接后2~3年即恢复原有产量，比新建果园见效快且经济效益高。

梨树的经济寿命较长，大树高接换优后，树冠恢复快，结果早，经济效益高。同时，传统老品种梨园栽培技术落后，如大冠稀植操作费工费时，加上劳动力成本高，已不适应当前梨产业发展的省力化栽培模式，因此，在改良品种结构的同时，改造传统梨园的树体结构，顺应省力化、标准化、集约化等新技术新模式势在必行。

1.传统梨园的修剪

老梨园大都采用大冠疏散形，形成树冠高大、大枝多、老枝多、小枝少、外围挤、内膛空的状况，要降低树高，减少主枝数量，形成小枝多、透风透光好、有效枝多、夜幕层厚的丰产树冠。

对一株树进行更新修剪前，应全面考虑，确定留用的主枝，应选着生方位好的为主枝，通过更新，可使树冠上下、四周、内外都有丰满枝叶。改造因树而异，可以分层，亦可是开心形。其余无用的大枝可分批疏除，一次只能疏除 1~2 个大枝。留用大枝，尽量利用过渡期间养树和取得产量，以免影响收益，尽量多保留枝叶，轻剪轻缩，利用其结果。

留用的主枝，要进行适当偏重回缩。下垂的枝，要回缩抬枝。斜上或直立的大枝，先自然生长回升部位，留壮枝壮芽当头，然后进行回缩。如为分层形，下层主枝开张角度应不少于 50°，均在分段回缩过程中利用新枝，安排匀称成层。如为开心形，各大枝方位应各有所位，一面逐步回缩，缩短大枝的长度，一面使下部发枝，填补内膛。凡回缩的大枝，拟使其成主枝的，所有侧枝、枝组都要相应配合回缩与短截。对留用的其他枝，亦要相应适当回缩。利用过渡结果的大枝，长放能结果的，多留多放，使枝叶较多，使生长势力回升，产量亦逐年有所上升。随着留用的主枝发枝增多，生长势力回升，要逐步回缩，以保证树体与经济效益上的过渡。如要培养成大中型枝组，可采用先截后放或先放后截的办法培养原留下的枝组，尽可能留用复壮，根据生长势力的回升、新发枝的位置决定放大或缩小，或去或留。在大枝回缩剪口处及后部，能发出较多旺枝。

2. 传统梨园的树形改造

传统梨园的树形大多是圆头形或大冠疏散形，管理成本高，已不适应现代梨园省力化、标准化的要求。首先要降低树体的高度，同时减少主枝级次，改造时可以因树制宜，选择小冠疏层形、二层延迟开心形、开心形或水平网架形等。

（1）小冠疏层形：基部三主枝，二层选留 2 个主枝、整株选留 5~6 个主枝。

（2）二层延迟开心形：基部三主枝，二层选留 1~2 个主枝、整株选留 4~5 个主枝。

（3）开心形：仅选留基部三主枝。

（4）水平网架形：适宜网架栽培的丰产树形为三主枝开心形，中干锯口应离主枝部位向上留桩 3~4 cm，锯口微斜，以防兜水。大树主枝高度控制在 1.6 m 左右，主枝两侧留 2~3 个侧枝。树干过高的树，应在 3 个主枝的空间下方用腹接的方法补芽，以备发展成为良好的丰产树形，高接树第二三年开始结果后架设棚面。

3. 高接树骨架的去留

（1）骨干枝的去留：主枝去留长度为原主枝长的 2/3，每个主枝上要留 2~3 个侧枝。主侧枝间要注意主从关系，中央枝不要过长，从最后一个主枝上留 20 cm 左右锯掉。

（2）辅养枝的去留：对尚有生长空间的部位，辅养枝可收缩到内膛。对影响骨干枝生长的枝，从基部去掉，为保护伤口可留 10 cm 长，以便嫁接接穗，帮助伤口愈合。

（3）结果枝组的去留：结果枝组要短留，内膛插枝补空。骨干枝、辅养枝以外的枝尽量保留，作为结果枝组。锯留长度 10 cm 左右，使结果枝组尽量靠近骨干枝，以利于更新复壮。

4. 高接换头

高接时要注意高接的部位，按整形修剪的原则进行高接树骨架整理。根据高接树的树龄、树势、树冠情况，适度去留骨架。一般去掉主枝长度的 1/2 ~ 1/3 为宜，树龄小树势强，肥水条件好的也可去 1/3，反之则可去 1/2。同株树的部位不同，树势不同，去留的程度有轻有重，留下的砧桩有长有短，有粗有细，可采用不同的方法进行高接。

（1）接穗的准备：于 3 月上旬之前，采集品种纯正、无病虫危害、芽饱满、生长健壮的一年生枝作为接穗，埋入湿沙中备用。春季枝接的关键是保持湿度，最好的方法是蜡封接穗。树体萌芽后，开始蜡封接穗，边封边接。蜡封接穗所用蜡为普通石蜡。先把接穗剪成 10 ~ 15 cm 长，把石蜡放在一小铁桶内，然后把盛有石蜡的铁桶放在铁锅中，锅内加水，加热保持水沸腾。每次 10 根接穗左右，用手握着其下端，迅速在石蜡中蘸一下，浸入 2 ~ 3 cm，放到湿麻袋上，蜡凝固后放入桶内，上盖湿布，便可进行嫁接。

（2）高接换头的方法

①皮下接。用于各枝头的嫁接。用贮存好的一年生枝作接穗，嫁接前将接穗基部剪去 1 cm，插入清水中浸泡一夜，第二天进行嫁接。削接穗时，要求削面长、平、薄，大斜面长 3 ~ 5 cm、背面削成长 0.5 ~ 0.7 cm 的两个小斜面，呈箭头形。换头的枝头锯口要削平，并切一竖口，用刀轻轻一拨，将接穗大斜面朝向木质部，沿竖口插入，插到接穗削面露出 0.5 cm 长为准。1 个接头嫁接 2 个接穗，左右各接 1 个；嫁接 3 个接穗的枝头，背上接 1 个，左右各接 1 个。其中 1 个接穗留 3 ~ 4 个芽，作为延长枝培养。其余接穗留 6 ~ 8 个芽，留作结果枝组。嫁接后用塑料薄膜包在锯口上，再用塑料条捆绑，以不露伤口、接口为度。

②皮下腹接。用于高接树内膛光秃部位插枝补空。树离皮时就可嫁接，先刮掉老皮，在露白的部位，与干呈 45° 角切一 "T" 字形切口，然后在横切口挖一个半圆形斜面。接穗削法与皮下接相同，只是削的斜面稍短些。将接穗插入切口内，用塑料条包严。接穗留 4 ~ 6 个芽。

③切腹接。用于高接树内膛直径 2 cm 以下的细枝嫁接。先将细枝剪短，在剪口下斜切 2 ~ 3 cm 长的切口。把接穗削成 2 ~ 3 cm 长的斜面，另一面削成稍短的斜面插入切口，长斜面向木质部，与高接枝一面形成层对齐接好后用塑料条包严。

④劈接。劈接是生产上大树高接换头较常用的方法，多运用于砧木比较粗的情况，在树离皮前后均可进行，以萌芽前进行为好。选 2 ~ 5 个芽接穗段，将两面下端用利刀斜削成 2.0 ~ 2.5 cm 长的马耳形平滑切口。将砧木用劈接刀从横断面中间纵直劈开，将削好的接穗插入砧木的劈口，使砧木和形成层对齐，然后用塑料袋扎紧包严。可用一个塑料袋将穗、砧罩在袋内扎口，防止失水，提高成活率。

5. 高接后的管理

（1）除萌蘖：高接树的地上和地下部平衡受到很大破坏，高接当年不仅高接枝生长旺盛，还会从母体上萌发出很多萌蘖。除在适当部位留一部分萌枝作为补接用外，其余尽早去除，以免影响高接枝生长。

（2）解绑：当新梢长到一定长度后，要注意松绑和解除包扎物，以防勒伤或勒断枝条。但解除包扎物不宜过早，过早伤口愈合不牢固，新梢容易被折断甚至影响成活。可在接穗完全成活后，先松解塑料条而不完全解除包扎物，使包扎物继续起到一定的固定作用，待接口愈合完好后，再去掉包扎物。这样可使解绑时间由常规的6—7月推迟到9—10月，从而避开了雨多风大的季节。

（3）设立支柱：绑支柱是对高接树体一项不可忽视的保护措施，一般在新梢长到20~30 cm时，在解除包扎物的同时捆以木棍作支柱，用麻皮或塑料条将嫩枝牵引绑缚在木棍上，以防止新梢被折断。捆时应注意嫩枝茎部要松紧适度，而上部新梢可适当松点，绑结应呈"∞"形，以免影响新梢发育。冬剪时可以把支柱去掉。

（4）高接树的修剪：高接后对高接树冠合理调整和对高接枝正确修剪，可使高接树冠迅速扩大，达到早结果早丰产的目的。高接当年对骨干枝头、发育枝，当新梢长到25 cm以上时，选择方向位置适当的枝条进行剪截，以促进枝条分枝，增加粗度。枝条直立生长的，可应用撑、拉等方法使之角度开张，改善光照条件，以迅速扩大树冠，增加结果面积。内膛过密的直立枝条，适当疏除或拉枝开角加以适当控制。高接换优的梨树枝量稀疏，要达到尽早成花、结果，须采取多留长放。

对高接梨树延长枝长放，枝条的增粗明显加快，生长势显著减弱，顶端优势得到缓和，缩短了新梢的生长时期，使萌生的中、短枝数量增多，叶面积增加，从而提高光合能力，明显促进了营养物质的积累，有利于花芽形成和提早结果。在6—7月，将各类骨干枝拉枝开角度，可使上下各枝不交叉，不重叠，在树干四周均匀分布，使侧芽积累的营养较多，有利于花芽的形成。对于直立枝和徒长枝，有空间的将其弯倒压平，可改变枝条生长极性，使强旺的生长势力分散到各个芽上，再配合环割，就可以形成短枝花芽。

高接树前两年冬剪以轻剪长放为原则。对骨干枝头的高接枝，选一条方位好、生长强旺的作为骨干枝的延长枝，从饱满芽处剪截；同一枝头的其他高接枝，为了促伤口愈合，可暂不去掉，或轻剪长放，尽量使之形成花芽，控制其生长。修剪结果枝组时，成枝力弱的品种，如有空间，先端延长枝继续打头，无空间时先端延长枝过强可去掉，其余的长放，促使其形成花芽；成枝力强的品种，如已形成部分花芽，除先端有空间继续打头外，其余留作结果。

第五节　土肥水管理

一、土壤省工管理

土壤省工管理是指采用省工高效的土壤耕作、土壤改良、施肥、灌水和排水等一系列技术措施，增加和保持土壤肥力，提高土壤保水、保肥性能，疏松土壤，增加土壤的通透性，以利于根系伸展，防止水土流失。

1. 土壤省工管理的措施

（1）省工土壤耕作制度：土壤耕作制度是指采用机械或非机械方法改善土壤耕层结构和理化性状，以提高土壤肥力、消灭病虫杂草的一系列耕作措施。省工的土壤耕作制度包括覆盖法、生草栽培、免耕少耕法等。

①覆盖法。将有机或无机材料（作物秸秆、杂草、藻类、地衣植物、塑膜等）覆盖在土壤表面，代替土壤耕作的土壤管理办法。

有机物覆盖厚度一般在 20 cm 以上，可使土壤中有机质含量增加，促进土壤团粒结构的形成，增强保肥、保水能力和通透性。塑料薄膜覆盖除具备有机物覆盖的优点外，在提高早春土壤温度、促进果实着色、提高果实含糖量、提早果实成熟期、减轻病虫害、抑制杂草生长等方面具有突出的效果。

研究表明，覆盖与清耕总投入基本相近，但覆盖通过提高果品产量和质量，产值增加 15% 以上。连续 4 年覆盖处理，新梢粗度比对照区增加 0.45 cm。覆盖区一等果率 68.7%，比对照区增加 12.5%；覆盖区总产量 3.8 万 kg，比对照区增加 13.4%。

②生草栽培。果园生草栽培是在果树行间或全园种植草本植物的一种生态培育模式。果园生草法是一项先进、实用、高效的土壤管理方法，在欧美、日本等国应用十分普遍。

果园生草分为人工生草和自然生草。生草栽培管理省工、高效，便于机械化作业，能保持和改良土壤理化性状，增加土壤有机质，保水、保肥、保土。研究表明，一年每 666.7 m² 果园种草可减少有机肥施用开支 40 元，减少杀虫 2 次、除草 3 次，节省费用 150 元，降低日灼损失 80 元，减少或避免成熟期果实脱落摔伤，挽回损失 200 元左右，合计每年每 666.7 m² 增收 470 元。而种植草（白三叶）当年投入成本 80 元（草籽 20 元、人工 20 元、肥料 40 元），当年就可以收回成本。

③免（少）耕法。免耕法，有的叫最少耕作法，也有的叫直接播种法、保护耕作法、留茬播种法等。免耕、少耕法能提高劳动生产率，节省劳动力，保持土壤结构稳定。

少耕法一般是在前茬作物收获后对土地不进行耕翻，只施用除草剂和除虫剂灭草杀虫。在下茬作物播种前用机械松土，后用免耕播种机播种，大多数是将松土与播种结合进行。免耕法在播前则完全不进行耙地或松土，只多施一次除草剂，而在播种时只对种行两侧不到 1/4 面积的土壤进行松土，或者只开一条窄缝播入种子，地面上的秸秆仍让其覆盖在地面上，以减少水土流失。美国试验表明，传统耕作法从耕地开始到收获完成的平均劳动效率（值）为 0.202 hm²/h，免耕法为 0.393 hm²/h，少耕法为 0.293 hm²/h。传统耕作法种植一轮作物，每公顷所耗的燃油分别是少耕法的 1.5 倍、免耕法的 1.7 倍。另外，少耕免耕水土保持效果显著，据美国一些州的试验，土地采用免耕法土壤流失仅为传统耕作法的 14%，少耕法为传统耕作法的 20%～35%。

近些年有些国家主张采用半杀性除草，即只控制杂草的有害时期或过旺生长，保持杂草一定的产草量，以增加土壤有机质含量，又称改良免耕法。改良免耕法在我国的果园土壤管理中较为适用。

（2）省工高效施肥技术

①增施有机肥。有机肥由各种动物、植物残体或代谢物组成，如人畜粪便、秸秆、动物残体等。另外，还包括饼肥、堆肥、沤肥、厩肥、沼肥、绿肥等。丰产果园土壤的诸多优良特性与土壤高有机质含量密切相关。

有机肥养分全面，富含有机质、氮、磷、钾和微量元素。有机肥中的有机质，施入土壤以后经微生物分解和理化变化形成腐殖质。腐殖质是一种黏性胶体，可以把细微的土粒黏结在一起，形成水稳性团粒结构，使黏性土变得疏松易耕，而使沙性土变成有结构的土壤。土壤结构改善以后，土壤的透水性和保水性增强。增施有机肥以后，土壤孔隙增多，地表蒸发降低，可以控制盐碱地盐分上升，同时有机酸可以中和一部分碱。另外，腐殖质有吸附土壤溶液中多种养分的能力，可以把营养元素吸附在表面，避免流失，从而提高保肥、保水的能力。增施有机肥料能提高土壤中微生物的活性，分解有机质产生有机酸等物质。有机酸可使土壤中难溶的无机盐加速转化，从而提高养分的有效性。研究表明，增加有机肥投入，能显著提高黄县长把梨的产量，平均比对照增产20.4%，其中秋季连续追施优质有机肥的增产效果最好；果实可溶性固形物含量平均比对照提高7.2%，果皮变薄，石细胞减少，品质改善。

②测土配方施肥。测土配方施肥是以养分归还（补偿）学说、最小养分律、养分同等重要律、不可代替律、肥料效应报酬递减律和因子综合作用律等为理论依据，在肥料田间试验和土壤测试基础上，根据作物需肥规律、土壤肥力和肥料效应，在合理施用有机肥的基础上，提出氮、磷、钾及中、微量元素等肥料的施用品种、数量、施用时期和施用方法。概括来说，一是测土，取土样测定土壤养分含量；二是配方，经土壤养分诊断，基于土壤肥力和作物的营养需求制定合理配方，按配方生产肥料；三是合理施用肥料。测土配方施肥技术包括"测土、配方、配肥、供应、施肥指导"五个核心环节。

实施测土配方施肥，氮肥利用率提高10%以上，磷肥利用率提高7%～10%，钾肥利用率提高7%以上。一般来说，大田作物增产8%～15%，水果等经济特产作物增产20%左右。每666.7 m² 节本增效30元以上。

③水肥一体化。水肥一体化技术是将灌溉与施肥融为一体的农业新技术。水肥一体化是借助压力系统（或地形自然落差），将可溶性固体或液体肥料，按土壤养分含量和作物需肥规律配成的肥液与灌溉水一起，通过可控管道系统均匀、定时、定量浸润作物根系生长区域，同时根据作物不同生长期需水、需肥规律进行设计，把水分、养分更有效地提供给作物。

该技术的优点是肥效迅速，养分利用率高，可以避免肥料挥发损失、溶解慢、肥效发挥慢等问题。据华南农业大学张承林研究，灌溉施肥体系比常规施肥节省肥料50%～70%。同时，可大大降低果园中因过量施肥而造成的水体污染问题。水肥一体化技术省工省力，灌溉效率大幅提高。水肥一体化技术通过人为定量调控，满足作物在关键生育期的需要，因而在生产上可提高作物的产量和品质。

④推广新型缓控释肥料、果树专用肥。新型缓控释肥料，是指以各种调控机制，使其养分最初释放延缓，延长植物对其有效养分吸收利用的有效期，使养分释放时间和释放速率与作物吸收养分的规律一致的肥料。新型缓控释肥料与普通肥料相比，能提高肥料的利用率；减少施肥的次数、节省劳力、时间和能耗；使果树增产，提高果品品质；减少污染，改善生态环境。

据研究，一次施用果树专用控释肥，生长期基本不需要再追施其他肥料，减少了施肥次数，省工、省力，降低了生产成本。按果园产量 3 000 kg/666.7 m² 计算，约需投入常规化肥 150 kg，以 2.4 元/kg 计算，投入资金 360 元；投入果树专用控释肥 150 kg，以 3 元/kg 计算，投入资金 450 元，相比增加成本 90 元。2 个试验果园分别每 666.7 m² 增产 300 kg、273 kg，按售价 2.2 元/kg 计算，增收 660 元、600 元。扣除多投入化肥成本 90 元，每 666.7 m² 增加纯收入 748.8 元和 691.2 元。

果树专用肥是根据果树的需肥规律和土壤肥力特点设计的适合果树的肥料。果树专用肥针对性强，配比合理，避免了盲目施肥的浪费。果树专用肥一般可将氮的利用率提高 10%，磷、钾的利用率提高 20%，其他微量元素也能相应延长有效期，经济效益明显提高。与同单质化肥或习惯施肥相比，增产可达 15%。

⑤用施肥器（枪）施肥。在农业生产中，给农作物施肥、追肥是劳动量、劳动强度较大的劳动。一直以来，农民习惯散撒和刨坑施肥，费时费力。施肥器是一种省时、省力、高效的施肥工具。使用果树施肥器省力、省工，是刨坑施肥效率的 4 倍，可节约化肥 30%～50%，减少对果树根系的损伤，并且可使施肥量稳定、施肥深度均匀、施肥距离基本保持一致。

2. 培肥地力

我国低产果园面积较大，部分果园存在地下管理粗放、果园土壤瘠薄、土层浅，保水、保肥能力差等系列问题，致使树势衰弱，长期低产，果园培肥地力技术能很好地解决以上问题。果树作为多年生木本植物，长期生长在同一个位置，极易受到土壤营养空间与营养状况的影响。根据树体营养需求来调节土壤环境，采取以增施有机肥为基础的培肥地力技术，使之适合果树植株生长发育，可发挥土壤的最大效益，降低生产成本，提高劳动效率。

（1）培肥地力的方法：果园培肥地力的主要方法有客土法、爆破松土技术、增施有机肥、结合增施有施肥采取沟肥养根技术。

客土法，即搬运别处的土壤（客土）掺和在过沙或过黏的土壤（本土）中，使之相互混合，以改良本土质地的方法。此法能改变土壤过沙或过黏的性状，使土壤疏松多孔，增加土壤的透气性，有利于根系向垂直和水平方向生长，扩大根的吸收面积，增加土壤保蓄水分的能力。

爆破松土技术是解决山丘旱薄地果园生产效率低的一项根本性措施。由于爆破能开裂岩层、疏松土壤、伤根少，当年即可促进树体生长，树势健旺，叶色浓绿。特别在干旱年份，可诱导根系向纵深发育，充分利用深层水分和养分；在多雨季节，减少地表径流、提高土壤的蓄渗能力，避免积水烂根。在大田生产中，效果可靠、易于推行，一经爆破，多年受益。同时，对平原土壤黏重板结的果园松土改土也具有重要的推广价值。

增施有机肥，有机肥料含有大量的有机质，在其分解过程中所产生的腐殖质，可以促进土壤团粒结构的形成，增强土壤保水、保肥能力，提高土壤对酸碱变化的缓冲性能，并使土壤变得疏松，易于耕作。有机肥料所含养分完全，除含氮、磷、钾外，还含有钙、镁、硫和各种微量元素，这些元素多呈有机态存在，要经过腐解后，使养分逐渐释放出来才能被果树吸收利用，因而肥效稳定持久。有机肥料含有大量微生物，又有提供土壤微生物活动所需的能源和营养物质。施用有机肥料后，能显著增加果树根际土壤微生物的数量（土壤氨化细菌、好气性固氮菌、纤维分解菌等），从而产生根际效应，有利于植株根系从根际取得养分。

结合增施有机肥，采取沟肥养根技术（营养沟施肥和沟肥起垄覆草技术），可以解决山地果园土层浅、土壤贫瘠、干旱缺水、保水保肥能力差和平原黏重地果园土壤板结、透气性差的问题，从而达到培肥地力、改善土壤环境、促进树体生长、提高果品产量质量、增加经济收益的生产目的。

（2）技术措施

①客土深翻改土技术。结合客土法和增施有机肥法的深翻改土技术，对果园土壤进行合理深翻，能使土壤熟化、疏松多孔，增加土壤的透气性，有利于根系向垂直和水平方向生长，扩大根系的吸收面积，增加土壤保蓄水分的能力。

土壤结构差的重黏土、重砂土和沙砾土进行"客土掺和"，即重黏土掺砂土，重砂土掺黏土、塘泥，沙砾土捡去大砾石掺塘泥或黏土。再结合重施有机肥和合理间作，可慢慢改良成结构良好的土壤。

果园深翻一年四季均可进行，但要根据具体情况适时进行。

a.秋季深翻：通常在果实采收前后结合秋施基肥进行。此时树体地上部分生长较慢或基本停止，养分开始回流和积累，又值根系再次生长高峰，根系伤口易愈合，易发新根。深翻结合灌水，使土粒与根系迅速密接，利于根系生长；深翻还有利于土壤风化和积雪保墒。因此，秋季是果园深翻较好的时期。但在干旱无浇水条件的地区，根系易受旱、受冻害，地上枝芽易干枯，不宜进行秋季深翻。

b.春季深翻：应在土壤解冻后及早进行。此时地上部分尚处于休眠状态，而根系刚开始活动，深翻后伤根易愈合和再生。从水分季节变化规律看，春季化冻后，土壤水分向上移动，土质疏松，操作省工。我国北方地区多春旱，翻后需及时浇水。早春多风地区蒸发量大，深翻过程中应及时覆土，保护根系。风大干旱缺水和寒冷地区不宜春季深翻。

c.夏季深翻：最好在根系前期生长高峰过后，雨季来临前进行。此时深翻后的降雨可使土粒与根系密接，不致发生吊根或失水现象。夏季深翻伤根易愈合，但如果伤根过多，易引起落果。结果期大树不宜在夏季深翻。

d.冬季深翻：宜入冬后至土壤封冻前进行。冬季深翻后要及时填土，以防冻根。如墒情不好，应及时灌水，防止漏风伤根。如果冬季雨雪稀少，翌年宜及早灌，北方寒冷地区多不宜深翻。以比果树根系集中分布层稍深为度，且还应考虑土壤结构、质地、树龄等。如山地土层薄，下部为半风化的岩石，或耕层下有砾石层或黏土层，深翻一般为 80 ～ 100 cm ；如果土层深厚，沙质壤土，则深度可适当浅些。

深翻方式包括以下几种，深翻扩穴：幼树定植几年后，每年或隔年向外深翻扩大栽植穴，直到全园株行间全部翻遍为止。这种方式用工量少，深翻的范围小，但需 3 ～ 4 次才能完成全园深翻，且伤根较多。隔行深翻：隔 1 行深翻 1 行，分两次完成，每次只伤一侧根系，对果树影响较小，这种行间深翻便于机械作业。对边深翻：自定植穴边缘起，逐年从相对两面轮流向外扩展深翻，直至全园翻完。此种方式伤根很少，对果树影响小，用工量少，适于劳动力不足情况下的果园深翻。全园深翻：将栽植穴以外的土壤一次深翻完毕。全园深翻范围大，只伤一次根，翻后便于平整园地和耕作，但用工量多。

深翻注意事项：深翻与施肥、灌水相结合。施用有机肥以增加土壤腐殖质，促进团粒结构的形成，变生土为熟土。在墒情不好的干旱地区，深翻一定结合灌水，防止干旱、冻害等现象的发生。深翻时表土与底土分别堆放，表土回填时应填在根系分布层。有黏土层的沙土深翻要打破黏土层，并把沙土和黏土拌均匀后回填。尽量减少伤、断根，特别是 1 cm 以上的较粗大的根，不可断根过多。对粗大的根宜剪平断口，回填后浇水，使根与土密接。深翻方式视果树具体情况而定，小树、幼树根系少，一次深翻伤根不多，影响不大；成年树、大树根系分布范围大，以隔行或对边开沟方式较为适合。山地果园深翻要注意保持水土，沙地果园要注意防风固沙。

②爆破松土技术。根据果园立地条件和果树株行距确定炮眼数量，一般每 666.7 m^2 40 ～ 60 个。炮位选择在树冠外缘内侧，大株行距果园炮位呈品字形排布。打炮眼前，先清除表土至坚硬处，炮眼直径 5 ～ 6 cm、深 1.0 m 左右，垂直或稍倾斜。爆破时，先装入药量的 1/2，再放入 1.0 ～ 1.5 m 的导火线，每炮装炸药 0.5 kg 左右，最后用黏土将炮眼渐次填满，小心捣实。爆破后，清除岩石，结合灌水进行施肥和土壤管理。

果园爆破松土，在果树落叶后至发芽前进行，以春季和秋季为宜。春季宜在早春 2 月份、秋季宜在采果后进行，早采果树可在 9 月下旬至 10 月上旬进行。

③营养沟施肥技术。营养沟施肥宜在秋季施基肥时进行，早采果树可在 9 月下旬至 10 月上旬进行，春季宜在早春 2 月进行。

从距根颈 50 cm 处挖放射状沟，近干处深与宽各 20 cm、冠边缘处深与宽各 40 ～ 50 cm，每株 4 沟；然后将腐熟的麦秸、杂草（30 kg/ 株）与有机肥（25 kg/ 株）、复合肥（1.0 kg/ 株）混匀回填；至表层时，再追加尿素（3.0 kg/ 株），最后灌水。

④沟肥起垄覆草技术。沟肥起垄覆草，在果树落叶后至发芽前均可进行，以春季和秋季为宜。春季宜在早春 2 月进行，秋季宜在采果后及早进行。

秋末距根颈 50 cm 处挖放射状沟，近干处深、宽各 20 cm，外围深、宽 40 ～ 50 cm，每株 4 沟。将扎碎的麦秆、玉米秆（1 000 ～ 1 500 kg/666.7 m^2）、土、棉饼等有机肥（1 000 ～ 1 500 kg/666.7 m^2）、复合肥和其他磷、铁、硼等肥料混合均匀后填入，然后灌水。再沿行向从行间向行内起土，在行内形成顶部宽 2.0 ～ 2.5 m、底部宽 3.0 ～ 3.5 m、高 20 ～ 50 cm，截面近似梯形的垄带，行间形成

0.4 ~ 1.0 m 的排灌沟。

3. 合理间作

在自然资源逐渐短缺的今天，充分利用光、热、水、土等资源生产更多的农产品，是发展我国农业的一项战略性措施。在新建果园中合理安排间作物，不仅可以培肥地力、促进幼树生长，还能保持水土，改善果园生态环境，弥补建园前期的收入空白，提高经济效益。

（1）合理间作的优点

①省工，增加收入。合理间作减少了中耕，节约了劳动成本，同时间作物可以增加收入。研究表明，在新建果园中（土地面积 173.7 hm²，其中种植黄栀子 126.6 hm²，梨 47.1 hm²），把花生、黄豆等作为主要间作作物，从 1995 年至 1998 年通过果园间作增加的纯收入为 135.25 万元，平均每年增加纯收入 33.81 万元，平均每户每年增加纯收入 6 000 多元。

②促进果园管理。在果园中对间作物进行农事操作时，实际上也加强了对幼树的管理，促进早结果。研究表明，1996 年 3 月种植的梨树，1998 年已有 80% 的梨树挂果，产量最高的已达 3 457.5 kg/hm²。

③生态效益好。在夏季降雨时，间作物可避免雨水对果园的直接冲刷，减少水土流失，保持了土地肥力。种植作物，还能使果园生态环境得到改善，为天敌提供了适宜的栖息环境，减轻了病虫害的发生。此外作物收获后，秸秆还可作果园覆盖材料，提高了果园有机质含量。

（2）梨园间作的措施：梨园间作的目的是"以园养园、以短养长"，间作物应生长期短、植株矮小、能改良土壤结构、本身具有经济价值以及病虫害较少。

梨园间作应给幼龄梨树（1 ~ 5 年生）留出宽 1.0 ~ 1.5 m 的营养带，即在梨树树干两侧各留出 0.50 ~ 0.75 m 宽的空白地；而成年结果梨树，应留出与树冠等宽的营养带，不间作任何作物，以缓解梨树与间作物争水争肥和影响通风透光的矛盾。

对间作物，要加强肥水管理和病虫害防治，以减轻梨树与间作物之间的争水争肥和病虫害相互传播的矛盾。

4. 地膜覆盖、覆草技术

果园覆盖栽培，是指在果园地表人工覆盖天然有机物或化学合成物的栽培管理制度，分为生物覆盖和化学覆盖。生物覆盖材料包括作物秸秆、杂草或其他植物残体，化学覆盖材料包括聚乙烯农用地膜、可降解地膜、有色膜、反光膜等化学合成材料。果园覆盖栽培作为一种省工高效的果园土壤管理措施，符合生态农业和可持续发展战略。

（1）果园覆盖技术的优点

①降低管理成本。果园覆盖抑制了杂草萌发和生长，免除了一年 5 ~ 6 次中耕除草。当果园覆盖适宜时，能减少或防止病虫害的发生，降低农药用量、节省开支。研究表明，秸秆覆盖还可减少果园腐烂病的发生，发病株率可下降 14.9% ~ 32.1%，减少蚱蝉危害苹果树枝率 73.6% ~ 80.9%。

②提高土壤含水量，节省灌溉开支。据观察，连续几年不间断进行生物覆盖的果园，一般地

段可提高土壤含水量 40% 左右，地表蒸发减少 60% 左右。尤其在春季降雨少、蒸发量大时，果园覆草能够有效减少土壤水分蒸发，保蓄水分。果园覆膜也可以提高土壤含水量，特别是土壤表层含水量。在干旱地区，地膜覆盖可提高 0 ~ 15 cm、15 ~ 25 cm 表层土壤含水量 40.91%、27.06%。在半干旱和半湿润地区可提高表层土壤含水量 5.89% ~ 28.14%、4.7% ~ 5.9%。

③增加产量。秸秆覆盖能够促进果树树体生长发育，果实生长速率加快，单株留果数相同时，覆盖秸秆树的单果质量较对照增加 7.5% ~ 13.9%，单果质量绝对增加 17 ~ 24 g，具有增大果个作用。覆盖秸秆树挂果数不超过对照树 12% 时均可增大果形。

④改善土壤结构。秸秆覆盖不需中耕除草，既可保持良好而稳定的土壤团粒结构，又可节省劳力。果园覆盖能够改善土壤的通透性，提高土壤孔隙度，减小土壤容重，使土质松软，利于土壤团粒结构形成，有助于土壤保持长期疏松状态，提高土壤养分的有效性。覆盖梨园 0 ~ 20 cm 土层土壤容重、比重、总孔隙度分别为 1.02 g/cm³、2.64 g/cm³、61.3%，对照地分别为 1.20 g/cm³、2.09 g/cm³、42.6%，容重下降幅度为 15%，比重和总孔隙度增加幅度分别为 26.32%、43.9%。

⑤提高土壤肥力，促进土壤微生物活动。覆盖的有机物降解后可增加土壤有机质含量，提高土壤肥力。连续覆盖 3 ~ 4 年，活土层可增加 10 cm 左右，土壤有机质含量可增加 1% 左右。长期覆草不仅能提高土壤养分含量，而且能提高土壤保肥和供肥的缓冲能力。据研究，梨园覆盖整个生长期细菌数量平均比对照高 150.99%，固氮菌数量高 95.47%。覆盖后，在梨树整个生长期真菌的平均数量覆盖比对照高 56.33%，氨化菌数量高 55.41%。

（2）果园覆盖的方法：

①覆盖生物材料。覆草前，应先浇足水，按每 666.7 m² 10 ~ 15 kg 的数量施用尿素，以满足微生物分解有机质时对氮的需要。

覆草一年四季均能进行，以春、夏季最好，春季覆草利于果树整个生育期生长发育。也可在果树发芽前结合施肥、春灌等农事活动一并进行，省工省时。不能在春季进行的，可在麦收后利用丰富的麦秸、麦糠进行覆盖。注意新鲜的麦秸、麦糠要经过雨季初步腐烂后再用。对于洼地、易受晚霜危害的果园，谢花之后覆草为好。

郁闭程度较高，不宜进行间作的成龄果园，可采取全园覆草，即果园内裸露的土地全部覆草，数量可掌握在 1 500 kg/666.7 m² 左右。郁闭程度低的幼龄果园，可进行果粮或果油间作的，以树盘覆草为宜，用草 1 000 kg 左右。覆草量也可按照拍压整理后 10 ~ 20 cm 的厚度来掌握。

果园覆草应连年进行，每年均需补充一些新草，以保持原有厚度。三四年后可在冬季深翻一次，深度 15 cm 左右，将地表已腐烂的杂草翻入表土，然后加施新鲜杂草继续覆盖。

②覆盖地膜。覆膜前必须先追施肥料，地面必须整细、整平。覆膜时期，在干旱、寒冷、多风地区以早春（3 月中下旬至 4 月上旬）土壤解冻后覆盖为宜。覆膜时应将膜拉展，使之紧贴地面。

一年生幼树采用"块状覆膜"法，以树干为中心将树盘做成"浅盘状"，要求外高里低，以利蓄水，四周开 10 cm 浅沟，然后将膜从树干穿过并把膜缘铺入沟内，用土压实。2 ~ 3 年生幼树采用"带状覆膜"法，顺树行两边相距 65 cm 处各开一条 10 cm 浅沟，再将地膜覆上。遇树开一浅口，两边膜缘铺入沟内用土压实。成龄树采取"双带状覆膜"法，在树干周围 1/2 处用刀划 10～20 个分布均匀的切口，用土封口，以利降水从切口渗入树盘。两树间压一小土楞，树干基部不要用地膜围紧，应留一定空隙，但应用土压实，以免烧伤干基树皮和透风。

夏季进入高温季节时，注意在地膜上覆盖一些草秸等，以防根际土温过高，一般不超过 30℃ 为宜。此外，冬季应及时拣除已风化破烂无利用价值的碎膜，集中处理，以便于土壤耕作。

（3）果园覆盖的注意事项：果园覆盖也有一些负面效应。据调查，山间河谷平原或湿度较高的果园覆草秸秆后容易加剧烟污病、蝇粪病的发生和危害；黏重土壤的果园覆草后，易引起烂根病。河滩、海滩或池塘、水坝旁的果园，早春覆草果园花期易遭受晚霜危害，影响坐果，这类果园最好在麦收后覆草。

果园覆盖为病菌提供了栖息场所，会引起病虫害数量增加，在覆盖前要用杀虫剂、杀菌剂喷洒地面和覆盖物。平时密切注意病虫害发生情况，及时喷杀。此外，每 3 年应将覆盖物清理深埋，以杀灭虫卵和病菌，然后重新进行覆盖。许多病虫可在树下越冬，为避免覆草后加重病虫害的发生，春季要对树盘集中喷药防治。覆草后水分不易蒸发，雨季土壤表层湿度大，易引起涝害，必须注意及时排水。排水不良的地块不宜覆草，以免加重涝害。

果园覆草或秸秆，根系分布浅、根颈部易发生冻害和腐烂病。长期覆盖的果园，根系易上返变浅，一旦不再覆盖，会对根系产生一定程度的伤害。覆草应连年进行，以保持表层土壤稳定的生态环境，有利于保护和充分利用表层功能根群。开始覆草的 1～2 年内，不能把草翻入地下，以保护表层根，3～4 年后可翻入地下，翻后继续覆草。初次覆草厚度不能小于 20 cm，以后连年覆草厚度不小于 15 cm。无法继续覆盖时，要对根部采取防寒措施，保护好根系，使根部逐渐适应新的环境。长期覆盖的果园湿度较大，根的抗性差，可在春夏季扒开树盘下的覆盖物，对地面进行晾晒，能有效预防根腐烂病，并促使根系向土壤深层伸展。此外，覆草时根颈周围留出一定的空间，能有效控制根颈腐烂和冻害。冬春树干涂白、幼树培土或用草包干，对预防冻害都有明显的作用。

覆草或秸秆的果园易发生火灾，因此覆草或秸秆的果园应在其上面压土，能有效地预防火灾、防止覆草或秸秆被大风吹跑。覆草或秸秆的果园鼠害相对较重，应于春天和初秋在果园中均匀定点放置灭鼠药灭鼠。

农膜覆盖技术在促进农业生产发展的同时，也带来了白色污染。聚丙烯、聚乙烯地膜可在田间残留几十年不降解，造成土壤板结、通透性变差、地力下降，严重影响作物的生长发育和产量。残破地膜一定要拣拾干净集中处理，优先选用可降解地膜。

5. 果园生草技术

（1）果园生草的优点

①省工，节本增收。果园生草能够节本增收，省去了一年 3～4 次的中耕除草，节省劳动力成本。陈立军研究表明，梨园种植白三叶成坪后可减少有机肥用量，每 666.7 m² 可节省 40 元；减少

打药 2 次，除草 3 次，节省费用 150 元；降低日灼损失 80 元；减少或避免成熟期果实脱落摔伤，挽回损失 200 元左右，合计每年每 666.7 m² 增收 470 元。而种植白三叶草仅需当年投入成本 80 元（草籽 20 元、人工 20 元、肥料 40 元），一年便可收回成本。

②增加产量、提高品质。生草栽培为果树生长发育创造了良好的水、肥、气、热条件，提高了果树的光合效率，为高产、优质奠定了基础。梨园生草栽培，果实可溶性固形物含量由对照的 12.1% 提高到 15.8%，单果重由 235.1 g 提高到 281.2 g，每 666.7 m² 产量由 2 231 kg 提高到 2 600 kg。

③增加土壤有机质含量，改善果园环境。果园生草能够比较快速地增加土壤有机质含量，减少人工与资金的投入。我国果园的有机质含量不足 0.5%，生草增加有机质是省工省力、快速高效的方法。

果园生草具有隔热保墒作用，缩小地温的昼夜和季节变化幅度，使地温的变化趋于平缓。生草覆盖后，在夏秋连续高温干旱季节可提高土壤含水率，利于保持果园水土，涵养水分。

果园生草可以改善土壤理化性状，提高土壤酶的活性，对土壤温度骤变起到一定的缓冲作用。果园生草之后，增加了土壤微生物的活性，各土层固氮菌、氨化细菌的数量明显增加，这些微生物数量的增加有利于土壤中物质的循环，进而促进土壤肥力的提高。

（2）果园生草的方法及规范

①适宜生草栽培的果园。草生长需要较多的水分，因此果园生草适宜在年降水量 500 mm，最好 800 mm 以上或有良好灌溉条件的地区采用。若年降水量少于 500 mm 且无灌溉条件，则不宜进行生草栽培。在行距为 5 ~ 6 m 的稀植园，幼树期即可进行生草栽培；高密度果园不宜进行生草，而宜覆草。

②生草方式。果园生草有人工种植和自然生草两种方式，可进行全园生草、行间生草或株间生草。土层深厚肥沃、根系分布较深的果园宜采用全园生草；土壤贫瘠、土层浅薄的果园，宜采用行间生草和株间生草。无论采取哪种方式，都要掌握一个原则，即其对果树的肥、水、光等竞争相对较小，对土壤生态效应较佳，且对土地的利用率高。

③草种。果园生草对草的种类有一定的要求，主要标准是适应性强，耐阴，生长快，产草量大，耗水量较少，植株矮小，根系浅，能吸收和固定果树不易吸收的营养物质，地面覆盖时间长，与果树无共同的病虫害，对果树无不良影响，能引诱天敌，生育期比较短。

果园生草草种以白三叶草、紫花苜蓿、田菁等豆科牧草为好，目前白三叶草最为优越，为果园生草的主导草种。另外，还有黑麦草、百脉根、百喜草、草木樨、毛苕子、扁茎黄芪、小冠花、鸭绒草、早熟禾、羊胡子草、野燕麦等。

④种植管理。播种：播前应细致整地，清除园内杂草，每 666.7 m² 撒施磷肥 50 kg，翻耕土壤，深度 20 ~ 25 cm，翻后整平地面，灌水补墒。为减少杂草的干扰，最好在播种前半月灌水一次，诱发杂草种子萌发出土，除去杂草后再播种。

播种时间春、夏、秋季均可，多为春、秋季。春播一般在 3 月中下旬至 4 月，气温稳定在

15℃以上时进行；秋季播种一般从 8 月中旬开始，到 9 月中旬结束，最好在雨后或灌溉后趁墒进行。春播后，草坪可在 7 月果园草荒发生前形成；秋播可避开果园野生杂草的影响，减少剔除杂草的繁重劳动。就果园生草草种的特性而言，白三叶草、多年生黑麦草春季或秋季均可播种，放牧型苜蓿春季、夏季或秋季均可播种，百喜草只能在春季播种。

草种用量，白三叶草、紫花苜蓿、田菁等 0.5 ~ 1.5 kg/666.7 m²，黑麦草 2.0 ~ 3.0 kg/666.7 m²。可根据土壤墒情适当调整用种量，一般土壤墒情好播种量宜小，土壤墒情差播种量宜大些。

一般情况下，生草带为 1.2 ~ 2.0 m，生草带的边缘应根据树冠的大小在 60 ~ 200 cm 范围内变动。播种方式有条播和撒播。条播时，开 0.5 ~ 1.5 cm 深的沟，将过筛细土与种子以（2 ~ 3）∶1 的比例混合均匀，撒入沟内，然后覆土。遇土壤板结时及时划锄破土，以利出苗，7 ~ 10 天即可出苗。行距以 15 ~ 30 cm 为宜，土质好、土壤肥沃，又有水浇条件，行距可适当放宽；土壤瘠薄，行距要适当缩小。同时播种宜浅不宜深。撒播时，将地整好，把种子拌入一定的沙土撒在地表，然后用耱耱一遍覆土即可。

试验示范表明，撒播白三叶草种子不易播匀，果园土壤墒情不易控制，出苗不整齐，苗期清除杂草困难，管理难度大，缺苗断垄现象严重，对成坪不利；条播可适当覆草保湿，也可适当补墒，有利于种子萌芽和幼苗生长，极易成坪。

幼苗期管理：出苗后应及时清除杂草，查苗补苗。生草初期应注意加强水肥管理，干旱时及时灌水补墒，并可结合灌水补施少量氮肥。白三叶草属豆科植物，自身有固氮能力，但苗期根瘤尚未生成，需补充少量氮肥，成坪后只需补充磷、钾肥。白三叶草苗期生长缓慢，抗旱性差，应保持土壤湿润，以利苗期生长。成坪后如遇长期干旱，也需适当浇水。灌水后应及时松土，清除野生杂草，尤其是恶性杂草。生草最初的几个月不能刈割，要待草根扎深，植株体高 30 cm 以上时才能开始刈割。春季播种的，进入雨季后灭除杂草是关键。对密度较大的狗尾草、马唐等禾本科杂草，可用 10.8% 盖草能乳油或 5% 禾草杀星乳油 500 ~ 700 倍液喷雾。

成坪后的管理：果园生草成坪后可保持 3 ~ 6 年，应适时刈割，既可以缓和春季和果树争肥水的矛盾，又可增加年内草的产量，增加土壤有机质的含量。一般每年割 2 ~ 4 次，灌溉条件好的果园，可以适当多割 1 次。割草的时间掌握在开花与初结果期，此期草内的营养物质含量最高。割草的高度，一般豆科草如白三叶草要留 1 ~ 2 个分支，禾本科草要留有心叶，一般留茬 5 ~ 10 cm。避免割得过重，使草失去再生能力。割草时不要一次割完，顺行留一部分草，为天敌保留部分生存环境。割下的草可覆盖于树盘上、就地撒开、开沟深埋或与土混合沤制成肥，也可作饲料还肥于园。整个生长季节果园植被应在 15 ~ 40 cm 交替生长。

全园生草的果园，刈割时较麻烦，且费工费力，可每 666.7 m² 喷洒克芜踪 20% 水剂 100 mL（600 ~ 1 000 倍液），代替刈割。克芜踪属触杀性除草剂，遇土钝化失效，无残留，耐雨水冲刷，用后半小时内无雨即可达到良好效果。

刈割之后均应补氮和灌水，结合果树施肥，每年春秋季施用以磷、钾肥为主的肥料。生长期内，叶面喷肥 3 ~ 4 次，并在干旱时适量灌水。生草成坪后，有很强的抑制杂草的能力，一般不再人工除草。

果园生草后，既为有益昆虫提供了场所，也为害虫提供了庇护场所。果园生草后地下害虫不同程度有所增加，应重视防治。

草的更新：利用多年后，草层老化，草群变稀，出现"自我衰退"现象，土壤表层板结，应及时采取更新措施。自繁能力较强的百脉根通过复壮草群进行更新，黑麦草一般在生草 4～5 年后及时耕翻，白三叶草耕翻在 5～7 年草群退化后进行，休闲 1～2 年，重新生草。

果园管理：果园生草后，应改大水漫灌为行间灌溉。播种前，在果树行间挖宽 0.5～1.0 m、深 20 cm 浅沟，以利于灌水，消除因种草而形成的水流慢、用水量大的缺点。有条件的果园可采用微喷或滴灌等节水灌溉。

生草果园应注意追肥，特别在春夏季节，草生长旺盛，需增加氮、磷、钾肥的用量。可撒施肥料，苗期以氮肥为主，成坪后以磷、钾肥为主。

⑤自然生草。自然生草是根据果园里自然长出的各种草，把有益的草保留，将有害草及时拔除，再通过自然竞争和刈割，最后选留几种适应当地自然条件的草种形成草坪。这是一种省时省力的生草法。

每年春季，保留果园杂草中的野燕麦草或当地其他适宜的草，其他深根性杂草、攀缘性杂草如扯皮草、蓬草、蒿草等全拔除。6 月下旬以前割除野燕麦草，培养当地果园最常见的一种名叫马唐的杂草。马唐草超过 40 cm 时，或刈割覆盖于树盘内，或用长棍将草压歪使之横向生长。为了防火，冬季可往草上压些土，使其自然腐烂，注意防治鼠害。

每 2～3 年施 1 次鸡粪，时间一般在春季萌芽前，每 666.7 m² 用 450 kg，并掺入磷酸二铵 10 kg、硫酸钾 15 kg。每 2～3 年施 1 次复合肥，每 666.7 m² 施 25 kg，与有机肥交替施用，施肥时期在春季萌芽前。

（3）果园生草应注意的问题

①草种选择问题。我国地域辽阔，不同地区气候、土壤条件差异很大，因此各地应针对自己的具体情况选择适宜的草种。一般来说，南方特别是红黄壤地区，夏秋高温干旱，应选择耐瘠薄、耐高温干旱、水土保持效应好、适于酸性土壤生长的草种，如百喜草、恋风草、黑麦草等。而北方果产区，冬季寒冷、干燥、土壤盐碱化，应选择耐寒、耐旱、耐盐碱的草种如苜蓿、结缕草等。可以两种或多种草混种，特别是豆科草和禾本科草混种。这样既能增强群体适应性、抗逆性，又能利用它们的互补特性。一般混种比例豆科占 60%～70%、禾本科占 30%～40% 较为适宜。

②养分、水分竞争问题。草种与果树争夺肥水是果园生草栽培存在的主要问题。一般草种生长旺，根密度大，在其旺长期，常因草的吸收降低土壤中多种有效养分含量。因此，除了选择根系浅、需肥少的草种外，在草的旺盛生长期还应适当补肥。生草栽培后，由于草的蒸腾耗水量大，在旱季会加剧土壤干旱。因此，为了避免生草与果树争夺水分的矛盾，应在干旱来临前及在果树肥水需求高峰期，及时割草覆盖或者及时施肥、灌水来缓解。

③杂草控制问题。果园生草普遍存在生草与杂草滋生的矛盾问题。因此，在不同地区不同果

树生产区应选择抗杂草能力强的草种，并注意及时清除杂草。特别是在草尚未有效覆盖地面之前，难免发生杂草，如果不辅助人工予以控制，就可能发生草荒而导致生草栽培的失败。一般覆盖性能好的草种在充分覆盖地面后，可以有效抑制杂草，即使其中有少量杂草，也无妨碍。在果树树盘范围内，需经常性地中耕除草、施用化学除草剂或进行覆草，以防止杂草危害。

④长期生草影响土壤理化性质问题。果园长期生草易造成土壤板结，通透性降低，好气性微生物活动受到抑制，土壤硝态氮含量减少。所以一般不采用全园生草，主要采用行间生草并经常割草，株间或树盘下覆盖，以提高树盘下土壤的通透性。也可通过全园深翻或生草更新来解决，生草 5 ~ 7 年后，施用除草剂灭草或者及时翻压，免耕 1 ~ 2 年后重新生草。

二、施肥管理

1. 梨树需肥特点

梨树所需的矿质元素主要有氮、磷、钾、钙、镁、硫、铁、锌、硼、铜、钼等。梨树是多年生的木本植物，树冠高大，枝叶繁茂，产量高，需肥量大。据测定，鸭梨每产 100 kg 果实，需 N 300 g、P_2O_5 150 g、K_2O 300 g。另外，根、枝、叶的生长、花芽分化以及土壤固定、淋失、挥发等，每 666.7 m^2 产梨 2 500 kg，应施 N 20 kg、P_2O_5 15 kg、K_2O 20 kg 左右。

梨树对钾、钙、镁需求量大，对钾的需要量与氮相当，对钙的需要量接近氮，对镁的需要量小于磷而大于其他元素。钾不足，酶的活性减弱，老叶叶缘及叶尖变黑而枯焦，降低光合能力，影响果实品质。钙不足，影响氮的新陈代谢和营养物质的运输，使根系生长不良，新梢嫩叶上形成褪绿斑，叶尖和叶缘向下卷曲，果实顶端黑腐。缺镁，老叶叶缘及叶脉间部分黄化，与叶脉周围的绿色成鲜明对比。钾在土壤中易淋洗流失，而酸性较大的红壤地又缺氮少钙，因此施肥时要注意增施钾肥和钙肥，生长期要喷施镁肥。

梨树树体内前一年贮存营养的多少直接影响梨树树体当年的营养状况，包括萌芽开花的一致性、坐果率的高低及果实的生长发育。当年贮存营养物质的多少又直接影响梨树下一年的生长和开花结果，管理不当极易形成大小年。

不同树龄的梨树对养分需求的特性、需肥规律不同。梨树幼树需要的主要养分是氮和磷，特别是磷素，其对植物根系的生长发育具有良好的作用。建立良好的根系结构是梨树树冠结构良好、健壮生长的前提。成年树对营养的需求主要是氮和钾，特别是由于果实采收带走了大量的氮、钾和磷等营养元素，若不能及时补充，将严重影响梨树来年的生长及产量。

确定合理的施肥量，要从树龄、土壤状况、立地条件以及肥料种类和利用率等方面来考虑，做到既不过剩，又能充分满足果树对各种营养元素的需要。叶分析是一种确定果树施肥量的比较科学的方法，当叶分析发现某种营养成分处于缺乏状态时，就要根据缺乏程度及时进行补充。另外，还可以根据树体的需要量减去土壤的供应量，然后再考虑不同肥料的吸收利用率来确定施肥量。计算公式为：

理论施肥量 ＝（树体需要量 − 土壤供给量）/ 肥料利用率

2. 梨树需肥规律

梨树在一年的生长发育过程中，主要需肥时期为萌芽生长和开花坐果、幼果生长发育和花芽分化、果实膨大和成熟三个主要时期。在这三个时期中，应根据不同器官生长发育，按需肥特点，及时供给必要的营养元素和微量元素。

（1）萌芽生长和开花坐果期：春季萌芽生长和开花坐果几乎同时进行，由于多种器官的建造和生长，消耗树体养分较多。通常，前一年树体内养分贮存充足时，翌年春季萌芽整齐，生长势较强，花朵较大，坐果率较高，对果实继续发育和改善品质都有重要影响。如果前一年结果过多，病虫危害或秋季未施肥，则应于萌芽前后补施以氮为主的速效肥料，并配合灌水，以利于肥料溶解和吸收，供给生长和结果需要，促进新梢生长、开花坐果和为花芽分化创造有利条件。

（2）幼果生长发育和花芽分化期：坐果以后，果实迅速生长发育，北方此时在5月上旬至6月上旬，此时发育枝仍在继续生长，同时果实细胞数量增加，枝叶生长处于高峰，需要大量营养物质供应。否则，果实生长受阻而变小，枝叶生长减弱或被迫停止。这一时期树体养分来源是树体原有养分和当年春季叶片本身制造的养分，共同供给幼果生长发育的需要。因此，前一年采果后尽早秋施有机肥，配合混施速效性氮肥和磷肥，对翌年春季营养生长、开花坐果和幼果生长发育是很有必要的。此时，梨树已进入花芽分化期，施肥有利于花芽形成。

（3）果实膨大和成熟期：该时期为8月至9月中旬。由于果实细胞膨大，内含物和水分不断填充，果实体积明显增大，淀粉水解转化为糖和蛋白质分解成氨基酸的速度加快，糖酸比明显增加，同时叶片同化产物源源不断送至果实，果实品质和风味不断提高，是改善和增进果实品质的关键时期。此期如果施氮过多或降水、灌水过多，均可降低果实品质和风味。调查表明，后期控制氮施用量，果实中可溶性固形物含量有较大幅度提高。叶是果实中糖和酸的重要来源，叶面积不足或叶片受损，均可降低果实中糖酸含量和糖酸比而影响果实风味。提早采果不仅影响果实大小和重量，而且对果实中可溶性固形物和含糖量也有明显影响。为获得优质果实和丰产，应特别注意果实膨大期到成熟期前控制过量施氮和灌水，保护好叶片和避免过早采收。

3. 肥料种类与科学施用

在梨果生产过程中，肥料的施用是必需的，以保证和增加土壤有机质的含量。但无论施用何种肥料，均不能对果品造成污染，以便生产出安全、优质、营养的果品。为了确保梨果的质量，需要对生产用肥料进行安全管理。

（1）有机肥：常用的有机肥主要指农家肥，含有大量动植物残体、排泄物、生物废物等，如堆肥、绿肥、秸秆、饼肥、泥肥、沤肥、厩肥、沼肥等。施用有机肥料不仅能为农作物提供全面的营养，而且肥效期长，可增加或更新土壤有机质，促进微生物繁殖，改善土壤的理化性状和生物活性，是梨果安全生产主要养分的来源。

（2）微生物肥：指用特定微生物菌种培养生产的具有活性有机物的制剂。该肥料无毒、无害、无污染，通过特定微生物的生命活力，增加植物的营养和植物生长激素，促进植物生长。土壤中的有机质以及施用的厩肥、人粪尿、秸秆、绿肥等，很多营养成分在分解之前作物是不能吸收利用的，要通过微生物分解变成可溶性物质才能被作物吸收利用。如根瘤菌能直接利用空气中的氮气合成氮肥，为植物生长提供氮素营养。微生物肥料的使用要严格按照使用说明的要求操作，有效活菌的数量应符合 NY227-1994 中的规定。

（3）腐殖酸类肥：指泥炭、褐煤、风化煤等含有腐殖酸类物质的肥料，能促进梨树生长发育、增加产量、改善品质。

（4）复混肥：由有机物和无机物混合或化合制成的肥料，包括经无害化处理后得到的畜禽粪便加入适量的锌、锰、硼、铝等微量元素制成的肥料和以发酵工业废液干燥物质为原料，配合种植蘑菇或养禽用的废弃混合物制成的干燥复合肥料。按所含氮、磷、钾有效养分不同，可分为二元、三元复合肥料。

（5）无机肥：包括矿物钾肥和硫酸钾、矿物磷肥、煅烧磷酸盐、石灰石，限在酸性土壤中施用。增施有机肥和化肥有利于果树高产和稳产，尤其是磷、钾肥与有机肥混合施用可以提高肥效。

（6）叶面肥：喷施于植物叶片并能被其吸收利用的肥料，可含有少量天然的植物生长调节剂，但不含有化学合成的植物生长调节剂。叶面肥料要求腐殖酸含量大于或等于 8%，微量元素大于或等于 6%，杂质镉、砷、铅的含量分别不超过 0.01%、0.02% 和 0.02%。按使用说明稀释，在果树生长期内喷施 2 ~ 3 次或更多次。

（7）其他肥料：如锯末、刨花、木材废弃物等组成的肥料，不含防腐剂的鱼渣、牛羊毛废料、骨粉、氨基酸残渣、家禽家畜加工废料、糖厂废料等有机物料制成的肥料，主要有不含合成添加剂的食品、纺织工业的有机副产品等。

4. 增施有机肥

有机质含量多少是判断土壤肥力的重要标志，也是果树生长良好的重要条件。梨树平衡施肥技术中有机肥是基础，有机肥不仅含有梨树生长所需的各种营养元素，而且还可改良土壤结构，增加土壤的养分缓冲能力和保水能力，改善土壤通透性。目前，我国果园的有机质含量一般只有 1% ~ 2%，多数果树应以 3% ~ 5% 为宜。增加和保持土壤有机质含量的方法是：翻压绿肥，增施厩肥、堆肥、土杂肥和作物加工废料，地面覆盖等。

有机肥应在采收后及时施用，此时是秋根生长高峰，能使伤根早愈合，并促发大量新的吸收根。同时秋叶光合作用比较强，能增加树体贮存营养水平，提高花芽质量和枝芽充实度，从而提高抗寒力，对来年萌芽、展叶、开花、坐果及幼果生长十分有利。秋施有机肥，经过冬春腐熟分解，肥效能在翌年春天养分最紧张的时期（4—5 月营养临界期）得到最好的发挥。冬施或春施，肥料来不及分解，等到雨季后才能分解利用，反而造成秋梢旺长争夺大量养分，中短枝养分不足，成花少，营养贮存水平低，不充实，易受冻害。施肥量，一般 3 ~ 4 年生树每 666.7 m² 施有机肥 1 500 kg 以上，5 ~ 6 年生树每 666.7 m² 施 2 000 kg。施有机肥的同时，可掺入适量的磷肥或优质果树专用肥。盛果期按果肥比 1∶（2 ~ 3）的比例施。

5. 追肥

（1）土壤追肥：土壤追肥又称根际追肥，是在施有机肥的基础上进行的分期供肥措施。农家肥属慢性肥，而梨树各种器官的生长高峰期集中，需肥多，供肥不及时，常会引起器官之间的养分争夺，影响展叶、开花、坐果等，所以应按梨树需肥规律及时追补，缓解矛盾。

花前追肥，一般在 3 月上中旬进行，目的是补充开花消耗的大量矿质营养，不致因开花而造成供肥不足，出现严重落花落果。施肥种类应以氮肥为主，初结果梨树（5 ~ 7 生，下同）每株视树冠大小，施尿素 0.15 ~ 0.2 kg，成年结果大树每株施尿素 0.5 ~ 0.8 kg，沟施穴施均可，及时灌水。如果年前秋施基肥充足，树体营养充足，此次花前追肥可以免施。

落花后施肥是指生理落果以后（即幼果停止脱落后）进行的追肥，目的是缓解树体营养生长和生殖生长的矛盾。追肥以氮肥为主，配以少量磷、钾肥。如果采用尿素、过磷酸钙、氯化钾肥，可采用 2∶2∶1 的比例。初结果梨树每株施用混合肥料 0.2 ~ 0.3 kg，成年结果大树每株施尿素 0.5 ~ 0.8 kg，施肥后灌水。

果实膨大期追肥，目的是促进果实正常生长，果实快速膨大。追肥时期为 7 月中下旬，施肥种类应以磷、钾肥为主，配以少量氮肥，因为果实膨大期需磷、钾肥数量明显增加。若采用尿素、过磷酸钙和氯化钾，其使用比例为 0.3∶1∶1.5。初结果梨树每株施用混合肥料 0.3 ~ 0.4 kg，个别结果较多的树，可以施用 0.5 kg。成年结果大树，每株可施 1.0 ~ 1.5 kg，最好分两次追施，追肥后灌水。

（2）根外追肥：根外追肥是把营养物质配成适宜浓度的溶液，喷到叶、枝、果面上，通过皮孔、气孔、皮层，直接被果树吸收利用。这种方法具有省工省肥、肥料利用率高、见效快、针对性强的特点，适合中、微量元素肥料及树体有缺素症的情况下使用。根外追肥仅是一种辅助补肥的办法，不能代替土壤施肥。

根外追肥浓度一般应控制在 0.2% ~ 2%。肥料混合时要注意溶液的浓度和酸碱度，一般情况下溶液 pH 在 7 左右利于叶部吸收。为了提高叶面肥的吸收效果，在配制叶面肥时，可在叶面肥中添加适量的活性剂。常用的活性剂有中性肥皂和质量较好的洗涤剂，一般活性剂的加入量为肥液量的 0.1%。叶面施肥最好选在风力不大的傍晚、阴天或晴天下午进行，这样可以延缓肥液蒸发。喷施叶面肥应做到雾滴细小、喷施均匀，尤其要注意多喷洒生长旺盛的上部叶片和叶片的背面，因为新叶比老叶、叶片背面比正面吸收养分的速度更快，吸收能力更强。

三、水分管理

水资源短缺已成为全球性问题，我国是水资源极度缺乏的国家之一，水资源缺乏已成为制约我国农业和农村经济社会发展的重要因素。我国果树栽培面积和产量均居世界首位，果树产业在农民增收和农村经济发展中起着越来越重要的作用。果树产业是我国目前农业种植结构调整的重要组成部分，年产值可达 2 500 多亿元。我国大部分果树是在干旱和半干旱地区栽培，为了实现果树丰产、优质、高效栽培目标，一方面要进行灌溉，另一方面则要注意节水。果树节水栽培主要从两个方面考虑，一方面应减少有限水资源的损失和浪费，另一方面要提高水分利用效率。而采用适当的灌溉技术和合理的灌溉方法，可显著提高水分的利用效率。

1. 节水灌溉的重要作用

（1）方便、准确、省工、高效：节水灌溉技术操作方便，省工省力。输水管道代替了原有农渠和田埂，既方便操作，又能扩大耕地面积，提高效率。根据作物生长规律，适时适量向作物根区供水施肥，做到缺什么补什么、缺多少补多少，实现精确施肥，灵活、准确。

（2）增产增收：喷灌、微喷灌等省工高效节水灌溉措施能够按果树的生长发育需要供水，对土壤结构破坏小，土壤团粒结构好，有利于土壤微生物活动，土壤中养料分解快，利于果树吸收。喷灌、微灌等还能改善田间小气候，夏季降温，冬季防冻。这些都利于树体生长发育，增加产量，提高质量。

在甘肃省张掖地区 8 年生苹果梨园进行滴灌试验表明，滴灌区苹果梨平均单果重 283.98 g，产量 44 137.5 kg/hm²，而沟灌区平均单果重 212.29 g，产量 37 950.0 kg/hm²，滴灌较沟灌单位面积增产 16.3%，利润增加 6 187.5 元 /hm²。同时滴灌可明显改善果实品质，果实匀称，果形端正，残次果率明显降低，提高了果品的商品率。

（3）提高水分利用率，节约用水：滴灌、喷灌等现代节水灌溉技术能提高水分的利用率，节约用水，尤其在干旱缺水地区效果更显著。

滴灌系统灌水时一般只湿润作物根部附近的部分土壤，灌水量小，不易产生地表径流和深层渗漏，省水率较高。宗福生在甘肃省张掖地区以 8 年生苹果梨为试材进行滴灌试验，滴灌试验区 1 年灌水量为 2 974.5 m³/hm²，而传统的沟灌区 1 年灌水量达 7 500.0 m³/hm²，滴灌较沟灌节约用水达 60.3%。就是说采用滴灌技术，以同样的水量，灌溉面积可扩大 1 倍以上。

2. 沟灌

沟灌是在作物行间挖灌水沟，水从输水沟进入灌水沟后，在流动的过程中主要借毛细管作用湿润土壤。沟灌不会破坏作物根部附近的土壤结构，不导致田面板结，能减少土壤蒸发损失。但是沟灌时，在重力的作用下垂向入渗过大，可能会产生深层渗漏而造成水的浪费。果园小沟节灌技术能增大水平侧渗及加快水流速度，比漫灌节水 65%，是省工高效的地面灌溉技术。

果园小沟节灌方法：起垄，在树干基部培土，并沿果树种植方向形成高 15 ~ 30 cm、上部宽40 ~ 50 cm、下部宽 100 ~ 120 cm 的"弓背形"土垄。一般每行树挖两条灌水沟（树行两边一边一条）。在垂直于树冠外缘的下方，向内 30 cm 处（幼树园距树干 50 ~ 80 cm，成龄大树园距树干 120 cm 左右），沿果树种植方向开挖灌水沟，并与配水道相垂直。灌水沟采用倒梯形断面结构，上口宽 30 ~ 40 cm，下口宽 20 ~ 30 cm，沟深 30 cm。沙壤土果园灌水沟最大长度 50 m，黏重土壤果园灌水沟最大长度 100 m。在果树需水关键期灌水，每次灌水至水沟灌满为止。

3. 喷灌

喷灌是利用专门的设备把水加压，并通过管道将有压水送到灌溉地段，通过喷洒器（喷头）喷射到空中散成细小的水滴，均匀地散布在田间进行灌溉的技术。

喷灌所用的设备包括动力机械、管道喷头、喷灌泵、喷灌机等。喷灌泵：喷灌用泵要求扬程较高，专用喷灌泵为自吸式离心泵。喷灌机：喷灌机是将喷头、输水管道、水泵、动力机、机架及移动部件按一定配套方式组合的一种灌水机械，目前喷灌机分定喷式（定点喷洒，逐点移动）、行喷式（边行走边喷洒）两大类，中小型农户宜采用轻小型喷灌机。管道：管道分为移动管道和固定管道，固定管道有塑料管、钢筋混凝土管、铸铁管和钢管，移动管道有软管、半软管、硬管三种。软管用完后可以卷起来移动或收藏，常用的软管有麻布水龙带、锦塑软管、维塑软管等。半软管放空后横断面基本保持圆形，也可以卷成盘状。常用半软管有胶管、高压聚乙烯软管等。常用硬管有薄壁铝合金管和镀锌薄壁钢管等。为了便于移动，每节管子不能太长，因此需要用接头连接。喷头：喷头是喷灌系统的主要部件，其功能是把压力水呈雾滴状喷向空中并均匀地洒在灌溉地上。喷头的种类很多，通常按工作压力大小分类。工作压力 200 ~ 500 千帕，射程 15.5 ~ 42.0 m 为中压喷头，其特点是喷灌强度适中，广泛用于果园、菜地和各类经济作物。

注意事项：喷灌要根据当地的自然、设备条件，能源供应，技术力量，用户经济负担能力等因素，因地制宜选用。水源的水量、流量、水位等应在灌溉设计保证率内，以满足灌区用水需要。根据土壤特性和地形因素，合理确定喷灌强度，使之等于或小于土壤渗透强度，强度太大会产生积水和径流；太小则喷水时间长，降低设备利用率。选用降水特性好的喷头，并根据地形、风向合理布置喷洒作业点，以提高均匀度。同时观测土壤水分和作物生长变化情况，适时适量灌水。

4. 滴灌

滴灌是滴水灌溉的简称，是将水加压，有压水通过输水管输送，并利用安装在末级管道（称为毛管）上的滴头将输水管内的有压水流消能，以水滴的形式一滴一滴地滴入土壤中。

滴灌对土壤冲击力较小，且只湿润作物根系附近的局部土壤。采用滴灌灌溉果树，其灌水所湿润土壤面积的湿润比只有 15% ~ 30%，因此比较省水。

滴灌系统主要由首部枢纽、管路和滴头三部分组成。首部枢纽：包括水泵（及动力机）、过滤器、控制与测量仪表等，其作用是抽水、调节供水压力与供水量、进行水的过滤等。管路：包括干管、支管、毛管以及必要的调节设备（如压力表、闸阀、流量调节器等），其作用是将加压水均匀地输送到滴头。滴头：安装在塑料毛管上或是与毛管成一体，形成滴灌带，其作用是使水流经过微小的孔道，形成能量损失，减小其压力，使其以点滴的方式滴入土壤中。滴头通常放在土壤表面，亦可以浅埋保护。

另外，有的滴灌系统还有肥料罐，装有浓缩营养液，用管子直接联结在控制首部的过滤器前面。

注意事项：①容易堵塞。一般情况下，滴头水流孔道直径 0.5 ~ 1.2 mm，极易被水中的各种固体物质堵塞。因此，滴灌系统对水质的要求极严，要求水中不含泥沙、杂质、藻类及化学沉淀物。

②限制根系发展。滴灌只部分湿润土体，而作物根系有向水向肥性，如果湿润土体太小或靠近地表，会影响根系向下扎和发展，导致作物倒伏，严寒地区可能产生冻害，此外抗旱能力也弱。这一问题可以通过合理设计和正确布设滴头加以解决。

③盐分积累。当在含盐量高的土壤上进行滴灌或是利用咸水滴灌时，盐分会积累在湿润区边缘。若遇到小雨，这些盐分可能会被冲到作物根区而引起盐害，这时应继续进行滴灌。在没有充分冲洗条件的地方或是秋季无充足降雨的地方，不要在高含盐量的土壤上进行滴灌或利用咸水滴灌。

四、梨缺素症及矫正方法

1. 缺氮素症状及矫正

一般当年生春梢成熟叶片含氮量低于 1.8% 为缺乏，含氮量 2.3% ~ 2.7% 为适量，大于 3.5% 为过剩。在大多数植物中，氮素不足表现特征为叶片变黄。初期生长速率显著减退，新梢延长受阻，结果量减少；叶绿素合成降低、类胡萝卜素出现，叶片呈现不同程度的黄色。氮可从老叶转移到幼叶，故缺氮症状首先表现在老叶上。梨树缺氮，早期表现为下部老叶褪色，新叶变小，新梢长势弱。缺氮严重时，全树叶片均不同程度褪色，多数呈淡绿至黄色，老叶发红，提前落叶；枝条老化，花芽形成减少且不充实；果实变小，果肉中石细胞增多，产量低，成熟期提早；落叶早，花芽、花及果均少，果亦小，但果实着色较好。

施肥时可采用土壤施肥或根外追肥。尿素作为氮素的补给源，普遍应用于叶面喷布，但应当注意选用缩二脲含量低的尿素，以免产生药害。具体方法：一是按每株每年 0.05 ~ 0.06 kg 纯氮，或按每百千克果 0.7 ~ 1.0 kg 纯氮的指标要求，于早春至花芽分化前，将尿素、碳酸氢铵等氮肥开沟施入地下 30 ~ 60 cm 处；二是在梨树生长季的 5—10 月用 0.3% ~ 0.5% 的尿素溶液结合喷药进行根外追肥，一般 3 ~ 5 次即可。

2. 缺磷素的症状及矫正

梨树早期缺磷无明显症状表现，中、后期缺磷，植株生长发育受阻、生长缓慢，抗性减弱，叶子变小、叶片稀疏、叶色呈暗黄褐至紫色、无光泽、早期落叶，新梢短。严重缺磷时，叶片边缘和叶尖焦枯，花、果和种子减少，开花期和成熟期延迟，果实产量低。磷在树体内的分布是不均匀的，根、茎的生长点中较多，幼叶比老叶多，果实和种子中含磷最多。当磷缺乏时，老叶中的磷可迅速转移到幼嫩的组织中，甚至嫩叶中的磷也可输送到果实中。过量施用磷肥，会引起树体缺锌。这是由于磷肥施用量增加，提高了树体对锌的需要量。喷施锌肥也有利于树体对磷的吸收。

常见的缺磷土壤：高度风化、有机质缺乏的土壤；碱性土或钙质土，磷与钙结合，磷的有效性降低；酸性过强，磷与铁和铝生成难溶性化合物等；土壤干旱缺水、长期低温，影响磷的扩散与吸收；氮肥施用过多而施磷不足，营养元素不平衡。梨树磷元素过剩一般很少见，主要是盲目增施磷肥或一次性施磷过多造成的。

磷素缺乏矫治的方法有地面撒施与叶面喷布磷肥。磷肥类型的选择取决于若干因子，如中性土、碱性土，常采用水溶性成分高的磷肥；酸性土壤适用的磷肥类型较广泛；厩肥中含有持久性较长的有效磷，可在各种季节施用。叶面喷施常用的磷肥类型有 0.1%～0.3% 的磷酸二氢钾、草木灰或过磷酸钙浸出液等。

3. 缺钾素的症状及矫正

梨树缺钾初期，老叶叶尖、边缘褪绿，形成层活动受阻，新梢纤细，枝条生长很差，抗性减弱；缺钾中期，下部成熟叶片由叶尖、叶缘逐渐向内焦枯，呈深棕色或黑色"灼伤状"，整片叶子形成杯状卷曲或皱缩，果实常不能正常成熟。缺钾严重时，所有成熟叶片叶缘焦枯，整个叶片干枯后不脱落，残留在枝条上。此时，枝条顶端仍能生长出部分新叶，发出的新叶边缘继续枯焦，直至整个植株死亡。

缺钾症状最先在成熟叶片上表现，幼龄叶片不表现症状。随着植株的生长，症状扩展到更多的成熟叶片。幼龄叶片发育成熟，也依次表现出缺钾症状。完全衰退的老叶，则表现出最明显的缺钾症状。

发生缺钾的土壤种类有：江河冲积物、浅海沉积物发育的轻沙土，丘陵山地新垦的红黄壤土，酸性石砾土、泥炭土、腐殖质土等。土壤干旱，钾的移动性差；土壤渍水，根系活力低，钾吸收受阻；树体连续负载过大，土壤钾素营养亏缺；土壤施入钙、镁元素过多，造成与钾拮抗等，均容易发生植株缺钾现象。

矫治土壤缺钾，通常可采用土壤施用钾肥的方法，氯化钾、硫酸钾是最普遍应用的钾肥，有机厩肥也是钾素很好的来源。根外喷布充足的含钾的盐溶液，也可达到较好的矫治效果。土壤施用钾肥，主要是在植株根系范围内提供足够的钾素，使之对植株直接有效。注意防止钾在黏重的土壤中被固定，或在砂质土壤中淋失所遭受的无谓损失。缺钾具体补救措施：在果实膨大及花芽分化期，沟施硫酸钾、氯化钾、草木灰等钾肥；生长季的 5～9 月，用 0.2%～0.3% 的磷酸二氢钾或 0.3%～0.5% 的硫酸钾溶液结合喷药根外追肥，一般 3～5 次即可。梨园行间覆盖作物秸秆、枝条粉碎还田，可有效促进钾素循环利用，缓解钾素的供需矛盾。控制氮肥过量施用，保持养分平衡；完善梨园排灌设施，南方多雨季节注意排涝、干旱地区及时灌水等，对防止梨园缺钾具有重要意义。

4. 缺镁症状及矫正

梨树缺镁初期，成熟叶片中脉两侧脉间失绿，失绿部分会由淡绿变为黄绿直至紫红色斑块，但叶脉、叶缘仍保持绿色。缺镁中后期，失绿部分出现不连续的串珠状，顶端新梢的叶片上也出现失绿斑点。严重缺镁时，叶片中部脉间发生区域坏死，坏死区域比苹果叶稍窄，但界限清楚。新梢基部叶片枯萎、脱落后，再向上部叶片扩展，最后只剩下顶端少量薄而淡绿的叶片。镁在树体内能够循环再利用，所以缺镁严重而落叶的植株仍能继续生长。

镁元素缺乏，常常发生在温暖湿润、高淋溶的砂质酸性土壤上，质地粗的河流冲积土，花岗岩、片麻岩、红色黏土发育的红黄壤，含钠量高的盐碱土及草甸碱土。偏施铵态氮肥、过量施用钾肥、大量使用石灰等，均容易出现缺镁现象。

矫治土壤缺镁，通常采用土壤施用或叶面喷施氯化镁、硫酸镁、硝酸镁的方法。土施每株 0.5 ~ 1.0 kg；叶面喷布 0.3% 的氯化镁、硫酸镁或硝酸镁溶液，每年 3 ~ 5 次。

5. 缺钼症状及矫正

缺钼首先从老叶或茎的中部叶片开始，幼叶及生长点出现症状较迟，最后可导致整株死亡。一般叶片出现黄色或橙黄色大小不一的斑点，叶缘向上卷曲呈杯状，叶肉脱落残缺或发育不全。缺钼与缺氮相似，但缺钼叶片易出现斑点，边缘发生焦枯，并向内卷曲，组织失水而萎蔫。

一般缺钼发生在酸性土壤上，淋溶强烈的酸性土锰浓度高，易引起缺钼。此外，过量施用生理酸性肥料，降低钼的有效性；磷不足、氮量过高、钙量低，也易引起缺钼。

矫治缺钼的有效方法是喷施 0.01% ~ 0.05% 的钼酸铵溶液，为防止新叶产生药害，一般在幼果期喷施。对缺钼严重的植株，可加大药的浓度和次数，可在 5 月、7 月、10 月各喷施一次浓度 0.1% ~ 0.2% 的钼酸铵溶液，叶色可恢复正常。对强酸性土壤梨园，可土施石灰矫治缺钼，通常施用钼酸铵 22 ~ 40 g/666.7 m²，与磷肥结合施用效果更好。

6. 缺钙症状及矫正

钙在树体中是一种不易流动的元素，因此老叶中的钙比幼叶多，而且叶片不缺钙时，果实可能表现缺钙。梨树缺钙早期，叶片和其他器官不表现外部症状，根系生长差，随后常出现根腐。缺钙初期，幼嫩部位先表现生长停滞、新叶难抽出，嫩叶叶尖、叶缘粘连扭曲、产生畸形。严重缺钙时，顶芽枯萎、叶片出现斑点或坏死斑块，枝条生长受阻，幼果表皮木栓化，成熟果实表面出现枯斑。

多数情况下，叶片并不显示出缺钙症状，而果实则表现缺钙，出现多种生理失调症，例如苦痘病、裂果、软木栓病、痘斑病、果肉坏死、心腐病、水心病等，特别是在高氮低钙的情况下发病更多。缺钙会降低果实贮存性能，如梨果贮存期的"虎皮病""鸡爪病"。

容易出现缺钙的土壤：酸性火成岩、硅质砂岩发育的土壤；高雨量区的沙质土，强酸性泥炭土；由蒙脱石风化的黏土；交换性钠、pH 高的盐碱土等。

过多施用生理酸性肥料，如氯化铵、氯化钾、硫酸铵、硫酸钾等，或在病虫害防治中经常使用硫磺粉，均会造成土壤酸化，促使土壤中可溶性钙流失；有机肥施用量少，或沙质土壤有机质缺乏，土壤吸附保存钙素的能力弱。上述情况下，梨树很容易发生缺钙现象。另外，干旱年份土壤水分不足、土壤盐分浓度大，根系对钙的吸收困难，也容易出现缺钙症状。

矫治酸性土壤缺钙，通常可施用石灰（氢氧化钙）。施用石灰不仅能矫正酸性土壤缺钙，而且可增加磷、钼的有效性，提高硝化作用效率，改良土壤结构。若主要问题仅是缺钙，则可施用石膏、硝酸钙、氯化钙，均可获得成功的效果。

梨树缺钙具体的矫治方法：可在落花后 4 ~ 6 周至采果前 3 周，于树冠喷布 0.3% ~ 0.5% 的硝酸钙液，15 天左右 1 次，连喷 3 次~ 4 次；果实采收后用 2% ~ 4% 的硝酸钙浸果，可预防贮存期间果肉变褐等生理性病害，增强耐贮性。

7. 缺硼症状及矫正

梨树缺硼时，首先表现在幼嫩组织上，叶片厚而脆、叶脉变红、叶缘微上卷，出现"簇叶"现象。严重缺硼时，叶尖出现干枯皱缩，春天萌芽不正常，发出纤细枝后随即干枯，顶芽附近呈簇叶多枝状；根尖坏死，根系伸展受阻；花粉发育不良，坐果率降低，幼果果皮木栓化，出现坏死斑并造成裂果；秋季新梢叶片未经霜冻即呈现紫红色。

缺硼植株果实出现"软心"或干斑，形成"缩果病"，有时果实有疙瘩并表现裂果，果肉干而硬、失水严重，石细胞增加，风味差，品质下降。经常在萼洼端石细胞增多，有时果面出现绿色凹陷，凹陷的皮下果肉有木栓化组织。果实经常未成熟即变黄，转色程度参差不齐。植株缺硼严重时出现树皮溃烂现象。

石灰质碱性土、强淋溶的沙质土，耕作层浅、质地粗的酸性土，是最常发生缺硼的土壤种类。天气干旱时，土壤水分亏缺，硼的移动性差、吸收受到限制，容易出现缺硼症状；氮肥过量施用，引起氮素和硼素比例失调，梨树缺硼加重。

矫治土壤缺硼常用土施硼砂、硼酸的方法，由于硼砂在冷水中溶解速度很慢，不宜供喷布使用。梨树缺硼，可用 0.1% ~ 0.5% 的硼酸溶液喷布，通常能获得较好的效果。

8. 缺锌症状及矫正

梨树缺锌表现为发芽晚，叶片变小变窄，叶质脆硬，呈浓淡不匀的黄绿色，并呈莲座状畸形。新梢节间极短，顶端簇生小叶，俗称"小叶病"。病枝发芽后很快停止生长，花果小而少，畸形。锌对叶绿素合成具有一定的作用，因此树体缺锌时，有时叶片也发生黄化。严重缺锌时，枝条枯死，产量下降。

发生缺锌的土壤种类主要是有机质含量低的贫瘠土和中性或偏碱性钙质土，前者有效锌含量低、供给不足，后者锌的有效性低。长期重施磷酸盐肥料的土壤，锌被固定而导致有效性降低；过量施用磷肥，造成梨树体内磷锌比失调，降低了锌在植株体内的活性，表现出缺锌；施用石灰的酸性土壤易出现缺锌症状；氮肥易加剧缺锌现象。

矫治缺锌可采用叶面喷布锌盐、土壤施用锌肥、树干注射含锌溶液及主枝或树干钉入镀锌铁钉等方法，均能取得不同程度的效果。梨园种植苜蓿，有减少或防止缺锌的趋势。根外喷布硫酸锌是矫治梨树缺锌最常用且行之有效的方法，生长季节叶面喷布 0.5% 的硫酸锌，休眠季节喷施 2.5% 的硫酸锌。土壤施用锌螯合物，成年梨树每株 0.5 kg，对矫治缺锌最为理想。

9. 缺铁症状及矫正

梨的缺铁症状和苹果相似，最先是嫩叶的整个叶脉间开始失绿，而主脉和侧脉仍保持绿色。缺铁严重时，叶片变成柠檬黄色，再逐渐变白，而且有褐色不规则的坏死斑点，最后叶片从边缘开始枯死。植株普遍表现缺铁症状时，枝条细，发育不良，并可能出现枯梢。梨比苹果更易因石灰过多而导致缺铁失绿。

植株缺铁初期，叶片轻度褪绿，此时很难与其他缺素褪绿区分开来；中期表现为叶脉间褪绿，叶脉仍为绿色，两者之间界限分明，这是诊断植株缺铁的典型症状；褪绿发展严重时，叶肉组织常因失去叶绿素而坏死，坏死范围大的叶片会脱落，有时会出现较多枝条全部落叶的情况。落叶后裸露的枝条可保持绿色达几周时间，如铁素供应增加，还会发出新叶，否则枝条就会枯死。枝条枯死可一直发展到一个主枝甚至整个植株。

经常发生缺铁的土壤类型是碱性土壤，尤其是石灰质土壤和滨海盐土；土壤有效锰、锌、铜含量过高，对铁的吸收有拮抗作用；重金属含量高的酸性土壤；土壤排水不良、湿度过大、温度过高或过低、存在真菌或线虫危害等，使石灰性土壤中游离碳酸钙溶解产生大量 HCO_3^-、或根系与微生物呼吸作用加强产生过多 CO_2 引起 HCO_3^- 积累，均可造成或加重梨树缺铁现象。磷肥施用过量会诱发缺铁症状主要有两方面原因，首先，土壤中存在的大量磷酸根离子可与铁结合形成难溶性磷酸铁盐，不利于植株根系吸收；其次，梨树吸收了过量的磷酸根离子后，与树体内的铁结合形成难溶性化合物，既阻碍了铁在体内的运输，又影响铁参与正常的生理代谢。

在生产中，通常采用改良土壤、挖根埋瓶、土施硫酸亚铁或叶面喷施螯合铁等方法防治缺铁黄化症，但多因效果不明显或成本过高，未能大面积推广。一些自流输液装置，常因输入速度较慢、二价铁易被氧化，矫治效果不明显，且操作不太方便，应用尚未普及。

在石灰质土壤中施用酸性肥料来矫治缺铁，肥料需要量太多、开支很大，不宜推广。土壤施用无机铁盐虽有一定的作用，但在碱性土壤中施入单一的铁盐，绝大多数很快会变成非常难溶性的，不能被植株吸收。土施螯合铁的成本很高，不同铁的螯合物在高 pH 的土壤中稳定性不同，乙二胺四乙酸铁适合在微酸性土壤上施用，石灰质土壤应当施用羟基苯乙酸铁。挖根埋入装有铁元素的营养液瓶，不仅费工，而且作用效果缓慢。叶面喷施铁素，铁进入叶片后只留在喷到溶液的点上，并很快被固定而不能移动，对喷布后生长的叶片无作用效果。

对砀山酥梨的试验表明，休眠期树干注射是防治缺铁黄化症的有效方法。先用电钻在梨树主干上钻 1～3 个小孔，用强力树干注射器按缺铁程度注入 0.05%～0.1% 的酸化硫酸亚铁溶液（pH 5.0～6.0）。注射完后把树干表面的残液擦拭干净，再用塑料条包裹钻孔。一般 6～7 年生树每株注入浓度为 0.1% 的硫酸亚铁 15 kg，树龄 30 年以上的大树注入 50 kg。注射之前应先做剂量试验，以防发生药害。

10. 缺硫症状及矫正

梨树缺硫时，幼嫩叶片首先褪绿和变黄，不易干枯，成熟叶片叶脉发黄、有时叶片呈淡紫红色；茎秆细弱、僵直；根细长而不分支；开花结果时间延长，果实减少。缺硫严重时，叶细小，叶片向上卷曲、变硬、易碎、提早脱落。

缺硫症状极易与缺氮症状混淆，二者开始失绿的部位表现不同。缺氮首先表现在老叶，老叶症状比新叶重，叶片容易干枯。而硫在植株中较难移动，因此缺硫在幼嫩部位先出现症状。

缺硫常见于质地粗糙的砂质土壤和有机质含量低的酸性土壤。降雨量大、淋溶强烈的梨园，有效硫含量低，容易表现硫素缺乏。此外，远离城市、工矿区的边远地区，雨水中含硫量少；天气寒冷、潮湿，土壤中硫的有效性降低；长期不用或少用有机肥、含硫肥料和农药，均可能出现缺硫症状。

缺少硫则蛋白质形成受阻，而非蛋白质态氮却有所积累，因而影响体内蛋白质的含量，最终影响作物的产量。当作物缺硫时，即使其他养分供给充足，增产的潜能也不能充分发挥。当梨树发生缺硫时，每公顷可用 30 ~ 60 kg 硫酸铵、硫酸钾或硫磺粉进行矫治；叶面喷肥可用 0.3% 硫酸锌、硫酸锰或硫酸铜，5 ~ 7 天喷一次、连续喷 2 ~ 3 次即可。

11. 缺锰症状及矫正

梨树缺锰初期，新叶首先表现失绿，叶缘、脉间出现界限不明显的黄色斑点，但叶脉仍为绿色，且多为暗绿色，失绿往往由叶缘开始发生。缺锰后期，树冠叶片症状表现普遍，新梢生长量减小，影响植株生长和结果。严重缺锰时，根尖坏死，叶片失绿部位常出现杂色斑点、变为灰色，甚至苍白色，叶片变薄脱落，枝梢光秃、枯死，甚至整株死亡。

耕作层浅、质地较粗的山地石砾土，淋溶强烈，有效锰供应不足，容易发生缺锰；石灰性土壤由于 pH 高，降低了锰元素的有效性，常出现缺锰症。大量施用铵态氮肥、酸性或生理酸性肥料，引起土壤酸化，使土壤水溶性锰含量剧烈增加，发生锰过剩症。一般锰元素过剩发生在 pH 5.0 ~ 5.5 的土壤。如果土壤渍水，还原性锰增加，也容易诱发锰过剩症。

梨树出现缺锰症状时，可在树冠喷布 0.2% ~ 0.3% 硫酸锰，15 天喷一次，共喷 3 次左右。土壤施锰，应在土壤内含锰量极少的情况下施用，可将硫酸锰混合在有机肥中撒施。土壤施石灰或氨态氮，都会减少锰的吸收量，可以以此来矫正锰元素过剩症状。

第六节 花果管理

梨树落花比较严重，落花一般在开花后 10 天内发生，主要是授粉受精不良。梨树多数品种没有自花结果能力，必须有适宜的授粉品种为其授粉才能结果。当授粉品种不适宜、授粉树数量不足，或花期气候异常而影响授粉昆虫的活动时，不能很好地授粉受精，从而引起落花。树体营养不良、花芽瘦弱和晚霜冻花也是落花的原因之一。防止落花的主要措施是满足授粉受精条件，如选择适宜的授粉品种、配置足够的授粉树、成龄园改接授粉品种、花期放蜂、人工授粉等。

落果一般在开花后 30 ~ 40 天发生，主要是树体营养不良引起的。梨树开花坐果期是消耗营养最多的时期。旺树营养物质主要供应树体生长，弱树本身营养不足，因而树体生长过旺或过弱都会造成营养不良而引起落果。此外，天气干旱、病虫害等也会引起落果。防止落果的主要措施是增加树体营养贮备，减少萌芽、开花、坐果和新梢生长的养分消耗，早施基肥，及时追肥，合理负载。另外，梨树也有采前落果现象，主要原因是品种特性、病虫危害、负载量过大，或者树势过旺过弱、大风等。生产中要注意适当留果、分期采收、加强防护等。

一、辅助授粉

1. 人工授粉

人工授粉是指通过人为的方式，把授粉品种的花粉传递到主栽品种花的柱头上，其中最有效、最可靠的方法是人工点授。人工授粉不仅可以提高坐果率，而且可使果实发育良好，果个大而整齐，从而提高产量与品质。因此，在有足够授粉树的情况下，仍然要大力推行人工授粉。

（1）采花：在主栽品种开花前2～3天，选择适宜的授粉品种，采集含苞待放的铃铛花。此时花药已经成熟，发芽率高，花瓣尚未张开，操作方便，出粉量大。采集的花朵放在干净的小篮中，也可用布兜盛装，带回室内取粉。花朵要随采随用，勿久放，以防止花药僵干，花粉失去活力。另外，采花时注意不要影响授粉树的产量，可按照疏花的要求进行。

采集花朵时要根据授粉面积和授粉品种的花朵出粉率确定适宜的采花量。梨树不同品种的花朵出粉率有很大差别，研究测定了19个梨品种的鲜花出粉率，其中雪花梨出粉量最大，每100朵鲜花可出干花粉0.845 g（带干的花药壳），晚三吉最低，100朵鲜花仅出干花粉0.36 g，尚不足雪花梨的一半。按出粉量的多少进行排列，出粉多的品种有雪花梨、黄县长把梨、博山池梨、金花梨、明月梨等，出粉量少的品种有巴梨、黄花、晚三吉、伏茄等，而杭青、栖霞大香水、砀山酥梨、槎子梨、香花梨、锦丰、早酥、苍溪梨、鸭梨等出粉量居中。总之，白梨系统的品种花朵出粉率较高，新疆梨、秋子梨和杂种梨品种花朵出粉率较低，而沙梨系统的品种居中。

（2）取粉：鲜花采回后立即取花药。在桌面上铺一张光滑的纸，两手各拿一朵花，花心相对，轻轻揉搓，使花药脱落，接在纸上，然后去除花瓣和花丝等杂物，准备取粉。也可利用打花机将花擦碎，再筛出花药，一般每千克梨树鲜花可采鲜花药130～150 g，干燥后出带花药壳的干花粉30～40 g。生产经验表明，15 g带花药壳的干花粉（或5 g纯花粉）可供生产3 000 kg梨果的花朵授粉。

取粉方法有三种，一种是阴干取粉，也叫晾粉。将鲜花药均匀地摊在光滑干净的纸上，在通风良好、室温20～25℃、湿度50%～70%的房间内阴干，避免阳光直射，每天翻动2～3次，一般经过1～2天花药即可自行开裂，散出黄色的花粉。

另一种方法是火炕增温取粉。在火炕上面铺上厚纸板等，然后放上光滑洁净的纸，将花药均匀摊在上面，并放上一支温度计，保持温度在20～25℃，一般24 h左右即可散粉。

第三种方法是温箱取粉。找一个纸箱或木箱，在箱底铺一张光洁的纸，摊上花粉，放上温度计，上方悬挂一个60～100 W的灯泡，调整灯泡高度，使箱底温度保持在20～25℃，一般经24 h左右即可散出花粉。

干燥好的花粉连同花药壳一起收集在干燥的玻璃瓶中，放在阴凉干燥处备用。当取粉量很大时，也可以筛去花药壳，只留花粉，以便保存。保存于干燥容器内，并在2～8℃的低温黑暗环境中。

（3）授粉：梨花开放当天授粉坐果率最高，因此要在有25%的花开放时抓紧时间开始授粉。试验证明，八核胚囊于花朵开放时才成熟，开放6～7 h后柱头出现黏液，并可保持30 h左右。因此，开花当天或次日授粉效果最好，花朵坐果率在80%～90%；4～5天后授粉，坐果率为30%～50%；而开花以后6天再授粉，坐果率不足15%。授粉要在上午9时至下午4时之间进行，上午9时之前露水未干，不宜授粉。另据林真二研究，授粉后2 h，部分花粉管进入花柱，降雨不影响授粉效果。但在2 h内降雨，不仅流失部分花（20%～50%），还会使花粉粒破裂，丧失发芽力。因此，应重新授粉。同时要注意分期授粉，一般整个花期授粉2～3次效果比较好。

①点授。用旧报纸卷成铅笔粗细的硬纸棒，一端磨细成削好的铅笔样，用来蘸取花粉。也可以用毛笔或橡皮头蘸取花粉。花粉装在干燥洁净的玻璃小瓶内，授粉时将蘸有花粉的纸棒向初开的花心轻轻一点即可。一次蘸粉可以点授3～5朵花。一般每个花序授1～2朵边花，优选粗壮的短果枝花授粉。剩余的花粉如果结块，可带回室内晾干散开再用。人工点授可以使坐果率达到90%以上，并且果实大小均匀，品质好。

②花粉袋撒粉。将花粉与50倍的滑石粉或者地瓜面混合均匀，装在两层纱布做成的袋中，绑在长竿上，在树冠上方轻轻振动，使花粉均匀落下。

③液体授粉。将花粉过筛，筛去花药壳等杂物，然后按每1 kg水加花粉2.0～2.5 g、糖50 g、硼砂1 g、尿素3 g的比例配制成花粉悬浮液，用超低量喷雾器对花心喷雾。注意花粉悬浮液要随配随用，在1～2 h内喷完。喷雾授粉的坐果率可达到60%以上，如果与0.002%赤霉素混合喷雾效果更好。喷布时期以全树有50%～60%花朵刚开花时为宜，结果大树每株喷150～250 g即可。

为保持花粉良好的生活力，制粉过程中要注意防止高温伤害，避免阳光直射，干好的花粉要放在阴凉干燥处保存。天气不良时，要突击点授，加大授粉量和授粉次数，以提高授粉效果。

2. 果园放蜂

果园花期放蜂，可以大大提高授粉功效，同时避免人工授粉对时间掌握不准、对树梢及内膛操作不便等弊端，是一种省时、省力、经济、高效的授粉方法。

（1）蜜蜂传粉：果园放蜜蜂要在开花前2～3天将蜂箱放入果园，使蜜蜂熟悉果园环境。一般每箱蜂可以满足1 hm²果园授粉。蜂箱要放在果园中心地带，使蜂群均匀地散飞在果园中。

（2）壁蜂传粉：花期壁蜂传粉，授粉能力是普通蜜蜂的70～80倍，每公顷果园仅需900～1 200头即可满足需要。角额壁蜂可显著改善果树授粉受精的条件，从而大幅度提高果树坐果率、产量和品质。

角额壁蜂的放养方法：将内径5～7 mm的芦苇用壁纸刀削成一端留茎节的16～17 cm的巢管或用硬纸质的报纸卷成纸筒，一头用纸包住，堵死，开口端苇管或纸管用广告色按1∶3∶3∶3的比例染成红、绿、黄、白4种颜色，然后每50支扎成1捆，放入30 cm×15 cm×20 cm的砖体蜂巢或纸箱内，每箱放7捆。蜂巢或纸箱距地表30 cm，箱口向西南方向，箱上搭防雨棚。果园内每隔40 m建一蜂巢或纸箱。箱的支架上每隔1天刷一遍废机油，防止蚂蚁等爬到箱上。为了供壁蜂筑巢用泥，在箱前2～3 m处人工造一个穴。为减少水分渗漏，在穴四周铺一层塑料布，上面放湿泥，每晚加1次水。在鸭梨花开前3～4天，从冰箱内取出蜂茧放入纸箱内，每箱放蜂茧350个。

5月10日左右取回管巢，用纱布包起吊在通风清洁的房间内贮存。为保证壁蜂活动期与梨花期一致，在12月底将蜂茧从巢管中取出，放入罐头瓶中，再放入冰箱冷藏室内，以备用。

果园放蜂要注意花前及花期不要喷农药，以免引起蜜蜂中毒，造成损失。

3. 提高坐果率

梨树适宜的坐果数量是梨树获得丰产稳产的首要条件。坐果率的高低与树体长势、花期授粉情况以及环境条件有密切关系。不同的果园、不同的年份，引起落花落果的原因不同，必须具体分析，针对主要原因采取相应的措施。

（1）加强梨园综合管理：提高树体贮备营养水平，改善花器官的发育状况，调节花、果与新梢生长的关系，是提高坐果率的根本途径。梨树花量大、花期集中，萌芽、展叶、开花、坐果需要消耗大量贮备的营养。生产中应重视后期管理，早施基肥；保护叶片，延长叶片功能；改善树体光照条件，促进光合作用，从而提高树体营养贮备水平。同时通过修剪去除密挤、细弱枝条，控制花芽数量，集中营养，保证供应，以满足果实生长发育及花芽分化的需要。

（2）及时灌水：萌芽前及时灌水，并追施速效氮肥，补充前期对氮素的消耗。

（3）合理配置授粉树：建园时，授粉品种与主栽品种比例一般为1∶4～5；而成龄梨园授粉树数量不足时，可以采用高接换头的方法改换授粉品种。花期采用人工授粉、果园放蜂等措施，均可显著提高坐果率。

（4）花期喷布微肥或植物生长调节剂：30%左右的梨花开放时，喷布0.3%的硼砂可有效促进花粉粒萌发；喷1%～2%的糖水可引诱蜜蜂等昆虫，提高授粉效率；喷布0.3%的尿素可以提高树体的光合效能，增加养分供应。另外，花期喷布0.002%的赤霉素或100～200倍食醋，对提高莱阳茌梨坐果率有较好的效果。

二、疏花疏果

梨树开花坐果期是消耗营养最多的时期，从节省营养的角度看，疏花疏果的时间越早，效果越好，所以疏果不如疏花，疏花不如疏芽。合理疏花疏果，可以节省大量养分，使树体负载合理，维持健壮树势，提高果品质量，防止大小年结果，保证丰产、稳产。

1. 疏芽

修剪时疏除部分花芽，调整结果枝与营养枝的比例在1∶3.5左右，每个果实占有15～20片叶片比较适宜。

2. 疏花

疏花时间要尽量提前，一般在花序分离期即开始进行，至开花前完成。按照确定的负载量选留花序，多余花序全部疏除。疏花时要先上后下、先内后外，先去掉弱枝花、腋花及梢头花，多留短枝花。待开花时，再按每个花序保留2～3朵发育良好的边花，疏除其他花朵。经常遭受晚霜危害的地区，要在晚霜过后再疏花。

3. 疏果

疏果也是越早越好，一般在花后 10 天开始，20 天内完成。一般品种每个花序保留 1 个果，花少的年份或旺树旺枝可以适当留双果，疏除多余幼果。树势过弱时适当早疏少留，过旺树适当晚疏多留。

如果前期疏花疏果留果量过大，到后期明显看出负载过量时，要进行后期疏果。后期疏果虽然比早疏果效果差，但相对不疏果来讲，不仅不会降低产量，相反能够提高产量与品质，增加效益。

另外，留果量是否合适，要看采收时果实的平均单果重与本品种应有的标准单果重是否一致。如果二者接近，说明留果量比较适宜；如果平均单果重明显小于标准单果重，则表明留果量偏大，翌年要适当减少；相反，翌年要加大留果量。

4. 合理负载

适宜的留果量，既要保证当年产量，又不能影响下一年的花量；既要充分发挥生产潜力，又能使树体有一定的营养贮备。因此，留花留果的标准应根据品种、树龄、管理水平及品质要求来确定。

（1）根据干截面积确定留花留果量：树体的负载能力与树干粗度密切相关。树干越粗，表明地上、地下物质交换量越多，可承担的产量也越高。山东农业大学研究表明，梨树每平方厘米干截面积负担 4 个梨果，不仅能够实现丰产稳产，并能够保持树体健壮。按干截面积确定梨树适宜留花、留果量的公式为 $Y = 4 \times 0.08C^2 \times A$。其中，Y 指单株合理留花、果数量（个）；C 指树干距地面 20 cm 处的干周（cm）；A 为保险系数，以花定果时取 1.20，即多保留 20% 的花量，疏果时取 1.05，即多保留 5% 的幼果。使用时，只要量出距地面 20 cm 处的干周，代入公式即可计算出该单株适宜的留花、留果个数。如某株梨树干周为 40 cm，其合理的留花量为 $4 \times 0.08 \times 40^2 \times 1.20 = 614.4 \approx 614$（个），合理留果量为 $4 \times 0.08 \times 40^2 \times 1.05 = 537.6 \approx 538$（个）。

（2）依主枝截面积确定留花留果量：依主干截面积确定留花留果量，在幼树上容易做到。但在成龄大树上，总负载量如何在各主枝上均衡分配难以掌握。因此，可以根据大枝或结果枝组的枝轴粗度确定负载量。计算公式与上述相同。

（3）"间距法"疏花疏果：果实之间彼此间隔的距离大小确定留花留果量，是一种经验方法，应用比较方便。一般中型果品种如'鸭梨''香水梨''黄县长把梨'等品种的留果间距为 20～25 cm，大型果品种间距适当加大，小型果品种可略小。

三、果实套袋

梨果实套袋能够显著提高果实外观质量，预防或防治病虫害，降低果实农药残留量，生产绿色果品，提高梨果商品价值，从而增加果农收入。

1. 梨果套袋的作用

（1）果面光洁、果实美观：果实在袋内微域环境生长发育，大大减少了叶绿素的生成，改变了果面颜色，增加了美感，提高了商品价值。青皮梨如我国的大部分品种、日本的'二十世纪''新世纪'等套袋果呈现浅黄色或浅黄绿色，贮后金黄色，色泽淡雅；褐皮梨如'丰水''幸水''新高'等可由黑褐色转为浅褐色或红褐色；红皮梨如'红香酥''八月红'以及红色西洋梨呈现鲜红色。

梨幼果期套上纸袋后，果实长期保护在袋内生长，避免了风、雨、强光、农药、灰尘等对果面的刺激，减少了果面枝叶磨斑、煤污斑、药斑，因此套袋果果面光滑洁净。套袋后延缓和抑制了果点、锈斑的形成，果点小、少、浅，基本无锈斑生成，同时蜡质层分布均匀，果皮细腻有光泽。对于外观品质差、果点大而密的茌梨品种群、锦丰梨效果尤为明显。

梨果套袋栽培是一项高度集约化、规范化的生产技术，套袋前必须保证授粉受精良好，严格疏花疏果，合理负载，疏除梢头果、残次果以及多余幼果，按负载量留好果套袋。因此，管理水平高的梨园，套袋果基本都能长成优质商品果，次果极少。

（2）减轻病虫害发生，降低农药残留：套袋对病虫害发生具有双重影响，一方面，纸袋通过物理隔绝和化学防除作用极大地减轻一般性果实病虫害，如裂果、轮纹病、黑星病、黑斑病、炭疽病以及梨食心虫类、蛀果蛾、吸果夜蛾、梨虎、蝽象、鸟类、金龟子、蜂等果实虫害，防虫果实袋还具有防治梨黄粉虫、康氏粉蚧等入袋害虫的作用。套在袋内的果实由于不直接与农药接触，加之喷药次数减少，果实农药残留量较不套袋果大大降低。另一方面，纸袋提供的微域环境加重具有喜温、趋湿、喜阴习性的害虫及某些病害的发生，容易发生的虫害主要有黄粉虫、康氏粉蚧、梨木虱及象甲类害虫等，容易发生的病害可分生理性、病菌性、物理性三大类。生理性病害有缺钙症和缺硼症，发生率比不套袋果园高出1倍多；病菌性病害形成果面黑点（斑）甚至腐烂；物理性病害有日烧、蜡害等，发生程度决定于果袋质量和天气状况。

梨裂果通常发生于果实生长发育后期，表皮层细胞分生能力减弱，果实内部生长应力增大而果皮不能适应这种应力导致果皮开裂，发生裂果。套袋能显著预防或减轻梨裂果现象，据刘建福等研究，南方地区早酥梨套袋后裂果率为7.50%，而不套袋果裂果率高达63.41%，且套袋后裂口长度短、深度浅，裂果指数小。分析认为，套袋防止裂果的主要原因是袋内相对稳定的微域环境，防止或减轻了果皮所受的不良环境条件刺激，同时套袋果实内钾元素含量显著增加，有助于调节细胞水分，从而防止裂果。

黑点病多由病原菌侵染引起，高温高湿是主要的致病因素，透气性好的纸袋发病轻。徐劭等研究表明，'鸭梨'黑点病主要由细交链孢菌（*Alternaria tenuis* Nees）和粉红单端孢菌（*Trichotheciurm roseurn* Link）真菌侵染所致。除病原菌外，梨木虱、黄粉虫、黑星病、黑斑病危害以及药害等也可造成黑点（斑）。套袋后，纸袋内温度高于外界20.3%~50.7%，高温干旱引起果实异常高温，超过果实自身温度调节限度或内袋蜡化，导致日灼和蜡害。通透性不良的纸袋袋内高温高湿，果皮蜡质层和角质层被破坏，皮层裸露木栓化，形成浅褐色至深褐色的水锈。

套在纸袋内的果实由于不直接接触农药，加之打药次数减少，果实农药残留量极低，完全能达到生产无公害果品的要求。据测定，不套袋果农药残留量可达 0.23 mg/kg，而套袋果仅为0.045 mg/kg。

（3）增强果实耐贮性：果皮结构对果实贮存性能有重要影响。果实散失水分主要通过皮孔和角质层裂缝，而角质层则是气体交换的主要通道。角质层过厚，果实气体交换不良，二氧化碳、乙醛、乙醇等积累而发生褐变；过薄则果实代谢旺盛，抗病性下降。张华云等认为，具封闭型皮孔的梨品种贮存过程中失重率较低，而具开放型皮孔的梨失重率较高，且失重率与皮孔覆盖值呈极显著正相关，过厚的角质层和过小的胞间隙率可能是'莱阳茌梨'和'鸭梨'果心易褐变的内在因素之一。套袋后皮孔覆盖值降低，角质层分布均匀一致，果实不易失水、褐变，果实硬度增加，淀粉比率高，贮存过程中呼吸后熟缓慢，同时套袋减少了病虫侵染，贮存病害也相应减少，显著提高了果实的贮存性能。

果实套袋后避免了侵入果实和果实表面的病菌、虫卵，大大减轻了轮纹病、黑星病、黑斑病等贮存期病害的发生。梨果可带袋采收，这样就减少了机械伤，同时由于果面洁净，带入箱内、库内的杂菌数量也相应减少，这也是贮存期病害少的原因之一。有试验表明，套袋鸭梨果实在入库后急剧降温的情况下前期黑心病的发病概率明显低于不套袋果。另外，套袋果失水少，不皱皮，淀粉比率高，呼吸后熟缓慢，因此成为气调冷藏的首选果实。

某些梨品种如莱阳茌梨、鸭梨等在低温贮存过程中易发生果心和果肉组织褐变，大量研究表明这与果实中的简单酚类物质含量有关，在 PPO 的催化下酚类物质氧化为醌，醌可以通过聚合作用产生有色物质，从而引起组织褐变。套袋后果实简单酚类物质及 PPO 含量均下降，从而减轻了贮存过程中的组织褐变现象。张玉星等报道套袋后鸭梨果皮和果肉脂氧合酶活性显著降低，并认为这可能是套袋鸭梨较耐贮存的原因之一。但是，黄新忠等在黄花梨、杭青梨和新世纪梨上的套袋试验表明，套袋果果皮受机械伤及果实切开后果肉、果心极易发生褐变现象。

（4）套袋对果实食用品质的影响：梨果套袋虽然显著改善了果实外观品质和贮存性能，但不利于果实中碳水化合物的积累，表现为果实中可溶性固形物、可溶性糖、维生素 C 和酯类物质下降，高密度袋、遮光性越强的纸袋下降幅度越大，但鸭梨烷类和醇类物质含量增加，可滴定酸含量也有增加的趋势。套袋后降低了果皮叶绿素的含量，而果皮叶绿素光合作用制造的光合产物可直接贮存在果实中。辛贺明等观察到，鸭梨套袋后果实温度增高，诱导了 POD 活性的提高，导致果实呼吸强度升高，果实中光合产物作为呼吸底物被消耗，同时套袋降低了己糖己酶活性，抑制了果实早期淀粉的积累，并认为这可能是套袋后果实碳水化合物降低的原因之一。另外，套袋后果皮变薄，果肉石细胞含量减少，果肉更加细脆，可食部分增加等，也有利于食用品质的提高。

（5）预防鸟害和机械伤害：梨果套袋可避免果实造成意外的伤害，如减轻冰雹伤害，预防由于违规操作喷洒农药而造成的药害；有利于果实分期分批采收，还可防止鸟类、大金龟子、大蜂等危害果实；减轻日灼病的危害。

2. 梨果实套袋机理

梨果实套袋，果面光洁，果点变小，颜色变浅，锈斑几乎不发生。梨果果点和锈斑的形成与果实酚类物质的代谢密切相关，套袋后袋内光线强度显著降低，而且避免了外界不良环境条件对果皮的直接刺激，显著降低了酚类物质代谢的关键酶—多酚氧化酶和过氧化物酶的活性，从而抑制和延缓了果点和锈斑的形成。另外，套袋对果皮颜色也有显著影响。果皮中叶绿素的合成必须有光照条件，套袋遮光后叶绿素合成大大减少，果实呈现浅黄绿色。对于红皮梨品种而言，由于叶绿素减少而改变了红色色素的显色背景，有利于红色的显现，套袋果显得鲜艳美观。另外，由于袋内小环境的改善，套袋果果皮发育均匀和缓，果皮结构均匀一致，无大的裂隙，气孔完好，贮存过程中失水减少，也有利于果实代谢过程中产生的有害气体及时排出，增强了果实的耐贮性能。套袋后袋内环境与外界环境相比最明显的是光线变弱，因此果袋的透光率和透光光谱对果实品质影响最大，是关系套袋质量的最重要指标。纸袋的遮光性越强，套袋果果皮色泽越浅，果点和锈斑越浅、小、少，即套袋效果越显著。

套袋对梨果碳水化合物的积累产生不利的影响，根据纸袋的质量不同，可溶性固形物含量一般下降 0.5% ~ 1.0%，其下降的原因可能与多种因素有关。与果皮本身的光合作用有关；套袋后果实所受逆境减弱，果实积累的糖分下降；套袋可能抑制了光合产物向果实内的运输。

3. 果袋种类

（1）果袋的构造：梨果实袋由袋口、袋切口、捆扎丝、丝口、袋体、袋底、通气放水口等七部分构成。袋切口位于袋口单面中间部位，宽 4 cm，深 1 cm，便于撑开纸袋，由此处套入果柄，利于套袋操作，便于使果实位于袋体中央部位。捆扎丝为长 2.5 ~ 3.0 cm 的细铁丝，用来捆扎袋口，能大大提高套袋效率。捆扎丝有横丝和竖丝两种，大部分梨袋为竖丝。通气放水口的大小一般为 0.5 ~ 1.0 cm，它的作用是使袋内空气与外界连通，以避免袋内空气温度过高和湿度过大，对果实尤其是幼果生长发育造成不利影响。另外，若袋口捆扎不严而雨水或药水进入袋内，可以由通气放水口流出。如果袋内温度高、湿度大，没有通气孔，果实下半部浸泡在雨水或药水中，非但不能达到套袋改善果实外观品质的效果，还会加重果点与锈斑的发生，影响果面蜡质的生成，甚至果皮开裂、果肉腐烂。

（2）果袋的标准：纸质是决定果袋质量的重要因素之一，商品果袋的用纸应为全木浆纸，而不是草浆纸，因为木浆纸机械强度比草浆纸大得多，经风吹、日晒、雨淋后不发脆、不变形、不破损。为防治果实病害和入袋害虫，果袋用纸需经过物理、化学方法涂布杀虫、杀菌剂（特定杀虫、杀菌剂配方经定量涂布），在一定温度条件下产生短期雾化作用，抑制病、虫源进入袋内侵染果实或杀死进入袋内的病、虫源。套袋后对果实质量影响最大的是果袋的透光光谱和透光率，由纸袋用纸的颜色和层数决定。另外，果袋用纸还影响袋内温、湿度状况。用纸透隙度好、外表面颜色浅、反射光较多的果袋袋内湿度小，温度不致过高或升温过快，减少对前期果实生长和发育的不良影响。为有效增强果袋的抗雨水能力和减小袋内湿度，外袋和内袋均需用石蜡或防水胶处理。

商品袋是具有一定耐候性、透隙度及干湿强度、一定的透光光谱和透光率及特定涂药配方的定型产品，具有遮光、防水、透气作用，袋内湿度不致过高，温度较为稳定，且具有防虫、杀菌作用。果实在袋内生长，且受到保护，避光、透气、防水、防虫、防病，大大提高了果实的商品价值。

（3）果袋的种类：梨果袋的种类很多，按照果袋的层数可分为单层、双层两种。单层袋只有一层原纸，重量轻，能有效防止风刮折断果柄，透光性相对较强，一般用于果皮颜色较浅、果点稀少且浅、不需着色的品种；双层纸袋有两层原纸，分内袋和外袋，遮光性能相对较强，用于果皮颜色较深以及红皮梨品种，防病的效果好于单层袋。按照果袋的大小，有大袋和小袋之分。大袋规格为宽 140 ~ 170 mm、长 170 ~ 200 mm，套袋后一直到果实采收；小袋亦称为"防锈袋"，规格一般为 60 mm×90 mm 或 90 mm×120 mm，套袋时期比大袋早，坐果后即可进行套袋，可有效防止果点和锈斑的发生。当幼果体积增大，而小袋容不下时即可解除（带捆扎丝小袋）。带糨糊的小袋不必除袋，可随果实膨大自行撑破纸袋而脱落。小袋一般情况下用防水胶黏合，套袋效率高。生产中也有小袋与大袋结合用的，先套一次小袋，然后再套大袋至果实采收。

按照捆扎丝的位置，果袋可分为横丝和竖丝两种；按涂布的杀虫、杀菌剂不同，可分为防虫袋、杀菌袋及防虫杀菌袋三类。按袋口形状又可分为平口、凹形口及 V 形口几种，以套袋时便于捆扎、固定为原则。按套袋果实分类，可分为青皮梨果袋和赤梨果袋等。其他还有针对不同品种的果袋以及着色袋、保洁袋、防鸟袋等。

4. 套袋前的管理措施

早春梨树发芽前后是病虫开始活动的时期，而且梨园套袋后给喷药工作带来诸多不便，因此套袋前的病虫害防治等管理工作是关键。此期重点要加强对梨木虱、梨蚜、红蜘蛛等的防治。

（1）加强栽培管理：合理土肥水管理，养成丰产、稳产、中庸健壮的树势，增强树的体抗病性，合理整形修剪使梨园通风透光良好，进行疏花疏果、合理负载是套袋梨园的工作基础。

（2）喷药：为防止把危害果实的病虫害如轮纹病、黑星病、黄粉虫、康氏粉蚧套入袋内增加防治的难度，套袋前必须严格喷一遍杀虫、杀菌剂，这对于防治套袋后的果实病虫害十分关键。

用药种类主要针对危害果实的病虫害，同时注意选用不易产生药害的高效杀虫、杀菌剂，忌用油剂、乳剂和标有"F"的复合剂农药，慎用或不用波尔多液、无机硫剂、三唑福美类、硫酸锌、尿素及黄腐酸盐类等对果皮刺激性较强的农药及化肥。高效杀菌剂可选用单体 50% 甲基托布津 800 倍液、单体 70% 甲基托布津 800 倍液、10% 宝丽安 1 500 倍液、1.5% 多抗霉素 400 倍液、喷克 800 倍液、甲基托布津 + 大生 M-45、多菌灵 + 乙膦铝、甲基托布津 + 多抗霉素等药剂，杀虫剂可选用菊酯类农药。为减少打药次数和梨园用工，杀虫剂和杀菌剂宜混合喷施，如 70% 甲基托布津 800 倍液 + 灭多威 1 000 倍液或 12.5% 烯唑醇可湿性粉剂 2 500 倍液 + 25% 溴氰菊酯乳油 3 000 倍液。

套袋前重点喷洒果面，但喷头不要离果面太近，否则压力过大易造成锈斑或发生药害，药液喷成细雾状，均匀散布在果实上，应喷至水洗状。喷药后，待药液干燥即可进行套袋，严禁药液未干进行套袋，否则会产生药害。喷一次药可套袋 2 ~ 3 天。

5. 果袋的选择

目前生产中纸袋种类繁多，梨品种资源丰富，各栽培区气候条件千差万别，栽培技术水平各异。因此，纸袋种类的选择直接影响到套袋的效果和套袋后的经济效益，应根据不同品种、不同气候条件、不同套袋目的及经济条件等选择适宜的纸袋种类。对于一个新袋种的出现，应该先做试验，确定没有问题后再推广。

世界梨属资源异常丰富，栽培梨就有白梨、砂梨、西洋梨、秋子梨、新疆梨五大系统。因此，梨的皮色十分丰富，主要有绿色、褐色、红色三种，其中绿色又有黄绿色、绿黄色、翠绿色、浅绿色等；褐色有深褐色、绿褐色、黄褐色；红色有鲜红色、暗红色等。对于外观不甚美观的褐皮梨而言，套袋显得尤其重要。除皮色外，梨各栽培品种果点和锈斑的发生也不一样，如茌梨品种群果点大而密，颜色深，果面粗糙，西洋梨则果点小而稀，颜色浅，果面较为光滑。因此，以鸭梨为代表的不需着色的绿色品种以单层袋为宜，如石家庄果树研究所研制的 A 型和 B 型梨防虫单层袋效果较好。但应用于不同品种和地区应先试用再推广，如雪花梨在夏季高温多雨、果园湿度大的地区套袋易生水锈，茌梨和日本梨的某些品种也易发生水锈。对于果点大而密的茌梨、锦丰梨，宜选用遮光性强的纸袋。对日本梨品种而言，新水、丰水梨宜用涂布石蜡的牛皮纸单层袋，幸水宜用内层为绿色、外层为外白里黑的纸袋，新兴、新高、晚三吉等宜用内层为红色的双层袋。对于易感轮纹病的西洋梨，宜选用双层袋，比单层袋能更好地起到防治轮纹病的效果。需要着色的西洋梨及其他红皮梨选用内袋为红色的双层袋。

6. 套袋时期与方法

梨果皮的颜色和粗细与果点和锈斑的发育密切相关。果点主要是由幼果期的气孔发育而来的，幼果茸毛脱落部位也形成果点。梨幼果跟叶片一样存在气孔，能随环境条件（内部的和外部的）的变化而开闭。随幼果的发育，气孔的保卫细胞破裂形成孔洞，与此同时，孔洞内的细胞迅速分裂形成大量薄壁细胞填充孔洞，填充细胞逐渐木栓化并突出果面，形成外观上可见的果点。气孔皮孔化的时间一般从花后 10 ~ 15 天开始，最长可达 80 ~ 100 天，花后 10 ~ 15 天后的幼果期最为集中。因此，要想抑制果点发展获得外观美丽的果实，套袋时期应早一些，一般从落花后 10 ~ 20 天开始套袋，在 10 天左右时间内套完。如果落花后 25 ~ 30 天才套袋保护果实，此时气孔大部分已木栓化变褐，形成果点，达不到套袋的预期效果。但如果套袋过早，纸袋的遮光性过强，则幼果角质层、表皮层发育不良，果实光泽度降低，果个变小，果实发育后期果个增长过快会造成表皮龟裂，形成变褐木栓层。

梨的品种不同，套袋时期也有差异。果点大而密、颜色深的锦丰梨、茌梨落花后 1 周即可进行套袋，落花后 15 天套完；为有效防止果实轮纹病的发生，西洋梨套袋也应尽早进行，一般落花后 15 天进行套袋；南果梨、库尔勒香梨、早酥梨等果点小、颜色淡的品种套袋时期可晚一些。

锈斑的发生是由于外部不良环境条件刺激造成表皮细胞老化坏死或内部生理原因造成表皮与果肉增大不一致而致表皮破损，表皮下的薄壁细胞经过细胞壁加厚和木栓化后，在角质、蜡质及表皮层破裂处露出果面形成锈斑。锈斑也可从果点部位及幼果茸毛脱落部位开始发生。幼果期表皮细胞对外界强光、强风、雨、药液等不良刺激敏感，所以为防止果面锈斑的发生，应尽早套袋。套袋时期越长，锈斑面积越小，颜色越浅。因此，适宜的套袋时期对外观品质的改善至关重要，套袋时期越早，套袋期越长，套袋果果面越洁净美观。据研究，套袋期 110 天以上、80 天和 60 天的果点指数平均为 0.18、0.23 和 0.475，分别相当于对照的 20.2%、25.8% 和 53.4%；果色指数平均为 0.20、0.27 和 0.515，分别相当于对照的 22.6%、30.5% 和 58.2%。

7. 套袋操作方法

在严格疏花疏果的基础上，喷药后即可进行套袋。在套袋的同时，进一步选果，选择果形端正的下垂果，这样的果易长成大果，而且由于有叶片遮挡阳光，可避免日烧的发生。选好果后小心地除去附着在蒂部的花瓣、萼片及其他附着物，因为这些附着物长期附着会引起果实附着部位湿度过大形成水锈。套袋前 3~5 天将整捆纸袋用单层报纸包好埋入湿土中湿润袋体，也可喷少许水于袋口处，以利于套袋操作和扎严袋口。

（1）大袋套袋方法：为提高套袋效率，操作者可在胸前挂一围袋，使果袋伸手可及。取一叠果袋，袋口朝向手臂一端，有袋切口的一面朝向左手掌，用无名指和小指按住，使拇指、食指和中指能够自由活动。用右手拇指和食指捏住袋口一端，横向取下一枚果袋，捻开袋口，一手托袋底，另一只手伸进袋内撑开袋体，捏一下袋底两角，使两底角的通气放水口张开，并使整个袋体鼓起。一手执果柄，一手执果袋，从下往上把果实套入袋内，果柄置于袋口中间切口处，使果实位于袋内中部。从袋口中间果柄处向两侧纵向折叠，把袋口叠折到果柄处，于丝口上方撕开，将捆扎丝反转 90°，沿袋口旋转一周于果柄上方 2/3 处扎紧袋口；然后托打一下袋底中部，使袋底两个通气放水口张开，果袋处于直立下垂状态。

（2）小袋套袋方法：套小袋在落花后 1 周即可进行，落花后 15 天内必须套完，使幼果安全度过果点和果锈发生敏感期，待果实膨大后小袋自行脱落或解除。由于套袋时间短，果实可利用果皮叶绿素进行光合作用积累碳水化合物，因此套小袋的果实比套大袋的果实含糖量降低幅度小，同时套袋效率高、节省套袋费用，缺点是果皮不如套大袋的细嫩、光滑。梨套袋用的小袋分带浆糊小袋和带捆扎丝小袋两种，后者套袋方法基本与大袋相同，下面仅介绍带糨糊小袋的套袋方法。

①取一叠果袋，袋口向下，把带糨糊的一面朝向左手掌，用中指、无名指和小指握紧纸袋，使拇指和食指能自由活动。

②取下一个纸袋的方法。用右手拇指和食指握在袋的中央稍向下的部分，横向取下一枚。

③袋口的开法。拇指和食指滑动，袋口即开，把果梗由带糨糊部位的一侧，将果实纳入袋中。

④糨糊的粘法。用左手压住果柄，再用右手拇指和食指把带糨糊的部分捏紧向右滑动，贴牢。

（3）注意事项：小袋使用的是特殊黏着剂，雨天、有露水存在、高温（36℃以上）或干燥时黏着力低。小袋的保存应放在冷暗处密封，防止落上灰尘。风大的地区易被刮落，应用带捆扎丝的小袋。

梨果套袋最好全园、全树套袋，便于套袋后集中统一管理。

套袋时应注意确保幼果处于袋内中上部，不与袋壁接触，防止蝽象刺果、磨伤、日烧以及药水、病菌、虫体分泌物通过袋壁污染果面。套袋过程中应十分小心，不要碰触幼果，造成人为"虎皮果"；用力不要过大，防止折伤果柄、拉伤果柄基部或捆扎丝扎得太紧影响果实生长或过松导致风刮果实脱落。袋口不要扎成喇叭口形状，以防积存雨水；要扎严扎紧，以不损伤果柄为度，防止雨水、药液流入袋内或病、虫进入袋内。

套袋时应先树上后树下，先内膛后外围，防止套上纸袋后又碰落果实。

参考文献

曹慧莲．秋月梨管理关键技术［J］．果农之友，2019，12：11-12.

陈新平．梨新品种及栽培新技术［M］．郑州：中原农民出版社，2010.

冯月秀，李从玺．梨树栽培新技术［M］．杨凌：西北农林科技大学出版社，2005.

刘振岩，李震三．山东果树［M］．上海：上海科学技术出版社，2000.

吕波，郭超峰．A级绿色食品：梨标准化生产田间操作手册［M］．北京：化学工业出版社，2011.

孟凡武．梨无公害标准化生产实用栽培技术［M］．北京：中国农业科学技术出版社，2011.

冉昆，林涵，魏树伟，等．梨园水平网架构建与配套栽培技术［J］．落叶果树，2019，51（4）：42-44.

孙士宗，王志刚．无公害农产品高效生产技术丛书——梨［M］．北京：中国农业大学出版社，2008.

王国平，马宝焜，史光瑚，等．中华人民共和国农业行业标准NY/T328-1997，苹果无病毒苗木繁育规程.

王少敏，王传增，魏树伟，等．T/SDAS81-2019，梨细长纺锤形整形修剪技术规程.

王少敏，魏树伟，王宏伟，等．T/SDAS41-2018，梨纺锤形整形修剪技术规程.

王文辉，王国平，田路明，等．新中国果树科学研究70年——梨［J］．果树学报，2019，36（10）：1273-1282.

杨建．梨标准化生产技术［M］．北京：金盾出版社，2007.

张绍玲．图解梨优质安全生产技术要领［M］．北京：中国农业出版社，2022.

张绍铃，吴俊，周建涛，等．江苏省地方标准，DB32/T 843-2005，梨无病毒苗木繁育技术规程.

张绍铃．梨学［M］．北京：中国农业出版社，2013.

第八章

梨园病虫鸟害防控

梨产业已成为促进农民增收、推动区域经济发展、助推乡村振兴的支柱产业，然而不少果农在短期利益的驱使下，为寻求梨产量提高，生产管理中忽视病虫害实际发生情况，盲目、过度使用化学农药，长期不合理用药使部分病虫害抗药性不断增强，果园生态恶化，防治效果下降。同时，梨生产成本不断攀升，更严重的是对梨质量安全和生态环境安全均造成了一定的威胁。因此，准确掌握目前梨生产中病虫害实际发生情况及生产中化学农药使用情况，可为梨农药减使增效技术的设计和具体实施提供依据、对梨产业可持续健康发展具有重要的指导意义。

国内外关于鸟类造成危害的报道不少，多集中于鸟类对果园、谷物、蔬菜、林业、渔业、电力、航空、通信、卫生健康及传播疫病等领域的研究。随着人类社会快速发展及人口剧增带来的一系列环境问题，鸟类与人类的冲突也越来越严重，在农林牧副渔业中鸟类危害程度凸显，在一些地方造成破坏、减产、疫病传播、粪便污染与建筑物腐蚀等问题，严重时还会造成电网瘫痪、飞机空难、城市噪音和建筑物损坏等。

随着人们保护环境、爱鸟意识的增强，以及国家对鸟类保护法的推广普及和对猎枪等器械的限制使用，鸟的种类、种群数目急剧增加，但迅速增加的鸟类也对农业生产造成严重的危害。尤其是大面积规模化的果树栽培，为鸟类提供了各种新鲜果品，使它们的数量逐年上升。在很多地方，成熟期的果实被啄，造成大量果品失去商品价值，损失严重，引起了大家高度关注。各种驱鸟措施，如防鸟网、驱鸟器、驱鸟剂等应运而生，但效果一直不太理想。

第一节　梨园综合防治技术

果树病虫害防控要积极贯彻"预防为主，综合防治"的植保方针，以农业和物理防治为基础，提倡生物防治，按照病虫害的发生规律和经济阈值，科学使用化学防治技术，有效控制病虫危害。改善田间生态系统，创造适宜果树生长而不利于病虫害发生的环境条件，达到生产安全、优质、绿色果品的目的，对农业增产、环境保护以及保证农产品质量安全都具有重要意义。

果树病虫害综合防治方法包括植物检疫、农业措施防治、物理防治、生物防治、化学防治等措施；同时结合病虫测报，增强防治病虫害的预见性和计划性，进一步掌握有害生物的动态规律，因地制宜制订最合理的综合防治方案，提高防治工作的经济效益、生态效益和社会效益。

根据预测预报的具体目的，可分为：①发生期预测。预测病虫害的发生和危害时间，以便确定防治适期。在发生期预测中常将病虫害出现的时间分为始见期、始盛期、高峰期、盛末期和终见期。②发生量预测。预测害虫在某一时期内单位面积的发生数量，以便根据防治指标决定是否需要防治，以及需要防治的范围和面积。③分布预测。预测病虫害可能的分布区域或发生的面积，对迁飞性害虫和流行性病害还包括预测其蔓延扩散的方向和范围。④危害程度预测。在发生期预测和发生量预测的基础上结合果树的品种布局和生长发育特性，尤其是感病、感虫品种的种植比重和易受病虫危害的生育期与病虫害盛发期的吻合程度，同时结合气象资料的分析，预测其发生的轻重及危害程度。

一、植物检疫

随着全球经济一体化步伐的加快，进出口贸易活动的增多，我国外来林业有害生物入侵呈加剧态势，严重威胁着我国的林业生产及国家生态安全。我国地域广阔、气候多样，涉及的外来入侵物种种类多样、蔓延面积广泛，造成的危害也极其严重。据不完全统计，目前侵入我国的外来林木有害生物种类已有20多种，年均发生面积达130万 hm^2，外来有害生物对我国林业每年造成的经济损失达560亿元，占我国林木有害生物灾害总经济损失的70%以上。曼陀罗、牛膝菊、圆叶牵牛、飞机草等入侵植物对果树的生长造成严重影响。

为及时有效地防范和应对巧发性和暴发性重大林业有害生物灾害，最大限度减少损失。我国坚持"预防为主，科学防控，依法治理，促进健康"的基本防治方针，完善基础设施建设，加强检疫监测，提升应对重大林业有害生物灾害的防控能力，保护森林资源和国土生态安全，促进人与自然和谐相处和经济社会全面协调可持续发展。防止外来林木有害生物传入，采取以下措施，在一定程度上遏止了外来有害生物传入风险。

1. 建立了法规体系

自中华人民共和国成立以来，我国高度重视植物检疫工作，为了防止危害植物的危险性病虫杂草及其他有害生物由国外传入或由国内传出，以及在国内传播蔓延，保护农林业生产安全、生态环境，保障对内对外贸易中植物性产品正常流通，国家和地方制定了相关具有强制力的法律、法规。《中华人民共和国宪法》是我国的根本大法，具有最高的法律效力，其中第26条规定："国家组织和鼓励植树造林，保护林木"，成为制定有关森林植物检疫法律规范的主要依据。《中华人民共和国进出境动植物俭疫法》于1991年10月30日由第七届全国人民代表大会常务委员会第二十二次会议通过，1992年4月1日起施行。

2. 建立了技术保障体系

检验检疫部口建立了以重点实验室－区域实验室－常规实验室为主的技术保障体系，推广应用远程鉴定系统等，提高有害生物鉴定速度和准确性。

3. 建立了预警机制和应急预案

国家市场监督管理总局于2001年9月颁布了《出入境检验检疫风险预警及快速反应管理规定》，加强对以各种方式出入境（包括过境）的货物、物品的检验检疫风险预警及快速反应管理。为了有效防范和应对外来林业有害生物灾害，最大限度减少损失，保障国土与生态安全，国家林业局发布了《重大外来林业有害生物灾害应急预案》。

4. 建立了林木害虫监测体系

林木害虫监测是弥补现场查验手段不足，研究外来有害生物传入、定殖机制的重要手段，同时也是切实做好重大疫情应急处置、控制和减轻外来林木害虫危害的基础性工作。国家市场监督管理总局高度重视外来有害生物监测工作，针对近年来木材和木质包装等产品贸易量持续攀升、涉及口岸众多的现状，组织编写了《口岸林木害虫监测指南》，部署开展外来林木害虫监测，结合进境木材类别（主要指针叶林及阔叶林）和口岸地理特点，在进境木材口岸及周边区域、进口木材加工厂及周边区域开展口岸林木害虫监测工作，以进一步降低外来林木有害生物传入传出风险，有效保护我国林业生产及生态安全。

二、农业防治

农业防治是利用先进农业栽培管理措施，有目的地改变某些环境因子，使其有利于果树生长，不利于病虫害发生危害，从而避免或减少病虫害的发生，达到保障果树健壮生长的目的。其很多措施是预防性的，是病虫害防治的基础，可大大降低病虫基数，减少化学农药的使用次数，有利于保护利用天敌。国外有害生物的防治首先选择农业防治措施，为减少农药的使用量，传统的人工防治法又被重视，如通过剪除枯死芽防治梨黑星病。通过实施农业防治措施，收到"不施农药，胜施农药"的效果。

1. 选抗逆性强的品种和无病毒苗木

选育和利用抗病、抗虫品种是果树病虫害综合防治的重要途径之一。抗病、抗虫品种不仅有显著的抗、耐病虫的能力，而且还有优质、丰产及其他优良性状。各国十分重视抗病育种与抗病材料的利用，日本通过γ射线照射产生突变育成的'金二十世纪'品种高抗梨黑斑病，一年的喷药次数与普通'金二十世纪'相比，大约减少一半。

梨树是多年生植物，被病毒感染后，将终生带毒，树势减弱、坐果率下降，盛果年数缩短，导致果实产量和品质降低。此外，病毒侵染还可使植株对干旱、霜冻或真菌病害变得更加敏感。生产中在保证优质的基础上，尽量选用抗逆性强的品种和无病毒苗木，这样植株生长势强、树体健壮、抗病虫害能力强，可以减少病虫害防治的用药次数，为无公害梨生产创造条件。

2. 加强栽培管理

病虫害防治与品种布局、管理制度有关，切忌多品种、不同树龄混合栽植，不同品种、树龄病虫害发生种类和发生时期不尽相同，对病虫害的抗性也有差异，不利于统一防治。要选择幼苗良种在适宜的季节进行种植，及时做好土壤改善工作，增加土壤的肥力和苗木的抗病性、抗逆性。在春冬季节及时进行松土施肥，也可以在此过程中撒适量的石灰粉，松土的深度保持在 20 cm 左右即可，具体施肥量则要根据果树的实际情况确定。对于丘陵或者是其他有坡度的种植地区，要提前进行起垄建坝，再进行起垄露砧等栽培管理工作。而对于处于平坝、低洼区域的果园则要做好开沟工作，也就是果树行间挖掘排水沟以及四角的排水沟，保证雨水能够及时排出。加强肥水管理、合理负载、疏花疏果可提高果树抗虫抗病能力，采用适当修剪技术可以改善果园通风条件，减轻病虫害的发生。果实套袋可以把果实与外界隔离，减少病原菌的侵染机会，阻止害虫在果实上的危害，也可避免农药与果实直接接触，提高果面光泽度，减少农药残留。梨果套袋后，可有效防治危害果实的食心虫及轮纹病、炭疽病等病虫害，减少农药使用次数 1 ~ 3 次，节药近20% ~ 30%。

（1）行间生草：提倡果园生草和种植绿肥植物，主要考虑种植根浅、生长不高、生长周期短以及与梨类果树拥有共性病虫害的作物，如：豆科植物、三叶草等，以此改善果园的生态环境。高温季节这些农作物收割后，可以将其秸秆覆盖在树盘上，起到调节温度和增强土壤肥力的作用，又可为害虫天敌提供食物和活动场所，减轻虫害的发生。如种植紫花苜蓿的果园可以招引草蛉、食虫蜘蛛、瓢虫、食虫螨等多种天敌。有条件的果园，可营造防护林，改善果园的生态条件，营造良好的小气候环境。

（2）改善树体结构：在春冬季节将果树的弱枝、病枝进行剪除，而那些影响果实发育的大枝则应在春季进行剪枝。同时对于树龄 10 年以上的果林，要采取合理的间伐，保证树体结构的合理和果树的生产能力，有效提高果树的抗病虫害能力。

（3）清理果园：果园一年四季都要清理，发现病虫果、枝叶虫苞要随时清除。冬季清除树下落叶、落果和其他杂草，集中烧毁，消灭越冬害虫和病菌，减少病虫越冬基数。梨树可剪除梨大食心虫（梨云翅斑螟）、梨瘿华蛾、黄褐天幕毛虫卵块、中国梨木虱、金纹细蛾、黄刺蛾茧、蚱蝉卵以及扫除落叶中越冬黑星病、褐斑病。长出新梢后，及时剪除黑星病的病梢、疏除梨实蜂产卵的幼果。将剪下的病虫枝梢和清扫的落叶、落果集中后带出园外烧毁，切勿堆积在园内或做果园屏障，以防病虫再次向果园扩散。

利用冬季低温和冬灌的自然条件，通过深翻果园，将在土壤中越冬的害虫如蝼蛄、蛴螬、金针虫、地老虎、食心虫、红蜘蛛、舟形毛虫、铜绿金龟子、棉铃虫等的蛹及成虫，翻于土壤表面冻死或被有益动物捕食。深翻果园还可以改善土壤理化性质，增强土壤冬季保水能力。

果树树皮裂缝中隐藏着多种害虫和病菌。刮树皮是消灭病虫的有效措施；及时刮除老翘皮，刮皮前在树下铺塑料布，将刮除物质集中烧毁。刮皮应以秋末、初冬效果最好，最好选无风天气，以免风大把刮下的病虫吹散。刮皮的程度应掌握小树和弱树宜轻，大树和旺树宜重的原则，刮皮深度要适宜，根据树木大小而定；轻者刮去枯死的粗皮，重者应刮至皮层微露黄绿色为宜。在刮皮时要铺垫塑料布，以便收集树皮集中销毁。

对果树主干主枝进行涂白，既可以杀死隐藏在树缝中的越冬害虫虫卵及病菌，又可以防治冻害、日灼，延迟果树萌芽和开花，使果树免遭春季晚霜的危害。涂白剂的配制：生石灰 10 份、石硫合剂原液 2 份、水 40 份、黏土 2 份、食盐 1～2 份，加入适量杀虫剂，将以上物质溶化混匀后，倒入石硫合剂和黏土，搅拌均匀涂抹树干，涂白次数以两次为宜。第 1 次在落叶后到土壤封冻前，第 2 次在早春。涂白部位以主干基部为主直到主侧枝的分杈处，树干南面及树杈向阳处重点涂，涂抹时要由上而下，力求均匀，勿烧伤芽体。

在果树上喷洒含油量为 4%～5% 的柴油乳剂，喷洒 1～2 遍即可起到杀菌灭虫的效果，尤其对于白粉病、介壳虫、腐烂病、红蜘蛛等具有明显的防治效果。

三、物理防治

物理防治的核心就是利用害虫的趋光性和趋色性等特性，实现对害虫的捕杀。在梨树病虫害管理过程中，许多机械和物理的方法包括温度、湿度、光照、颜色等对病虫害均有较好的控制作用，包括捕杀法、诱杀法、汰选法、阻隔法、热力法等。

1. 捕杀法

捕杀法可根据某些害虫（甲虫、粘虫、天牛等）的假死性，人工振落或挖除害虫并集中捕杀。

2. 诱杀法

诱杀法则根据害虫的特殊趋性诱杀害虫。灯光诱杀。利用黑光灯、频振灯诱杀蛾类、某些叶蝉及金龟子等具有趋光性的害虫。将杀虫灯架设于果园树冠顶部，可诱杀果树各种趋光性较强的害虫，降低虫口基数，并且对天敌伤害小，达到防治的目的。灭虫灯一般在 3—10 月放置，每 0.067 hm² 地放置 1 盏灯即可，其悬挂的高度保持在离地 1.8 m 左右即可；也可通过引诱杀灭和机械防治对害虫进行人工捕杀。

（1）草把诱杀：秋天树干上绑草把，可诱杀美国白蛾、潜叶蛾、卷叶蛾、螨类、康氏粉蚧、蚜虫、食心虫、网蝽象等越冬害虫。草把固定场所在靶标害虫寻找越冬场所的必经之道。所以，能诱集绝大多数潜藏在其中越冬害虫个体。在害虫越冬之前，把草把固定在靶标害虫寻找越冬场所的分枝下部，能诱集绝大多数个体潜藏在其中越冬，一般可获得理想的诱虫效果。待害虫完全越冬后到出蛰前解下集中销毁或深埋，消灭越冬虫源。

（2）糖醋液诱杀：糖醋液配制：一份糖、4 份醋、一份酒、16 份水配制。并加少许敌百虫。许多害虫如苹果小卷叶蛾、食心虫、金龟子、小地老虎、棉铃虫等，对糖醋液有很强的趋性，将糖醋液放置在果园中，3～4 盆 /666.7 m²，盆高一般 1～1.5 m，于生长季节使用，可以诱杀多种害虫。

（3）毒饵诱杀：利用吃剩的西瓜皮加点敌百虫放于果园中，可捕获各类金龟子。将麦麸和豆饼粉碎炒香成饵料，每 1 kg 加入敌百虫 30 倍液 30 g 拌匀，放于树下，1.5～3 kg/666.7 m²，每株树干周围一堆，可诱杀金龟子、象鼻虫、地老虎等。特别对新植果园，应提倡使用。果园种蓖麻以驱除食害花蕾害虫苹毛金龟子。

（4）黄板诱杀：购买或自制黄色板，在板上均匀涂抹机油或黄油等黏着剂，悬挂于果园中，利用害虫对黄色的趋性诱杀。一般挂 20～30 块 /666.7 m²，高一般 1～1.5 m，当粘满害虫时（7—10 天）清理并移动一次。利用黄板黏胶诱杀蚜虫、梨茎蜂等。利用红篮板的吸附功能对于木虱、蚜虫等实现灭虫作用。红蓝板一般在春季进行悬挂，每 0.067 hm² 地悬挂 2～3 个即可。

（5）性诱剂诱杀：性外激素应用于果树鳞翅目害虫防治的较多。其防治作用有害虫监测、诱杀防治和迷向防治三个方面。性诱剂一般是专用的，种类有苹小卷叶蛾、桃小食心虫、梨小食心虫、棉铃虫等性诱剂。用性诱芯制成水碗诱捕器诱蛾，碗内放少许洗衣粉，诱芯距水面约 1 cm，将诱捕器悬挂于距地面 1.5 m 的树冠内膛，每果园设置 5 个诱捕器，逐日统计诱蛾量，当诱捕到第一头雄蛾时为地面防治适期，即可地面喷洒杀虫剂。当诱蛾量达到高峰，田间卵果量达到 1% 时即是树上防治适期，可树冠喷洒杀虫剂。国外对于苹果蠹蛾、梨小食心虫等害虫主要推广利用性信息素迷向防治，利用塑料胶条缓释技术，一次释放性信息素可以控制整个生长期危害。使用性信息干扰剂后大幅度减少了杀虫剂的使用（80% 以上）；国内研究出在压低梨小食心虫密度条件下，于发蛾低谷期利用性诱剂诱杀器诱杀成虫的防治技术，进行小面积防治示范，可减少化学农药使用 1～2 次。

3. 阻隔法

阻隔法则是设法隔离病虫与植物的接触以防止受害，如拉置防虫网不仅可以防虫，还能阻碍蚜虫等昆虫迁飞传毒；果实套袋可防止食心虫、轮纹病等的发生危害；树干涂白可防止冻害并可阻止星天牛等害虫产卵危害。早春铺设反光膜或树干覆草，防止病原菌和害虫上树侵染，有利于将病虫阻隔、集中诱杀。

四、生物防治

利用有益生物或其代谢产物防治有害生物的方法即为生物防治，包括以虫治虫、以菌治虫、以菌治菌等。生物防治对环境污染少，对非靶标生物无作用，是今后果树病虫害防治的发展方向。生物防治强调树立果园生态学的观点，从当年与长远利益出发，通过各种手段，培育天敌，应用天敌控制害虫。如在果树行间种植油菜、豆类、苜蓿等覆盖作物，这些作物上所发生的蚜虫可给果园内草蛉、七星瓢虫等捕食性天敌提供了丰富的食物资源及栖息庇护场所，可增加果树主要害虫的天敌种群数量。使用生物药剂防治病虫，在天敌盛发期避免使用广谱性杀虫剂既保护天敌，又补充天敌控害的局限性。保护和利用自然界害虫天敌是生物治虫的有效措施，成本低、效果好、节省农药、保护环境。

矢尖蚧类的害虫可以利用日本的方头甲和湖北红点唇瓢虫进行有效防治。也可以通过利用菌类进行病虫害防治，例如通过利用座壳孢菌进行粉虱病的防治、牙霉菌防治蚜虫、多氧霉素防治炭疽病等。除此之外，还可以利用生物农药进行病虫害的防治，因为生物农药要比化学农药更加绿色环保，且农药残留较少，在病虫害初期使用，效果更加显著。

五、化学防治

化学防治果树病虫害是一种高效、速效、特效的防治技术，但它存有严重的副作用，如易产生抗性、对人畜不安全、杀伤天敌等，因此使用化学农药只能作为病虫害重发生，其他防治措施效果不明显时才采用的防治措施。在使用中我们必须严格执行农药安全使用标准，减少化学农药的使用量。合理使用农药增效剂，适时打药，均匀喷药，轮换用药，安全施药。

根据防治对象的不同，化学农药可以分为杀虫剂、杀菌剂、杀螨剂、杀线虫剂等。化学农药的施用要遵循以下原则。

1. 正确选用农药

全面了解农药性能、保护对象、防治对象、施用范围。正确选用农药品种、浓度和用药量，避免盲目用药。

（1）禁止使用剧毒、高毒、高残留农药和致畸、致癌、致突变农药：根据中华人民共和国农业部第 199 号公告，国家明令禁止使用六六六、滴滴涕、毒杀芬、二溴氯丙烷、二溴乙烷、杀虫脒、除草醚、艾氏剂、狄氏剂、甘氟、毒鼠强、氟乙酸钠、毒鼠硅、砷类、铅类等 18 种农药，并规定甲胺磷、甲基对硫磷、对硫磷、氧化乐果、三氯杀螨醇、久效磷、磷胺、甲拌磷、甲基异柳磷、特丁硫磷、甲基硫环磷、治螟磷、内吸磷、克百威、涕灭威、灭线磷、硫环磷、蝇毒磷、地虫硫磷、氯唑磷、苯线磷、福美砷等农药不得在果树上使用。

（2）允许使用生物源农药、矿物源农药及低毒、低残留的化学农药：允许使用的杀虫杀螨剂有 Bt 制剂（苏云金杆菌）、白僵菌制剂、烟碱、苦参碱、阿维菌素、浏阳霉素、敌百虫、辛硫磷、螨死净、吡虫啉、啶虫脒、灭幼脲 3 号、抑太保、杀铃脲、扑虱灵、卡死克、加德士敌死虫、马拉硫磷、尼索朗等；允许使用的杀菌剂有中生菌素、多氧霉素、农用链霉素、波尔多液、石硫合剂、菌毒清、腐必清、农抗 120、甲基托布津、多菌灵、扑海因（异菌脲）、粉锈宁、代森锰锌类（大生 M-45、喷克）、百菌清、氟硅唑、乙磷铝、易保、戊唑醇、世高、腈菌唑等。

（3）限制使用的中等毒性农药品种：功夫、灭扫利、来福灵、氰戊菊酯、氯氰菊酯、敌敌畏、哒螨灵、抗蚜威、毒死蜱（毒死蜱）、杀螟硫磷等。限制使用的农药每种每年最多使用一次，安全间隔期在 30 天以上。

2. 适时用药

正确选择用药时机，可以既有效地防治病虫害，又不杀伤或少杀伤天敌。果树病虫害化学防治的最佳时期如下：

（1）病虫害发生初期：化学防治应在病虫害初发阶段或尚未蔓延流行之前；害虫发生量小，尚未开始大量取食危害之前。此时防治对压低病虫基数，提高防治效果有事半功倍的效果。

（2）害虫生命活动最弱期：3龄前的害虫幼龄阶段，虫体小、体壁薄、食量小、活动比较集中、抗药性差。如防治介壳虫，可在幼虫分泌蜡质前防治。

（3）害虫隐蔽危害前：在一些钻蛀性害虫尚未钻蛀之前进行防治，如卷叶蛾类害虫在卷叶之前。食心虫类在入果之前、蛀干害虫应在蛀干之前或刚蛀干时为最佳防治期等。

（4）树体抗药性较强期：果树在花期、萌芽期、幼果期最易产生药害，应尽量不施药或少施药。而在生长停止期和休眠期防治，尤其是害虫越冬期，其潜伏场所比较集中，虫龄也比较一致，有利于集中消灭，且果树抗药性强。

（5）避开天敌高峰期：利用天敌防治害虫是既经济又有效的方法，因此在喷药时，应尽量避开天敌发生高峰期，以免伤害害虫天敌。

（6）选好天气和时间：防治病虫害，不宜在大风天气喷药，也不能在雨天喷药，以免影响药效。同时也不应在晴天中午用药，以免温度过高产生药害、灼伤叶片。因此，宜晴天下午4时以后至傍晚进行，此时叶片吸水力强，吸收药液多，防治效果好。

3. 使用方法

（1）使用浓度：往往需用水将药剂配成或稀释成适当的浓度，浓度过高会造成药害和浪费，浓度过低则无效。有些非可湿性或难于湿润的粉剂，应先加入少许，将药粉调成糊状，然后再加水配制，也可以在配制时添加一些湿润剂。

（2）喷药时间：喷药的时间过早会造成浪费或降低防效，过迟则大量病原物已经侵入寄主，即使喷内吸治疗剂，也收获不大，应根据发病规律和当时情况或根据短期预测在没有发病或刚刚发病时就喷药保护。

（3）喷药次数：喷药次数主要根据药剂残效期的长短和气象条件来确定，一般隔10—15天喷一次，雨前抢喷，雨后补喷，应考虑成本，节约用药。

（4）喷药质量：当前农药的使用是低效率的，经估算，从施药器械喷洒出去的农药只有25%～50%能够沉积在作物叶片上，在果树上仅有15%左右，不足1%的药剂能沉积在靶标害虫上，农药大量飘移，洒落到空气、水、土壤中，不但造成人力、物力的浪费，还造成环境污染。因此，不少农药学人士发出"喷洒农药是世界上效率最低的劳动"的感叹。采用先进的施药技术及高效喷药器械，防止跑冒滴漏，提高雾化效果，实行精准施药，防止药剂浪费和对生态环境的污染，是节本综合防控的关键环节。国外报道，在喷雾机上采用（少飘）喷头，可使飘移污染减少33%～60%；在喷雾机的喷杆上安装防风屏，使常规喷杆的雾滴飘移减少65%～81%。根据我国地貌地形、农业区域特点，应用适用于平原地区、旱塬区及高山梯田区的专用高效施药器械，如低量静电喷雾机（可节药30%～40%）、自动对靶喷雾机（可节药50%）、防飘喷雾机（可节药70%）、循环喷雾机（可节药90%）等。同时，要不断改进施药技术，通过示范引导，逐渐使农民改高容量、大雾滴喷洒为低容量、细雾滴喷洒，提高防治效果和农药利用率。

（5）药害问题：喷药对植物造成药害有多种原因，不同作物对药剂的敏感性不同。作物的不同发育阶级对药剂的反应也不同，一般幼果和花期容易产生药害。另外，与气象条件也有关系，一般气温和日照的影响较为明显，高温、日照强烈或雾重、高湿都容易引起药害。如果施药浓度过高造成药害，可喷清水，以冲去残留在叶片表面的农药。喷高锰酸钾6 000倍液能有效地缓解药害；结合浇水，补施一些速效化肥，同时中耕松土，能有效地促进果树尽快恢复生长发育。在药害未完全解除之前，尽量减少使用农药。

（6）抗药性问题：抗药性是指由于长期使用农药，导致的使害虫具有耐受一定农药剂量（即可杀死正常种群大部分个体的药量）的能力。为避免抗药性的产生，一是要在防治过程中综合防治，不要单纯依靠化学农药，应采取农业、物理、生物等综合防治措施，使其相互配合，取长补短。尽量减少化学农药的使用量和使用次数，降低对害虫的选择压力。二是要科学地使用农药，首先加强预测预报工作，选好对口农药，抓住关键时期用药。同时采取隐蔽施药、局部施药、挑治等施药方式，保护天敌和小量敏感害虫，使抗性种群不易形成。三是选用不同作用机制的药剂交替使用、轮换用药，避免单一药剂连续使用。四是不同作用机制的药剂混合使用，或现混现用，或加工成制剂使用。另外，注意增效剂的利用。

第二节　主要病害发生规律及防治

一、腐烂病

梨腐烂病又名臭皮病，是梨树重要的枝干病害，主要危害树干、主枝和侧枝，使感病部位树皮腐烂。发病初期病部肿起，水渍状，呈红褐至褐色，常有酒糟味，用手压有汁液流出；后渐凹陷变干，产生黑色小疣状物，树皮随即开裂。

1. 发生规律

一年有春季、秋季两个发病高峰，春季是病菌侵染和病斑扩展最快的时期，秋季次之。由于病原菌的寄生性较弱，具有潜伏侵染的现象，侵染和繁殖一般发生在生长活力低或近死亡的组织上。各种导致树势衰弱的因素（例如立地条件不好或土壤管理差而造成根系生长不良，施肥不足、干旱，结果过多或大小年现象严重，病虫害、冻害严重，修剪不良或过重以及大伤口太多等），都可诱发腐烂病。水肥管理得当，生长势旺盛，结构良好的树发病轻。

梨树腐烂病主要危害梨树主干、主枝、侧枝及小枝，有溃疡型和枝枯型两种症状类型。

（1）溃疡型：开始发病时，病斑一般呈椭圆形或不规则形，病皮外观初期红褐色，水渍状，稍隆起，用手按压会有松软感，病斑处常有红褐色的汁液渗出。用刀片削掉病皮的表层，可见病皮内呈黄褐色、湿润、松软、糟烂，有酒糟气味。发病后期，表面密生小粒点，为病菌的子座。雨后或空气湿度大时，从中涌出病菌淡黄色的分生孢子角。在生长季节，病部扩展一段时间后，周围逐渐长出愈伤组织，病皮失水、干缩凹陷，色泽变暗，病健树皮交界处出现裂缝。

（2）枝枯型：衰弱大枝或小枝上发病，常表现枝枯型症状。病部边缘界限不明显，蔓延迅速，无明显水渍状，很快将枝条树皮腐烂一圈，造成上部枝条死亡，树叶变黄。后期病皮表面密生黑色小粒点，天气潮湿时，从中涌出淡黄色分生孢子角。梨树腐烂病菌是以菌丝体、分生孢子器及子囊壳的形式在发病部位越冬的一种弱寄生菌，在弱树或易感病品种上，病斑很快穿过周皮，扩展至周围树皮。一般春季开始发病，在夏秋季形成的落皮层上扩展形成溃疡，晚秋和早春，病斑扩展迅速，形成每年的月和月的春、秋季次发病高峰。

2. 防治方法

（1）农业防治：科学管理，加强土肥水管理，防止冻害和日烧，合理负载，增强树势，提高树体抗病能力，是防治腐烂病的关键措施。秋季树干涂白，防止冻害。

（2）春季发芽前全树喷 2% 农抗 120 水剂 100～200 倍液、5 波美度石硫合剂，铲除树体上的潜伏病菌。

（3）早春和晚秋发现病斑及时刮治，病斑应刮净、刮平，或者用刀顺病斑纵向划道，间隔 5 mm 左右，然后涂抹 843 康复剂原液、5% 安素菌毒清 100～200 倍液、10～30 倍 2% 农抗 120 或腐必清原液等药剂，以防止复发。另外，随时剪除病枝并烧毁，减少病原菌数量。

二、轮纹病

梨轮纹病是我国梨主产区的重要病害，是由葡萄座腔菌属病原真菌所致，主要危害梨树枝干、果实和叶片。该病害在梨果上可导致果实腐烂，叶片受到危害时表现出轮纹圈状的坏死病斑，枝干受到危害时表现出马鞍形的轮纹病斑，因而称之为轮纹病。20 世纪初期，该病害最早在日本被发现，随后在我国的四川、福建、辽宁等地也有该病害的报道。

1. 发生规律

病菌以菌丝体和分生孢子器或子囊壳在病枝干上越冬。翌年春季从病组织产生孢子，成为初侵染源。分生孢子借雨水传播造成枝干、果实和叶片侵染。梨轮纹病在枝干和果实上有潜伏侵染的特性，尤其在果实上很多都是早期侵染，成熟期发病，其潜育期的长短主要受果实发育和温度的影响。发生与降雨有关，一般落花后每一次降雨，即有一次侵袭；也与树势有关，一般管理粗放树体生长势弱的树发病重。

2. 防治方法

（1）果实套袋，保护果实：加强栽培管理，增强树势，提高抗病能力。彻底清理梨园，春季刮除粗皮，集中烧毁，消灭病原。

（2）铲除初侵染源：春季发芽前刮除病瘤，全树喷洒 5% 安素菌毒清 100～200 倍液或 40% 福星乳剂 2 000～3 000 倍液。

（3）及时喷药，保护果实：生长季节于谢花后每半月左右喷一次杀菌剂，常用农药有 50% 多菌灵 600 ~ 800 倍液 70% 甲基托布津 800 倍液、40% 福星乳剂 4 000 ~ 5 000 倍液、80% 代森锰锌 800 倍液等，并与石灰倍量式波尔多液交替使用。

三、锈病

锈病又称赤星病、羊胡子，是由梨胶锈菌侵染所引起的真菌性病害，主要危害叶片和新梢，严重时也危害幼果，危害叶柄和果柄。侵染叶片后，在叶片正面表现为橙色近圆形病斑，病斑略凹陷，斑上密生黄色针头状小点，叶背面病斑略突起，后期长出黄褐色毛状物。果实和果柄上的症状与叶背症状相似，幼果发病能造成果实畸形和早落。

1. 发生规律

梨锈病病菌以多年生菌丝体在桧柏被侵染部分的组织里越冬，每年都可继续产生冬孢子角。春季冬孢子角出现，当气温适合时冬孢子角即萌发，产生担子孢子。担子孢子借风雨吹送到梨树嫩叶、新梢和幼果上，由表皮侵入，经 6—10 天的潜育期，菌丝在叶正面产生性孢子器。这时叶面产生橙黄色病斑，受精后形成双核菌丝。双核菌丝向叶背发展，约经 3 周，由叶背生出锈孢子器，锈孢子器在 5 月大量形成和成熟，并产生锈孢子。锈孢子萌发后，菌丝侵入桧柏的新梢，并以菌丝体在桧柏上越冬。第二年春季 3—4 月再度形成冬孢子角。菌丝在桧柏上为多年生，每年都能产生冬孢子角，成为初次侵染来源。梨锈病病菌无夏孢子阶段，不发生再次侵染，故该病 1 年中只发生 1 次。

2. 防治方法

（1）彻底铲除梨园周围 5 km 以内的桧柏类植物，这是防治梨锈病的最根本方法。

（2）在桧柏类植物上喷药抑制冬孢子萌发和锈孢子侵染。对不能砍除的桧柏类植物，要在春季冬孢子萌发前及时剪除病枝并烧毁，或喷 1 次石硫合剂或 80% 五氯酚钠，消灭桧柏上的病原。

（3）从梨树萌芽至展叶后 25 天内喷药保护，一般萌芽期喷布第一次药剂，以后每 10 天左右喷布一次。早期药剂使用 400 ~ 600 倍 65% 代森锌；花后用 200 倍石灰倍量式波尔多液、20% 三唑酮 1 500 倍液、80% 代森锰锌 800 倍液或 12.5% 腈菌唑可湿性粉剂 2 000 ~ 3 000 倍液。

四、黑星病

梨黑星病又称疮痂病、梨雾病、梨斑病，是由梨黑星病菌侵染所引起的、发生在梨树上的主要病害。梨黑星病能侵染一年生以上枝的所有绿色器官，包括叶片、果实、叶柄、新梢、果台、芽鳞和花序等部位，主要危害叶片和果实。梨黑星病发病后，引起梨树早期大量落叶，幼果受害呈畸形，不能正常膨大，同时病树第 2 年结果减少。梨黑星病在世界各地均有发生，在我国河北、河南、山东、山西等北方梨产区受害最严重。

叶片：发病初期，最典型的症状是在叶背主脉两侧和支脉之间产生圆形、椭圆形或不规则形淡黄色小斑点，界限不明显，数日后逐渐扩大并在病斑上产生黑色霉状物，从正面看仍为黄色，不长黑霉。危害严重时许多病斑融合，使叶正反面都布满黑色霉层，造成落叶。

叶柄：叶柄受害，叶柄上出现黑色、椭圆形凹陷病斑，产生黑色霉层，造成落叶。

果实：果实前期受害，果面产生淡褐色圆形小病斑，病斑逐渐扩大到 5 ~ 10 mm，表面长出黑色霉层（为病原菌的分生孢子梗和分生孢子），病部生长停止。随着果实增大，病部逐渐凹陷，木栓化，龟裂。严重时果实出现畸形，果面凹凸不平，病部果肉变硬，具苦味，果实易提早脱落。果实生长到中后期，果面病斑上的黑霉层往往被雨水冲刷掉，病部常被其他杂菌腐生，长出粉红色或灰白色的霉状物。果实生长后期受害，果面出现大小不等的圆形或者近圆形黑色病斑，表面干硬、粗糙、霉层很少，果实不畸形。采收前后受害，果面出现淡黄色小病斑，边缘不整齐，多呈芒状，无霉层。但采收后如遇高温、高湿，则病斑扩展较快并长出大量黑色霉层。

1. 发生规律

病菌以分生孢子和菌丝在芽鳞片、病果、病叶和病梢上或以未成熟的子囊壳在落地病叶中越冬。春季由病芽抽生的新梢、花器官先发病，成为感染中心，靠风雨传播给附近的叶片、果实等。梨黑星病病原菌寄生性强，病害流行性强。一年中可以多次侵染，高温、多湿是发病的有利条件。降水在 800 mm 以上时，空气湿度过大时，容易引起病害流行。华北地区 4 月下旬开始发病，7—8 月是发病盛期。另外，树冠郁闭、通风透光不良、树势衰弱或地势低洼的梨园发病严重。梨品种间有差异，中国梨最易感病，日本梨次之，西洋梨较抗病

2. 防治方法

（1）梨果实套袋，保护果实。梨黑星病高发地区，注意选择抗病品种栽植。

（2）合理修剪，改善冠内通风透光条件。在施肥上注意增施有机肥和微肥，避免偏施氮肥造成枝条徒长。

（3）人工剪除病芽梢：从新梢开始生长就寻找并及时剪除发病新梢，对上年发病重的区域和单株更要注意。剪除病芽梢加上及时喷药保护是目前控制梨黑星病流行的最有效方法。

（4）及时喷药防治：结合降雨情况，从发病初期开始，每隔 10 ~ 15 天喷布一次杀菌剂。常用药剂有 1 : 2 : 240（硫酸铜:生石灰:水）、50% 多菌灵 600 ~ 800 倍液、70% 甲基托布津 800 倍液、40% 福星乳剂 4 000 ~ 5 000 倍液、80% 代森锰锌 800 倍液、12.5% 烯唑醇可湿性粉剂 2 000 倍液等。波尔多液与其他杀菌剂交替使用效果更好。

五、黑斑病

梨黑斑病是梨树生长期的常见病害，同时也是贮存期的一种重要病害，严重影响梨的产量和品质。该病害由链格孢真菌引起，在梨树生长季节可造成叶片脱落、果实腐烂等症状。梨树黑斑病主要危害果实、叶片和新梢。

叶片病症：幼嫩的叶片一般最早发病，开始先出现针尖大小、圆形黑色斑点，后斑点逐渐扩

大或呈近圆形、不规则形，中心灰白色，边缘黑褐色。天气潮湿时，病斑表面有黑色霉层，为病原菌的分生孢子梗和分生孢子。病斑多时，常相互联合形成不规则大斑，使叶片焦枯、畸形，甚至早期落叶，影响梨的产量。

果实病症：初在幼果果面产生一个至数个黑色圆形针头状斑点，后扩展，呈圆形或椭圆形，略凹陷，潮湿时有黑霉。果面常发生龟裂，有时裂口纵横交错或呈"丁"字形，在裂隙内会产生很多黑霉，导致早期落果。成熟果受害，病斑呈圆形或椭圆形，病部略凹陷，在重病果上黑褐色病斑合并成大斑，使全果变成漆黑色，表面密生墨绿色至黑色的霉，随后果实软化、腐烂脱落，影响梨的品质，造成重大经济损失。

1. 发生规律

病菌在病叶、病梢及病果上越冬，翌年春天病部产生分生孢子，借风雨传播，由表皮气孔或伤口侵染。病斑可以产生分生孢子，进行多次重复再侵染，整个生长季节都可以发病。华北梨区一般6月开始发病，7—8月雨季为发病盛期。发病严重可造成早熟梨裂果和早期落叶落果，导致减产，最终导致树体衰弱，缩短结果年限。

2. 防治方法

根据果实成熟的不同阶段采取不同的防治措施，一般采用采前防治和采后防治相结合的方法进行综合防治。

（1）采前防治：合理修剪，彻底清园，减少越冬菌源。结合冬季修剪适当疏枝，增强树冠通风条件；彻底剪除病枝，摘除僵果，用涂抹剂处理剪锯口，防止病原菌侵染伤口。将落叶、落果、病枝集中烧毁或深埋，以消灭越冬病源。合理施肥，增强树势，结合深耕改土、行间生草等土壤改良方法，施用有机肥，合理施用化肥，提倡配方施肥，控制化肥施用量，促进根系和树体健壮。

花芽萌动前喷施 0.3% ~ 0.5% 五氯酚钠 +5 波美度石硫合剂或 65% 五氯酚钠 100 ~ 200 倍液，以消灭枝干上越冬的病菌；果树生长期，一般落花后至幼果期，常用药剂：50% 异菌脲（扑海因）可湿性粉剂 800 ~ 1 500 倍液、65% 代森锌可湿性粉剂 500 ~ 600 倍液、12.5% 烯唑醇可湿性粉剂 2 500 ~ 4 000 倍液、25% 吡唑醚菌酯乳油 1 000 ~ 3 000 倍液、24% 腈苯唑悬浮剂 2 500 ~ 3 000 倍液、间隔期 10 天左右，共喷药 2 ~ 3 次。对于套袋果实，套袋前必须喷 1 次，开花前和开花后各喷 1 次。

（2）采后防治：增强果实抗性的化学杀菌剂，常用壳聚糖、SA 等，壳聚糖可使果实表面伤口木栓化，堵塞皮孔，减少真菌侵染；SA 一般认为诱导植物积累病程相关蛋白，从而使果实产生对病原菌的抗性。抑制链格孢菌的杀菌剂，常用钼酸铵、焦亚硫酸钠、过氧乙酸等，其中钼酸铵、焦亚硫酸钠可有效抑制菌丝生长；过氧乙酸作为强氧化剂，可以有效抑制果实上的致病菌。另外，苯醚甲环唑、异菌脲、嘧霉胺等杀菌剂也广泛应用于梨果实采收后防腐保鲜领域。

六、白粉病

白粉病主要危害老叶，先在树冠下部老叶上发生，再向上蔓延。7月开始发病，秋季为发病盛期。最初在叶背面产生圆形白色霉点，继续扩展成不规则白色粉状霉斑，严重时布满整个叶片。生白色霉斑的叶片正面组织初呈黄绿色至黄色，严重时病叶萎缩、变褐枯死或脱落，后期白粉状物上产生黄褐色至黑色的小颗粒。

1. 发病规律

白粉病病菌以闭囊壳在落叶及黏附在枝梢上越冬。子囊孢子通过雨水传播侵入梨叶，病叶上产生的分生孢子进行再侵染，秋季进入发病盛期。密植梨园、通风不畅、排水不良或偏施氮肥的梨树容易发病。

2. 防治方法

（1）秋后彻底清扫落叶，并进行土壤耕翻，合理施肥，适当修剪，发芽前喷一次 3°~5° 波美度石硫合剂。

（2）加强栽培管理，增施有机肥，防止偏施氮肥，合理修剪，使树冠通风透光。

（3）发病前或发病初期喷药防治，药剂可选用 0.2~0.3 波美度石硫合剂、70% 甲基托布津可湿性粉剂 800 倍液、15% 三唑酮乳油 1 500~2 000 倍液、12.5% 腈菌唑乳油 2 500 倍液。

七、炭疽病

梨炭疽病主要危害果实，也侵害叶片、枝条。果实在生长中前期染病，初期果面产生黑色的正圆形斑，凹陷，直径大小为 1~2 mm，多数小于 1 mm，病斑周围常伴随着青褐色的晕。随后果面出现浅褐色水浸状小圆斑，后病斑渐扩大，色泽变深，并软腐下凹，病斑表面颜色深浅交替，具明显同心轮纹。在病部表皮下形成很多小粒点，稍隆起，初褐色，后变黑色，分生孢子盘多排列成轮纹状。在温暖、湿度大的条件下，孢子盘突破表皮涌出粉红色黏质物。病斑扩展直达果心，果实变褐有苦味。果实受害常呈圆锥形向果心深入，致整个果实腐烂或干缩为僵果。

叶片发病，多在叶正面产生病斑后期病斑直径可在 1 cm 以上，中央数个病斑可连片成不规则的黑褐色大斑，使叶片焦枯，有时可见明显的轮纹。病斑可发生在叶脉间、叶脉上、叶缘、叶尖、叶柄，叶背面病斑为较光滑的褐色斑，造成叶片过早脱落。枝梢染病多发生在枯枝或生长衰弱的枝条上，初期仅形成深褐色小型圆斑，后扩展为长条形或椭圆形，病斑中部凹陷或干缩，致皮层、木质部呈深褐色或枯死。

1. 发生规律

病菌一般以菌丝体在病僵果、病枝叶和果台上越冬，翌年温湿度条件适宜时，产生大量分生孢子，成为初侵染源。通过风雨或昆虫传播，雨水是主要传播途径，一般在初发病中心的下部形成发病区域；昆虫主要在株与株、发病园片与非发病园片间进行中长距离传播。梨炭疽病分生孢子在合适的环境条件下迅速萌发，经皮孔、伤口侵入果实或直接侵入果实或叶片，进行病菌的繁殖和孢子的萌发，5~10 h 即可完成侵染过程。

2. 防治方法

防治梨炭疽病多在休眠期喷施铲除性杀菌剂，铲除潜伏病菌，或在发病前施用内吸治疗性杀菌剂控制病菌扩展，预防发病。

（1）发芽前喷药铲除树体带的病菌：花芽萌动时。要喷好芽前铲除剂，如 3～5 波美度石硫合剂，可有效降低刺盘孢菌的初次侵染源。萌芽期喷施保护性杀菌剂，如 30% 龙灯福连（戊唑多菌灵）悬浮液 400～600 倍液、77% 多宁（硫酸铜钙）可湿性粉剂 300～400 倍液。

（2）生长期药剂防治：落花后 10 天左右开始喷药，10～15 天一次，连喷 3 次药后套袋，不套袋果实则需要连续喷药 4～6 次。如果喷药时正逢下雨，雨水能冲刷掉喷在树体上的药剂，减少药效或使药剂失效，雨后必须补喷药剂。常用药剂有 30% 龙灯福连悬浮剂 1 000～1 200 倍液、多菌灵悬浮剂 800～1 000 倍液、50% 多菌灵可湿性粉剂 600～800 倍液、43% 戊唑醇水剂 3 000～4 000 倍液、25% 咪鲜胺 800 倍液、50% 咪鲜胺锰盐 1 500 倍液、25% 丙环唑 2 000 倍液、10% 苯醚甲环唑水分散粒剂和 40% 氟硅唑乳油等。

八、煤污病

煤污菌主要寄生在梨的果实或枝条上，有时也侵害叶片。果实染病，在果面上产生黑灰色不规则病斑，在果皮表面附着一层半椭圆形黑灰色霉状物。其上生小黑点，即病菌分生孢子器，病斑初颜色较淡，与健部分界不明显，后色泽逐渐加深，与健部界线明显起来。果实染病，初期只有数个小黑斑，逐渐扩展连成大斑，菌丝着生于果实表面，个别菌丝侵入到果皮下层，新梢上也产生黑灰色煤状物。病斑一般用手擦不掉。

1. 发生规律

病菌以分生孢子器在梨树枝条上越冬，翌春气温回升时，分生孢子借风雨传播到果面上危害，特别是进入雨季危害更加严重。此外，树枝徒长、茂密郁闭、通风透光差发病重。树膛外围或上部病果率低于内膛和下部。

2. 防治方法

（1）剪除病枝：落叶后结合修剪，剪除病枝集中烧毁，减少越冬菌源。

（2）加强管理：修剪时，尽量使树膛开张，疏掉徒长枝，改善膛内通风透光条件，增强树势，提高抗病力。注意雨后排涝，降低果园湿度。

（3）在发病初期，喷 50% 甲基硫菌灵可湿性粉剂 600～800 倍液、50% 多菌灵可湿性粉剂 600～800 倍液、40% 多·硫悬浮剂 500～600 倍液、50% 苯菌灵可湿性粉剂 1 500 倍液或 77% 可杀得微粒可湿性粉剂 500 倍液，间隔 10 天左右 1 次，共防 2～3 次，可取得良好防治效果。

九、黑心病

果实在贮存过程中常发生各种生理失调，其中组织褐变尤为重要，病变初期在心室外皮上出现褐斑块。褐变扩展到整个果心时，果肉部分也会出现界线不明的褐变，风味变劣。这种果心的逐步褐变在果实外观上往往没有明显反映，但病情严重时，果肉褐变继续向外扩展，此时果皮呈现淡灰褐色的不规则晕斑，梨果大部分果肉发糠，重量轻、硬度差，手指轻压易陷。

1. 发生规律

黑心病根据发生时间早晚可分为早期黑心和晚期黑心，早期黑心多发生于鸭梨入库后的30～50天，一般认为是一种低温伤害；晚期黑心多发生在鸭梨入库后第二年的2—3月，一般认为这是衰老所致。

2. 防治方法

梨生长前期肥水要充足，以有机肥和复合肥为主，促使树体健壮。生长后期忌用大量素肥料并控制灌水量。入贮果实适当提早采收，有利于防治黑心病，果实采收后逐步降温及时入库。鸭梨属于对低温敏感的品种，入库温度过低、降温速度过快对黑心病发展影响很大。

第三节　主要虫害发生规律及防治

一、梨小食心虫

梨小食心虫又名桃折梢虫，属鳞翅目卷蛾科，主要危害梨、桃、山楂、海棠、樱桃等蔷薇科树种，幼虫除危害果实外还危害嫩梢。

1. 发生规律

在山东一年发生4～5代，主要以老熟幼虫在树皮裂缝、树干基部土石缝等处结灰白色薄茧越冬。部分幼虫在贮存库、包装物等处越冬。越冬幼虫3月下旬开始化蛹，世代重叠，各代没有明显的界线，卵主要产在叶片背面、梨果梗洼、萼洼和两果、果叶相接处。第1～2代幼虫主要危害桃树新梢；1～3代幼虫都能危害早酥梨梨果；第4～5代幼虫主要危害中熟梨果，虫果易腐烂脱落。幼虫能够咬破果袋进入袋内危害梨果，多从果柄周围的果面蛀入，在果肉部分蛀食。幼虫老熟后又将果袋咬破脱果，受害果易腐烂脱落。

2. 防治方法

做好清园工作，结合冬季施肥深挖树盘，消灭越冬虫源；冬春季细致刮除树上的翘皮，连同枯枝落叶一起清理至园外集中烧毁；夏季及时剪除被害桃梢和梨梢、摘除虫果并及时烧毁，降低虫口基数。果实套袋不仅可以有效防止梨小食心虫的危害，还可以有效避免梨黑星病、炭疽病及梨木虱、椿象等病虫危害。同时，可以减少喷药次数，降低农药残留量。

（1）糖醋液诱杀成虫：梨小食心虫成虫对糖醋液有较强趋性，可将糖、醋、水按 1∶4∶10 配制的糖醋液装入广口瓶或小盆内，每亩果园悬挂 6~10 瓶（盆）。此措施可以诱杀大量梨小食心虫成虫，减少虫口密度。

（2）利用赤眼蜂防治：利用赤眼蜂寄生梨小食心幼虫，分别在第 1 代、第 2 代成虫产卵初期、盛期、高峰期和末期各释放 1 次赤眼蜂。性信息素从 3 月中旬开始使用，每亩果园放置诱捕器 5~6 个，桶内加水至 2/3 处，并加入少量洗衣粉，可有效诱杀梨小食心虫成虫，降低成虫的种群数量。

（3）迷向丝：迷向丝可以有效阻拦成虫间的信息交流，影响雄虫对雌虫位置的辨别、干扰雌雄虫交配，从而从根本上控制梨小食心虫的种群数量。连片面积在 6.67 hm^2 以上的果园，最适宜悬挂迷向丝。每亩均匀悬挂 40~60 根，可干扰成虫产卵，降低虫口基数。越冬代成虫开始出现时使用，每年只需要悬挂 1 次，持效期平均为 180 天。

（4）药剂防治：使用药剂防治梨小食心虫，应以成虫期和卵期为防治重点期。首先做好虫情测报，确定用药时期和用药种类；其次是喷药时掌握天气变化、把好药剂质量关，首选高效、低毒、残效期短的农药，尽可能减少对天敌的危害。6—8 月是防治重点期，从 6 月中旬开始进入防治关键时期，根据梨小食心虫发生情况选择喷药间隔期。药剂可选择甲维盐、苦参碱、灭幼脲、氟铃脲、苏云金杆菌、氯虫苯甲酰胺、高效氯氟氰菊酯、甲维盐、氯氟·虱螨脲、乙多·甲氧虫等。

二、桃小食心虫

桃小食心虫以幼虫蛀果危害，初孵幼虫从果实萼洼处或者果实胴部蛀入，蛀孔处流出泪珠状透明果胶，俗称"淌眼泪"，果胶干涸后成为白色蜡质粉末，抹去后可见黑色的略微凹陷的针孔大小的蛀孔。幼虫蛀入后常直达果心，在果实中纵横串食，在蛀道中排粪，使果实虫道内充满粪便，俗称"豆沙馅"。未充分膨大的果实受害后多变为畸形果，表面凹凸不平，俗称"猴头果"。幼虫老熟后，形成脱果孔，部分粪便常黏附在脱果孔周围。

1. 发生规律

桃小食心虫一年发生一代，越冬代幼虫 3 月底开始出土，出土盛期为 4 月中旬，整个出土期延续 35 天左右，成虫羽化盛期为 4 月下旬至 5 月上旬。在吉林省长岭县，李园的桃小食心虫虽同样一年发生一代，但越冬幼虫 6 月中旬开始出土，越冬代成虫始见于 6 月下旬，成虫发生高峰期为 7 月下旬至 8 月上旬。

2. 防治方法

氯虫苯甲酰胺、氟虫双酰胺、溴氰虫酰胺等是防治桃小食心虫较为常用的双酰胺类药剂，具有高效低毒、持效期长、环境相对友好、对非靶标生物安全等特点。

三、桃蛀螟

桃蛀螟属鳞翅目螟蛾科，是一种多食性害虫，以幼虫蛀食果实为主，使果实失去商品价值，造成经济损失。该虫在我国南、北方果树产区均有分布，除了危害梨树外，还可危害桃、苹果、杏、李、石榴等多种果树的果实。

1. 发生规律

桃蛀螟1年发生2~5代，华北梨区1年多发生2~3代，均以老熟幼虫结茧越冬。越冬场所较复杂，多在果树翘皮裂缝中、果园的土石块缝内、梯田壁缝隙中，也可在玉米茎秆、高粱秸秆、仓库壁缝内。第2年早春开始化蛹、羽化，但很不整齐。成虫昼伏夜出，傍晚开始活动，对黑光灯和糖醋液趋性强。华北梨区第1代幼虫发生在6月初至7月中旬，第2代幼虫发生在7月初至9月上旬，第3代幼虫发生在8月中旬至9月下旬。从第2代幼虫开始危害梨果，产在枝叶茂密处的果实上，卵散产。幼虫有转果危害习性。卵期6~8天，幼虫期15~20天，蛹期7~10天，完成1代约需30天。9月中下旬后老熟幼虫转移至越冬场所越冬。

2. 防治方法

（1）人工防治：发芽前刮树皮、翻树盘等，处理害虫越冬场所，消灭越冬害虫。生长期及时摘除虫果、拣拾落果，并集中深埋，消灭果内幼虫。果实套袋，阻止害虫产卵、蛀食危害。利用成虫对黑光灯及糖醋液等的趋性，在果园内设置黑光灯、频振式杀虫灯、性引诱剂及糖醋液诱捕器等诱杀成虫，并进行预测预报。

（2）药剂防治：根据预测预报，在第1代和第2代成虫产卵高峰期及时喷药防治，每代均匀周到喷药1~2次，套袋果园套袋前最好喷药1次。常用有效药剂有48%毒死蜱乳油或可湿性粉剂1 200~1 500倍液、1.8%阿维菌素乳油3 000~4 000倍液、35%硫丹乳油1 200~1 500倍液、20%杀铃脲悬浮剂3 000~4 000倍液、4.5%高效氯氰菊酯乳油或水乳剂1 500~2 000倍液、2.5%高效氯氟氰菊酯乳油1 500~2 000倍液、20%甲氰菊酯乳油1 500~2 000倍液、2.5%溴氰菊酯乳油1 500~2 000倍液、24%灭多威（快灵）水剂800~1 000倍液、52.25%氯氰·毒死蜱乳油1 500~2 000倍液等。

四、梨木虱

梨木虱是当前梨树的最主要害虫之一，主要寄主为梨树，以成、若虫刺吸芽、叶、嫩枝梢汁液进行直接危害，分泌黏液，招致杂菌，使叶片造成间接危害，出现褐斑而造成早期落叶，同时污染果实，影响品质。

1. 发生规律

在河北、山东1年发生4~6代。以冬型成虫在落叶、杂草、土石缝隙及树皮缝内越冬，早春2—3月出蛰，3月中旬为出蛰盛期。在梨树发芽前即开始产卵于枝叶痕处，发芽展叶期将卵产于幼嫩组织的茸毛内，如叶缘锯齿间、叶片主脉沟内等处。若虫多群集危害，有分泌黏液的习性，在黏液中生活、取食及危害。直接危害盛期为6—7月，此时世代交替。到7—8月雨季，由于梨木虱分泌的黏液招致杂菌，叶片产生褐斑并霉变坏死，引起早期落叶，造成严重间接危害。

2. 防治方法

（1）彻底清除树下的枯枝、落叶、杂草，刮老树皮，消灭越冬成虫。

（2）在3月中旬越冬成虫出蛰盛期喷洒菊酯类药剂1 500～2 000倍液，控制出蛰成虫基数。

（3）在梨落花80%～90%，即第一代若虫较集中孵化期，是梨木虱防治的最关键时期，选用20%螨克（双甲脒）1 200～1 500倍液、10%高渗双甲脒1 500倍液、10%吡虫啉3 000倍液、1.8%阿维虫清（齐螨素）2 000～3 000倍液或35%赛丹1 500～2 000倍液等药剂。发生严重的梨园，可加入洗衣粉等助剂以提高药效。

五、梨黄粉蚜

梨黄粉蚜也叫黄粉虫，以成虫、若虫群集于果实萼洼处危害，被害部位开始时变黄，稍微凹陷，后期逐渐变黑，表皮硬化，龟裂成大黑疤，或者导致落果，有时也刺吸枝干嫩皮汁液。

1. 发生规律

一年发生8～10代，以卵在果台、树皮裂缝、老翘皮下、枝干上的附着物上越冬，春季梨开花时卵孵化为干母。若蚜在翘皮下的嫩皮处刺吸汁液，羽化后繁殖。6月中旬开始向果转移，7月集中于果实萼洼处危害。8月中旬果实近成熟期，危害更为严重。8、9月出现有性蚜，雌雄交配后陆续转移到果台、裂缝等处产卵越冬。梨黄粉蚜喜欢隐蔽环境，其发生数量和降雨有关，持续降雨不利于其发生，而温暖干旱对发生有利。黄粉蚜近距离靠人工传播，远距离靠苗木和梨果调运传播。

2. 防治技术

（1）冬季刮除粗皮和树体上的残留物，清洁枝干裂缝，以消灭越冬卵；注意清理落地梨袋，尽量烧毁深埋；剪除秋梢，秋冬季树干刷白。

（2）梨树萌动前，喷5波美度石硫合剂1次，可大量杀死黄粉蚜越冬卵。

（3）4月下旬至5月上旬黄粉蚜陆续出蛰转枝，但此期也是大量天敌上树定居时，要慎重用药，最好用选择性杀虫剂如50%辟蚜雾水分散粒剂3 000倍液。5月中下旬、7—8月做好药剂防治，常用药剂有80%敌敌畏乳油2 000倍液，2.5%敌杀死乳油3 000～4 000倍液、90%敌百虫1 000倍液、20%杀灭菊酯乳油3 000～4 000倍液、10%吡虫啉乳油3 000倍液，15%抗蚜威1 500倍液。

六、梨二叉蚜

梨二叉蚜又名梨蚜，是梨树的主要害虫。以成虫、幼虫群居叶片正面危害，受害叶片向正面纵向卷曲呈筒状。被蚜虫危害后的叶片大都不能再伸展开，易脱落，且易招致梨木虱潜入。严重时造成大批早期落叶，影响树势。

1. 发生规律

梨二叉蚜 1 年发生 10 多代，以卵在梨树芽腋或小枝裂缝中越冬。翌年梨花萌动时孵化为若蚜，群集在露白的芽上危害，展叶期集中到嫩叶正面危害并繁殖，5—6 月转移到其他寄主上危害，秋季 9—10 月产生有翅蚜由夏寄主返回梨树上危害，11 月产生有性蚜，交尾产卵于枝条皮缝和芽腋间越冬。北方果区春、秋两季于梨树上繁殖危害，并且春季危害较重。

2. 防治方法

（1）发生数量不太大时，早期摘除被害叶，集中处理，消灭蚜虫。

（2）春季花芽萌动后、初孵若虫群集在梨芽上危害或群集叶面危害而尚未卷叶时喷药防治，可以压低春季虫口基数并控制前期危害。用药种类为：10% 吡虫林可湿性粉剂 3 000 倍液、20% 杀灭菊酯 2 000～3 000 倍、24% 万灵水剂 1 000～1 500 倍、2.5% 功夫乳油药剂 3 000 倍液等。

七、山楂叶螨

山楂叶螨又名山楂红蜘蛛，在我国梨和苹果产区均有发生。成螨、若螨和幼螨刺吸芽、叶和果的汁液，叶受害初现很多失绿小斑点，渐扩大成片，严重时全苍白，叶焦枯变褐，导致早期落叶，消弱树势。

1. 发生规律

北方果区 1 年发生 5～9 代，均以受精的雌成螨在树体各种缝隙内及树干附近的土缝中群集越冬。果树萌芽期开始出蛰，出蛰后多集中于树冠内膛局部危害，以后逐渐向外堂扩散，常群集叶背危害，有吐丝拉网习性。山楂叶螨第一代发生较为整齐，以后各代重叠发生。6—7 月高温干旱，最适宜山楂叶螨发生，数量急剧上升，形成全年危害高峰期。进入 8 月，雨量增多，湿度增大，其种群数量逐渐减少，一般于 10 月即进入越冬场所越冬。

2. 防治方法

（1）农业防治：结合果树冬季修剪，认真细致地刮除枝干上的老翘皮，并耕翻树盘，可消灭越冬雌成螨。

（2）生物防治：保护利用天敌是控制叶螨的有效途径之一。保护利用的有效途径是减少广谱性高毒农药的使用，选用选择性强的农药，尽量减少喷药次数。有条件的果园还可以引进扑食螨等天敌。

（3）化学防治：药剂防治的关键时期在越冬雌成螨出蛰期和第一代卵和幼若螨期，药剂可选用 50% 硫悬浮剂 200～400 倍液、20% 螨死净悬浮剂 2 000～2 500 倍液、5% 尼索郎乳油 2 000 倍液、15% 哒螨灵乳油 2 000～2 500 倍液、25% 三唑锡可湿性粉剂 1 500 倍液，喷药要细致周到。

八、二斑叶螨

二斑叶螨又叫白蜘蛛，属蛛形纲蜱螨目叶螨科。此虫以前危害程度轻，常常与山楂红蜘蛛混合发生。二斑叶螨主要危害叶片，在叶背面刺吸汁液，受害叶片先从近叶柄的主脉两侧出现苍白色斑点，随着危害的加重，叶片出现成片小的白色失绿斑点，后期变成灰白色至灰褐色，削弱或完全丧失光合作用，叶片焦糊、提早脱落。二斑叶螨具有吐丝结网、活泼、群居栖息、在网间爬行扩散的特性。

1. 发生规律

二斑叶螨在北方一年发生 12 ~ 15 代，梨萌芽时，越冬螨出蛰活动，4 月中旬黄金梨花期为出蜇盛期。冬螨出蛰后，先在树冠内膛部位的叶片上取食危害，然后逐步向外围扩散并产卵。5 月上旬为第 1 代卵孵化盛期。4—5 月气温低，繁殖较慢，危害较轻。5 月下旬至 6 月初，气温逐渐升高，6—8 月为该螨全年危害的高峰期，若遇干旱，则会大量暴发，猖獗危害。9 月气温下降，田间数量逐渐减少，10 月上旬出现越冬型成螨并寻找适宜场所越冬。

2. 防治方法

（1）物理防治：清除果园里的枯枝落叶和杂草，集中深埋或烧毁，消灭越冬雌成螨；保护和利用自然天敌，二斑叶螨的天敌有深点食螨瓢虫、暗小花蝽、塔六点蓟马、草蛉、捕食螨等 30 多种，对抑制叶螨有重要意义。

（2）药剂防治：二斑叶螨有两个关键防治时期，一个是梨树开花前后至落花后 1 个月内，此时二斑叶螨从树冠内膛向外围扩散，可选用 24% 螺螨酯悬浮剂 4 000 ~ 5 000 倍液、50% 四螨嗪悬浮剂 4 000 倍液、5% 噻螨酮乳油 2 000 ~ 2 500 倍液、20% 丁氟螨酯乳油 6 000 倍液等。从 4 月 20 左右开始防治，间隔 20 天连续防治 2 ~ 3 次，宜早不宜迟。6—7 月成螨盛发期是防治的第二个关键期，此期应选用杀成螨与杀卵活性好的药剂混合使用，提高防治效果。推荐使用 1.8% 阿维菌素 2 000 ~ 3 000 倍液 + 24% 螺螨酯悬浮剂 3 000 倍液、43% 联苯肼酯 5 000 倍液 + 20% 乙螨唑 3 000 ~ 4 000 倍液。

九、梨茎蜂

梨茎蜂又名折梢虫、截芽虫等，主要危害梨。成虫产卵于新梢嫩皮下刚形成的木质部，幼虫于新梢内向下取食，致使受害部枯死，形成黑褐色的干橛，是危害梨树春梢的重要害虫，影响幼树整形和树冠扩大。

1. 发生规律

梨茎蜂 1 年发生 1 代，以老熟幼虫及蛹在被害枝条内越冬，3 月上中旬化蛹，梨树开花时羽化，花谢时成虫开始产卵，花后新梢大量抽出时进入产卵盛期，幼虫孵化后向下蛀食幼嫩木质部而留皮层。成虫羽化后于枝内停留 3 ~ 6 天才于被害枝近基部咬一个圆形羽化孔，于天气晴朗的中午前后从羽化孔飞出。成虫白天活跃，飞翔于寄主枝梢间；早晚及夜间停息于梨叶反面，阴雨天活动甚差。梨茎蜂成虫有假死性，但无趋光性和趋化性。

2. 防治方法

（1）结合冬季修剪，剪除被害虫梢。成虫产卵期从被害梢断口下 1 cm 处剪除有卵枝段。生长季节发现枝梢枯槠时及时剪掉，并集中烧毁，杀灭幼虫。发病重的梨园，在成虫发生期，利用其假死性及早晚在叶背静伏的特性，振树使成虫落地而捕杀。

（2）喷药防治抓住花后成虫发生高峰期，在新梢长至 5 ~ 6 cm 时喷布 20% 杀灭菊酯 3 000 倍液或 80% 敌敌畏 1 000 ~ 1 500 倍液、5% 高氯·吡乳油 1 000 ~ 1 500 倍液等。

十、橘小食蝇

橘小食蝇俗称"蛀果虫"，属双翅目实蝇科，为杂食性害虫。成虫产卵于各类浆果内，幼虫孵出后群集于果肉内蛀食，使被害果未熟先黄，造成果实腐烂落果，严重影响水果的产量和品质。

1. 发生规律

在广东省 1 年发生 12 代，世代重叠，该虫的发育有卵、幼虫、蛹、成虫 4 种虫态。1 该虫以成虫产卵在果实上，一般选择开始膨大到成熟且硬度低于 90 度的果实产卵，雌成虫产卵 600 ~ 900 粒。适温下卵产在果肉内 2 ~ 3 天孵化成幼虫，幼虫取食果肉，造成烂果和落果。老熟幼虫随果落地在表土层化蛹，适温下蛹期 7 ~ 12 天。成虫羽化后经过 13 ~ 15 天的产卵期，性器官发育成熟后交配产卵。

2. 防治方法

果实采收后彻底清园，拣拾地上的落果和树上带虫果；在果树挂果期间，每 3 ~ 5 天清理一次落果，将清理的落果集中处理，可深埋、药水浸或用尼龙袋密封闷杀。性诱剂诱杀，毒饵诱杀，套袋防虫。成虫高峰期，可用 1.8% 阿维菌素 3 000 ~ 5 000 倍液或 90% 敌百虫 800 ~ 1 000 倍液加适量红糖喷雾于树冠上，喷药可隔行进行，每 7 天喷药一次，连续 2 ~ 3 次。

十一、康氏粉蚧

1. 发生规律

康氏粉蚧 1 年发生 3 代，以卵及少数若虫、成虫在被害树树干、枝条、粗皮裂缝、剪锯口或土块、石缝中越冬。翌春果树发芽时，越冬卵孵化成若虫，食害寄主植物的幼嫩部分。第 1 代若虫发生盛期在 5 月中下旬，第 2 代若虫在 7 月中下旬，第 3 代若虫发生在 8 月下旬，9 月产生越冬卵。早期产的卵也有的孵化成若虫、成虫越冬。成虫雌雄交尾后，雌虫爬到枝干、粗皮裂缝或袋内果实的萼洼、梗洼处产卵。产卵时，雌成虫分泌大量棉絮状蜡质卵囊，卵产于囊内，一头雌成虫可产卵 200 ~ 400 粒。

2. 防治方法

（1）人工防治：冬春季结合清园，细致刮皮或用硬毛刷刷除越冬卵，集中烧毁；或在有害虫的树干上，于9月绑缚草把，翌年3月将草把解下烧毁。

（2）化学防治：要求喷药均匀，连树干、根茎一起"喷淋式"喷布。喷药要抓住三个关键时期，一是在3月上旬，先喷80倍的机油乳剂+35%硫丹600倍液，3月下旬到4月上旬喷3～5波美度的石硫合剂，在梨树上这两遍药最重要，可兼杀多种害虫的越冬虫卵，减少病虫的越冬基数；二是在5月下旬至6月上旬第1代若虫盛发期及7月下旬至8月上旬第2代若虫盛发期，细致均匀地喷布杀虫剂。可用25%扑虱灵粉剂2 000倍液、50%敌敌畏乳油800～1 000倍液、20%害扑威乳油300～500倍液、20%氰戊菊酯乳油2 000倍液、25%阿可泰水分散颗粒剂5 000倍液、48%乐斯本乳油1 200倍液、52.25%农地乐乳油1 500倍液、99.1%加德士敌死虫500倍液、2.5%歼灭乳油1 500倍液，效果都很好；三是在果实采收后的10月下旬，在树盘距树干50 cm半径内喷52.25%农地乐乳油1 000倍液。

十二、日本龟蜡蚧

日本龟蜡蚧属同翅目蚧科，又名日本蜡蚧，在我国各地均有分布，主要寄生在木本植物上。日本龟蜡蚧主要以若虫和雌成虫针刺吸食汁液危害，密布于枝条、叶片，在生长期间排泄大量蜜露，诱发煤污病。受害树轻则长势衰弱，重则早期落叶，甚至整株枯死。

1. 发生规律

日本龟蜡蚧1年发生不超过2代，越冬形态是受精雌成虫，越冬地点是受害树木的枝条。翌年5月雌成虫开始产卵，卵期持续到6月下旬左右。雌雄分化始于8月中上旬。日本龟蜡蚧从9月上旬开始陆续由危害叶片转到危害固着枝条，直到秋后越冬停止。

2. 防治方法

采取物理、化学防治相结合的办法。根据雌成虫受精后在枝条上越冬的习性，可在树木落叶到春季发芽前，修剪发病严重的枝条。若虫开始出现（6月上中旬）时要加强调查，可选用25%噻虫嗪8 000倍液进行防治。若遇连续梅雨天气，错过防治最佳时期，则选用22%氟啶虫胺腈3 000倍液进行防治。

十三、茶翅蝽

茶翅蝽在东北、华北、华东和西北地区均有分布，以成虫和若虫危害梨、苹果、桃、杏、李等果树及部分林木和农作物，近年来危害日趋严重。叶和梢被害后症状不明显，果实被害后被害处木栓化，变硬，发育停止而下陷，果肉微苦，严重时形成疙瘩梨或畸形果，失去经济价值。

1. 发生规律

此虫在北方1年发生1代，以成虫在果园附近建筑物上的缝隙、树洞、土缝、石缝等处越冬，北方果区一般5月上旬开始出蛰活动，6月份产卵于叶背，卵多集中成块。6月中下旬孵化为若虫，

8月中旬为成虫盛期，8月下旬开始寻找越冬场所，10月上旬达入蛰高峰。成虫和若虫受到惊扰或触动即分泌臭液，并逃逸。

2. 防治方法

（1）人工防治：在春季越冬成虫出蛰时和9、10月成虫越冬时，在房屋的门窗缝、屋檐下、向阳背风处收集成虫；成虫产卵期，收集卵块和初孵若虫，集中烧毁。

（2）套袋栽培，自幼果期进行套袋，防止其危害。

（3）在越冬成虫出蛰期和低龄若虫期喷药防治，药剂可选用50%杀螟松乳剂1 000倍液、48%毒死蜱乳剂1 500倍液、20%氰戊菊酯乳油2 000倍液或5%高氯·吡乳油1 000~1 500倍液，连喷2~3次，均能取得较好的防治效果。

十四、梨冠网蝽

梨冠网蝽又称梨网蝽，俗称军配虫，属半翅目网蝽科，主要危害梨树叶片，以成虫和若虫在叶片背面刺吸汁液危害。该虫除了危害梨树外，还可以危害苹果、香蕉。

1. 发生规律

此虫在华北地区1年发生3~4代，以成虫在落叶、杂草、树皮缝和树下的土块缝隙内越冬，梨树展叶时开始活动，产卵于叶背面叶脉两侧的组织内。若虫孵化后群集在叶背面主脉两侧危害，由于成虫出蛰很不整齐，世代重叠。一年中7—8月危害最烈，10月中下旬成虫开始寻找适宜场所越冬。

2. 防治方法

（1）诱杀成虫：9月成虫下树越冬前在树干上绑草把，诱集成虫越冬，然后解下草把集中烧毁。

（2）清园翻耕：春季越冬成虫出蛰前，细致刮除老翘皮。清除果园杂草落叶，深翻树盘，可以消灭越冬成虫。

（3）喷药防治：在越冬成虫出蛰高峰期及第一代若虫孵化高峰期及时喷药防治，药剂可选用80%敌敌畏乳油1 000倍液、48%乐斯本乳油1 500~2 000倍液、20%氰戊菊酯乳油2 000倍液。

十五、麻皮蝽

麻皮蝽又称黄斑蝽、麻蝽象、麻纹蝽、臭大姐，主要以成虫和若虫刺吸危害果实，果实整个生长期均可受害。果实受害处表面凹陷，内部组织石细胞增多，局部停止生长，果面凹凸不平，果实变硬、畸形，形成疙瘩梨，丧失商品价值。除梨树外，该虫还可以危害桃、李、杏、枣等果树。

1. 发生规律

麻皮蝽在北方果区1年发生1代，以成虫在枯枝落叶下、草丛中、树皮裂缝、梯田堰坝缝、围墙缝等处越冬。翌年果树萌芽后逐渐开始出蛰活动，先在其他寄主植物上危害，5月中旬左右开始进入梨园。成虫 5 月中下旬开始交尾产卵，6 月上旬为产卵盛期，卵多呈块状产于叶背。6 月初逐渐见到若虫，初龄若虫常群集叶背，2、3 龄才分散活动，7—8 月羽化为成虫。成虫飞翔力强，喜于树体上部危害，有假死性，受惊扰时会喷射臭液。

2. 防治方法

结合防治时期及时用药，最好选用速效性好、击倒力强的药剂，如 48% 毒死蜱乳油 1 200 ~ 1 500 倍液、40% 毒死蜱可湿性粉剂 1 000 ~ 1 200 倍液、90% 天多威（快灵）可溶性粉剂 3 000 ~ 4 000 倍液、24% 灭多威水剂等。

十六、桑天牛

桑天牛，属鞘翅目天牛科，又称粒肩天牛，褐天牛，俗名水牛、"铁炮虫"，主要危害苹果、梨、桃、樱桃等果树。桑天牛成虫产卵于枝干上，产卵处被咬成"U"形伤口，幼虫在枝干内蛀食木质部，被害枝干上有一排几个或十几个排粪孔，往外排泄虫粪，严重者致枝干或整株枯死。

1. 发生规律

该虫 2 ~ 3 年发生 1 代，以幼虫在枝干内越冬。树体萌动后开始危害，落叶时休眠越冬。6 月中旬至 8 月中旬成虫出现，7 月上旬雨后最多。成虫啃食枝条表皮、叶片和嫩芽。多在傍晚和早晨产卵，卵主要产在直径 2 cm 以上的枝条表面，产卵前先将皮层咬成"U"形伤口，产 1 粒卵于其中，卵期 10 ~ 14 天。

卵孵化后，先向上蛀食枝条 10 mm 左右，然后蛀入木质部向下蛀食，隧道较直，内无粪便堵塞。老熟幼虫于第 3 年 5—6 月以木屑堵塞孔道两端，于内化蛹，经 2 周羽化为成虫。凡枝干上有新鲜虫粪的蛀孔，就有幼虫在内危害。

2. 防治方法

人工杀死幼虫或者保护利用天敌，如利用啄木鸟、马尾姬蜂等消灭天牛，有条件的果园也可人工释放管氏肿腿蜂。生长期间，若树干或树枝上发现新鲜排粪孔，用注射器注入 50% ~ 80% 敌敌畏乳油 5 ~ 10 倍液或 50% 辛硫磷乳油 50 倍液 10 mL，然后用棉花或泥团堵塞孔口，熏杀幼虫，也可用药棉球、毒签等塞入虫孔，毒杀幼虫，或用 1 粒磷化铝片剂（0.2 g）塞入新虫粪孔内，并用黏泥封闭。

十七、蚱蝉

蚱蝉俗称知了，又名秋蝉、黑蝉、哑胡子等，属同翅目蝉科，在全国各地均有发生，可危害苹果、梨、桃、李、杏、樱桃、枣等多种果树。

1. 发生规律

蚱蝉 4 ~ 5 年完成 1 代，以卵在枝条内或以若虫在土中越冬。若虫一生在土中生活。6 月底老熟若虫开始出土，通常于傍晚和晚上从土内爬出，雨后的土壤柔软湿润，晚上出土较多，然后爬到树干、枝条、叶片等处脱皮羽化。7月中旬至8月中旬为羽化盛期，成虫刺吸树木汁液，寿命60~70天，7月下旬开始产卵，8月上中旬为产卵盛期。雌虫先用产卵器刺破树皮，将卵产在1~2年生的枝梢木质部内，每个卵孔有卵6~8粒，一根枝条上产卵量可达90粒，造成被害枝条枯死，严重时秋末常见满树枯死枝梢。越冬卵翌年6月孵化为若虫，然后钻入土中危害根部，秋后向深土层移动越冬，翌年随气温回暖上移刺吸根部危害。

2. 防治方法

人工捕捉出土若虫，在果园及其周围所有树木主干中下部缠绕5 cm左右的塑料胶带，或包扎1圈宽5~10 cm的塑料薄膜，阻止若虫上树；利用成虫较强的趋光性，用灯、火诱杀；剪除产卵虫梢，保护利用天敌捕食蚱蝉。在成虫产卵始、盛期，喷45%~48%毒死蜱乳油1 200~1 500倍液，或2.5%溴氯菊酯（敌杀死）乳油2 500倍液，或20%氰戊菊酯（速灭杀丁）乳油2 000~3 000倍液，或20%杀灭菊酯乳油2 000~3 000倍液，或20%甲氰菊酯（灭扫利）乳油2 000~3 000倍液等杀灭成虫。

第四节 鸟害发生及防控

鸟类对果树果实、嫩叶、嫩枝进行啄食、蹬踏，被啄食果实破损、腐烂、掉落，并诱发多种病虫害等次生危害，尤其是山区、丘陵区的果园，即使果实套双层纸袋，也不可避免被啄破纸袋啄食果肉，严重的果园年损失率高达50%。

一、梨园鸟害种类

常年在我国南北方地区梨园中活动的鸟类有20余种，如山雀、麻雀、山麻雀、画眉、乌鸦、大嘴乌鸦、喜鹊、灰喜鹊、灰树鹊、云雀、啄木鸟、戴胜、斑鸠、野鸽、堆鸡、八哥、想思鸟、白头翁、小太平鸟、黄莺、灰掠鸟、水老鹳。南方地区危害梨的鸟类主要是山雀、白头翁等，北方地区则主要是麻雀、灰喜鹊等。

二、鸟害发生时间和取食习惯

在果树生长期均能造成危害，尤其是果实近熟期至成熟期，一天中有2个危害高峰期，即黎明和傍晚前后。在鸟害发生严重的地区，经常会有成群的鸟类集体侵袭。

三、鸟害防控措施

鸟类危害果园纵然可恶，但它们在危害果园的同时，又是果园及农田害虫的重要天敌，在大自然生态链（平衡）中扮演着重要角色。因此，鸟类只可驱赶而不能伤害，使用粘鸟网、人工捕杀、毒杀等方法不可取。

1. 生物防治

生态驱鸟，结合鸟，类学和生态学的原理，采用物种生物链控制鸟害，常见手段有修剪草坪和杀灭草地昆虫，降低附近区域对鸟的吸引力；种植驱鸟草，使鸟类吃了消化不良而离开；训练猎鹰等猛禽，利用食物链中的天敌吓走鸟类。一些动物如鹰、虎等的粪便的特殊气味会激发鸟类对天敌的恐惧，也被证实具有吓走鸟类的效果。生态驱鸟，从草、虫、鸟三方面关系入手，以自然规律为基础，实现对鸟类生存环境生态化调控，能够对鸟害事件科学控制，更符合新时代背景下绿色、环保、可持续的主题，可实现从源头治理鸟害。但是生态驱鸟是一个长期的过程，这种培养生态的方法无法实现立竿见影的效果。

2. 化学刺激气味驱赶

利用驱鸟剂、樟脑丸等物质的特殊气味驱赶鸟类。驱鸟剂主要成分为天然香料，将驱鸟剂悬挂于梨树上或用水稀释喷雾，可缓慢持久地释放出一种影响鸟类中枢神经系统的清香气体，使鸟类产生不适应感而飞离果园。樟脑丸散发气味，可使鸟类避开果实。将樟脑丸用纱布包成小包，每包放置 3~4 粒，一般每棵梨树挂 1~2 包，于果实近成熟或者是套袋果去除果袋后，悬挂在树梢顶端。气味驱鸟操作相对简单，不伤害鸟类，切记一定要选用正规厂家生产的驱鸟剂和质量好、气味浓的樟脑丸。

3. 物理恐吓

驱鸟器主要指旋转式风力驱鸟器和太阳能超声波驱鸟器，不仅可以利用使鸟类恐惧、愤怒的声音驱赶鸟类，还能利用这些声音吸引天敌。此外，旋转式风力驱鸟器还装有镜片，可反射阳光，以达到驱鸟效果。该法性价比高，作用面积大，可广泛用于果园和大田驱鸟，驱鸟效果比较好。

4. 人工驱鸟

果农可以抓住鸟在黎明、中午和傍晚这三个啄食严重的时间段，定时来果园驱赶鸟，一个时间段重复多次驱赶，能收到较好的效果。这个方法比较费工，适合离家近且种植面积小的果园。

5. 声音驱鸟

在果园安装能发出鸟类天敌、爆竹声音的设备，如鹰叫声、鞭炮声、敲打声等，不定时大音量播放，也可以购买专业智能语音驱鸟器，可以持续有效驱鸟，最大有效面积可达 3.3 hm²，目前已成功应用在樱桃、葡萄、苹果、梨及粮食等作物上，驱鸟效果较好。音响设备应安装在果园的周边和鸟类入口处，以利用风力和回声增大声音，增强驱赶效果。

6.置物驱鸟（稻草人）

在果园中放置假人，或悬挂一面为银色、一面为红色的彩带等悬浮物，彩带随风抖动，可在短期内防止鸟类入侵。该方法简单，节省人力，又不伤害鸟类，可结合套袋、音响等驱鸟，增强防效。

7.栽培措施

（1）果实套袋防鸟：在果实进入成熟期前，对果实进行套袋处理，既能防病虫、减少农残和尘土污染，也能在一定程度上防止麻雀等小鸟对果实啄食、啄伤或因啄掉落。该法对小鸟防效较好，但像灰喜鹊、乌鸦等体型较大的鸟类，即使套双层袋也难免被啄食，摘袋后更避免不了鸟害发生，所以要结合其他方法进行。

（2）架设防鸟网：架设防鸟网防鸟害效果最好，冰雹频发的地区，调整网格大小，将防雹与防鸟害结合设置，是一种一举多得的好措施。防鸟网不同于粘鸟网，不伤害鸟类且效果好。防鸟网既适用于大面积的果园，也适用于小面积的果园。由于鸟类对光、色辨识能力差，最好使用白色及红色材料，让鸟清晰地看到有网而自动退却。

参考文献

许帼英，彭彬，张彦萍，等.梨小食心虫成虫发生期监测及药剂防治试验［J］.中国森林病虫，2021，40（3）：26-30.

张勇，李哲，王宏伟，等.套袋梨黄粉蚜的发生规律与防治技术研究进展［J］.落叶果树，2015，47（1）：17-20.

朱学松，刘英，戴实忠，等.3种药剂对苹果园橘小实蝇的防治试验［J］.云南农业科技，2021（3）：9-10.

第九章

梨园管理机械装备与应用

第一节　梨园耕作机械

　　果园机械化不仅是水果产业发展的重要组成部分，也是农业现代化的重要组成部分。果园机械可以大幅减轻果农的劳动强度，提高生产效率，节约资源与劳动成本，提高经济效益。近年来，随着国内劳动力资源匮乏且价格逐年升高，果园规模化发展和规范化管理的要求日益迫切，果园机械化管理的重要性日益突显。由于我国果园作业机械研究起步较晚，适宜果园机械化作业的基础设施较差，果树种植模式改造、品种更新与标准化建设发展较慢，全国果园综合机械化率依然在30%以下。绝大多数的老果园、丘陵地区果园都未很好地实现机械化和自动化作业，果园高效、省力化的管理装备与技术依然是当前研发重点。随着我国农业产业结构的调整，丘陵山区宜机化改造，果园栽培模式的优化、果园种植管理正逐步向规模化和规范化方向发展，果园作业机械的研发与应用前景广阔。

　　国家梨产业技术体系机械化功能研究室多年围绕果园全程机械化进行关键技术与装备研发，创制了疏花机、有机肥深层混施机、电动/全液压多功能平台、果园风送喷雾机、避障割草机等多种关键装备，基本构建了果园机械化管理技术体系，并在典型区域打造了样板示范工程，除套袋、采摘环节，实现了机械装备集成与农艺规范融合应用，示范园区果园节约劳动力60%以上。"十四五"期间将在典型区域打造更多样板示范工程，推动果园机械化水平快速提升。同时，在前期研发的成果基础上，研发智能变量施肥机，除草机器人，基于无人机的智能化授粉与植保，智能采摘、套袋机器人等智能、智慧农机装备，推动果园机械化向智能化升级。

　　果园自建园开始到田间管理，土壤耕作是必不可少的作业环节。土壤耕作主要包括土地平整、开沟、施肥、中耕除草和灌溉等作业，可有效改良土壤物理状况，提高土壤孔隙度，加强土壤氧化作用，调节土壤中水、热、气、养的相互关系，并在一定程度上消灭杂草、病虫害等，为果树生长创造良好的土壤条件。建园初期主要采用推土机进行平整建园场地、修筑梯田、铲除灌木、推运土料、填平沟穴等作业；采用挖掘机挖出树桩、清理坡道、开挖水池水渠设施等，更普遍用于果树定植挖穴。推土机、挖掘机广泛应用于工程领域，属于工程机械，在此不做详细介绍。本章重点介绍果园生产管理环节所涉及的开沟机、撒肥机、割草机、节水灌溉系统以及苗圃管理机械。

一、果园开沟机械

1. 果园开沟技术与机械应用现状

果园管理中开沟施肥是一项必需的作业工序，施肥的具体位置和数量都会对果树的生长等产生重要影响。为了促进果树长梢、开花及结果，一般秋季在果树树冠外缘的正下方进行开沟深施基肥作业。根据树龄大小，开沟施肥位置一般距离果树树干 60 ~ 80 cm，开沟宽度 30 ~ 40 cm，开沟深度 40 ~ 50 cm，有机肥施肥量 2 ~ 3 t/666.7 m^2。

我国果园开沟机、施肥机研制起步较晚，在充分参考学习国外机型的基础上，国内相关科研院所和企业研发了一批适用于我国果园现有栽培模式的新型、实用、省力的开沟机，开发的机型有链式、轮盘式、螺旋式和旋耕式，可显著提高劳动效率、减轻劳动强度。链式开沟机是目前适应性强、性能稳定可靠的机型，其开沟整齐，单链式挖较窄的沟，双链式可挖较宽的沟，具有代表性的是美国 Ditch Witch 公司以及国内高唐海程机械有限公司生产的链式开沟机。

（1）开沟机械简介与类型：开沟机的种类繁多，依据其执行部件运动方式可分为固定型、旋转型和非连续运转型三大类，其发展历经铧式犁开沟机、圆盘式开沟机、螺旋式开沟机和链式开沟机等过程演变。下面介绍采用这 4 种开沟技术的开沟机工作原理（表 9-1）。

表 9-1　不同类型开沟机简介

开沟类型	开沟机工作原理及其特点	作业部件结构示意图
铧式犁开沟机	在动力机械的牵引下，铧式犁的主犁体切削土壤，完成开沟作业。具有结构简单、效率高、工作可靠、成本低等优点，但如果遇到土质较硬的土壤，很难保证沟形，结构笨重，功耗大	
圆盘式开沟机	动力系统带动 1 个或者 2 个铣刀盘高速旋转，铣刀盘切削土壤进行开沟作业，并将土壤抛撒在沟渠的一侧或者两侧。双圆盘式开沟机开出的沟断面呈上口宽、沟底窄的倒梯形。具有牵引阻力小、适应性强、碎土能力强、所开沟壁平整等优点，但结构复杂，制造工艺要求高，效率低	
螺旋式开沟机	锥螺旋是螺旋式开沟机的主要工作部件，动力通过减速装置传到锥螺旋，利用其旋转一次实现对土壤的切削、提升、抛撒等工序，从而实现开沟作业。具有结构简单、所开沟壁平整、残土较少等优点，但是刀片容易磨损，刀片的加工和更换都不方便，工作部件尺寸偏大	

（续表）

开沟类型	开沟机工作原理及其特点	作业部件结构示意图
链式开沟机	链轮转动带动链条传动，链条上的链刀切削土壤，链条将被切下的土壤传送至螺旋排土器；螺旋排土器将土壤推至沟渠的一侧或两侧，进而达到开沟目的。链式开沟机结构简单，效率高，所开沟壁整齐，沟底不留回土，易于调节沟深和沟宽，适于开窄而深的沟渠，但刀片易磨损，功耗大	

（2）国内外相关技术与装备

①国外果园开沟机械化技术现状。发达国家对开沟机研究较早，技术较为成熟，且果园的标准化程度高，农机与农艺结合较好，目前其果园行沟施肥已经全部实现机械化作业。根据果园地形、面积的不同，其开沟机械化技术发展方向也不相同。地形较为平坦的果园，果园施肥开沟多采用大型开沟机作业，以保证作业质量和较高工作效率。

美国凯斯公司研制的 CASE860 型链式开沟机采用 CAT 发动机，将多级变速器应用于传动系统。为了实现高深度挖掘，该机采用高扭矩低速度的设计，可提高机具的生产力，延长切割刀齿的使用寿命。美国 Vermeet 公司生产的 T-1255 型链式开沟机，其功率高达 400 kW，采用双马达驱动，还配备了恒温控制液压油散热器等先进装置。该机通过 VermeetTEC2000.2 计算机辅助控制系统将独立元件集成为几个简单的控制按钮，驾驶员只需扳动开关就能实现开沟链刀自动进刀，避免了由于手动操作失误而造成开沟刀链失速或者发动机过载等问题。美国 DITCHER 生产的 DRENAG-50-70-100/120 圆盘式开沟机，开沟所需功率达 68 kW，工作时需要由 75 kW 以上功率的拖拉机牵引，该开沟机最大开沟深度可达 100 cm，作业速度 0.4 ~ 1.6 km/h。对于山地丘陵果园，果园开沟主要采用小型链式开沟机或者挖掘机，如日本的 LT-800 链式开沟机整机体型较小，匹配功率为 5 ~ 8 kW，开沟深度最大可达 80 cm，宽度 27 cm，比较适合在山地丘陵等地形不平坦的果园中作业。

国外开沟机正朝着专业化、系列化、标准化、多样化及智能化等方向发展。但是，国外开沟机械更趋于专机专用，当不需要开沟时只能闲置，而且国外生产的大多是大型开沟机械，并不适合在中国密植果园中作业。因此，在学习国外先进设计理念的同时要注意对其进行改进和优化，使之适合中国的实际情况。

②国内果园开沟机械化技术现状。我国开沟机的研制起步较晚，相比发达国家还有一定差距。20 世纪 50 年代，我国开始应用铧式犁开沟机，最初的机具设计简单、结构笨重。1975 年，我国农垦系统从意大利菲亚特公司引进了 FLAT 系列旋转圆盘式开沟机，由于其性能优于铧式犁开沟机，在当时掀起了一股研制圆盘式开沟机的热潮。20 世纪 80 年代，螺旋式开沟机兴起并得到了一定的发展，随后链式开沟机也开始在国内崭露头角，并成为目前应用最为广泛的机型。

云南大学张汝坤、吴福明等研制的 1KS-22 型双轴开沟机，采用双轴立式结构，工作时两组刀片同时正反高速旋转，上、下分段切抛土壤，使土壤更加细碎，因此对不同土质的适应性更强；其切削土壤时产生的力偶平衡，提高了机组作业时的稳定性，走直性好。该机和中型轮式拖拉机配套使用，解决了开沟机动力不足的问题，提高了作业效率及作业质量，符合现代农业对开沟机的要求。汪春林设计的 1KSH-15 型开沟机将刀盘和刀片装于与拖拉机配套的旋耕机上，工作时由6 把弯刀旋转切削土壤并把土壤向左右两边抛出，两把侧刀片切出沟壁，铲刀铲平沟底，并能一次完成开沟、覆土等作业，该机具有结构简单、通过性好、开沟效果好等特点。天津市静海区兴盛机械有限公司研制的 1K-17 链式开沟机应用比较广泛，与常规链式开沟机相比，其拥有独立的液压悬挂系统。该机可以通过改变传动比实现行走速度和作业速度的不同，行走时通过连接拖拉机的 V 带实现快速行走，作业时则使用链条传动实现低速行走。湖南农业大学叶强、谢方平等研制的葡萄园反转双旋耕轮开沟机，采用旋耕刀反转的开沟方式，抛出的土壤在挡土导流板的作用下，落在沟的两侧；所开沟的深度可以通过导向轮进行调节，挡土导流板的角度可以通过机架上的调节装置进行调节，以保证被抛出的土壤能够落在沟的两侧；安装在变速箱下面的小清沟犁，能够将漏耕的地带犁碎，减少了沟中的残土。该机的开沟深度达 50 cm，能够满足葡萄园开沟的农艺要求。但是，由于受到果园规模、果农购买力、果园种植模式等因素的制约，仅有少数标准果园以及果业公司配备了开沟机等农业机械。水果非优势产区的水果生产机械化水平低的原因在于果园规划较差、规模较小和小型开沟机发展不完善等。

③国内外果园开沟机代表性机型（表 9-2、表 9-3）：

表 9-2　国内 4 种形式开沟机性能参数

型式	机型照片	性能特点	生产厂家
链式开沟机		开沟宽度和深度可调，适应性好，能耗低。机具外形尺寸小，配套功率 13～735 kW 低速爬行挡，开沟宽度 10-60 cm，开沟深度 0～200 mm，作业速度 150～600 m/h	高唐县海程工程机械有限公司
轮盘式开沟机		开沟宽度和深度受铣盘直径和厚度限制，且能耗较高，机具外形尺寸较大。配套 22～735 kW 低速爬行挡，开沟宽度 10～30 cm，开沟深度 0～120 cm，作业速度 150～300 m/h	高唐县海程工程机械有限公司
螺旋式开沟机		开沟宽度受螺旋刀直径限制，整机机架尺寸大，能耗高，且旋抛土壤于回填沟中，施肥时需再次清理。配套功率 22～84 kW，低速爬行挡，开沟宽度 20～80 cm，开沟深度 0～150 cm，作业速度 100～300 m/h	徐州鑫田打沟机制造有限公司

（续表）

型式	机型照片	性能特点	生产厂家
小型旋耕开沟机		外型尺寸小，机具作业灵活，开沟时需往复作业，且开沟深度受限。配套功率 3.6 ~ 6.6 kW，开沟宽度 10 ~ 50 cm，开沟深度 12 ~ 35 cm，作业速度 0.2 ~ 0.5 m/s	山东华兴机械股份有限公司

表 9-3　美国 Ditch Witch 开沟机基本技术参数

型号	机型照片	技术特点
C12		采用偏置后轮胎和枢转后轮设计，具有更好的操作性和更平稳的操作。配套功率为 9 kW，最大开沟深度 60 cm，作业速度 0.61 m/s，轮胎式底盘
C16		采用 CX 履带设计，整机反应灵敏、转向灵活、适应性强，配套功率为 12 kW，最大开沟深度 91.44 cm，履带式底盘
RT45		采用直接耦合的高扭矩挖掘链条电动机以及 Tier4 发动机，动力强劲，工作可靠。配套功率为 37 kW，最大开沟深度 150 cm，作业速度 2.11 m/s，轮胎式底盘
RT125		装备有巡航控制系统，能感应发动机负载，并自动调整地面驱动速度，实现最大生产。配套功率为 90 kW，最大开沟深度 239 cm，最大作业速度 3.58 m/s，轮胎式底盘

2. 果园开沟的农艺要求与规范

果树根系的功能是吸收水分和养分，主要靠细小的毛细根，因此把肥料施在毛细根较多的区域才能发挥最大的作用。毛细根在土壤中的分布，纵向来说，80% 分布在土壤表层 60 cm 内，矮化果树要浅一些；横向来说，因管理不同有区别，但丰产园多数在树冠投影的边缘内侧。所以肥料浅层深层都要用，但秋季应适当加深，一般开沟深度在 30 ~ 50 cm，乔化大冠树深一点，矮化树浅一点。横向开沟，对于大树宜开在树冠投影边缘内侧，幼树宜开在树冠投影边缘外侧。一般情况下开沟位置距离树干 50 ~ 80 cm，开沟宽度 30 ~ 40 cm。如果想让果树根系分布区的土壤既深松又透气，就应该进行深挖改土，以改变坚硬的犁底层和黏土层，让果树的根系可以更好地向更深的土壤延伸。

（1）典型适用机型简介与性能指标：国家梨产业技术体系耕作机械化岗位科学家研发的 3FKG-50 链式开沟（深松）机利用链条带动多把锯齿刮刀对土壤进行逐层小进距刮削，实现宽深土层的上下粉碎与搅拌，以达到土壤深松、土肥深层均匀混合的效果；链条偏置式设计，最大限度加大拖拉机驾驶员与果树的横向距离，以防止果树枝干干扰机具前进；扩土刮刀长度能够根据深松宽度要求进行更换，以适应不同作业需求。该机型基本技术参数如表 9-4 所示。

表 9-4　3FKG-50 链式开沟（深松）机基本技术参数

型号	开沟深度 /cm	开沟宽度 /cm	配套功率 /kW	作业效率 /m·h⁻¹	土肥混合均匀度
2FKG-50	0 ~ 60	35-40	≥ 36.7	> 218	纵向分布 > 91%

高密市益丰机械有限公司研制出系列自走式多功能施肥机，其基本技术参数如表 9-5 所示。多功能施肥机主要用于果园开沟施肥，兼顾旋耕、喷药、除草、园区开沟排水作业。该机体积小，操作灵便，可原地转向，包含 6 个前进挡位和 2 个倒退挡位，在机器左侧手动操作；动力采用时风单缸水冷柴油机，开沟传动箱内全部为齿轮传动，结实耐用。该机施肥量为 0 ~ 6 L/m，作业速度 7.5 ~ 20 m/s。该机优点：采用螺旋输送器强制排肥，肥量可调，不易堵塞；行走采用橡胶履带，具有良好的行走直线性和通过性。

表 9-5　自走式多功能施肥机基本技术参数

型号	开沟深度 /cm	开沟宽度 /cm	配套动力 /kW	施肥深度 /cm	整机尺寸（长 × 宽 × 高）/cm
2F-30-A	0 ~ 35	30	20.6	20 ~ 35	249×100×75
2F-30-B	0 ~ 35	30	25.7	20 ~ 35	249×100×92
3DT-40	0 ~ 35	35	29.4	0 ~ 30	270×102×90

（2）果园链式开沟 / 深松机使用技术要点

①配套拖拉机须是 36 kW 以上大棚王系列，配有液压提升装置和低速爬行挡。

②机具使用前先将拖拉机 PTO 启动，并将链条运行速度稳定到一定的数值，然后控制拖拉机液压系统将升起的链条机构缓慢下放，使得链条深松机切割土壤至合适深度，最后启动拖拉机缓慢前进。拖拉机前进速度不能过快，以防止链条不能及时切割土壤而造成拖拉机熄火。

③链条深松机配合有机肥大流量条施机，在距离树干 60 ~ 80 cm 的位置作业，且作业过程中注意园间树枝及棚架的阻挡干扰，保护拖拉机手行驶安全。

④机具应在偏沙性的土壤中作业，地下不要有大型石块。机具使用后，注意及时清理链条间泥土，防止泥土干化后固化链条，妨碍机具下一次正常使用。

二、肥料施用机械

1. 梨园施肥技术与机械应用现状

梨园土壤有机质含量对果树花芽的形成、果实生长发育、果实着色等都有重要影响。现阶段果园基肥主要的施用方式有撒肥、开沟施肥、挖穴施肥。国外果园土地肥沃、土壤有机质含量高，基肥多采用撒施的方式。我国果园土壤有机质含量低、土地贫瘠，基肥普遍采用开沟或挖穴的施肥方式。撒肥作业先将肥料撒施于地表，后用旋耕机将肥料旋入土壤中，开沟施肥作业可一次同时完成开沟、施肥和覆土作业；挖穴施肥一般先使用挖穴机进行挖穴，再人工施肥覆土。不同的施肥方式，其农艺要求也不同。

欧美国家对梨园施肥相当重视，固体厩肥多经过处理，液态施用较多，施用的方法多与施液态氮肥相同，采用注入法施入果树植株两侧。有些施肥机装在高架底盘上可同时施2行或4行。前苏联研制的 YOM-50 型及近年来生产的固体厩肥施肥机，将肥料装入可自动倾斜的肥料箱内，肥料靠自重流到固定肥料箱的输送链上，通过输送链的输送落入开沟器开的沟内，并用覆土镇压器覆土。也有采用播撒方式的，直接将有机肥撒到树盘区域。有些国家采用灌溉施肥法，在果园地下铺设管道，结合喷灌和滴灌，实现了肥水一体化管理。撒肥机经过几十年的发展，国内外的机型均已具备技术先进、功能完善、结构复杂的特点，已经达到较高的技术水平，并向大型化、智能化发展，有离心圆盘式撒施机、桨叶式撒施机、甩链式撒施机、锤片式撒施机、拨齿式撒施机和螺旋式撒施机等。其中，离心圆盘式、桨叶式与锤片式应用比较广泛。

2. 施肥机械简介与类型

（1）离心式撒肥机：离心式撒肥机是根据离心式排肥器的原理设计的，其工作原理是高速旋转的物体具有离心力，主要由牵引机架、动力传递装置、肥箱、排肥盘、肥量调节机构、运输轮等部件组成，由牵引机械的动力输出轴通过动力传递装置带动排肥盘旋转将化肥撒出。离心式撒肥器的排肥盘叶片有直形和弯形，叶片数目2~6个不等，在一个排肥盘上安装不同形状和角度的叶片，使各叶片排出的化肥远近不同，提高排肥的均匀性。离心式撒肥器的工作过程可分为两个阶段：第一阶段，化肥颗粒在叶片的作用下在排肥盘上运动；第二阶段，化肥颗粒离开排肥盘抛撒出去。实验研究表明，在一定范围内，化肥颗粒的初速度越大，抛撒距离越远。但当初速度达到一定数值后，抛撒距离不再增大。根据排肥盘的数量，主要有单盘和双盘两种结构，适用于平地、坡地、丘陵等不同条件地区的地表作业。离心式施肥机具有机动性好、结构简单、重量轻、操作方便、撒肥均匀、播幅和播肥均可调节、撒施范围大、作业效率高等特点，是欧美国家普遍采用的一种撒肥机械。

（2）螺旋式撒肥机：螺旋式撒肥机采用双螺旋输送器，较好地保证物料抛撒的均匀性和连续性。工作时，左侧螺旋输送器将物料向前推向卸料口，右侧的高位螺旋输送器将物料推向后方的同时持续喂入左侧螺旋输送器。当物料运动至锤片卸料口时，锤片将物料撕碎、粉碎，并且自下而上将物料均匀地、有节律地抛撒。该机型始终保持物料处于水平状态，并防止架空和挤压，适应性强，可抛撒有机肥、农家肥、秸秆等多种物料。

（3）开沟投肥一体式施肥机：我国普遍采用基肥深施的方式，为了减少作业次数，提高作业效率，研发了双行开沟投肥一体机。该机型主要由机架、肥箱、开沟装置、排肥 / 输肥 / 导肥装置组成。工作时，施肥机在拖拉机的牵引下前进，开沟刀盘转动，慢慢切入土壤并将土抛起；有机肥或者化肥分别由排肥刮板、螺旋输送器排出，经导肥板落入所开的沟槽中。同时，开沟刀盘安装的罩壳将开沟刀抛出的土挡住，使其落回至已开沟投肥的区域，将沟槽回填覆盖，实现了开沟、施肥、覆土一体化作业。该机型双行开沟施肥作业，效率高；开沟深度可实时检测并调节，开沟一致性好；开沟的距离可以根据树龄和园艺要求调节，适用范围广；基肥、化肥混施，施肥量可以根据果树生长状态调节。该机型功能复杂，所需动力大，整机尺寸大，不适合行距小、传统密闭的果园。

（4）国内外相关技术与装备：山东天盛机械科技股份有限公司研发了 2FGH 系列双竖螺旋撒肥机、2FGB 系列双盘农家肥撒肥机、2FZB 系列自走式撒肥机，代表机型基本技术参数如表 9-6 所示。整机工作时，通过液压马达驱动旋转盘、链式输送带或螺旋撒肥器转动，实现肥料撒施作业，撒肥器转速无级可调，从而实现肥料撒施宽度可调。所有机型采用刮板式输肥，不起拱，不挤压，适应性强，可撒施各种干湿粪肥、有机肥、农家肥、颗粒肥等肥料。

表 9-6　天盛系列撒肥机产品基本技术参数

型号	最大装载量 /m³	配套动力 /kW	整机尺寸（长 × 宽 × 高）/m	播撒宽度 /m
2FZGB-1.5SL	1.5	22	4.3 × 1.4 × 1.6	2 ~ 4
2FZGB-2.0A	2	33	4.3 × 1.7 × 1.6	8 ~ 15
2FGH-8HB	8	60 ~ 75	4.8 × 1.8 × 1.0	> 2
2FGB-9Y	9	≥ 66	5.5 × 2.3 × 2.5	8 ~ 20

法国 Kuhn 公司研发了 AXIS 系列悬挂式双圆盘撒肥机、AXENT 系列牵引式双圆盘撒肥机、AEROGT 系列气动施肥机等，代表机型基本技术参数如表 9-7 所示，适用于大田、果园等撒肥作业。所有部件具有系列化、通用性，MDS 系列撒肥宽度 10 ~ 24 m，AXIS 系列撒肥宽度 12 ~ 50 m，可撒施有机肥、矿物、碎石、盐、石灰等。

表 9-7　库恩系列代表机型基本技术参数

型号	最大装载量 /m³	配套动力 /kW	整机尺寸（长 × 宽 × 高）/m	播撒宽度 /m
AXENT100.1	9.4	135	7.7 × 3.15 × 2.9	18 ~ 50
AXIS TR-8110	4.5	44	5.4 × 3.7 × 1.4	12 ~ 50
MDS TK-8118	8	73.5	5.5 × 4.9 × 1.85	10 ~ 24

3. 果园施肥的农艺要求与规范

（1）施肥量的确定：基肥施用量占到果树全年施肥总量的 60% ~ 70%，有机肥越多越好，投产树施入的有机肥应为当年果品产量的 3 ~ 5 倍，幼年果树应视树龄、树势及土壤条件而定，酌情施肥。通常情况下幼树施用优质有机肥 1 500 ~ 2 000 kg/666.7 m²，尿素 15 ~ 20 kg/666.7 m²；成龄树施用优质有机肥 3 000 kg/666.7 m²，尿素 50 kg/666.7 m²。

（2）施肥的深浅：施肥开沟不要太浅，否则易引起根系上浮，不利于果树抗旱、抗寒。一般浅根性果树深度必须在 40 cm 以上，深根性树种应在 60 cm 以上。

（3）施肥时间：果树秋季底肥施用时间比较晚，一般在摘果后到落叶前施入即可，施肥时间主要集中在立秋后到霜降前，最佳施肥时间是 9 月中旬至 10 月底（落叶前 30 天左右），以便让果树在越冬前更多地储备树体养分。如果底肥施用过早，肥料会在高温高湿的土壤中过快分解、过快被根系吸收，这样容易刺激果树秋梢晚停长或刺激果树二次抽发新梢。

（4）肥料的选择：施用的有机肥一定要充分腐熟，否则会烧坏根部，导致果树衰弱、死亡或诱发腐烂病；补施微量元素肥料要根据果园微量元素丰缺情况有针对性地进行，不要施用过量，以免造成毒害；忌施含氯肥料，以免影响产量和品质，甚至造成根尖死亡，严重时整株枯死。

（5）其他事项：施肥后需全园灌溉，以水调肥，促进吸收。

4. 典型适用机型

（1）相关机型简介与性能指标：与现有的常规果园施肥方式不同，江苏省农业科学院农业设施与装备研究所研发的果园有机肥大流量条施装备可用于果园行间有机肥均匀撒施和深层土壤土肥均匀混合。该装备主要由有机肥大流量条施机和果园双链条深松机组成，技术参数如表 9-8 所示。条施机的出肥口和深松机的链条机构均采用偏置结构设计，可实现近果树树冠下方的有机肥条施和深松混肥。有机肥条施机依靠 37 kW 及以上拖拉机（大棚王系列）带动，以发酵处理后的畜禽粪便作为投放物料。作业时，肥箱底部循环移动的刮肥板将农家有机肥推送至整机尾部，肥料在重力作用下掉落至尾部螺旋撒施装置，装置内的螺旋搅龙旋转挤压肥料至机具一侧的排肥管道，肥料在排肥管道的导引下落到树冠下方合适位置。结合机具的匀速直线运动，有机肥在果园行间撒施成条状。机具作业过程中，刮肥板的移动速度和螺旋绞龙的转速可调，以适应不同黏度的有机肥。

有机肥大流量条施机作业完成后，其配套的果园双链条深松机将完成果园有机肥的根部施用。深松机作业完成后可实现有机肥与深层土壤混匀。深松机需由 37 kW 及以上拖拉机（大棚王系列）带动，拖拉机液压油缸控制链条机构纵向起降，拖拉机动力输出装置作为深松链条对土壤切削的动力源。机具作业时，深松链条利用逐层刮削技术切割土壤，即链条带动多把刮刀对土壤逐层、小进距刮削，无须人工回填。

表 9-8　有机肥大流量条施机与双链条深松机技术参数

有机肥大流量条施机		双链条深松机	
项目	参数	项目	参数
整机尺寸 （长 × 宽 × 高）/cm	450 × 250 × 190	整机尺寸 （长 × 宽 × 高）/cm	210 × 100 × 100
料箱容积 /m³	4	深松尺寸（宽，深）/cm	40，0 ~ 60
配套动力 /kW	≥ 37	配套动力 /kW	≥ 37
作业效率 /hm² · h⁻¹	> 0.67	作业效率 /m · h⁻¹	> 218
投肥方式	偏置投放	土肥混合均匀性 /%	纵向分布 91
投肥条宽 /cm	35	深松区土壤紧实度 /kPa	纵向分布 36 ~ 379

（2）使用技术要点：同一果园作业时，行间有机肥大流量条施机作业在前，果园双链条深松机作业在后，二者之间要保持一定的前后距离。也可完成有机肥条撒作业，随后进行深松作业。有机肥大流量条施机使用时注意以下几点：配套拖拉机须有 37 kW 以上动力，为实现动力机械的通用性，建议所配拖拉机同时满足多种机具挂接需求；机具使用前先将螺旋撒施装置内的螺旋绞龙开启至一定的转速，然后启动刮肥板并调节一定速度，最后驱动拖拉机前进作业。螺旋绞龙和刮肥板一般由液压马达驱动，转速调节遵循从小到大原则；盛料斗出料口大小可调，用户根据不同出肥量要求自行调节出肥口大小；农家土杂肥、有机肥湿度需要适中，太湿影响排肥流畅性，太干易扬灰。施肥过程中，排肥管道中心线（即落肥位置）应距离果树树干 60 ~ 80 cm，以保障最佳施肥效果。果园双链条深松机使用技术要点同前面。

三、节水灌溉系统

节水灌溉技术是综合节水农业技术体系的核心，是以最低限度的用水量获得最大的产量或收益，即最大限度地提高单位灌溉水量的农作物产量和产值，同时获取最佳社会和生态环境效益的灌溉方式、制度和措施的总称。目前果园灌溉大多采用大水漫灌的方式，施肥大多凭借经验，人工开沟深施肥料，或直接撒于地表。果园存在过量施用肥料的现象，致使土壤板结、水资源浪费严重，给生态环境带来巨大压力。粗放式的灌溉、施肥方法及设备易造成果树营养吸收不均衡以及水分管理失衡等问题。随着环保意识的增强和灌溉、施肥技术的发展，以下方式得到推广：在灌溉的同时将肥料溶入施肥系统，利用不同的灌溉管网，将水肥直接施用至果树根部。该种方式在提高土壤养分含量、肥料利用率方面起着十分重要的作用，成为改善盲目施肥、灌溉的粗放型农业的有效途径之一。精准控制水量、肥料添加量以及肥料施用类型，满足果树生长发育中所需要的水分和养分，既可减少人工操作的强度，提高果树生长的品质与产量，也能够提高水肥利用效率，减少水肥资源浪费，对实现果园高效水肥利用具有重要的作用。目前，我国灌溉水的利用率只有30% ~ 40%，微、喷、滴灌等低压管道节水灌溉覆盖面积比较少，只占灌溉面积的 15% 左右。

1. 果园灌溉技术与机械应用现状

欧美等农业发达国家在节水灌溉方面已经取得重大进展，节水灌溉的普及程度较高。喷灌技术、微灌技术、渠道防渗工程技术、管道输水灌溉技术等节水灌溉技术已经较为成熟，其中喷灌、滴灌是最先进的节水灌溉技术，欧美发达国家 60%～80% 的灌溉面积采用喷灌、滴灌的灌溉方法，农业灌溉率 70% 以上。果树主要应用微灌和喷灌等先进的灌溉设施装备，普遍采用自动控制或智能控制技术，对灌溉水量、均匀度实现精量控制，达到高效、高产和高品质的效果。如今，一些发达国家采用计算机联网进行一体化管理，实现精确灌水，达到时、空、量、质上有效满足果树在不同生长期的需水，进行高效节水灌溉。

在美国，低压管道灌溉被认为是节水最有效和投资最省的灌水技术，全美近 1/2 的大型灌区实现了管道化灌溉。同时，美国特别重视微灌系统的配套性、可靠性和先进性的研究，将计算机模拟技术、自控技术、先进的模具制造工艺技术相结合，开发出高水力性能的微灌系列新产品、微灌系统施肥装置和过滤器。美国先后开发出不同摇臂形式、不同仰角及适用于不同场景的多功能喷头，具有防风、多功能利用、低压工作的显著特点。

在水分和养分管理方面，美国大量应用传感器，将作物水分、养分的需求规律和农田水分、养分的实时状况相结合，利用自控的滴灌系统向作物同步精确供给水分和养分，既提高了水分和养分的利用率，最大限度地降低了水分、养分的流失和污染的危险，也优化了水肥耦合关系，从而提高了农作物的产量和品质。美国已大量使用热脉冲技术测定作物茎秆液流和蒸腾，用于监测作物水分状态，并提出土壤墒情监测与预报的理论和方法，将空间信息技术和计算机模拟技术用于监测土壤墒情。美国开发出抗旱节水制剂（保水剂、吸水剂）系列产品，在经济作物上广泛使用，取得了良好的节水增产效果。美国将聚丙烯酰胺（PAM）喷施在土壤表面，具有抑制农田水分蒸发、防止水土流失、改善土壤结构的明显效果；利用沙漠植物和淀粉类物质成功地合成了生物类的高吸水物质，取得了显著的保水效果。

以色列主要推行滴灌、喷灌等节水灌溉技术，不断创新滴灌技术设备，并形成产业链条化发展，比较具有代表性的是世界著名的耐特费姆（Netafim）滴灌系统公司主推的电脑智能控制模式。该模式根据作物的需水、需肥信息，按时按量将水、肥料直接送入作物最易吸收的根部，可以应用于蔬菜、瓜果、花卉、林果等生产。用少量的水达到最佳的灌溉效果，减少了田间灌溉过程中的渗漏和蒸发损失，使水、肥利用率达到 80%～90%，农业用水减少 30% 以上，节省肥料 30%～50%。以色列还通过采用互联网系统监测风速、风向、湿度、气温、地温、土壤含水量、蒸发量、太阳辐射等参数来计算得出作物需水量，通过远程控制系统实现精确灌溉，满足施肥和灌溉可控的需要。

澳大利亚具有健全的节水体系。澳大利亚全国具有灌溉条件的耕地面积仅占总耕地面积的15%，其余均为旱作农业区。为了充分利用土壤水分以及提高土壤对降水的利用，促进农业生产效率的提高，澳大利亚探索出了农机固定道作业技术体系。针对旱作果园生产管理，昆士兰大学发明了一套固定道机械作业模式，该项技术依据农田中机械作业幅宽及所种植作物的行距等，建立固定宽度的机组作业固定道，实现田间作业的机组动力驱动轮和机具承载轮都在固定道上行走，提高了机械作业效率，增加了田间土壤的蓄水能力，减少了地表径流，同时增加了单位面积产量。

2. 灌溉技术简介与类型

（1）低压管道输水灌溉：低压管道输水灌溉简称管道输水灌溉，在田间灌水技术上仍属于地面灌溉类，是以管道代替明渠输水灌溉系统的一种工程形式。灌水时使用较低的压力，通过压力管道系统，把水输送到田间沟畦，灌溉果园。低压管道输水灌溉具有较多的优点，特别是能提高水的利用率。低压管道输水灌溉系统根据各部分承担的功能，由水源（机井）、输水管道、给配水装置（出水口、给水栓）、安全保护设施（安全阀、排气阀）、田间灌水设施等部分组成。

技术要求：能承受设计要求的工作压力，管材允许工作压力应为管道最大正常工作压力的1.4倍。当管道可能产生较大水击压力时，管材的允许工作压力应不小于水击时的最大压力；管壁要均匀一致，壁厚误差应不大于5%；地埋暗管在农业机具和车辆等外荷载的作用下管材的径向变形率不得大于5%；满足运输和施工的要求，能承受一定的局部沉陷应力；管材内壁光滑，内外壁无可见裂缝，耐土壤化学侵蚀，耐老化，使用寿命满足设计年限要求；管材与管材、管材与管件连接方便，连接处应满足工作压力、抗弯折、抗渗漏、强度、刚度及安全等方面的要求；移动管道要轻便，易快速拆卸，耐碰撞，耐摩擦，不易被扎破及抗老化性能好等。当输送的水流有特殊要求时，还应考虑对管材的特殊要求。如灌溉与饮水结合的管道，要符合输送饮用水的要求。

（2）滴灌技术：滴灌是利用一套专门的设备，把有压水经过滤后，通过各级输水管网（包括干管/主管、支管、毛管和闸阀等）到滴头，水自滴头以点滴方式直接缓慢地滴入果树根际土壤。水滴入土后，借助垂力入渗，在滴头下方形成很小的饱和区，再向四周逐渐扩散至果树根系发达区。滴灌技术利用一系列口径不同的塑料管道，将水和溶于水中的肥料自水源通过压力管道直接输送到作物根部。水、肥均按需定时、定量供应，避免了传统灌溉技术存在的渠系渗漏、水面蒸发、深层渗漏等方面的损失。由于滴灌仅局部湿润作物根部土壤，滴水速度小于土壤渗吸速度，因而不破坏土壤结构，灌溉后土壤不板结，能保持疏松状态，从而提高了土壤保水能力，也减少了无效的株间蒸发。应用滴灌技术不仅可以节水节能，还具有省工、省水、促进作物根系发育、不利病虫和杂草繁衍、适于复杂地形使用等优点。

技术要求：江河、湖泊、水库、井泉、坑塘、沟渠等均可作为滴灌水源，但其水质需符合滴灌要求。首部枢纽包括水泵、动力机、压力需水容器、过滤器、肥液注入装置、测量控制仪表等，是整个系统的控制中心。输配水管网、输配水管道是将首部枢纽处理过的水按照要求输送、分配到每个灌水单元和灌溉水器。滴灌器是滴灌系统的核心部件，水由毛管流入滴头，滴头再将水流在一定的工作压力下注入土壤。水通过滴水器，以恒定的低流量滴出或渗出后，在土壤中向四周扩散。根据作物的需水量和生育期的降水量确定灌水次数、灌溉周期、一次灌水的延续时间、灌水定额以及灌溉定额，露地滴灌定额应比大水漫灌减少50%。

（3）喷灌技术：喷灌是喷洒灌溉的简称，是借助一套专门的设备将具有压力的水喷射到空中，散成水滴降落到地面，供给果树水分的一种灌溉方法。要求灌溉水必须均匀地分布在所灌溉的土地上；同时喷洒后地表不产生径流和积水，没有灌溉水的二次再分配。此外，喷洒水滴不得破坏土壤的团粒结构，也不得伤害果树，造成减产。喷灌的技术"三要素"（喷灌强度、喷灌均匀度和喷灌雾化）指标不低于国家标准时，才能达到省水、增产、保土、保肥、提高作物品质的效果。

技术要求：喷灌强度不得大于土壤允许的喷灌强度，即单位时间内喷洒在单位面积上的水量，一般用 mm/h 表示。按照国标规定，喷灌均匀度在设计风速下，喷灌均匀系数不应低于 75%，但行喷式喷灌系统不应低于 85%。

（4）渗灌技术：渗灌又叫地下灌溉，是用渗头代替滴头，管道全部埋在地下，渗头的水不像滴头那样一滴一滴流出，而是慢慢地渗流出来，将水引入田间，由毛细管作用，自下而上湿润土壤的一种先进灌溉方法。渗灌具有其他灌溉方式无可比拟的优点：节约用水，减少肥料用量，减少果树病虫害，节省土地，降低劳动强度，改善土壤环境，加速作物生长，经济效益和增产效果明显，与其他生产方式相比更适合于设施农业。据资料记载，渗灌比渠灌水分的有效利用系数提高 30%，节电 20% 左右，节省土地 1.3% ~ 1.5%，提高工效 52%。

技术要求：一般干、支、毛三级宜用混凝土输配水管，而渗灌的湿润管道可选用 50 ~ 80 mm 内径的水泥管、瓦管或 10 ~ 20 mm 的半硬质塑料管。渗灌田要求地面水平不留纵坡，渗灌田里设主渠、农渠、渗灌管道。主渠和农渠作供水渠道，渗灌管道与主渠、农渠接通，一个进水口可接一个或几个渗灌管道，管道末端设检查口。渗灌管道保持水平，以便使水量均匀。管道埋设深度一般在黏质土大，沙质土较小，埋设深度要在冻层以下，深于深耕深度，且不至于被农机具行走而压断。有压管道间距为 5 ~ 8 m，无压管道间距一般为 1 ~ 3 m。

（5）移动灌溉技术：移动管道式喷灌系统是指其动力机、水泵、干管、支管和喷头等设备都可移动的喷灌系统。移动管道式喷灌系统将卷管器和摇轮设置在支撑机构上，将输水管道卷绕在卷管器上，并使摇轮通过传动带与卷管器连接，能够在非灌溉状态时，通过转动摇轮带动卷管器同向转动，从而使输水管道卷绕在卷管器上。进行灌溉作业时，从卷管器上抽出输水管道，并将其在待灌溉的土地上进行铺设。输水管道的一端连接水源，且该输水管道上设置有多个出水口，空心螺杆的螺杆主体穿过该出水口与喷头连接，从而使水源中的水进入输水管道并从各个喷头中喷出，以进行灌溉作业。灌溉结束后，在螺杆上卸下喷头，然后转动摇轮带动传动带驱使卷管器进行转动，从而使输水管道重新卷绕到卷管器上。每次灌溉后可以将设备搬迁到不同地区使用。这种喷灌系统的设备利用率高，单位面积投资低，但劳动强度较大，还可能损坏部分作物。移动时也可以将整个系统装在一台拖拉机上，形成一个能自己行走的整体，如双悬臂机组式喷灌系统。

技术要求：针对丘陵山区小水源、水田块果园，使用高扬程小流量和低扬程小流量微型提水灌溉机；流量：1.5 ~ 6.0 m³/h；提水扬程：低扬程，10 ~ 25 m，高扬程：25 ~ 60 m；分别以小汽油机、小柴油机、小电动机为动力，与微喷灌、远射程均匀喷灌、旋转喷灌等多种灌水部件结合，构成集提水、灌溉为一体的微型灌溉机组。该系列产品采用往复式柱塞泵提水、高压软管输水，在提水扬程指标上取得较大突破，达到 100 m，可满足丘陵山区塘、河、沟、渠提水、灌水的需要，同时提高丘陵坡地小田块灌溉作业的灵活性。

（6）水肥一体化灌溉技术：水肥一体化技术是将灌溉与施肥融为一体的现代高科技技术，广泛应用计算机自动化操作。这些仪器设备自动、精准、源源不断地把水肥输送到滴头，适时满足作物对水肥的需求。其主要工作原理是借助压力灌溉系统，将可溶性固体肥料或液体肥料配兑而成的肥液与灌溉水一起，均匀、准确地输送到作物根系。与传统方法相比，水的利用率提高 40% ~ 60%，肥料利用率提高 30% ~ 50%，同时省工省时，有利于规模种植。

水肥一体化灌溉技术直接将水和营养送到作物根部，利于作物吸收。该技术使土壤蒸发率降低，防止地表水土流失，防止地表土壤侵蚀和盐碱化，能使水肥达到深层渗透的效果，同时能更有效、准确地为植株提供等量的水与养分。该技术是实现农产品标准化的重要手段，根据作物的生长与收获计划提供水与营养，提高产量和品质。该技术操作简单，节水节肥又节约能源，同时节省大量劳动力，降低了生产成本。该技术通过计算机完成精密、可靠的实时控制，执行一系列操作程序。如果系统记录的水肥施用量与要求相比有一定偏差，系统会自动关闭灌溉装置，防止发生错误灌溉。这些系统中安装有可以帮助决定所需灌溉间隔的传感器，可以随时监控地下的湿度信息。另外一种传感器，能检测植物的茎和果实的变化，以决定植物的灌溉间隔时间。各种传感器直接和计算机相连，需要灌溉时，自动控制仪器打开灌溉系统进行操作。灌溉系统的水量和施肥量由计算机控制，计算机能够通过流量、压力的变化识别输水管是否泄漏和堵塞。

技术要点：应用于果园的水肥一体化灌溉系统，主管和支管采用外径 34 ~ 136 mm 的 PVC 管，外径 34 mm 管可负责 0.67 hm² 左右的轮灌区，外径 136 mm 管可负责 10 hm² 左右的轮灌区。滴灌管平铺于果园地面，对于平地果园，选用直径 12 ~ 20 mm、壁厚 0.3 ~ 1.0 mm 的普通滴灌管，坡地果园则选用压力补偿滴管：直径 16 mm、壁厚 1.0 mm 以上。滴头流量为 2 ~ 3 L/h，滴头间距 60 ~ 80 cm（滴头流量、间距的选择与土壤质地有关，砂性土壤选大流量小间距，黏性土壤选小流量大间距）。滴灌管铺设长度 150 m 以内，出水均匀度 90% 以上。此流量的滴头下的土壤湿润直径可达 50 ~ 100 cm。滴灌要求的压力低，一般 1 Bar 左右。一般同时滴灌面积 40 亩，每次 2 ~ 3 h。对一般土壤，每次滴灌的时间不要超过 5 h，砂土不要超过 2 h，采用少量多次的滴灌方式，天气炎热干旱时增加滴灌频率。在果实生长期，维持土壤处于湿润状态，可防裂果。滴灌用的肥料种类很多，一般选择完全水溶或绝大部分水溶的肥料，可用尿素、硝酸钾等，磷肥和微量元素肥料一般不用滴灌系统。

3. 典型适用机型

（1）相关机型简介与性能指标：水肥一体化管理技术就是水肥同时管理，融合灌溉和施肥两项措施。按照果树不同生育期的需水需肥规律，制订水肥一体化灌溉方案，灌溉的同时施肥，大幅度节省灌溉和施肥的人工成本。水肥一体化技术是典型的智能灌溉系统，广泛应用于果园灌溉作业，如表 9-9 所示，其技术优势显著高于传统施肥与简易水肥一体化系统。水肥一体化智能灌溉系统由系统云平台、墒情数据采集终端、视频监控、施肥机、过滤系统、阀门控制器、电磁阀、田间管路等组成，可根据监测的土壤水分、作物种类的需肥规律，设置周期性水肥计划实施轮灌。施肥机按照用户设定的配方、灌溉过程参数自动控制灌溉量、吸肥量、肥液浓度、酸碱度等水肥过程的重要参数，实现对灌溉、施肥的定时、定量控制，充分提高水肥利用率，实现节水节肥、改善土壤环境和提高作物品质的目的。

表 9-9　传统施肥／简易水肥一体化与智能水肥一体化的比较

项目	传统施肥／简易水肥一体化	智能水肥一体化
灌溉／施肥时间	看天、看地，以经验为依据，人为判断	传感器数据提示，预警告知
灌溉／施肥频率 灌溉／施肥周期	看天、看地，以经验为依据，人为判断	系统大数据分析整理，系统预警功能告知作物不同生长阶段
施肥方式	人工配肥，泵打，单次应用面积有限，需重复配置	智能配肥，可设置灌溉程序，自动进行不间断轮灌 可实现 24 h 无人值守工作
监管方式	亲临现场，人工操作	无须人员值守，电脑、手机远程监管，无时间、空间限制
管理面积	单人面积较小，管理成本高	精准定时灌溉，自动设置，管理面积广，水肥资源利用充分
人力时间成本	人员多，耗时长，成本高	自动化操作，省时省力，节约人力成本 50% 以上
水肥利用程度	水肥利用程度低，水肥不均匀，浪费严重	直达植物根部，水肥均衡，吸收好，利用率高，节水节肥 50%～70%

近年来，国内相关科研院所和企业已经研发了技术成熟、系列化的水肥一体化系统，并得到了广泛应用。南京科沃信息技术有限公司生产的云控智能水肥机（Core11430-CST），工作时把各种水溶性肥料或酸碱平衡液体混合至均匀状态后注入主管道的灌溉水中；采用高精度水质 EC/pH 传感器，实时监测混合液浓度，控制系统自动调节吸肥通道的流量，实现精准控制混肥浓度的目的；采用旁路式架构，利用文丘里效应把水溶性肥料或平衡液吸入混肥通道中，混合均匀后再注入主管道。该机型具有 10 寸触摸屏，中文界面，简单易学，好操作；默认三个吸肥通道，单通道最大吸肥量 420 L/h，带有高精度可调流量计，支持定制扩展多通道；系统可设置 8 个灌溉方案，无须人工干预；默认控制 8 个灌区电磁阀（DC24V），可扩展多个灌区；具备源水泵和混肥桶搅拌泵的控制；旁路式结构，接入原管路简单可靠，对原管路影响小；采用化工级 UPVC 管道，耐高压、耐腐蚀、抗老化、不易变形、使用寿命长；带有高精度 EC/pH 检测，实时监测混肥液浓度；支持手机 APP 远程控制；采用轮灌模式，一键启动（表 9-10）。

表 9-10　科沃云控智能水肥机（Core11430-CST）技术参数

序号	技术参数	数值
1	吸肥通道／个	3
2	单通道吸肥量/L·h^{-1}	0～420
3	工作电压/V	380
4	额定功率/kW	2.3

（续表）

序号	技术参数	数值
5	工作压力 /MPa	0.1 ~ 0.7
6	混肥泵流量 /（m³·h⁻¹）	4
7	混肥泵扬程 /m	72
8	吸肥通道控制阀	DC24V 电磁阀
9	进出水口径 /mm	内径 25/ 外径 34
10	整机尺寸 /cm	91×60×120

江苏大学研发的 YGGF-6-12 型移动式果园灌溉施肥机，采用多路肥料母液动态添加、均匀混合和精确控制技术，根据果树不同生长期对不同肥料配比和肥料浓度的需求，实现了肥料配比实时动态调整。该机型采用 P- 模糊 PID 控制和 Smith 预估相结合的方法，进行果树生长营养液精确控制，并根据灌溉流量对控制量进行修正，解决了水肥一体化装备混肥时的时变、大时滞、EC/pH 相互耦合以及灌溉流量对肥液配比精度有影响等问题，提高了肥液配比精度。整机软硬件采用模块化设计，具有 5 路营养液、1 路酸 / 碱动态配比，满足果园水肥一体化施肥要求。移动式作业方式，实现了果园分区域灌溉施肥，极大节约了铺设主管、支管的成本（表 9-11）。

表 9-11　YGGF-6-12 型移动式果园灌溉施肥机技术参数

名称	YGGF-6-12 移动式果园灌溉施肥机		
挂接方式	牵引式	离心泵流量 /m³·h⁻¹	12
配套动力 /kW	≥ 40	离心泵转速 /r·min⁻¹	2 900
底盘形式	轮式	配套平板车尺寸（长 × 宽）/m	2.5×1.7
母液通道数 / 路	6	单次工作行数 / 行	3
母液箱容量 /L	120	额定功率 /kW	4.5

（2）水肥一体化系统使用技术要点

①建立一套滴灌系统。在设计方面，要根据地形、田块、单元、土壤质地、作物种植方式、水源特点等基本情况，设计管道系统的埋设深度、长度、灌区面积等。水肥一体化的灌溉方式可采用管道灌溉、喷灌、微喷灌、泵加压滴灌、重力滴灌、渗灌、小管出流等，忌用大水漫灌，否则容易造成氮素损失，同时降低水分利用率。

②选择适宜肥料种类。可选液态或固态肥料，如氨水、尿素、硫酸铵、硝酸铵、磷酸一铵、磷酸二铵、氯化钾、硫酸钾、硝酸钾、硝酸钙、硫酸镁等肥料。固态以粉状或小块状为首选，要求水溶性强，含杂质少，一般不用颗粒状复合肥（包括中外产品）。如果用沼液或腐殖酸液肥，必须经过过滤，以免堵塞管道。

③肥料溶解与混匀。施用液态肥料时不需要搅动或混合，一般固态肥料需要与水混合搅拌成

液肥，必要时分离，避免出现沉淀等问题。

④施肥量控制。施肥时要掌握剂量，注入肥液的适宜浓度大约为灌溉流量的0.1%，例如灌溉流量为750 m^3/hm^2，注入肥液大约为750 L/hm^2。过量施用可能会使作物致死以及环境污染。

⑤灌溉施肥的程序分3个阶段。第一阶段，选用不含肥的水湿润；第二阶段，施用肥料溶液灌溉；第三阶段，用不含肥的水清洗灌溉系统。

⑥滴灌系统易出现滴头堵塞问题，因此必须安装过滤器，滤网密度为120目或140目。滴完肥后，不能立即停止滴灌，还要至少滴半个小时的清水，将管道中的肥液完全排出，否则滴头处容易生长藻类、青苔、微生物等，造成滴头堵塞。

（3）果园灌溉的农艺要求与规范

①发芽前后到开花期。此时需供水充足，但不能降低地温，以免延缓根系活动、推迟花期，减轻或避免晚霜的危害，还可以加强新梢生长，增大叶面积和增强光合作用，对开花和坐果有利。

②新梢生长和幼果膨大期。这是果树的需水临界期，此时果树的生理机能最旺盛，如水分不足，会导致大量落果，产量显著下降。

③果实迅速膨大期。就多数落叶果树而言，此时还是花芽大量分化期，同时此时气温较高，同化作用强，叶片蒸腾量大，需水量最多。如果缺水，不但会影响果实膨大，甚至卷叶、落叶、落果，降低单产，还会影响花芽健壮分化翌年产量。但此时正值雨季，是否灌溉要依情况而定。

④采果前后及封冻前。对北方多数落叶果树来说，在临近采收期之前不宜灌水，以免引起裂果或影响果实品质及贮存。果实采收后结合施基肥灌水，有助于肥料分解，增加树体营养物质的累积，促进翌年春天果树生长发育。土壤封冻前及时灌封冻水，能提高树体的抗旱越冬能力，并对第二年萌芽、开花坐果及新梢生长等均有良好的作用。

山地果园一般建在坡度25°以下的坡面，为避免雨水冲刷引起水土流失，需在坡面修筑水平梯田。

四、梨园生草管理机械

杂草与果树争夺养分、水、阳光和空间，妨碍果园通风透光，增加局部温度，有些杂草则寄生了有害的病虫，危害果树生长。另外，寄生性杂草直接从果树体内吸收养分，导致果树产量和品质降低。除草是果园管理一项至关重要的工作，目前国内仍以人工除草为主，劳动强度大，工作效率低，机械除草是大势所趋。

果园机械除草可分为化学除草和非化学除草，化学除草主要使用喷雾机喷洒除草剂进行除草，化学除草成本相对较低，作业效率高，使用方便。但除草剂的大量使用破坏了生态环境，长期使用除草剂不仅促使杂草产生抗药性，而且不利于果树健康生长。常见的非化学除草技术有机械除草、人工打草、禽类散养除草、种植绿肥、防草布遮盖等。不论是清除杂草还是绿肥种植管理，机械式割/除草作业效率高，劳动强度小，对生态环境无害，是当前果园割/除草的主要作业方式。机械式割/除草机具主要有动力悬挂往复式割草机、乘坐式转盘割草机、滚筒割草机、手扶式剪草机、树下避障割草机。

1. 割（除）草机简介与类型

（1）割草机：割草机又称除草机、剪草机、草坪修剪机等，由刀盘、发动机、行走轮、行走机构、刀片、控制部分组成。刀盘装在行走轮上，刀盘上装有发动机，发动机的输出轴上装有刀片，刀片利用发动机的高速旋转在速度方面提高很多，节省了作业时间，减少了大量的人力资源。工作方式有往复式和旋转式，较高的割草效率大大节省了时间，并实现了绿色环保、美化环境的功能，操作方便、高效，所以被广泛应用。机器小巧，适用于中小型果园。使用割草机要根据要求，确定剪草后的留茬高度，使用非常方便。剪草时只能沿斜坡横向修剪，不能顺坡修剪。现代割草机更利于操作，效率比人工锄草提高 8～10 倍。按照驱动方式和刀盘类型进行分类，割草机可以有以下划分：①驱动方式，拖拉机牵引式和自驱式；②刀盘类型，往复式、滚筒式和旋转式。

（2）往复式割草机：往复式割草机由切割器、割刀传动装置、切割器提升装置、安全装置和挡草装置等主要部件组成，切割器的工作原理和构造与谷物收获机械的切割器基本相同。所用刀片有光刃和刻齿刃两种，一般采用光刃动刀片。割刀传动装置也和谷物收割机类似，多采用偏置式曲柄连杆机构和摆环机构。由于杂草生长密度大、含水率高，动刀的平均速度高于谷物收割机，一般为 1.6～2.0 m/s。切割器提升装置一般由液压系统操纵，提升迅速、方便，能保证切割器对复杂地面的适应性。其特点是割茬整齐，单位割幅所需功率较小，但对草不同生长状态的适应性差，易堵塞，适用于地势平坦、宽行距的果园。切割器在作业时振动大，限制了作业速度的提高。动刀切割速度一般低于 3 m/s，作业前进速度一般为 6～8 km/h。

（3）滚筒式割草机：滚筒式割草机的传动装置位于切割器上方，因而又称为上传动旋转式割草机。一台滚筒式割草机一般装有并列的 1～4 个立式圆柱形或圆锥形滚筒，每个滚筒下方装有铰接 2～6 个刀片的刀盘，相邻刀盘上刀片的回转轨迹有一定的重叠量，以避免漏割。滚筒由胶带或锥齿轮传动，相邻两个滚筒相对旋转，割下的杂草在一对滚筒的拨送下，向后铺放成整齐的小草条。能满足低割要求，但结构不够紧凑。

（4）转盘式割草机：转盘式割草机的传动装置位于刀盘下方，因而又称为下传动旋转式割草机。在转盘式割草机的刀梁上，一般并列装有 4～6 个刀盘，每个刀盘铰接 2～6 个刀片。相邻刀盘上刀片的配置相互交错，刀片的回转轨迹有一定的重叠量。刀盘一般由齿轮传动，相邻刀盘的转向相反。该机型结构紧凑，传动平稳、可靠，但因刀盘下方有传动装置而位置较高。为保证低割和减少重割，刀盘通常向前倾斜一定角度。旋转式割草机刀盘上铰接的刀片，当刀盘高速旋转时，在离心力的作用下保持其切割状态。当阻力过大或遇障碍时，刀片即回摆，避免损坏。刀片一边刃口磨损后，可以换边使用，更换刀片也较往复式割草机方便。在旋转式割草机上，除装有与往复式割草机相似的安全装置外，在切割器上方还加设有防护罩，以保证人身安全。

代表性机型—乘坐式转盘割草机具有舒适的驾驶感觉和操作性，可快速停止割刀机工作，环状的割刀离合器设计在方向盘下方，触手可及。一般行走速度 14 km/h，作业速度 8 km/h，在炎热的夏天，割草时间更短，效率更高。

果园除草的难度在于冠层下方树干周边杂草的消除，既不能损伤树干，又要将杂草清除。往复式割草机、乘坐式转盘割草机等只能对较平坦的开阔区域进行行间割草作业。果园避障割草机是专门针对果园株间及果树根部除草的装备，作业高效，省力。果园避障割草机一般由液压系统控制，多个工作角度可调，侧向耕作距离可调、耕作高度可调、与株间感应距离可调，带有液控伸缩梁，可调整拖拉机与树干的距离，触探杆可感触树干，使机具自动躲避，避免碰触损伤。

2. 国内外相关技术与装备

山东天盛机械科技股份有限公司生产的 TSGY-01 果园单侧避障割草机、TSGY-03 果园行间树下组合双侧避障割草机、TSGY-05 果园行间树下组合单侧避障割草机技术参数如表 9-12 所示。

表 9-12   TSGY 系列果园避障割草机技术参数

机型	参数名称	数值	
TSGY-01	配套动率 /kW	33 ~ 46	
	整机重量 /kg	330	
	外形尺寸（长 × 宽 × 高）/cm	190 × 206 × 104	
	拖拉机前进方向中心线距植株最大距离 /cm	180	
	最小行间距 /cm	200	
	作物最小株距 /cm	40	
TSGY-03	配套动力 /hp	55 ~ 80	
	整机重量 /kg	600	
	刀盘数量 / 个	5	
	刀盘直径 /cm	60/90	
	避障行程 /cm	50	
	作业行距 /m	3.0 ~ 3.5	
TSGY-05	配套动率 /kW	≥ 27	
	PTO 转速 /r·min⁻¹	1 000	
	整机重量 /kg	320	
	外形尺寸（长 × 宽 × 高）/cm	190 × 122 × 85	
	最大工作宽度 /cm	190	
	最大工作速度 /km·h⁻¹	3	
	刀盘数量 / 个	3	
	刀盘直径 /cm	70/50/50	
	割幅 /cm	163	
	割茬高度 /cm	5 ~ 17	

河北中农博远农业装备有限公司生产的 9G 系列、9GS 系列、9GSP 系列果园行间割草机和 9GT 系列果园调幅割草机，可与 22 ~ 74 kW 拖拉机配套，后悬挂式作业，调幅割草机作业幅宽可在调幅范围内无级调整，对作业行宽适应性好，技术参数如表 9-13 所示。

表 9-13　9G/9GS/9GSP/9GT 系列果园避障割草机技术参数

参数名称	机型			
	9G（1.2/1.6/1.8）	9GS（1.6/2.1）	9GSP-1.7（偏置）	9GT（1220/2036）
配套动力 /kW	22 ~ 30/22 ~ 33/30 ~ 37	30 ~ 44/44 ~ 59	30 ~ 44	30 ~ 74
整机重量 /kg	300/480/550	370/470	385	450/780
外形尺寸（长 × 宽 × 高）/cm	227×139×89/ 284×176.5×117/ 291×196×112	167×175×1/ 191×229×1	149×175×1	45/90
拖拉机输出轴转速 /r·min⁻¹	540	540	540	540
幅宽 /m	1.2/1.6/1.8	1.6/2.1	1.7	1.2 ~ 2.0/2.0 ~ 3.6
留茬高度 /cm	≤ 7	≤ 7	≤ 7	≤ 7
甩刀数量 / 个	2	4	4	8
地头转弯半径 /m	6	5	5	4-6

意大利 Orizzonti 公司生产了多系列树下避障割草机，其中 DISCO 系列果园割草机，避障圆盘直径有 60 cm 和 80 cm 可供选择。DM 为弹簧机械式，DMS 为弹簧机械与液压偏移组合式，DHS 为液压弹簧与液压偏移组合式。FAST 型果园割草机与拖拉机三点悬挂连接，机具宽度液压缸调节，安装有压力传感器避障系统，用于果树行间两侧的树下割草。Green Tech 型果园割草机多自由度液压驱动，主要用于有坡度的果园割草，技术参数如表 9-15 所示。

表 9-15　Green Tech 型果园割草机技术参数

避障节臂高度升降范围 /cm	避障节臂长度伸缩范围 /cm	避障节臂摆动距离 /cm	割草装置纵向摆角范围 /°	割草装置水平摆角范围 /°	整机重量 /kg
20 ~ 225	140 ~ 220	45 ~ 200	70 ~ 150	0 ~ 130	120

美国 Micron Group 公司主要生产 Spraymiser 系列果园行间除草机、Undavina 系列和 Spraydome 系列果园树下除草机，皆采用封闭罩盖式除草剂喷施方式作业。Undavina 系列适用于处理葡萄园和果园中的杂草，圆顶形耐磨软刷设计紧密围绕藤蔓和树木的基部滚动，不仅确保最大限度除草，而且可保护植株茎干不受除草剂喷淋。针对不同果树株距要求，提供直径 25 cm、40 cm、60 cm 和 90 cm 的乙烯基刷盖。Spraydome 系列适用于处理黑醋栗、蓝莓、覆盆子和其他高价值作物基地周围的杂草，坚固耐磨的圆形喷淋塑料罩盖为喷雾提供物理屏障，防止作物植株与除草剂接触。此

系列适用于更严格的果园作业，如成熟橄榄树、柑橘和杏周围的杂草清除，以及栅栏、人行道和建筑沿线等区域的杂草清除，塑料罩盖直径有 40 cm、60 cm、100 cm 和 120 cm 可供选择，相关机型技术参数如表 9-16 所示。

表 9-16　Spraymiser/Undavina/Spraydome 系列果园割草机技术参数

机型	喷施宽度 /cm	施药量 /L·hm²	整机重量 /kg
Spraymiser 系列			
1 200 HiFlo	120	100~500	12
1 200 CDA	120	20~40	12
1 800 HiFlo	180	100~500	18
1 800 CDA	180	20~50	18
2 000 HiFlo	200	100~500	19
2 000 CDA	200	20~50	19
2 400 HiFlo	240	100~500	25
2 400 CDA	240	20~80	25
Undavina 系列			
250 HiFlo	25	100~500	15
250 CDA	25	20~80	15
400 HiFlo	40	100~500	17
400 CDA	40	20~80	17
600 HiFlo	60	100~500	18
600 CDA	60	20~80	18
900 HiFlo	90	100~500	19
900 CDA	90	20~50	19
Spraydome 系列			
400 HiFlo	40	100~500	17
400 CDA	40	20~80	17
600 HiFlo	60	100~500	18
600 CDA	60	20~80	18
1 000 HiFlo	100	100~500	26
1 000 CDA	100	20~50	26
1 200 HiFlo	120	100~500	36
1 200 CDA	120	20~40	36

荷兰 Van Wamelbv 公司生产的变割幅式割草机，工作宽度为 155～570 cm，液压可调，相关机型技术参数如表 9-17 所示。

表 9-17　LF/RF/FV2 系列果园割草机技术参数

机型	割幅 /cm	配套动力 /kW	刀片数 / 个	割茬高度 /cm	整机重量 /kg
LF 系列					
140	140	18.4	2	4～14	325
185	185	20.6	2	4～14	345
215	215	23.5	3	4～14	430
245	245	28	3	4～14	505
275	275	31	3	4～14	520
360	360	37	4	4～14	670
RF 系列					
220	220～325	19	2+1	4～14	495
270	270～365	23.5	3+1	4～14	570
300	300～405	27.2	3+1	4～14	610
325	325～442.5	30.2	3+1	4～14	645
340	340～467	33	4+1	4～14	715
365	365～504.5	37	4+1	4～14	740
FV2 系列					
160	105～160	18.4	2+2	4～14	305
195	125～195	22	2+2	4～14	340
220	147～220	24.3	2+2	4～14	500
250	175～250	25.8	3+2	4～14	550
265	190～265	28	3+2	4～14	575
300	225～300	32.4	3+2	4～14	595
320	245～320	34.6	3+2	4～14	605
365	294～365	37.5	3+2	4～14	625

3. 梨园割（除）草的农艺要求与规范

除草是将草秆其根部一并消除，阻止其再次生长。目前果园割草暂无相关标准，割草主要是针对现代化生草果园，其主要种植紫花苜蓿、鼠茅草、黑麦等品种，一年进行 3～5 次刈割，保证 10 cm 左右的留茬高度。

对于现代化果园，除草主要分为株间除草和行间除草，株间除草是指果树树冠以下、主干四周范围内的杂草消除，行间除草是果树树冠以外、果园行间杂草的消除。以梨园为例，根据种植模式不同（主干形、纺锤形、水平形、"Y"形、拱形棚架等），行距一般为 3～5 m，株距 2～3 m，冠径 2～3 m，要求树下除草为树干周边 1.0～1.5 m 半径范围内的除草，行间除草为 2～3 m 的行间空旷范围。

随着果园生草技术的兴起，部分果园除草工序改为割草，作业方式包括行间割草树下除草、行间树下割草和行间除草树下割草。各种方式要选择适当的机具，主要是刀盘的选择。若是行间除草树下除草，则行间及树下皆选用滚筒式刀盘；若是行间除草树下割草，则行间选用滚筒式刀盘，树下选用水平旋转式刀盘；若是行间割草树下割草，则行间及树下皆选用水平旋转式刀盘；若是行间割草树下除草，则行间选用水平旋转式刀盘，树下选用滚筒式刀盘。

4.典型适用机型

（1）相关机型简介与性能指标：

①乘坐式罗宾割草机。日本原装进口，技术参数如表9-18所示。机器采用雅马哈双缸汽油发动机，低速大扭矩；具有两驱和四驱两种作业行走模式，能应对不同地面，即使在路面泥泞、轮胎打滑的情况下，也可以安全通过。机器高度仅有86 cm，超低底盘，提高了作业的稳定性和安全性；最大爬坡能力为30°，越野性能强。机器采用一字型刀架，装有两片甩刀。当刀片割到石头时，刀片会自动反弹回避，不会对刀片造成硬损坏。乘坐式驾驶操控，极大减轻了劳动强度，提高了操作者的舒适度，每小时可完成0.34 hm²的割草作业，油耗3 L。

表9-18 乘坐式罗宾割草机技术参数

配套动力 /kW	16.4（日本雅马哈风冷冲程型汽油发动机）
外形尺寸（长 × 宽 × 高）/cm	195×102×86
启动方式	电启动
行走速度 /km·h⁻¹	HST 无级变速，0 ~ 8.0/0 ~ 14.0
最小转弯半径 /cm	175
爬坡能力	25°
留茬高度 /cm	0 ~ 15
割幅 /cm	97
作业效率 /m²·h⁻¹	3 000

②单边仿形避障割草机。江苏省农业科学院研发，采用拖拉机三点悬挂式作业，所有部件通过机架悬挂在拖拉机后方，液压部件通过拖拉机自带液压泵驱动运转，结构小巧。摆动节臂末端安装圆形罩盖式刀盘，摆动节臂为平行四边形机构，通过液压油缸伸缩完成角度变化，实现节臂的伸缩，最大偏置距离为1 m。可根据拖拉机距离树干远近或树冠大小，确定最佳伸缩长度和割草的最佳位置。采用接触性传感技术、液压位置控制技术，摆动节臂通过限位装置的预紧可调式机械弹簧控制刀盘的摆动幅度，以适应不同粗细、不同间距树干的擦碰力要求。该机型自带液压供油系统，拖拉机PTO经齿轮泵和高压管，将机械动力以液压形式传递给液压马达，以驱动割草刀

盘实现无级转动。通过研究茎秆粗细、韧度、含水量等参数对刀盘切割质量的影响，确定刀盘最佳旋切速度范围为 1 800 ～ 2 500 r/min，提高刀盘对不同品种草本茎秆的切割适应性。田间作业时，旋转刀盘摆动轨迹有效覆盖树盘区域，自动避开树干，完成树下、株间杂草的清除。相关技术参数如表 9-19 所示。

表 9-19　单边仿形避障割草机技术参数

配套动力 /kW	拖拉机 PTO ≥ 13.3
整机重量 /kg	211
偏置距离 /m	1
整机尺寸 /cm	200×200×80
作业速度 m/s	0.5
刀盘直径 /cm	60
割幅 /cm	60
刀盘转速 /r·min^{-1}	1 800 ～ 2 500
留茬高度 /cm	0 ～ 10

（2）使用技术要点

①当果园行间及树下都需要作业时，选择具有复合功能的行间树下联合作业机型，避障装置选用液压探测杆式或者机械弹簧式。

②如只需树下作业，选择具有单功能的树下避障机型，避障装置选用液压探测杆式或者机械弹簧式。树下除草选用滚筒式刀盘，树下割草选用水平旋转式刀盘。

③通过行距确定机具作业宽度，通过株距确定避障装置尺寸及割幅。尤其是对于最常见的避障圆盘式割草机，圆盘直径要小于株距，活动的避障节臂长度能够满足绕树动作。

④一般情况下，配套拖拉机需自带液压油路系统，割草机避障刀盘及液压避障装置的动力一般由液压泵配合液压马达提供。若拖拉机无液压系统，割草机需自带液压泵齿轮箱，以连接拖拉机 PTO。

⑤作业时，割草机调整到作业状态，节臂抬起，刀盘悬空，切入 PTO 动力输出；待刀盘转动平稳后，慢慢放下刀盘至树盘地面；拖拉机挂前进挡 2 挡，直线行驶，即可完成树下避障割草作业。地头转弯时，注意收起节臂。

五、梨园苗圃机械

我国梨园正处于从树体高大的传统乔化栽培模式向集约高效的矮砧密植栽培模式过渡的时期，梨树苗木的培育也随之趋于标准化、规模化，实现苗木生产机械化对促进梨产业持续健康发展具有重要意义。标准化苗圃是未来发展的趋势，而机械的使用与推行，是标准化苗圃建设与运营的关键。苗圃在施肥、割草、喷药等机械化管理方面与成年果园基本相同，不同之处在于栽苗、起苗的机械化管理，因此本节所述苗圃机械主要包括栽苗、起苗以及苗圃专用除草、切根机械。由于这几类机型国内研究较少，故以国外机型为例进行简单介绍。

1. 栽苗机

栽苗机一般由开沟、递苗、插苗、覆土等机器组成，可自动完成开沟、植苗、覆土压实等工序。作业时，开沟器在土壤中开出沟穴，人工或植苗器按一定株距将树苗投放到沟穴中，然后由培土装置将苗木根部土壤覆盖压实。

荷兰 MDE 公司的 PM20 乘坐式栽苗机，由拖拉机三点悬挂作业，播种槽宽 7.5～20.0 cm，开沟犁对土壤的切土力依靠拖拉机牵引力提供，主要用于小型树苗的栽植。作业者可根据栽苗需要，组装成 2～3 行的并排复式机型，种植宽度 75～230 cm。PM20 有直行摄像头监测系统、GPS 定位系统、行宽标记器、加宽适配器、种植通道液压宽度调节机构等辅助部件可供选配。PM30/40/50 栽苗机的结构特征与 PM20 大体相同，开沟宽度 30～50 cm，主要用于大中型树苗的栽植。因对土壤的开沟阻力过大，单单依靠拖拉机牵引力无法切削土壤，故此类机型选用先旋耕碎土后铲土开沟的方式进行开沟。旋耕机构由拖拉机 PTO 提供，机具上设计有宽度为 2 m 的承载平台，可用于作业人员存放树苗。另外，传动系统配备有自动扭矩安全阀，可以在传动轴扭矩过大或开沟机卡住硬物时自动断开连接。

美国 Autrusa 公司的 DP90 型栽苗机适用于长度 10～70 cm 的树苗，机具作业时，人工将树苗放在两个不锈钢橡胶栽植盘之间，栽植盘自动将树苗插入沟中并释放，覆土轮对植入土壤中的树苗进行培土和压实。该机具装载有液压驱动装置，可通过链条传动装置控制栽植盘转速，以在机具不同的前进速度下合理控制栽苗株距。该机具可选装遮阳罩，作业者还可根据需要将遮阳罩的侧后部卷起。整机工作参数为：最小栽植行距 55 cm，最小栽植株距 5 cm，最大栽植深度 20 cm，最大离地高度 50 cm，作业效率 1 500～2 500 株 / 人·h^{-1}。

2. 起苗机

起苗机是果树苗木出圃时用以挖掘苗木的机械。起苗质量的好坏直接关系到果苗栽植的成活率，因此对起苗机有严格的技术要求。起苗深度必须保证果树苗木根系基本完整，根系的最低长度要达到国家标准，一般果树苗木的根系长度要达到 20 cm 以上，作业时尽量少伤侧根、须根，不折断苗干，不伤顶芽，起苗株数损伤率一般不超过 1%。

（1）裸根起苗机：裸根起苗机带有碎土和振动装置，起出的苗木根系不带土，便于苗木收集和包装。根据作业是否具有连续性，可分为单株起苗和行道起苗 2 种。单株裸根起苗机主要用于较大体积苗木的移栽，行道起苗机主要用于行道化种植的小型苗木裸根移栽。裸根起苗机主要工作部件为起苗刀（盘）、夹持器（带）和抖土器。单株起苗机多为拖拉机三点悬挂式，机具作业时，起苗刀切入苗床，将土壤切下并进行松碎，使苗木的根系与土壤脱离，之后将树苗拔出土壤。行道起苗机作业时，起苗刀切入苗床，将土壤切下并进行松碎，树苗被夹持带提起和运输，期间根部泥土被抖土器清理。当树苗到达机器后端工作台后，操作者直接将树苗放在升降机托盘上运输。

荷兰 MDE 公司的单株起苗机由拖拉机三点悬挂作业。该机具可以配备不同规格的 U 型刀片，入土深度 40 ~ 100 cm，用于不同根深的起苗作业。起苗机后部装有平行四边形锚铲，用于机器重心位置的固定，防止侧翻。机具配置有液压角度翻转机构，控制机具完成起苗动作。

荷兰 ANDELA 公司的多功能行道起苗机，集挖苗、拔苗、抖土、计数、装箱于一体，通过 GPS 导航可实现昼夜作业。机具配备有可旋转驾驶舱，可实现 360° 无死角起苗作业，整机轮距宽度可调节，根据作业路况选配履带或者轮胎。

美国 LAUWERS 公司的 ONDRO、BORO 型行道起苗机，所有的高负荷工作都由拖拉机驾驶室电子液压操控完成，包括机具作业高度液压升降、起苗盘入土深度、振动器振荡频率和皮带传输速度等。

（2）带土起苗机：带土起苗机采用带土球起苗法挖取苗木，成活率高，成功地解决了人工挖掘劳动强度大、作业效率低的问题，促进了苗木移植行业的快速发展。

荷兰 MDE 公司的 KB 系列直铲式带土起苗机由拖拉机悬挂作业，可挖掘树根球径为 50 ~ 90 cm 的带土树苗。机具作业时，四个弧形挖掘铲将果树四周围成圆柱状，机器通过液压缸将锋利的刀铲推入土壤中，切断果树根部，之后由弧形铲对树根底端的土壤进行切削，液压节臂将挖出的带土植株移出土壤。

MDE 公司还生产了 Globe 系列弧形铲式带土起苗机，整机为履带式一体机型，可挖掘树根球径为 30 ~ 140 cm 的带土树苗。

（3）苗木吊臂：荷兰 GDE 公司的 E3 系列苗木吊臂是一种结构紧凑的装载吊臂，可以快速地从拖拉机上进行拆卸，整机通过液压控制可以进行三次扩展。吊臂根据机型不同，总伸展长度范围为 4.2 ~ 10.5 m，最大提举重量为 600 kg。

（4）高地隙除草机：荷兰 OC Group 公司的苗圃高地隙除草机，通过 GPS 导航和四轮液压驱动，可实现苗圃的机械化行间无损伤除草作业。除草机底盘离地高度 1.7 m，作业行宽灵活可调，有除草铲、去藤刷、除草剂喷施系统等配件可供作业者选用。

（5）切根机：苗木切根机能够在保持苗木切根前后地表环境不变的条件下，提高苗木成活率，省去人工切根后的倒栽作业工序，提高工作效率。按切根部位分底部切根和侧面切根，通常由拖拉机悬挂的水平切根刀或垂直切根刀完成切根工作。

荷兰 AGRI 公司的苗圃切根机，整机结构由底盘、倾斜梁、倾斜油缸和切刀组成，可完成行道两边树苗直根和侧根的切断工作。通过控制倾斜油缸伸缩，在不抬起倾斜梁的情况下，将切刀深入土壤，切刀依靠拖拉机的牵引实现切根。另有配重架、培土盘、起垄器和限位轮等配件可供选用。

第二节　果园植保机械与施药技术

梨树相对于大田作物，冠层高大，枝叶繁密，因此梨园喷雾作业大多在梨树行间进行。根据梨树植保作业要求，梨园喷雾机应该满足以下条件：雾滴在冠层中具有良好的穿透性；工作适应性强，受环境影响小，田间通过性能好；工作参数能够灵活调整；喷施精准，对环境友好。

当前，我国梨树病虫害仍以化学农药喷雾防治为主，施药作业是果园中最费工时的作业环节。据统计，其工作量占果树管理总工作量的30%左右，梨树每年普遍施药6~8次，南方多雨地区梨树施药次数可达10次。随着施药技术与施药器械的发展，梨园植保机械种类日益丰富，主要分为地面植保机械和航空植保机械。地面植保机械包括背负式喷雾器/机、背负式热力烟雾机、担架式（框架式、车载式）及推车式（手推式）机动喷雾机、管道喷雾设施、风送喷雾机、静电喷雾机、循环喷雾机和变量喷雾机等，航空植保机械主要为植保无人机。

一、梨园喷雾机的种类

梨园喷雾机的种类很多，目前我国梨园中使用的施药机械仍以手动为主，主要品种有手动喷雾器、踏板式喷雾器。在一些经济条件较好的地区，使用部分机动植保机械，主要品种有担架式喷雾机和背负式喷雾喷粉机，其中担架式机动喷雾机配用可调式喷枪施药方式得到了迅速发展。国外的果园喷雾机主要是采用风送喷雾系统的果园风送喷雾机。

1. 手动药械

我国生产推广的人力施药机械主要有手动压缩式喷雾器、手动背负式喷雾器、踏板式喷雾器及手摇喷粉器。喷粉器在梨园很少使用，手动压缩式喷雾器与背负式喷雾器工作压力低（0.3~0.4 MPa）、射程短，主要用于矮生作物，在梨园只能用于果苗、低矮果树、除草或零星喷药。在梨园使用较多的人力施药机械是踏板式喷雾器，工作压力0.8~1 MPa，雾化较好；装有两根喷雾软管，可安装2个喷杆和单头或双头喷头，用于挑杆法喷药，也可配用小喷枪，喷雾射程可调。由于采用双缸双作用泵，压力具有一定的脉动性，喷雾压力不稳定，雾滴粗细变化很大，雾化不均匀，且作业中移动方便性较差。但价格适中，较适合规模较小的梨园使用。

2. 机动药械

担架式喷雾机是我国梨园使用最多的机动药械，工作压力可达2.5 MPa。担架式喷雾机体积较小，可由两人担起转移，也可装在机动三轮车上在田间预留的作业道上运行，其通行能力基本不受地形和果园条件的限制。同时随机配备长30 m的喷雾软管，也可接长使用，以扩大喷药范围，末端接有可调喷枪。可调喷枪射程可调，最远可达10 m。在较高的喷雾压力下，雾滴穿透性较强，叶片背面药液附着性较好，操作方便，效率较高。但调节射程时，雾滴粗细变化很大，很难保证均匀的雾化质量。

背负式机动喷雾喷粉机比常规喷洒省药、省水、省力，对果树侧向喷洒时其气流向前推进并不断地翻动叶片，使叶正面、背面皆能较好地附着药液。但现有喷雾喷粉机风压偏低，喷射高度受到一定限制。产品介绍垂直喷射可达 7 m，但实际喷药时受外界干扰影响很大。对较高梨树喷药时上部受药少于下部，使得总体均匀性较差，喷药时雾滴飘移及汽化损失较多，所以在梨园使用不多。

二、梨园风送式喷雾机

梨树相对于大田作物冠层高大，枝叶繁密。梨树在不同的生长期，其冠层结构与枝叶密度均不相同。在生长初期，枝叶稀少，雾滴易沉积在冠层的不同位置；生长中后期，枝叶茂盛，由于叶幕的阻挡，雾滴很难穿透进入冠层内部，造成冠层外部农药沉积多、内部农药沉积少的状况。如果雾滴穿透性差，那么为了使冠层内部有足够的药液沉积，只有采用大容量施药，其结果就造成冠层外部叶片农药超过叶片最大滞留量，从叶片上流失到土壤中。为了将农药有效成分均匀分布在枝叶、果实等靶标区域，梨园喷雾机通常采用"风力辅助喷雾"技术提高雾滴在冠层中的穿透性。"风力辅助喷雾技术"是利用风机产生的强气流胁迫雾滴定向运动，增加雾滴穿透性，并将冠层中的枝叶扭转，削弱冠层外部叶幕的阻挡作用，使雾滴能够沉积到冠层内部。采用"风力辅助喷雾"的果园喷雾机称为果园风送式喷雾机，在 20 世纪 40 年代发明并被广泛使用，目前已经是梨园植保机械中的主要机型。

风送式喷雾机高效，可节省农药 20%，节省劳力 70%，节省时间 30%～50%，可使防治及时。一个大型的风送式喷雾机可以代替 2～3 部喷枪喷雾机，降低了所需拖拉机数量和工人数量，为及时防治创造了条件。

根据梨园喷雾机与拖拉机的配套方式，主要可以分为以下三种。

（1）悬挂式：喷雾机一般与拖拉机三点挂接成一体，特点是重量轻，机组机动灵活，可在小田块上作业。但是药箱容量少，作业过程中加药时间长。

（2）牵引式：喷雾机依靠拖拉机牵引作业，特点是药箱容量大，可以长时间作业，作业效率高。但是机身总体长度大，转弯半径大。

（3）自走式：喷雾机拥有自己的动力系统、行走系统等相关部件，不需要与拖拉机配套，自动化程度高，价格较高。

1. 梨园风送式喷雾机的组成

果园风送式喷雾机的主要工作部件包括药箱、液泵、过滤器、调压阀、压力表、管路控制部件、分配器、喷头、风机和搅拌器。牵引式、悬挂式、自行式的结构基本相同，牵引式和自行式的药箱较大。

（1）药箱：药箱需要耐腐蚀，便于灌装农药、快速清洗，搅拌器需要能够有效保证农药尤其是可湿性粉剂的有效成分在药液中分布均匀。桨形机械式搅拌器和射流液力式搅拌器较为普遍。当喷雾和喷头停止喷雾时，都要持续进行搅拌，否则沉淀的物质会对泵造成损害，并降低药效。

（2）液泵：常用液泵有隔膜泵、柱塞泵等，隔膜泵由于耐腐蚀、工作稳定、便于维护等优点，应用比较普遍。

（3）调压阀：调压阀主要依靠调节从液泵输出的药液回到药箱中的回水量来调节管路中的药液压力。管路中的药液压力在某些时刻也通过改变液泵转速来调节，但是在作业过程中应该尽量确保液泵转速一致。

（4）管路控制部件：管路控制部件主要控制药液流通的关闭和开启，可以手动控制，部分控制部件可以电动控制，一般安装在便于操作人员控制的部位。

（5）分配阀：用于向喷头中分配药液，便于调整喷头的安装位置，以达到最优的喷雾效果。

（6）喷头：喷头总成包括喷头体、喷头帽、过滤器、喷头等部件，应用于果园喷雾机的喷头类型有空心圆锥雾喷头、实心圆锥雾喷头、扇形雾喷头、射流防飘喷头等。使用过程中，喷头易磨损和腐蚀，因此喷头材质多选用硬度高的不锈钢、硬质合金、陶瓷材料。喷头流量需要经常检查和标定，即使非常细微的磨损也会很大程度上增加喷雾量。

（7）风机：轴流风机、离心风机和横流风机是在果园风送式喷雾机上普遍采用的风机类型，其主要任务是：①输送雾滴；②加强雾滴向冠层中的穿透性；③减少雾滴的飘移和蒸发，因为雾滴在气流的协助下可加速飞向目标；④协助液体雾化；⑤风机的气流吹动植物的叶子，使叶片扭转，叶片正反两面都有药液沉积。

2. 典型梨园喷雾机

（1）传统轴流风机风送式喷雾机：国外发达国家从20世纪40年代后期开始，采用轴流风机风送喷雾的梨园风送式喷雾机被广泛使用，目前仍然是梨园植保作业的主力军。这种风送喷雾机雾化装置沿轴流风机出风口呈圆形排列，可以产生半径3.1~5.0 m的放射状喷雾范围，喷雾高度可达4 m以上，一般由拖拉机牵引或悬挂作业，在风送条件下将细小的药液雾滴吹至靶标，使所用药液量大量减少。

（2）导流式果园风送喷雾机：进入20世纪70年代，矮化果树种植面积迅速扩大，果树采用篱架式种植，原来普遍高达4 m的果树冠层降低到2.5 m以下，冠径也大大减小。传统果园风送喷雾机在这种果园作业时，喷雾高度高于冠层高度，气流夹带大量雾滴越过冠层，造成大量农药飘失，因此传统果园喷雾机已经不再适合现代果园植保作业。为减少飘失，一种比较经济可行的方法就是对传统果园风送喷雾机进行改进，主要的改进方法是在风机出风口增加导流装置，将传统果园风送喷雾机气流沿风机出风口放射状吹出变为经过导流装置后水平吹出，之前沿出风口呈圆形排列的喷头也改变为沿导流装置的出风口竖直排列，水平喷雾，此类喷雾机称为导流式果园风送喷雾机。导流式果园风送喷雾机在传统果园风送喷雾机的基础上改进而成，所增加的成本不高，又能够适合现代矮化果树种植模式，因此发展很快，是目前矮化果园病虫害防治的主要机具之一。

①导管式果园风送喷雾机：在对传统果园喷雾机改进的同时，许多应用不同风送方式以实现定向风送的新型喷雾机也陆续出现。随着环保要求的不断提高，需要喷雾机能够进一步减少农药损失。在这种要求下一种采用多风管定向风送的喷雾机被开发出来，此类喷雾机采用离心风机作

为风源，产生的气流通过多个蛇形风管导出，每个蛇形风管对应一个或多个雾化装置，可以根据冠层形状和密度调整蛇形风管出口位置，实现定向仿形喷雾，这种喷雾机被称为导管式果园风送喷雾机。同传统果园风送喷雾机相比，导管式果园风送喷雾机能够增加雾滴在冠层内部的药液沉积量，提高农药沉积分布的均匀性，减少农药损失，降低农药对空气、土壤等的污染。此类喷雾机还能够根据冠层结构改变出风口布置，实现仿形喷雾，以达到最优化喷雾效果。

②骑跨式作业果园风送喷雾机：果园喷雾机常规作业方法是喷雾机在行间行驶，针对左右两行果树单侧喷雾，即一个单行果树通过两次喷雾作业完成。当喷雾机单侧作业时，强大的气流携带雾滴穿透冠层，使得部分农药雾滴脱离靶标区，造成农药浪费和污染。为了改善冠层中的气体流场状态，提高气流紊流强度，从而改善农药雾滴在冠层中的沉积状态，减少农药损失，一些果园风送喷雾机作业时喷雾装置骑跨在冠层上，同时对一行果树进行双侧作业，即一次完成一行果树的农药喷洒作业。骑跨式作业的果园风送喷雾机多采用离心风机配套多风管风送系统、轴流风机风送喷雾装置，部分机型采用多个小型轴流风机进行风送。骑跨式作业果园风送喷雾机的风送喷雾装置能够根据果树冠层结构进行调节，实现仿形喷雾。骑跨式作业的果园风送喷雾机适用于矮化种植的果园，对果树冠层高度要求较高，作业过程中要求喷雾装置对行准确，对操作人员技术要求较高。

③循环喷雾机：不论是单侧作业还是双侧作业，在强大的气流作用下仍然有大量雾滴被吹离冠层而不能沉积到靶标上。如果能够将这部分未沉积到靶标上的药液收集再利用，会进一步减少药液损失，循环喷雾机实现了这一想法。循环喷雾机喷雾装置采用骑跨式作业，喷雾机上安装有雾滴拦截收集装置，能够拦截逃逸出靶标区的农药雾滴，并循环再利用，是目前防飘性能最好的果园喷雾机之一。研究证明，循环喷雾机能够回收药液 20% ~ 50%，平均节药 30% ~ 35%，进入 20 世纪 90 年代循环喷雾机发展迅速，在果园植保作业中被越来越多地使用。

3. 果园风送喷雾技术规程

（1）适宜的果园：果树生长高度在 5 m 以下，果树枝、冠应经过整齐一致的整枝修剪，冠形、冠厚基本一致。果树行距应为果园风送式喷雾机宽度的 1.5 ~ 2.5 倍。行间生草或轻耕，地头空地的宽度应大于或等于喷雾机组转弯半径，行间最好没有明显沟灌溉系统。

（2）施药天气条件：气温大于 35 ℃时，应尽量避免喷药。喷洒作业时，自然风速应低于 3.5 m/s（3 级风）。

（3）喷雾机技术参数设定

①药液量。每亩喷施药液量可通过以下公式计算得出。

$$M = \frac{K \times V_t}{100}$$

式中：

M—每 667 m² 喷施药液量，L/667 m²；

K—系数范围 10 ~ 15；

V_t——每 667 m² 果树体积量，m³/667 m²。

注：枝叶稀疏期或现代种植模式下，规范修剪的果树，K 系数取小值 10；枝叶茂盛期或传统种植模式下，未进行规范修剪的果树，K 系数取大值 15。

其中每亩果树体积量 V_t 由以下公式计算得出，每亩果树简化成单行果树。

$$V_t = S \times l \left(\frac{667\ m^2}{B} \right)$$

式中：

V_t——每 667 m² 果树体积量，m³/667 m²；

S——果树行端面积，m²；

B——行距，m；

l——每 667 m² 果园中所有果树行的总长度，m。

根据果树所发生的病虫害种类，合理选用相应的农药和配比浓度，保证防治效果。

②喷头的选择。果园喷雾选用的喷头应为在适当喷雾压力下能产生体积中径（VMD）在 200 ~ 300 μm 的圆锥雾喷头或扇形雾喷头。同时喷头型号可根据单喷头流量信息进行选择，喷雾机单位时间喷雾量的选择取决于每 667 m² 施药量（L/667 m²）。

$$q = \frac{M \times V \times B}{3.6 \times 667 \times n}$$

式中：

q——单喷头流量，mL/min；

M——每 667 m² 施药量，L/667 m²；

V——机具行驶速度，km/h；

B——行距，m；

n——喷雾机上喷头总个数。

注：选择喷头时，注意不同喷雾压力下的喷头流量问题；发现喷头喷孔磨损，要及时更换喷片或喷头；购买喷头时，商家会配备喷头型号、颜色分类、不同喷雾压力下流量等参数。

根据果树生长情况和施药液量要求，选择喷头类型和型号。如将树高方向均分成上、中、下三部分，喷量的分布大体应是 1/5，3/5，1/5。如果树较高，喷雾机上方可安装窄喷雾角喷头以提高射程。

③喷雾压力。通过调节液泵压力来达到调节喷头喷雾压力的效果，顺时针转动液泵调压阀，使压力增大，反之压力减小。泵压一般控制在 1.0 ~ 1.5 MPa。

④行驶速度。喷雾机行驶速度一般为 1.8 ~ 3.6 km/h（0.5 ~ 1.0 m/s）。喷雾机行驶速度除与施药液量有关外，还受风机风量的影响。风机气流必须能置换靶标体积内的全部空气，机组行驶速度可由以下公式计算。

$$V = \frac{Q \times 10^3}{B \times h}$$

式中：

V—机具行驶速度，km/h；

Q—风机风量，m³/h；

B—行距，m；

h—树高，m。

如果计算的速度超此范围，可通过调整喷量（改变喷头数量、喷孔大小等）的方法来调节。

⑤风机风量。风机风量采用空气置换原则来计算得出，即风机单侧吹出的气流量能置换喷雾机至果树冠层的空间区域的空气量。当用于矮化果树和葡萄园喷雾时，冠层较薄，枝叶密度小，仅需小风量低风速作业，此时降低发动机转速即可。

$$q_f = k \times \left(\frac{H \times h}{2} \right) \times \frac{B}{2} \times V$$

式中：

q_f—风机风量，m³/h；

k—修正系数，范围 1.2 ~ 1.6；

V—机具行驶速度，km/h；

H—风机中心距地面高度，m；

B—行距，m；

h—树高，m。

注：枝叶稀疏期 k 取小值 1.2，枝叶茂盛期 k 取大值 1.6，其他时期可适当在范围内选取。

⑥喷幅调整。据果树不同株高，利用系在风机上的绸布条观察风机的气流吹向，调整风机出口处上、下挡风板的角度，使喷出的雾流正好包容整棵果树。

（4）操作者作业规范

①熟悉机具性能。操作人员应经过相应的技能培训，完全了解果园风送式喷雾机的整机性能、技术参数，且能熟练按照操作规程操作本机。

②确定作业路线。操作者应尽可能位于上风口，避免处于药液雾化区域。一般应从下风处向上风处行进作业，同时机具应略偏于上风侧行进。

③安全防护措施。作业前检查喷雾机，消除安全隐患；将洁水箱加足清洁水；操作者戴好防护用具（如工作防护服、口罩、手套等）。

④施药后清洗。操作人员工作全部完毕后应及时更换工作服，并用肥皂清洗手、脸等裸露部分皮肤，用清水漱口。

（5）施药后处理

①安全标记。施药后应在园边插放"禁止人员进入"的警示标记，避免人员误食喷洒高毒农药后的果实引起中毒事故。作业后不可立即进入果园内，以免人员吸入飘浮在空中的细小农药雾滴或农药微粒。

②残液处理。喷雾器中未喷完的残液应用专用药瓶存放，安全带回。配药用的空药瓶、空药袋应集中收集、妥善处理，不准随意丢弃，最好交给原生产厂家集中处置。但在尚未建立这种农

药回收制度的情况下，可以采取挖坑深埋的办法来处置。挖坑地点应在离生活区很远的地方，而且地下水很深、降雨量小或能避雨、远离各种水源的荒僻地带。

③机具清洗。每次施药后，机具应在田间全面清洗。喷雾机下一个班次如更换药剂或作物，应注意两种药剂是否会产生化学反应而影响药效或对另一种作物产生药害。此时可用浓碱水反复清洗多次，也可用大量清水冲洗后，再用 0.2% 苏打水或 0.1% 活性炭悬浮液浸泡，再用清水冲洗。清洗机具的污水，应在田间选择安全地点妥善处理，不得带回生活区，不准随地泼洒，防止污染环境。

带有自动加水装置的喷雾机，其加水管路应置于水源处，不得随机运行，并不准在生活用水源中吸水。

④机具保养。每年防治季节过后，应把重点部件用热洗涤剂或弱碱水清洗，再用清水清洗干净，晾干后存放。某些施药器械有特殊的维护保养要求，应严格按要求执行。

三、植保无人机

植保无人机是用于农林植物保护作业的无人驾驶飞机，该型无人飞机由飞行平台（直升机或多旋翼）、导航飞控、喷洒机构三部分组成，通过地面遥控或导航飞控实现喷洒作业，可以喷洒药剂、种子、粉剂等。低空喷洒农药时，每分钟可完成一亩地的作业，其旋翼产生的向下气流有助于增加雾流对作物的穿透性，防治效果好，同时远距离操控施药提高了农药喷洒的安全性。还能通过搭载的视频器件，对农业病虫害等进行实时监控。油动单旋翼植保无人机采用汽油发动机作为动力，载荷大，15～30 L 药箱，续航时间长，单架次作业范围大；旋翼风场稳定，雾化效果好，向下风场大，穿透力强，农药可以到达农作物的根茎部位。但售价高，整体维护较难，一旦发生炸机事故，无人直升机造成的损失可能更大。电动多旋翼植保无人机载荷范围 10～20 L，续航时间短，单架次作业时间一般 10～15 min，作业面积 0.67～1.33 hm² 架次。该机结构简单，易于操作和维护，但抗风性以及下旋风场较油动单旋翼植保无人机弱。

除喷雾作业外，植保无人机因其快速高效、人机分离以及人药分离的特性，还广泛应用于经济作物，如梨和苹果等的授粉作业。

第十章

梨园防灾减灾

我国地域辽阔，地形地貌多样，生态环境复杂，气象条件多变，在不同地域常发生各种各样的气象灾害，包括低温冻害、霜冻、高温、冰雹、涝害、干旱、大风等。尤其是受全球气候变暖和气候变化率增加的影响，近年来各种气象灾害发生的频率和强度不断增加，危害程度越来越严重，给梨园生产带来了不同程度的经济损失，成为制约我国梨产业高质量可持续发展的重要因素。

根据气象灾害形成原因分析，当前梨园生产面临的气象灾害主要包括：与温度因素有关的低温冻害、霜冻、高温，与降水因素有关的干旱、涝害和雹灾，与风因素有关的风害等。低温冻害主要出现在冬季强冷空气造成的大幅度降温、降雪、极端低温或长时间持续低温等天气条件下；霜冻是指在春季梨树萌芽时期短时间内大幅度降温（0℃或0℃以下）而导致的冻害；高温和干旱发生于夏季高温无雨或少雨的气候条件下，一般两者同时发生；雹灾是由于冰雹袭击而造成梨树树体及果实发生机械损伤等，常见于夏季温带地区的内陆地带；涝害主要发生在地势低洼、土质黏重且排水不良或者地下水位过高的梨园，由于降水量大而且集中，造成果园积水、渍水；风害主要出现在强烈空气对流造成的大风天气条件下，位于沿海和高海拔风口处的梨园容易发生风害。

第一节　梨园防灾减灾现状和发展趋势

一、梨园防灾减灾现状

作为多年生木本植物，梨的生命周期较长，且树体高大、结构复杂。这决定了梨产业的生产周期长，生产程序复杂，易受自然条件影响。梨园防灾减灾是梨生产的重要组成部分，是梨产业可持续健康发展的重要保障。目前，我国通过出台配套政策、技术指导及示范推广等措施，加强对气象灾害的预防和控制，提高防灾减灾的能力，降低各种气象灾害对梨树生产造成的危害。但是，在梨园防灾减灾上依然面临着一些问题，要加强对梨园防灾减灾技术的研究、培训与指导，进行积极而有效的防控，保证梨产业健康稳定和可持续发展。

228

1. 气象灾害发生频度增加明显

近20年来，在全球气候变暖的大背景下，我国的气候变化总体趋势是变暖的，各种气象灾害发生频率和危害程度显著增加，对梨产业生产构成严重威胁。如温室效应加剧导致物候期整体提前，加重了冻害的发生。近年来霜冻和雹灾的发生频率增加，危害程度加重，有明显的常态化趋势。

2. 果农防灾减灾意识淡薄

对于气象灾害的严重性，多数果农缺乏足够认识。当连续多年不出现灾害或者灾害损失少时，就会有所放松，存在一定程度的麻痹、侥幸心理，认为灾害不会对生产造成太大影响，不愿意在防灾上过多投入。比如在防雹灾上，有些果农认为自己的梨园未必在冰雹线上，没有必要配置防雹网，浪费人力物力，会增加成本；或者有防雹网的果农没有按时展开防雹网，影响了防灾的效果。这都是防灾减灾意识淡薄的表现。

3. 传统经营模式防灾减灾能力有限

我国梨栽培分布广泛，目前仍是以千家万户的分散经营模式为主，经济基础较为薄弱，生产方式总体较为落后，技术集成配套程度低，限制了抵御和防范各种灾害能力的提高。同时，梨园管理人员多以老人和妇女为主，普遍存在人员不足、技术水平低等问题，防灾抗灾困难，尤其是难以应对范围广、规模大、持续时间长的灾害。

4. 灾害防控监测和预警机制不完善

梨园气象灾害防控工作需要由林业、水利、气象、应急管理等多个部门协调开展，灾情数据实时监测、分析和预判能力有待提高，灾前预警机制不健全不完善，难以及时响应、采取有力防控措施。

二、梨园防灾减灾发展趋势

气象灾害的发生给梨产业高质量发展带来很大挑战，受灾后梨园的恢复也需要较长时间和大量的经济投入。因此，必须高度重视梨园防灾减灾，建立符合我国国情和梨树生产特点的防灾减灾体系，最大限度降低气象灾害对梨产业造成的损失，对于积极有效防灾减灾和保障我国梨产业可持续健康发展具有重要意义。

1. 科学布局，高标准建园，现代化栽培，综合管理水平稳步提升

梨园防灾减灾，建园时就要做好准备，减少或者规避因气候变化带来的生产经营风险。首先，要优化布局，推动梨产业向适宜地区发展，严格限制梨产业在非适宜生态条件下盲目发展或扩大，尽量避开梨树敏感期与灾害发生期的重合，最大限度降低气象灾害的风险。其次，要遵循因地制宜、适地适栽的原则，选择适合当地自然条件的优良砧木和品种。提前做好园区规划设计，科学选址，避免在容易发生灾害的地块建园；建立完善的果园水利和排灌系统等配套设施，有条件的

地区建设生态防护林以及配备防雹网等防灾装备，严格进行高标准建园。第三，要加强梨园的综合管理，增施有机肥，提升肥力，合理负载、调控树体营养平衡，养根壮树，促进器官良好发育，有效防治病虫害，增强树体抗性，从而提高梨树抵御各种灾害的能力。

2.气象灾害预测、预报、预警能力持续发展

充分利用卫星遥感技术、电子信息技术、地理信息系统等现代科学技术，着重加强短期、中长期等天气预测、预报能力，实现灾情数据实时监测、分析和预判，提高气象灾害预测、预报的准确性和超前性，及时发布防灾减灾气象信息，为相关部门和果农争取更多的时间和空间来组织抗灾自救。

进一步完善政府主导、部门负责的灾害预警发布机制，充分借助以现代通信技术为基础的全方位防灾减灾信息专业服务网络系统，利用电视、电台、电话、网络及手机短信等多种渠道，建立与果农互动式交流的信息服务体系，帮助果农了解气象信息、防灾减灾技术等，做到科学监测、及时预报、主动预警、有效防范。

3.梨产业灾害政策保障体制逐步完善

构建梨产业灾害紧急救助体系，建立防灾减灾应急预案，切实规范预警、响应、处置程序和办法；设立梨产业专用的灾害物资储备制度和救灾专项基金，支持受灾地区进行防灾减灾和生产恢复。建立多部门会商制度，组建防灾减灾专家队伍，密切关注气象灾害发生动态，综合研判灾害发展趋势，制订防灾减灾技术方案，并开展实地技术指导。健全梨灾害保险制度，通过政府引导、市场化运作，与农业保险相互补充，提高保障水平，增强保险吸引力，同时加大宣传力度，鼓励果农尽早参加保险，防范和化解经营风险，减少灾害损失，提高生产信心。

4.防灾减灾技术体系不断优化

加强梨产业、生态、气象等多学科和产学研多部门的交叉联动和协作攻关，研究科学合理的防灾减灾技术，构建工程措施和栽培措施相结合的防灾减灾技术体系。要因地制宜，制订科学合理的防灾减灾技术方案；要科学评估灾害对梨树生长发育的影响，采取相应补救措施，尽快恢复生产；要充分发挥专家和技术人员的专业优势，及时处理灾后重建和生产中的技术难题。此外，要加大对梨农的专业素质培养与技术培训力度，解决果农对自然灾害认识不足的问题，综合运用理论和现场教学相结合的方式加强培训指导，全面提升果农防灾减灾技术水平。

第二节　梨园灾害的类型及防灾减灾技术

一、冬季冻害的发生及防控技术

低温冻害主要指植物遭受极端低温、大幅度降温或者长时间持续低温的影响而使细胞死亡，

造成各器官受到不同程度的伤害。低温冻害包括冬季冻害和春、秋霜冻害，其中冬季冻害和春季晚霜冻害对梨树影响较大。

1. 冬季冻害的发生及表现

冬季冻害是梨树越冬休眠期受到的较强低温危害。在果树中梨树的抗寒性较强，但温度一旦超过某一低温阈值或低温持续时间过长，梨树树体细胞内部或细胞间的水分就会结冰，使原生质脱水、生物膜活性降低，从而引起生理机能障碍和代谢过程失调，造成冻害发生。轻度冻害可使果树枝梢冻伤、小枝枯死，影响果实产量和品质。冻害严重时将导致枝干皮裂，甚至整株树死亡。一般降温幅度大、低温持续时间长以及突然来临的寒潮或解冻过程中温度突然回升造成的冻害较为严重。

（1）树干冻害：特别的低温会使梨树的主干皮部受冻，特别是患有腐烂病的植株，常因主干冻害而整株死亡。温变剧烈而温度低的冬季，树干易发生纵裂。

（2）枝条冻害：枝条轻微受冻时多只表现髓部变成黄褐色或褐色；中等冻害时木质部变褐或黑色；严重冻害时，韧皮部也变色，待形成层变色时则枝条失掉恢复能力。冻害较轻未对枝条形成层造成伤害时，冻害后可恢复。

枝条冻害多发生在生长发育不成熟的嫩枝上。枝条受冻害后上部会变成黑褐色，发芽迟，叶片瘦小或畸形，木质部变褐，而后形成黑心。发育充实的枝条耐寒力虽然较嫩枝强，但当遇持续低温时也会发生冻害。受冻后，皮层下陷或开裂，内部组织变黑，严重时可导致枝条死亡。

（3）根颈冻害：根颈是连接地上部和地下部的关键部位。在梨树所有器官中，根颈进入休眠最晚而结束休眠最早，因此抗寒力弱，最易受低温或温变的伤害，尤其在气温变化剧烈的冬春季节最易发生冻害。根颈受冻后，皮层变黑、腐烂，易剥离，轻则局部发生，重则形成黑环，包围干周，可引起整株死亡。

（4）根系冻害：根系冻害主要发生在深冬季节。根系冻害不易被发现，但受冻严重时会影响梨树地上部生长，表现为春季萌芽晚或不整齐，或展叶后又出现干缩等现象。根系无休眠期，越冬时处于被休眠状态，所以形成层最易受冻，皮层次之，木质部抗寒力较强。根系遭受冻害后外部皮层变为褐色，皮层与木质部分离，甚至脱落。

2. 预防措施

（1）提高树体的抗冻能力：选用抗寒优良品种和砧木，合理密植；加强肥水管理，减轻过量结果和大小年结果现象；秋施基肥，提高越冬前树体营养水平，增强自身的抗冻能力和灾后恢复能力；合理修剪，控制新梢后期生长；加强病虫害防控，保证枝叶生长正常、发育健壮；灌封冻水。

（2）保护树体，改善温度和水分条件

①树干涂白。一般在梨树落叶后进行树干涂白，涂白范围为主干基部至主枝 50 cm 左右。目前生产中广泛使用以下两种涂白剂：石硫合剂生石灰涂白剂，配方比例为石硫合剂原液（20 波美

度）0.5 kg，食盐 0.5 kg，生石灰 3 kg，油脂适量，水 10 kg；石灰硫磺涂白剂，配方比例为生石灰 100 kg，硫磺 1 kg，食盐 2 kg，动（植）物油 2 kg，热水 400 kg。

②根颈培土。在梨树根部用园土培起高 25～35 cm 的土堆，拍实，可减少土壤水分蒸发，保持根颈部温暖湿润，防止树体生理干旱和根颈冻害的发生。翌年春天气温回升后，要及时将土堆扒开，使树体呼吸顺畅，促进根系的活动与吸收，防止"抽条"。

③树干绑草。用稻草对梨树树干进行包裹，可有效预防树干受冻。但该方法费工，对于面积较大的梨园应用起来比较困难。

④修建防护林。在冬季风力较大的地区，可设置与主风向垂直的防护林，可有效减弱园区风力，提高梨园温度，减少树体热量散失，避免或减轻树体冻害。

3. 灾后补救措施

（1）树体补充水分及营养：及时灌溉，尽早恢复树势；喷施氨基酸水溶肥，提高树体营养，促进恢复。

（2）推迟冬春修剪期：遭受冻害的梨树，修剪尽可能推迟至发芽后进行，观察树体恢复情况及芽萌发情况，以利于辨别、区分受冻芽和受冻枝，不宜过早重截，防止造成过多伤疤而加重树势衰弱。受冻较轻的枝条，要剪去受害部分，加强管理，促进副芽萌发，防止健康部分继续失水干枯，一般剪到健康部分以上 2 cm 处。通过修剪，促使树体萌发新的壮枝，恢复树势。如枝干有抽干发黑现象，则从抽干部位以下萌芽处修剪。如修剪工作量大，需要提前进行，应轻剪、多留花芽，待萌芽时再进行复剪。此外，剪口应及时用 843 康复剂、愈合剂、石硫合剂等涂抹，防止病虫危害。

（3）病虫害防治：梨树受冻后，树势衰弱，抗病力下降，要做好病虫害尤其是腐烂病的防治工作。春季及时剪除死枝，逐树仔细查看腐烂病斑。一旦发生腐烂病，应及时进行防治，如对树体和地面喷洒杀菌剂；对腐烂病发生较重的果园，选用果康宝、金力士、腐迪等药剂，涂刷主干至离地面 2 m 高处。萌芽前及生长季应结合防治其他病虫害，对枝干喷施杀菌剂。

（4）春季施肥：遭受冻害的果树，应在新梢旺长期喷施叶面肥，以补充树体营养。待树体逐渐恢复后，应适当少施氮肥或不施氮肥，多施有机肥，确保树体不会旺长（弱树另当别论）。另外，及时中耕培土，保持树干湿度，提高地温，引根下扎。

（5）人工授粉：花芽受冻的梨树以保花、保果为主，加强春季花期管理，积极采取人工授粉、放蜂等措施，充分利用仅有的花量结果，尽力确保产量。

二、春季晚霜冻害的发生及防控技术

1. 春季晚霜冻害的发生及表现

霜冻是指果树在生长期地表温度短时间内降到 0℃或 0℃以下，引起果树幼嫩部分遭受伤害或死亡的现象，具有突发性、危害面大、预防难等特点。按霜冻的形成原因可分为平流霜冻、辐射霜冻和平流辐射霜冻，由于强冷空气引起剧烈降温而形成的霜冻称为平流霜冻，也叫做风霜，气温比地面温度要低，危害面积较大；辐射霜冻是由于夜间晴朗无云、无风，地面或物体表面辐射降温而形成，也叫做地霜，地面温度比气温还低，持续时间短、危害较轻；在冷平流和辐射降温共同作用下形成的霜冻称为平流辐射霜冻，能够在日平均气温较高的暖和天气之后发生，该霜冻出现频率高，影响范围广，对梨生产危害较重。根据霜冻发生时期，分为秋霜冻和春霜冻（也叫早霜冻和晚霜冻），其中春霜冻（也称倒春寒）对梨树危害较大。

梨树在休眠结束后，随着春季的到来，树体各器官的抗寒能力随之降低。当遭遇强降温天气时，容易发生冻害。梨树不同物候期耐寒力由强到弱的顺序依次为现蕾期＞开花期＞幼果期。花期和幼果受冻害的临界温度一般为 −3.0～−1.0℃。霜冻常常造成梨大幅度减产甚至绝产，是梨产业最重要的自然灾害之一。

春季晚霜冻害对梨树的花芽和幼果危害极大，花芽受冻后表现为内部组织变褐，不萌动，发育迟缓或呈畸形；严重时花芽、花序冻死，影响授粉和结果，造成减产。一般花芽分化程度越深、越完全，抗冻能力越强。腋花芽萌发较晚，较顶花芽易避过晚霜危害。

幼果受冻后，轻时表皮出现冻伤，部分在果萼处冻裂，产生 1～5 处深度不一的裂痕，幼果长大后在果萼处留有明显的伤痕。个别品种果皮变色，表面出现黑斑。虽然不影响坐果，但影响果实表现，生长缓慢，畸形果会比较多，丧失了商品价值。受冻严重时果肉、种子发褐至发黑，逐渐萎缩变黄，带梗脱落。以地上 1.5 m 为分界线，向上逐渐轻，向下逐渐重。

2. 预防措施

对于春季晚霜冻害，要提高防范意识，随时注意天气变化和天气预报，结合生产经验，及早采取应急防范措施，做到防患于未然。

（1）灌水或喷水：霜冻来临前全园灌水，可提高夜间树体温度 1～2℃。降温时树冠喷水，可在树体表面形成保护性冰层，并释放出潜热，起到一定的降温缓冲效果，提高树体抗寒能力。

（2）喷施营养液和防冻剂：喷施植物细胞膜稳态剂或防冻剂，如芸苔素 481、天达 2 116 等，增大细胞膜的韧性，提高树体的抗寒力。也可喷施 0.3% 磷酸二氢钾（黄腐酸钾）、0.3% 硼砂、1% 蔗糖溶液或膜性氨基酸系列叶面肥，提高花器或幼果的细胞液浓度，增强树体抗寒性，兼有施肥作用。

（3）熏烟：熏烟能形成一个保护罩，减少地面热量散失，阻碍冷空气下降，同时烟粒吸收湿气，使水汽凝聚成液体而放出热量，可使气温提高 3～4℃，避免或减轻霜冻。霜冻发生时，可以在梨园点火熏烟，即在园内用柴草、锯末等做成烟堆。燃烧点的设置主要依据燃烧器具的种类、降温程度和防霜面积等确定，原则上园外围多，园内少；冷空气入口处多，出口处少；地势低处多，高处少。也可使用发烟剂，配料比为硝酸铵 2 份、锯末 7 份、柴油 1 份，混匀，用纸筒加防潮膜包装。发烟剂使用方便，烟量大，效果好。

（4）加热增温：梨园内放置加热器具，如每 666.7 m² 放置加热器、火炉等 10 个，霜冻发生前加热增温，使下层空气变暖上升而形成梨树周围暖气层。

3. 灾后补救措施

（1）做好花果管理：发生冻害的梨园立即停止疏花疏果，避免冻害发生后仍有可能恢复正常的花果被疏掉，保证坐果量充足。由于花期气温骤降，传粉授粉的蜜蜂等昆虫数量大幅减少，当未受冻的花超过一半开放时，及时进行 2～3 次人工授粉，采用人工点授、器械喷粉、花粉悬浮液喷雾等方法均可，充分利用未受冻的花结果。待幼果坐定后，根据梨园坐果量、坐果分布等情况进行精细定果，以降低冻害造成的损失。受冻害较轻的梨园，留发育正常的果，疏除畸形果、受害果；受冻害较重的梨园，见果就留，可每个花序留 2～3 个果，以果压树，防止旺长，促进花芽形成，为第 2 年开花结果打好基础。

（2）加强肥水管理：及时补充肥水，养根壮树。冻害发生后立即灌水；叶面喷施 0.3%～0.5% 尿素加 0.2%～0.3% 硼砂溶液等，快速补充树体营养；花后可多次叶面喷施含氨基酸、腐殖酸的叶面肥或维果天然活力素等植物生长调节剂，增强树体抗性，促进树势恢复和幼果发育。

（3）加强夏季修剪：受冻害减产的梨园，树势容易返旺，应加强夏季修剪，可通过拉枝开角、摘心去叶等方法加以控制，调整好营养生长与生殖生长的关系。剪掉或回缩冻伤严重不能恢复的枝条，疏除密生枝和徒长枝，改善光照，促进果实发育。

（4）注重病虫害防控：梨树受冻后，树势衰弱，易遭受各种病虫害的侵袭，要加强田间调查监测，做好病虫害防控工作。及时对树体和地面喷洒石硫合剂、苯醚甲环唑、吡唑醚菌酯或多菌灵等，防治黑斑病、黑星病等病菌和梨木虱、黄粉蚜等害虫危害。尤其是腐烂病，要及时刮治。

三、干旱的发生及防控技术

1. 干旱的发生及表现

旱灾是由于连续长时期无雨或者少雨，造成空气干燥、土壤缺水，使得梨树树体内水分发生亏缺，影响梨树正常的生长发育，导致树体衰弱、落叶、落果、减产甚至绝产。按照干旱发生的季节，可分为春旱、夏旱、秋旱和冬旱。春旱主要在我国华北、西北和东北的部分地区发生，这些地区春季温度回升很快，太阳辐射较强，大气蒸发力较强，风力较大，空气干燥。由于冬季降水量少，一旦春季长时间无雨或降雨量不足，就容易发生春旱。进入夏季后气温高，太阳辐射和蒸发力都很强，而此时果树处于生长旺盛期，耗水量又较多，土壤水分含量迅速减少，一旦遇到长时间无雨或少雨天气，就会发生夏旱。秋旱是指入秋后降水量迅速降低，而果树正处于第二个生长高峰，耗水量大，长期无雨会发生旱灾。由于冬季大陆性干冷气团控制我国广大地区，降水量一般比较小，长期无雨就会容易发生冬旱。

春季干旱直接影响萌芽、开花坐果、展叶、幼果发育及春梢生长，降低树体光合作用，造成树体内各种运输过程缓慢，抑制树冠扩大。夏季干旱往往导致新梢停长早、叶片少而小，影响有机养分的制造积累，进而抑制花芽分化和果实膨大，并加剧缩果病、苦痘病等生理病害的发生。在我国北方地区，严重的冬旱会引起果树新梢抽干现象，使第二年挂果枝明显减少。

适度干旱利于梨果着色，增加果实含糖量。但过度干旱会导致梨果变小，果形不正，果皮粗糙，汁少渣多，容易裂果、落果，果实产量低，品质差。干旱也有利于一些病虫害侵染及传毒昆虫活动，会导致梨树虫害及病毒性病害发生较重。

2. 预防措施

（1）加强水利基础设施建设：因地制宜修建各类水利设施，加大投资力度，治理河道，及时拦蓄雨水，改善生态环境，完备灌排水系统，努力做到遇旱能灌、遇涝能排。有条件的地方应积极推行滴灌、喷灌、微喷等工程节水灌溉方法。一般梨园土壤持水量在 60%~80% 最适宜。

（2）果园生草与覆盖：采取梨园生草与割草覆盖结合，可减少土壤水分蒸发，提高土壤的蓄水、保水和供水能力，进而调节梨树对水分的利用率。秸秆覆盖作为一种重要的节水措施，能有效抑制土壤水分蒸发，调节地表温度，提高土壤含水率。果园生草覆草后，地表径流减少，山坡地和沙滩地果园尤为明显，土壤理化性状改善，团粒结构增加，降水或灌溉水下渗损失少，供给果树根系水分的有效期长。

（3）增施有机肥，改土保墒：有机肥中含有大量的有机质，施入土壤以后经微生物分解和物理化学变化形成腐殖质。腐殖质可以改善土壤结构，增强土壤透水性和保水性，更容易蓄积和保存自然降水，从而提高保肥、保水的能力，为根系生长创造良好的生态环境条件，达到养根壮树的目的，提高树体的抗旱能力。

（4）穴贮肥水地膜覆盖：穴贮肥水地膜覆盖技术简单易行，投资少，见效快，具有节肥、节水的特点，是山岭薄地果园高效节水抗旱栽培技术，一般可节肥 30%，节水 70%~90%。

具体方法如下：将作物秸秆或杂草捆成直径 15~25 cm、长 30~35 cm 的草把，放在水中或 5%~10% 的尿液中浸透。在树冠投影边缘向内 50~70 cm 处挖深 40 cm、直径比草把稍大的贮养穴，冠径 3.5~4.0 m 的树挖 4 个穴，冠径 6 m 的树挖 6~8 个穴。将草把立于穴中央，周围用混加有机肥的土填埋踩实（每穴 5 kg 土杂肥，混加 150 g 过磷酸钙、50~100 g 尿素或复合肥），然后整理树盘，使营养穴低于地面 1~2 cm，形成盘子状，浇水 3~5 kg/ 即可覆膜；将旧农膜裁开拉平，盖在树盘上，并要把营养穴盖在膜下，四周及中间用土压实；每穴覆盖地膜 1.5~2.0 m²，地膜边缘用土压严，中央正对草把上端穿一小孔，用石块或土堵住，以便追肥浇水。进入雨季即可将地膜撤除，使穴内贮存雨水。一般贮养穴可维持 2~3 年，草把应每年换一次，发现地膜损坏后应及时更换，再次设置贮养穴时改换位置。

3. 灾后补救措施

（1）争取灌溉水源，及时进行灌溉：若遇干旱，应及时进行灌溉，尽可能争取灌溉的水源。对树盘浇水要浇透，最好采用滴灌、喷灌、微喷等节水灌溉技术。

（2）合理使用抗旱保水剂：抗旱保水剂具有很强的保水性，可反复吸放水分，其缓释水分绝大部分能被植物根部利用。所吸水可随水势平衡出来，必要时根从保水剂凝胶中抽水。但使用土壤抗旱保水剂的果园必须有一定的水浇条件，保证生长季能灌 3~4 次水，否则会有副作用。

（3）合理修剪，减少果树负载，降低无效耗水：合理整形修剪，剪掉树冠外围的竞争枝、背上徒长枝、内膛营养枝和弱营养枝，疏除灼伤的叶片和果实，减少枝叶量和结果量，以降低水分蒸发和蒸腾作用。干旱年份，在正常疏花疏果的基础上，再疏除一部分花果，以集中养分和水分，保树又保果。超载果园严格疏除多余果实，否则会加重树体水分的损失，降低果实品质，严重的对整个树体造成危害。修剪时，注意伤口要少。修剪后，要用封剪油尽快涂抹伤口，防止树液蒸发。

（4）喷施叶面肥，补充水分和养分：高温干旱时，可连续叶面喷施 400～500 倍的尿素和磷酸二氢钾溶液 2～3 次，也可喷施 800～1 000 倍的氨基酸复合微肥，以利于降温、补充水分和养分，提高叶片功能。对于山坡、丘陵及无灌溉条件的旱地果园，气温高时可连续喷施 5%～6% 的草木灰浸出液 1～3 次，增加树体含钾量，增强梨树抗旱的能力。草木灰浸出液制作方法：草木灰 5～6 kg，清水 100 kg，浸泡 14～16 h，充分搅拌，过滤除渣。

（5）加强病虫害防治：果树遭受干旱灾害后，树体衰弱，抵抗力差，容易发生病虫害，因此要注意加强病虫害综合防治，尽量减少因病虫害造成的产量和经济损失。

四、日灼的发生及防控技术

1. 日灼的发生及表现

梨树日灼又称为"日烧病"或"日灼病"，是过强的太阳辐射到枝干和果实上引起增温，对梨树造成热害，是一种生理性病害，在全国各梨产区均有发生。其危害程度因梨树品种、树龄、部位及太阳辐射时间长短不同而有很大差异。梨树日灼可分为冬季日灼和夏季日灼两种情况。

冬季日灼发生在隆冬或早春，白天阳光直接照射，引起枝干温度升高，细胞解冻，而夜间随着气温下降（降至0℃以下时），细胞又冻结。这一冻融交替作用导致枝干皮层细胞受破坏而死亡，开始时树皮表面出现浅红紫色块状或长条状日烧斑，最后树皮干裂或脱落；严重时日灼可深达木质部，导致梨树枝干朽心，且容易导致腐烂病的发生。这种日灼实质上是由于日夜温差大而造成的，常发生在梨树主干和大枝上，以向阳面居多。

夏季日灼常伴随干旱和高温而发生，由于夏季灼热的阳光直射引起树体枝干、叶片或果实的向阳面局部温度过高和蒸腾失水而遭到灼伤。受害果树枝条表面呈现褐斑或黑斑，严重时表层出现裂斑、脱落。果实受日灼后果面出现淡紫色或淡褐色斑块，然后斑块扩大干枯，严重时发生裂果；果肉组织失水变硬，失去梨应有的脆度，品质明显下降，失去商品价值。叶片日灼初期，中部叶肉部分出现浅褐色斑块；随后浅褐色斑块扩大成片，颜色逐渐变黑，组织坏死；严重时，组织坏死后形成较大的孔洞。这种日灼主要是由于高温和干旱失水而造成局部组织死亡，主要危害向阳的叶片和果实。

2. 预防措施

（1）冬季早春树干和主枝涂白，缓和温度剧变：越冬前，涂白树体主干及主枝可以反射阳光，从而缓和树皮温度的变化。注意涂白剂的浓度要适当，以涂在枝干上不往下流又不黏团为宜，生石灰一定要溶解，否则吸水后放热会烧伤树干。此外，在树干上绑草把、培土和涂泥等也能起到防日灼的作用。

（2）合理修剪与疏果：通过修剪调节枝叶量，保持中度的树体结构，避免修剪过度。在树体的向阳方向适当多留枝条，增加叶片数量，以避免阳光直射枝干和果实。同时，也要控制叶片数量，避免叶片过多，与果实争夺水分。易出现果实日灼的地区，在树冠西南面应适当重疏树冠外围裸露的果实，适当多留内膛果和半遮阴果，有助于减少果实日灼。

（3）果实套袋：套袋可降低日照强度，有效降低果实的日灼率。为了提高套袋防日灼的效果，果实套袋前 3 ~ 5 天及套袋后迅速浇水，以降低地温，改善果实供水状况。果实套袋应尽量选择在早晚气温较低的时间进行，避开中午日光直射。套袋时，要将果袋完全撑开，尽量使果实悬于袋中央，避免紧贴果袋。在温度变化剧烈的天气不要套袋，如阴雨后突然转晴的天气。干旱年份应特别注意，要将套袋时间推迟，以避开初夏高温。

（4）及时灌水，保持土壤水分供应：越冬前要灌封冻水，生长季要及时浇水。夏季果园灌水可有效降低土壤温度，防止日灼的发生。高温天气来临之前也可给树冠喷洒清水，调节树冠温湿度，减轻日灼的发生。沙质土壤果园保水能力弱，相对黏土地果园，灌水要更勤，保持土壤湿润。

（5）果园生草或土壤覆盖，降温提墒：通过人工生草或者自然生草，避免阳光直接照射土壤，待草高约 50 cm 时留茬割草覆于树盘下，以降低地面温度、保持土壤湿度，可以有效防止日灼。在夏季高温干旱来临前，用秸秆、稻草等覆盖土壤，减少水分蒸发，提高土壤保水能力，也可以预防日灼的发生。

3. 灾后补救措施

（1）发生日灼后，进行全园浇水，浇水时间在上午 9 时前或下午 4 时之后，避开高温，可改善土壤水分供应和果实膨大对水分的需求，缓解高温和干旱对树体的危害。

（2）及时喷施叶面肥，增强树体恢复能力，减轻日灼带来的损伤，也可促进果实发育、提高果实品质。

（3）全园喷施杀菌剂，防止病菌感染受伤的枝干、叶片和果实。

五、风害的发生及防控技术

1. 风害的发生及表现

风害是指风力达到足以危害农业生产及其他经济建设的风。根据形成原因可分为冷锋后偏北大风、高压后部的偏南大风和温带气旋（东北低压、江淮气旋等）发展时的大风。大风是指某个时段内出现的 10 min 最大平均风速大于等于 10.8 m/s（6 级）的风，气象部门会向社会发布 6 级及以上大风的预警信号。从地理分布看，沿海多于内陆，北方多于南方。我国经常出现大风的地区包括华北平原、内蒙古平原、辽东半岛、松辽平原、青藏高原以及台湾海峡。一般来说，大风春季出现最多，夏季最少。

多风地区梨树常发生风害，影响树体正常发育。因为适度的风有利于梨树异花授粉、提高坐果率，能够促进园区气流交换和叶片的光合作用等，所以梨树的风害是指风力达到足以危害梨生产的风，会影响授粉、折断枝梢、吹倒树体，造成大范围的落果，严重危害梨树的生长和发育。

风害在不同的季节均有可能发生，除造成树枝折断等物理损伤外，春季大风还能吹焦新梢嫩叶，吹干柱头，缩短花期，影响授粉和坐果；夏秋季大风则造成大量落果，严重影响产量和品质，又时常伴有大雨、暴雨，造成涝害；冬季伴随寒潮而来的大风将影响梨树安全越冬。从地理分布来看，北方冬季和早春的大风会造成幼树抽条死亡；沿海地区的果园常遭台风危害，尤其阵发性的大风，对局部地区危害严重。梨树的根系较为发达，固地性较强，成年梨树被大风吹倒的情况比较少见，但是幼年梨树的倒伏率则偏高，尤以2～4年生且生长旺盛的梨幼树和初结果树倒伏率最高。

2. 预防措施

（1）健全果园防护林体系，提高果园抗风灾能力：一方面，建立果园时要选好地形、地势，避免在山顶和风口、风道等易遭风害的地区建园。另一方面，营造防风林，以有效预防和减轻梨园风害。为了发挥防风林的作用，在新建果园时尽量做到"先林后果"，提前建好防风林，并加强管理，使其迅速成林；也可结合"四旁"植树、小片丰产林、农林间作等，构成一个完整的有机联系的农田防护林体系。同时，加强土壤和肥水管理，促使果树根系生长良好，可以有效预防风害。

（2）利用棚架栽培等先进技术防范风灾：近年来，棚架栽培在全国各地逐渐兴起。实践证明，棚架栽培不仅能有效防止风害，而且树体结构合理，有利于梨丰产、稳产且操作方便，最适宜在沿海梨产区推广应用。此外，适当密植、矮化树形、设立支柱支架等均可减轻风害；改清耕制为生草制可减轻大风涝害对土壤结构的破坏；肥料施用改土表撒施为土壤深施，可防止根系上浮，减少风害造成的树体倾倒。

（3）做好风灾来临前的防范工作：在花蕾期、初花期对果园进行全园喷施硼肥，可延长花期、提高坐果率。喷施叶面肥，如锰肥、钼肥，都能提高坐果率。通过提前灌水的方式推迟花期，避开大风天气。大风来临前，对树体骨干枝用坚实的木棍进行支撑加固，以减少树体摆动；及时对树体进行修剪，剪除多余的枝条，必要时落头开心，以减少树体受风面积。有条件的可在梨园内架设钢架，固定树枝。

3. 灾后补救措施

（1）排水降涝，中耕松土：风害往往伴随着强降雨，所以大风过后要及时进行果园排水，有条件的梨园最好进行机械排水，尽量减少受淹时间，减轻根系受损程度。因径流冲刷及树干摇动形成的土壤空洞要填实；实行清耕的梨园应在排尽积水3～5天后进行中耕松土，增加土壤透气性。

（2）扶正树干，清理断枝：对倾斜或倒伏的幼年梨树，应在风后1～3天内及时扶正，培土踏实，防止松动；对倾斜或倒伏的成年树，宜先用木棍暂时支起，使树叶离地即可，切勿强行扶正，否则会加重根系损伤，导致全株死亡。然后自然纠正主干角度，回缩伏地或近地主枝，并在日后利用徒长枝重新培养新的主枝。清理断枝，修复伤口，使伤口断面光滑整齐，并涂抹杀菌剂，防止病菌感染。大风过后及时摘除受伤的果实，喷清水清洗叶片和果实。果实近成熟期根据成熟情况，适时采摘树体顶端和外围的果实，以减少树体的负载量。

（3）喷药杀菌，根外施肥：风灾过后应及时、细致而全面地喷施杀菌剂，防止病菌感染造成再度落叶，避免腐烂病的发生。风灾易造成涝害，使梨树根系受损，所以风灾过后不宜进行土壤施肥，应结合喷药进行根外追肥，补充树体营养，以恢复树势。

六、涝害的发生及防控技术

1. 涝害的发生及表现

雨涝灾害是对涝害和湿（渍）的总称，按照水分多少可分为湿害或渍害、涝害和洪害。湿害或渍害是由于排水不良而导致土壤水分长时间处于饱和状态，使果树根系因缺氧而发生伤害；由于雨水过多导致地面积水长期不退，使果树受淹，称为涝害。按照发生的季节，可分为春涝、夏涝和秋涝。春涝主要是湿害，在梨上较少发生。夏季由于降雨较多或短时连降暴雨而导致总降水量过大而发生涝害；在局部地势低洼的地区，降水稍多，排水不良，就会发生湿害。入秋后，雨量迅速降低，涝害减少；有些地区的大暴雨可引起小范围的积水而发生涝害；连续阴雨持续时间过长及雨量过大，则可能发生大面积涝害。

遇连续阴雨天气，在低洼地或地下水位高的平地，在栽植穴不透水的连山石山地梨园，常常因雨水过大，不能及时排水，造成局部或全园积水、渍水，发生涝害。梨园一旦发生涝害，有可能造成全园毁灭。梨属中砂梨系统最抗涝，西洋梨次之，秋子梨则不抗涝。

尽管梨树较为耐涝，尤其是杜梨砧梨树抗涝性更强些，但积水时间过长，土壤中水多气少，会造成根系窒息。而地上部叶片、果实照常蒸腾，呼吸消耗，有求无供，因而出现"生理干旱""生理饥饿"现象。同时，由于积水日久，在土壤缺氧的情况下，产生硫化氢、甲烷类有毒气体，毒害根系而烂根，造成早期落叶、落果、裂果、死树症状。树干经长时间积水，会出现皮层剥落、木质变色、枝条枯死、叶片失绿等现象。此外，有的还发生二次生长、二次开花现象。

2. 预防措施

（1）做好建园准备工作：在建园时要选择好地形、地势，避免在低洼易涝的地区建园，根据不同的土壤和地势条件选用抗涝的品种和砧木。若在低洼易涝和地下水位高的地区建园，必须采用起垄栽培模式，修好排水设施。起垄栽培就是把梨树种植在事先筑起的高垄上，两行树中间呈浅沟状；暴雨后地表水能迅速从垄沟排出，有效避免园区渍水。要因地制宜修建排水设施，健全排水系统，及时排除积水，这是防止梨园涝害的根本措施。无排水沟的梨园要安装排水设备，必要时进行人工排水。同时，注意土壤类型，对于心土有不透水层（如白干土或岩盘）的地块要避免选用，或是预先进行换土改良后再栽植。

（2）做好雨前预防工作：开展雨涝监测、预警、评估，建立雨涝灾害实时监测、预警系统，及时向有关部门提供涝害可能发生的区域、时间和危害程度，并宣传涝害防控对策和减灾技术措施，降低灾害损失。采取切实可行的措施做好梨园洪涝灾害防范工作：提前清理好排水沟，疏通排水沟渠，确保梨园排水顺畅；排水系统不完善的，应在雨季来临前配齐，防患于未然。

3. 灾后补救措施

（1）及时排出园内积水，扶正树体：大雨暴雨过后，及时清除梨园沟渠内的沙石、淤泥、干枝落叶等沉积物，保证排水通畅、园地无积水现象，增加土壤透气性，防止因积水而沤根、烂根，致使植株萎蔫。积水严重的，可用抽水机把水抽出园外。要尽快扶正被水冲倒的梨树植株，安装支柱进行固定，防止动摇；清除树盘的压沙和淤泥，对有根系裸露的树体进行培土，盖至原根颈部位，以促进根系尽快恢复生长。同时，对过多沾染淤泥及其他杂物的叶片，需用清水喷雾进行冲洗，以保证叶片光合作用的正常进行，促进树势恢复。

（2）适时晾墒和中耕：树盘覆盖的梨园，大雨暴雨后应及时撤除覆盖物，并扒开树盘周围的土壤晾晒树根，使水分尽快蒸发，加强通气，促进新根生长，经历3个晴好天气后再覆土。生草的果园，应及时清除杂草，排除土壤中过多的水分，改善土壤的通气性，防止根系窒息死亡。对地表进行锄松和翻刨，防止土壤板结，改善土壤的理化性状，增加土壤透气性，促进根系尽快恢复吸收功能和旺盛生长。中耕时要适当增加深度，将土壤混匀、土块捣碎，根据土壤和果树生长的具体情况，可中耕1～2次。表层土壤干后进行土壤翻耕，使土壤水分散发，改善土壤通气条件，以利于土壤微生物活动，恢复根系发育，促进新根生长。

（3）注意树体管理：清理折断的树枝、新梢，并从断茬向下5～10 cm处短截，保证伤口平滑，涂抹愈合剂促进伤口愈合。对于受害严重的梨园，应适当疏除部分枝条，如树体内的过密枝和徒长枝，及时摘除没有成熟的果实，减少养分消耗。对树干和树枝用1∶10的石灰水刷白，用稻草和麦草包扎，以免太阳暴晒，造成树皮开裂。

（4）合理根外追肥：梨树发生涝害后，树体长势减弱，急需补充大量营养。多喷叶面肥，补充养分，使树势尽快恢复。可喷施0.1%～0.2%尿素和0.2%～0.3%磷酸二氢钾，也可喷施碧护、赤霉素、天达2116等生长调节剂，以加强光合作用，增加树体的营养积累。每隔5～7天叶面喷肥1次，连续喷施2～3次。待树势恢复后，按树体结果量和生长势进行常规施肥。

（5）加强病虫害防控：长时间淹水后，在高温多湿的环境中，受到损伤的树体容易发生病虫害。因此，要加强病虫害防控。及时清理果园内的落叶和落果，防止病菌发生和蔓延。可枝干涂白，防止日灼及其他枝干病害的感染；喷丙森锌、代森锰锌等保护性药剂，预防叶片病害发生。有明显病害症状时，及时喷施吡唑醚菌酯、代森联、苯醚甲环唑等药剂进行控制；出现根系病害可用多菌灵、甲基托布津等药剂进行灌根治疗。

七、雹害的发生及防控技术

1. 雹害的发生及表现

夏季风雨天气较多，有时还会有雹灾。冰雹是指积雨云从大气层降下而形成的小冰球，当小冰粒周围冻上冰层时，云中就会出现冰雹。梨树经过冰雹袭击后所造成的危害称为雹害，是一种局地性强、季节性明显、来势急、持续时间短的气象灾害，主要危害是使梨树遭受机械损伤，有时会伴有不同程度的冻害。我国大部分地区降冰雹时间多出现在午后 14：00—17：00 这段时间内；范围不大，多数不到 20 km；移动速度可达 50 km/h，持续时间比较短。从地理分布特点来看，山地多于平原，高原多于盆地，中纬度多于高纬度和低纬度地区，内陆多于沿海，北方多于南方；冰雹的重量最大可达 1 kg，可打烂树叶、损伤枝干、击伤果实，给梨生产造成极大的破坏。

雹害多发生在春末夏初交替时。如果发生在晚春，雹灾会砸落已开放的花瓣，影响梨树坐果。梨树遭受夏季冰雹袭击后，轻则打烂树叶和果袋，重则造成枝条断裂，打烂果实，出现大量落叶和落果，很大程度上降低了优质果的产量及占比，造成减产。同时雹灾还影响树势，引起病虫害的发生和蔓延，严重的会导致整株死亡。

2. 预防措施

（1）区划种植，避雹建园：一般的冰雹灾害一次降雹时间很短，但会覆盖数千米范围；在同一地区有时会连续发生多次冰雹灾害，且越复杂的地形，冰雹越容易发生。因此，梨园建园时应尽量避开易雹地带。此外，有条件的梨园，建园时可在梨园四周营造防护林以来破坏冰雹的形成条件，达到预防冰雹灾害的目的。

（2）加强雹情预测预报：气象部门要加强对雹灾天气的预测，相关部门充分借助网络、媒体、电视平台发布预警信息，以便提前做好准备，采取防御措施，避免或减轻损害。

（3）人工防雹：人工防雹主要通过果实套袋、架设防雹网等方式进行。果实套袋既是降低农药残留、提高果品质量安全水平的重要优果技术，也是减轻冰雹灾害程度的一项重要手段。在冰雹直径小、持续时间短的情况下，套袋果基本能保持完好无损。防雹网可利用建园时的果园支架系统来搭建，而且能一网多用，既防雹又防鸟。

3. 灾后补救措施

（1）及时排水防涝：冰雹灾害大都伴有大雨或暴雨天气，造成梨园积水，梨树根系呼吸作用减弱、活动能力降低，易烂根死亡。因此，要及时排除园内积水，预防涝害。必要时扒开根颈周围的土壤晾根，以防长时间积水浸泡树根，导致根系腐烂。

（2）做好清园工作：冰雹灾害对梨树树体会造成较大的伤害，雹灾过后，要及时做好清园工作。剪除被冰雹击打而受伤的枝梢。根据雹灾危害程度，采取适宜的修剪措施。伤口密、破损重的大枝可回缩；被折断的枝条，可齐折断处除去；破伤较重的结果枝组，要适当回缩；外围受伤枝在饱满芽处短截，内膛较密枝受伤后可直接疏除。剪口力求整齐平滑，涂保护剂，以利于伤口及早愈合。

被冰雹砸伤的重伤果，严重影响发育、无商品价值的可摘除，一般受伤面积不大、程度较轻的果实可保留。对受灾较重的梨园，要适当摘除树上果实，留果量不超过树体的合理负载，避免树体营养过度损耗，影响花果发育。树上处理完毕后，及时清理梨园内被打落在地的落叶、落果、果袋以及剪下的残枝等，清理后集中深埋处理，以防感染病菌，引发病害流行蔓延。

（3）加强果园中耕：遭受雹灾后，梨园土壤板结严重，通透性差，地温偏低，影响根系生长。因此，要及时对梨园进行中耕松土，提高土壤的通透性，保证土壤养分供应，恢复和增强根系的呼吸和吸收能力。

（4）补充营养，恢复树势：雹灾之后，要及时补充养分，促进树体的营养生长，以利于树势恢复。选择叶面喷施氨基酸叶面肥或 0.2% ~ 0.3% 磷酸二氢钾，每隔 10 天进行 1 次，连喷 2 ~ 3 次。结合叶片施肥可同时进行土壤追肥，盛果期梨园施尿素与复合肥各 20 ~ 40 kg/666.7 m^2，小树酌减。秋季要适当增施有机肥，补充养分，培肥地力，改善土壤理化性状。

（5）病虫害防控：由于冰雹的打击，枝干、叶片、果实等部位均遭受不同程度的损伤，病菌极易侵入感染，发生病害。因此，要加强病虫害防控。灾后 3 ~ 5 天，全园细致喷施 70% 甲基硫菌灵可湿性粉剂 1 200 倍液或 50% 多菌灵可湿性粉剂 800 倍液，7 ~ 10 天后再喷施一次。可视情况与叶面喷肥结合施用，减少劳动量。

参考文献

郑建梅，孙蕊 . 梨树花期冻害预防及补救措施［J］. 河北果树，2018（2）：13.

董肖昌，王小阳，王海云，等 . 梨春季晚霜冻害的预防及补救措施［J］. 烟台果树，2021，153（1）：30-32.

黄文萍 . 雹灾后果树补救措施［J］. 现代园艺，2014，18：219.

王永博，王亚茹，韩彦肖，等 . 梨树冻害的预防与救治［J］. 河北农业科学，2012，16（1）：39-41.

王涛 . 台风对沿海地区梨树生长的影响及对策［J］. 中国果业信息，2005，9：25-26.

冉昆，王宏伟，董放，等 . 2016 年山东梨冻害调查及应对措施［J］. 落叶果树，2016，48（3）：5-7.

冉昆，王宏伟，魏树伟，等 . 山东中西部梨产区幼果期冻害调研报告［J］. 2020，5：4-6.

魏树伟，王少敏，董肖昌，等 . 台风对不同树形梨树落果及枝叶损伤的影响［J］. 落叶果树，2020，52（4）：15-16.

周广胜，周莉 . 现代农业防灾减灾技术［J］. 北京：中国农业出版社，2021.

第十一章

梨采后增值技术

第一节 我国梨果采后现状与发展对策

一、我国梨果采后保鲜贮存的发展历程

1. 利用自然冷源的传统贮存方式升级改造阶段（中华人民共和国成立后至20世纪80年初）

中华人民共和国成立后，随着农村集体经济组织的建立，梨果生产开始恢复，大规模国营、社营、社队合营的梨园相继建成，产量随之增大，带动了梨果贮存。此阶段，梨果贮存主要还是利用自然冷源的土窑洞、通风库、地窖、闲置房屋等传统贮存方式，如晋中部、陕北的土窑洞，辽西和安徽砀山、河北魏县等的半地下或全地下通风库贮存。各产区在生产实践过程中，不断总结贮存经验，技术日臻完善。土窑洞和通风库等在设计、建造、通风（温湿度调节）和贮存管理等方面更加科学合理，梨果贮存量更大，贮存时间也相对延长。20世纪70年代后期，在土窑洞、通风库等基础上，塑料薄膜包装等简易气调保鲜和防腐处理技术开始应用。

2. 现代冷藏起步阶段（1970—2000年）

为确保城市水果基本供应及外贸出口之需，国家商业、供销和外贸等部门先后兴建或改建了一批水果冷藏库，开启了我国梨果现代冷藏时代。1968年北京市建造了我国第一座水果专用机械冷藏库，1976年河北沧州地区供销社在泊头投资建造了当地第一座冷藏库，1978年藁城外贸修建冷藏库。1980年代中后期，受外贸出口和市场带动，我国梨产业迎来第一个高速发展阶段，产量随之陡增，河北等主产区迎来冷藏库建设高峰。20世纪70年代以来，我国梨果冷藏库建设经历了由大、中城市到县城、村镇，由销地贮存到产地贮存的转变，由国家建设到民营、集体建设，冷场规模由大型向小型化发展再到集中发展的趋势。

3. 冷藏大发展时期（2000年至今）

20世纪90年代以来，我国梨产业进入第二个发展高峰。随着梨种植面积不断扩大，产量快速增加，贮存设施发展滞后，出现"卖果难"。进入21世纪，北方各主要梨产区冷藏库快速发展，冷藏能力不断增加，如河北冀中南梨产区、新疆巴州梨产区、晋陕酥梨产区、辽宁南果梨产区、安徽砀山梨产区等，气调冷藏库从无到有，且有增加的趋势，有效缓解了梨果集中上市造成

的销售压力。上述地区目前使用的大型冷藏库和气调冷藏库主要为2000年以后建造或改造。此阶段，梨优新品种多元化发展，品种更新加速，比如国内选育的'黄冠''红香酥''新梨7号''玉露香''翠冠'等，从日韩引进的'黄金''丰水''圆黄'等砂梨品种，早熟西洋梨品种'红茄''三季'等，还有传统地方品种如'库尔勒香梨''南果梨'等。随着梨果产量快速增加，贮存设施和相应贮存保鲜技术需求矛盾陡增。近30年，由于套袋、有机肥投入不足、化肥不合理使用等因素，果实品质下滑，贮存期间虎皮、黑心等生理问题突出。针对梨果黑心及黑皮等贮存过程中容易发生的生理病害，又研发出精准冷藏、气调保鲜、1-MCP处理等相结合的梨果贮存保鲜关键技术，有力保障了梨产业健康持续稳定发展。

二、山东省梨果采后保鲜贮存的发展历程

我国梨果贮存分布情况，普通冷藏库和气调冷藏库主要分布于北方产区，南方产区除湖北外，冷藏能力几乎为零。河北为我国最大的梨果贮存集散地，贮存企业数量大于2 000家，冷藏量占全国的1/3，山东（苹果和梨产区共存，一些贮存企业是贮存苹果还是梨无法精确区分）和新疆的贮存能力大致相当。全国冷藏量≥3.0万吨的县市区有28个，3万吨＞冷藏量≥1万吨的县市区接近10个。通风库和土窑洞主要分布于皖苏豫和晋陕酥梨产区，以及辽宁、吉林等白梨和秋子梨产区。

1. 我国梨果采后发展取得的进展

（1）贮存能力提升：与2013年相比，梨果冷藏能力增加约70万吨，增量部分主要在河北、新疆、山西、辽宁等产区。目前，全国梨冷藏能力约440万吨，其中普通冷藏约390万吨，气调冷藏约50万吨。通风库、土窑洞等简易贮存约100万吨，总贮存能力约540万吨，约占梨年产量的1/3。我国梨果贮存主要分布于北方产区，河北中南部是我国最大的梨果贮存基地，贮存企业数量大于2 000家，冷藏量约占全国的2/5。

全国冷藏能力大于10万吨的县市区有13个（一些冷藏企业既贮存梨也贮存苹果，均计入梨贮存能力），河北赵县和新疆库尔勒冷藏能力分别约为80万吨和60万吨，其余多在10万~20万吨；冷藏能力在3.0万~9.9万吨的县市区有15~20个；冷藏能力在1万~3万吨的县市区10~15个。通风库和土窑洞贮存主要分布于豫苏皖和晋陕酥梨产区及辽宁、吉林等白梨和秋子梨产区。随着梨果总量不断增加以及电商的需求，南方产区的翠冠、黄金、圆黄、丰水等中早熟品种短期贮存开始增加。

（2）贮存方式增加：我国梨采后贮存保鲜从传统土窑洞、冷藏库贮存逐渐转变为低温预冷与气调贮存相结合的新型贮存方式，有效缓解了梨果集中上市造成的销售压力。针对梨果黑心及黑皮等贮存过程中容易发生的生理病害，研发出温度、气体浓度、化学处理等相结合的梨果安全贮存关键技术，以及梨果绿色防病和精准贮存保鲜配套技术，显著延长了贮存期。比如，1-MCP采后保鲜处理技术和基于1-MCP的采前应用技术 Harvista™ 是梨贮存保鲜领域重要的技术亮点。

2. 我国梨果采后的不足

（1）早采问题普遍：为了提早果实成熟期占领早期市场，早熟品种早采和生产中使用膨大剂或叶面肥中含有赤霉素（GA）一类的生长调节剂成分比较普遍，造成梨果品质下降。我国梨普遍依靠早采来延长贮存期，不仅造成果实口感风味淡，还可能会增加采后虎皮、黑心等生理失调的风险，更主要的是让消费者失去了信心，最终会被市场无情抛弃。对于单个农户和企业而言，早采也许会增加收入，但对于一个产业、一个品种的影响将是致命的。对于早采问题，一些国家是通过立法来限制的，比如泰国的榴莲产业，果实早采是要坐牢的。

（2）采后商品化环节薄弱：梨采后商品化处理与加工是延长梨产业链的重要方式，国外先进梨生产大国非常重视采后商品化处理与加工技术研发，商品化处理程度高达85%，几乎所有进入超市销售的鲜梨果必须进行商品化处理，加工产品技术含量高，产后增值幅度大，产业发展空间大。相对而言，我国梨采后商品化处理程度低，存在采后处理不科学、欠规范，冷链流通极少等问题。梨果实进行机械化分级之后包装上市的比例低，导致中国梨产品在国际市场上竞争力明显偏弱，果实整齐度不一、果形不正、色泽和风味差、贮存生理病害等问题频发，严重时甚至失去商品性，出口产品屡遭退货，给相关企业带来了严重的经济损失，已成为我国梨产业健康发展的瓶颈。

（3）流通体系不完善，缺乏品牌意识：在我国多数梨产区，果农重视新品种、栽培模式及新技术的应用，而对梨果采后商品化处理、产后增值及销售环节的关注相对较少，市场流通的大多数梨果无品牌、无包装、无分级，市场较为低迷。部分产区由于采后商品化处理落后，冷藏保鲜、贮存运输等措施不能及时到位，导致梨果未上市就先掉价，梨价走低导致梨农惜售，大量积压的库存进一步导致梨果滞销，陷入恶性循环。

（4）产业链不完整：目前，我国"大国小农"的基本国情依然存在，采前采后"两张皮"、果农客商"两张皮"，产业不能形成完整链条。果实耐贮性的高低主要取决于采前品质，近30年，由于套袋、有机肥投入不足、化肥不合理使用等因素，果实品质下滑，贮存期间虎皮、黑心等生理问题突出。我国梨普遍依靠早采来延长贮存期，不仅造成果实口感风味淡，还可能会增加梨果生理失调的风险。另外，采前果园灌水、使用膨大剂等都可能影响果实耐贮性。果农生产不考虑采前质量对采后贮存和市场货架的风险，客商收购以果个大小、外观色泽为依据，没有考虑果实采收时的内在品质。果农与客商不能形成利益共同体，造成梨采后虎皮、黑心、烂损等问题高发。

三、我国梨果采后发展对策

1. 提升梨果内在品质，适时采收

近40年来，随着梨栽培面积不断扩大，由于化肥过量或不合理施用、早采等原因，梨果内在品质总体下降，无论是鸭梨、雪花还是库尔勒香梨，消费者普遍反映"没有原来的味道了"。首先，需不断提升梨果品质，加强梨安全、优质、标准化等高新技术的研究和引进，在优势产区建立梨标准化生产示范园，提升果实耐贮性。其次，避免果品早采，加强入园企业管理，禁止园区

内果品运销企业违反适期采收标准，提前收购；引导电商企业、网销大户等转变营销思路，采取网络预购等形式进行网销，加大宣传力度；采取多种形式大力宣传，加强行业自律，积极引导广大果农、经销商适时采摘销售。

2. 加强采后商品化处理，加快实现梨果加工产品系列化

目前，梨果的分级和包装技术，远未达到发达国家水平，应推广梨果冷链贮运及产地商品化、清洁化处理，延长梨果的货架期，要在引进国外先进设备和先进技术的同时，研究开发具有自主知识产权的果实采收、分级、包装的各种设备和产品，大力发展梨果加工系列产品，进一步开发出更多的精深加工产品，如梨干、梨醋、梨酒等增加产品附加值。

3. 实行名牌战略，提高梨果出口能力

一是搞好品牌建设，大力发展名牌产品。二是组建行业协会，组建果农、出口企业联合会或协会，协调对内、对外价格，沟通信息，规范行业内生产经营行为，联合起来进行贸易。三是重视、研究和建立土地流转机制，实现规模经营，参与或利用跨国公司的营销网络。四是积极参与国际贸易竞争，在合作与竞争中合作，增进了解，改善关系，突破贸易壁垒，促进共赢，增加梨果的出口。

4. 完善物流信息化体系，提升贮运企业数量和规模

作为鲜活农产品的水果，需要一个具备温度保证、无伤害保证、时空调运保证的现代物流系统。进一步完善物流信息化体系，利用企业资源计划、管理信息系统、仓储管理系统、信息发布系统、无限射频技术、全球卫星定位系统、电子商务、电子车载地图等先进的物流技术进一步降低管理成本，提高效率。同时提高农产品冷链物流市场化程度，促进第三方冷链物流的发展。建立以公司（或合作经济组织、或专业市场、科技协会）加农户等能适应当地的多种产业化经营形式，把分散的个体果农（果园或贮库等）组成农工贸一体的联合组织，并建立相应的管理体制和合理的利益分配体系。从而解决目前已不断加剧的大市场与小生产的矛盾，保证现代果品产业健康顺利地发展。

第二节　梨果采收与贮存技术

一、梨果采收技术

1. 适时采收

采前 15 天内禁止浇水，保证果品质量。采收早晚直接影响水果的色泽、风味和品质。采收过早会导致果实的品质降低、产量下降、贮存能力减弱；采收过晚，果实品质虽有所增加，但进入

呼吸高峰期，贮存能力会直线下降，容易产生贮存生理病害。因此采收时期要适宜，适时延迟采收，在提高果实品质的同时，保证其贮存能力。贮存用果应遵循晚采先销（即晚采短贮）、早采晚销（即早采长贮）的原则。

梨的采收应在晴天的早、晚（上午6—10时和下午3—6时），阴天时可全天采收，以减少果实携带的田间热，降低果实呼吸强度。用于长期贮存或长途运输的梨，应根据成熟度分批采收。分批采收应从适宜采收初期开始，分2~3批完成。分批采收有利于提高果实均匀度、果品质量和产量。

圆黄梨贮存果采收标准：可溶性固形物含量≥11.5%，果实去皮硬度（11.3 mm测头）7.0~7.5 kg/cm^2；种子颜色：花籽到部分种子褐色；果实发育期（盛花至成熟的天数）135±3天。

黄金梨贮存果采收标准：可溶性固形物含量≥12.5%，果实去皮硬度（探头直径11.3 mm测头）6.0~6.5 kg/cm^2，种子颜色：花籽到部分种子褐色，果实发育期（盛花至成熟的天数）143±5天。

库尔勒香梨建议采收指标：可溶性固形物含量≥11.5%，果实硬度5.5~6.5 kg/cm^2（11.3 mm测头），种子花籽，果实生长发育期145~155天，建议9月上中旬采收。

鸭梨短期贮存和直接销售可于盛花期后160天左右采收，长期贮存可于盛花期后145~155天采收。

丰水梨贮存果采收标准：果实硬度（去皮，11.3 mm测头）≥5.0 kg/cm^2，可溶性固形物含量≥12.0%，果实发育期（盛花至采收的天数）135~143天，可适当晚采2~3天。

黄冠梨采收标准：绿色或黄白色，果面光洁，果肉白色、石细胞少，果心小，可溶性固形物含量>11.0%，总酸0.1%~0.4%，硬度3.5~6.0 kg/cm^2。

2. 规范采收程序

梨果实接近成熟时，果梗产生离层，易于果台分离，采摘时注意勿使果梗脱落或折断。无柄果一是品级降低，二是提供了微生物入侵果实内部的通道，感染病害造成腐烂。采收前，采收人员应剪平指甲，用手掌将果实向上托，果梗即与果枝分离，动作要轻巧，不可碰伤果实，防止机械损伤，如指甲伤、碰伤、擦伤、压伤等，避免微生物从伤处侵入而感染病害。采果筐（篮）应衬垫柔软材料，避免挤伤或刺伤，采收过程中要轻拿轻放。梨果实皮薄，特别是套袋果，果实未经阳光照射，果皮皮孔小，细腻，特别容易受到机械伤害。'黄金'产地的果农采用带果袋采摘、用分级机分级，入库后或出库时，再拆袋分级包装，有效减轻了机械损伤。要求人工采摘，轻拿轻放，避免机械损伤。部分果皮较薄、容易发生刺伤的品种如'中梨一号''黄金'等应将果梗适当剪短。

采收时，分批采收，按照先外后内、先下后上的顺序采收。采收过程中要做到"四轻"，即轻摘、轻放、轻装、轻卸，避免造成"四伤"，即指甲伤、碰压伤、果柄刺伤和摩擦伤。采摘时，采摘工人要戴上线手套，注意轻拿轻放，避免碰伤、刺伤和刻伤，保证果梗完整，采果后放于采摘篮或袋子中。在园内进行分级分装后，避光放置，防止高温晒伤梨果。

二、梨贮存保鲜技术

梨果水分含量较高，导致其在采后还进行着很强的呼吸作用。在自然条件下，采后的梨果生理衰变快，腐烂率高，保鲜技术对于梨果贮存保鲜具有重要的科学意义及应用价值。梨的保鲜方法主要有化学保鲜和物理保鲜，化学保鲜是利用化学药剂涂抹或喷施在果蔬表面或置于果蔬贮存室中，以达到杀死或抑制果蔬表面、内部和环境中的微生物，以及调节环境中气体成分的目的，从而实现果蔬保鲜；物理保鲜则是利用一些物理手段防止果蔬变质的一种技术，例如通过控制呼吸作用、腐败菌生长繁殖的环境、相对湿度和细胞间水分结构来调节果蔬的衰老进程以及果蔬内部的水分蒸发。物理保鲜有改良地沟和通风库贮存、冷库贮存法、气调贮存保鲜法等。目前，我国大部分地区使用物理保鲜技术对梨进行采后保鲜。

1. 改良地沟贮存保鲜技术

沟藏是山东烟台果品产区广泛应用于梨的传统贮存方法，改良地沟贮存技术是在传统地沟贮存技术的基础上改进而成的。主要区别在于将沟址从露天向阳处转移到背阴处，沟盖做成活动式，把水银温度表改成数字式自动测温表。

改良地沟建造：选择干燥背阴的地方（如房屋背阴处），沿东西方向挖地沟，沟宽 1.0 ~ 1.5 m，沟内两边可各放一排筐或箱，中间留人行过道。沟深 1.0 ~ 1.5 m，以沟内摆放 2 ~ 3 层筐或箱为宜，气温特别低的地区可适当加深，反之可以浅些。沟长一般在 30 m 以内，沟与沟之间留出适当的距离，以方便操作。雨雪较多时，在沟两侧挖排水沟排水。土壤疏松时，可单砖垒壁，以防倒塌。在沟南堆土或垒墙，以遮挡阳光直射。沟四周边沿应高出地面，防止雨雪水流入，沟顶用树枝、木杆、竹竿搭成马鞍形架棚，用保温性能好的厚草帘盖严，以保温防雨雪。在阳侧留门，阴侧留窗，两头留气眼。

改良地沟贮存果品，需配置多点（有多只温度传感器）测温仪表。一条改良地沟，可配置一台 2 点（有 2 只温度传感器）的测温仪表，测温仪表可安装在居室或办公室内，两只温度传感器可在距测温仪表 200 m 以内任意安放，最好是在沟外设一外界温度观测点，在办公地观看温度传感器所在点的温度值，确定地沟管理方案。如果同时管理两条地沟，则需配置一台 3 点（有 3 只温度传感器）测温仪表，以此类推。配置测温仪表的测点时，一定要配置沟外观测点，即定标点。

夜间外界温度低于沟内温度时，把沟盖打开，清晨外界温度开始升高时把沟盖盖上，以便在入贮初期的两个月充分利用夜间地温。实践证明，改良地沟可比传统的地沟降低 5℃ 以上，多点测温仪表比传统的测温表省工省时，精确度由 1℃ 温差提高到 0.5 ~ 0.3℃。梨在入贮后的两个月内，沟温可以从 15 ~ 18℃ 降至 5 ~ 10℃。而温度在 10℃ 以下，为采用塑料小包装贮存提供了安全保证。因此，加塑料小包装贮存果品是改良地沟的又一特点。改良地沟降低了温度，结合运用塑料小包装，可以成功地贮存中熟品种。克服了传统的沟藏只能贮存晚熟品种，并早衰失水严重的缺点，使保鲜效果大为提高，适合农户小规模分散贮存，也可用于电力条件不足、机械化冷库建造困难的地区贮存。

2. 改良通风库贮存技术

改良式通风库以机械强制通风代替普通通风库的自然通风，更充分地利用自然冷源降低库温。特别是增设自控装置后，使对自然冷源的选择，进风口、出风口的开闭，轴流风机的启停都实现了自动化。避免了由人工操作造成的操作误差，能准确选择、充分利用自然冷源。

改良式通风库分为地上式、半地下式和地下式三种。地上式通风库，库体在地面以上，受气温影响很大；半地下（或2/3地下）式通风库，库体一部分建在地面以下，库温既受气温影响，又受土温影响，是华北和辽宁等地普遍采用的一种类型；地下式通风库，库体全部建在地下，库温主要受地温的影响，受气温影响很小，适合北方庭院和冬季严寒的地区。在冬季比较寒冷的地区贮存梨，应选用改良式地下或半地下通风库。为管理方便，可在果园地头或庭院内建库，甚至可建住房时把地下室设计成通风贮存库。

操作管理技术：果实适时、无伤采收，剔除病虫果，包装后入库。气温高的时段采收的果实要经夜间在室外预冷后再入库。改良式通风库由自然冷源降温，自动调控系统自动检测库内外温度及温差，根据库内外气温差，自动控制通风降温或保温。无自控系统时，由人工操作。贮存初期白天气温较高，夜间有较多的冷凉空气，这期间的关键措施是引入冷空气降低库温，特别注意每次通风降温，停止后，应及时关闭库门及通风口，防止冷热空气的交换。大部分观测和操作需在夜间或凌晨进行，要特别注意避免人工操作误差。贮存中期为寒冷季节，这期间主要防止果品受冻，随时观察库内外温度变化情况，必要时在晴朗白天进行适当通风换气，以保持所需低温和排除不良气体。贮存后期，库温随外界气温升高而回升，这时的管理与初期相同。在我国北方大部分地区，10月中旬以后的夜间，存在10℃以下的低温冷源，如能充分利用，可使库温降至10℃以下。11月中旬后可使库温降至0℃，靠自然冷源保持0℃的时间可达110天左右。

3. 冷藏

普通冷库冷藏也叫机械冷藏，一般泛指含有机械制冷系统的贮存设施，是在有良好隔热效能的库房中配置机械制冷系统。它与地沟、通风库不同的是可以根据不同种类果品的保鲜要求，通过机械对制冷剂的作用，控制库内的温度和湿度，可周年贮存果品。普通冷库就是制冷系统、制冷剂和贮存库三者配合的贮存设施。

普通冷库按库容量大小分为大型、中型和小型，传统习惯是把1 000吨以上的称为大型库，小于千吨而大于百吨的称为中型库，百吨以下20吨以上称为小型库，20吨以下称为微型库。

普通冷库按库房的建筑方式分为土建冷库、装配组合式冷库。土建冷库采用夹层墙保温结构，占地面积大，施工周期长；装配式冷库由预制保温板组合而成，建设工期短，可拆卸，但投资较大。

从我国目前的经济体制和省工等各种因素考虑，贮存梨果应选择小型、高效、自动化程度高的冷藏库类型，如挂机自动冷库、无霜冷库等。这类冷库投资少、自动化控制、免值守，库温和霜温双元控制，可以大大减少能源消耗和人工的投入。

挂机自动冷库是制冷和控制装置采用挂装形式，并完全自动化运行的一种新型冷库。挂机自动冷库在热工性能良好的库体基础上，又采用了高效节能的涡旋式制冷压缩机和减小制冷管道耗能的方法，运行总能耗比一般冷库低。山东地区用挂机自动冷库冷藏梨，实测能耗是 [单位：kWh]：10 吨库 2 000 ~ 3 000 kWh，20 吨库 4 000 ~ 5 000 kWh，50 吨库 6 000 ~ 9 000 kWh，100 吨库 10 000 ~ 13 000 kWh，环境温度最高时日能耗：10 吨库 30 kWh，20 吨库 40 kWh，50 吨库 80 kWh，100 吨库 120 kWh。环境温度低于 10 ℃ 时，春、秋、冬季日能耗平均：10 吨库 5 kWh，20 吨库 8 kWh，50 吨库 10 kWh，100 吨库 18 kWh。

挂机自动冷库比同容量活塞式制冷机组的冷库制冷效率提高 12% 以上，比大中型冷库单元造价降低 20% 以上，同时减少管理用工，提高保鲜效益。分散的园区和一般农户，以 10 吨、20 吨容量单元为宜，集中园区和经营大户以 10、20、50、100 吨容量单元采取不同比例组合为宜。例如，一个农村的果蔬基地，建设冷库总容量 200 吨，按 100 吨 1 间、50 吨 1 间、20 吨 2 间、10 吨 1 间组合成小冷库群。其中 1 间 20 吨容量的冷间加大制冷量作为预冷间，配置一座移动式自动冷库作冷链预冷库或运输车。采收的产品首先进入移动式自动冷库预冷或入预冷间预冷，然后运销或入冷藏间冷藏后待运销。由于及时进入保鲜链系统，产品能更好地保持优良的新鲜品质和营养价值。实践证明，运用挂机自动冷库群及时预冷的果品能延长保鲜期 30% 以上。不同容量的冷间，灵活运用不同时间采收的各种产品，避免不同种类和品种、不同成熟度的产品在一个冷间内相互影响。

4. 气调贮存

果蔬类鲜活食品变质，主要来自它们的呼吸和蒸发、微生物生长、食品成分的氧化或褐变等作用，而这些作用与果品贮存的环境气体有密切的关系，如氧气、二氧化碳、水分、温度等。如果能控制果品贮存环境气体组成，就能控制果品的呼吸和蒸发，抑制微生物的生长，减轻果实的氧化或褐变，从而达到延长果品保鲜期的目的。气调贮存就是在适宜的温度下，改变冷藏环境中的气体成分，主要是抑制氧气和二氧化碳的浓度，使果品获得保鲜并达到延长贮存期的目的。

（1）气调贮存保鲜类型

①标准气调。又称常规气调、调节气体贮存，简称 CA（Controlled Atmosphere Storage），是利用机械方式调控贮存环境的气体（如氧气、二氧化碳）、温度和代谢次生气体（如乙烯、乙醇、其他香味物质等）。CA 保鲜气体指标一般为：氧气 2% ~ 3%，二氧化碳 2% ~ 3%。要求气体浓度控制精度较高，一般误差小于 ±1%。发达国家苹果、梨（主要是西洋梨）、猕猴桃等长期贮存主要采用气调库贮存。目前，我国商业气调库贮存的水果主要有苹果、梨、猕猴桃等，其他的水果气调贮存比例不大。

②自发气调。又称限制性气调，简称 MA（Modified Atmosphere Storage），是生物呼吸能的有效利用方式。借助气密性材料的选择透气性、呼吸消耗，降低贮存环境中（如袋内、帐内）氧气含量，提高二氧化碳含量。反过来利用低氧加高二氧化碳协同效应，抑制果实的呼吸强度，减少果实呼吸消耗，达到延缓衰老的目的。MA 保鲜技术不规定严格的氧和二氧化碳等气体指标，贮

存过程一般不进行人工调节。贮存环境中（如袋内、帐内）氧气和二氧化碳浓度自发变动，但对某些不耐低氧或高二氧化碳的果实允许开袋放气，或辅以气体辅助调节措施（如袋或帐内放置消石灰吸收二氧化碳、放置高锰酸钾消除乙烯等），以防止气体伤害。库尔勒香梨采用 0.04 mm PE 袋或 0.04 mm PVC 袋扎口自发气调包装，袋内气体浓度维持在氧气：14.5%～17.0%，二氧化硫：2.5%～3.0% 时，起到较好的保鲜效果，乙烯浓度对其保鲜效果影响较小。

③变动气调。贮存期间温度、湿度、气体等指标均在不断变化的一类 MA 保鲜技术。它与 MA 概念相似，但更强调贮存环境的多变性。

④柔性气调。既具备 CA 保鲜技术的特征，又兼有生物气调的功能。主要是利用柔性密封空间、柔性密封材料、柔性密封结构等多种柔性特征，对温度、湿度、库体压力、气体和代谢次生气体进行调控。既可利用机械装置快速调控各种保鲜指标，又可利用柔性密封材料的选择透性，通过不同层次的选择，使二氧化碳缓慢扩散和氧气透入。该方式投资少、节能，既可以建库，又能利用冷藏库升级气调库，适合我国国情。

不同的梨品种对气体的敏感性不同，在应用不同的气调方法时应做好试验，找出最佳气体组合，试验成功后再推广应用。白梨和砂梨系统的多数品种对二氧化碳较敏感，以前以为不适宜气调贮存。通过研究和实践发现，气调贮存对于延长梨果贮存，减少贮存过程中的生理病害作用十分明显。如鸭梨在氧气 7%～10% 和二氧化碳为 0 的条件下，可以显著降低果实晚期黑心病的发病率，维持较高果肉硬度和可滴定酸，延长货架寿命。在 0℃ 条件下，用生理小包装袋（透湿性 PVC 膜）贮存中梨 1 号、玛瑙梨等中早熟品种，能贮存 7 个月。黄县长把梨、茌梨、库尔香梨、京白梨、秋白梨、新梨 7 号等品种对二氧化碳有一定耐受力，可以进行气调贮存或简易气调贮存。黄金梨等日韩梨更宜用气调库贮存，出口创汇。

（2）气调库贮存保鲜的要点：常规气调库不仅在贮存条件、库房结构和设备配置等方面不同于普通冷藏库，而且对运行管理的要求要严格得多。

①适时采摘。与普通冷藏和简易气调贮存相比，气调贮存对果品适宜采收期的要求更为严格，这是因为气调贮存一般作为果品的长期贮存。过早采摘，果实成熟度偏低，品质风味差，容易失水，贮存过程中容易发生生理病害；采摘过晚，品质风味虽好，但不适合长期贮存。果品的最佳采摘期，可以通过色泽、硬度、含糖量、含酸量及淀粉含量等指标进行综合评定。有条件的还可以通过测定果实乙烯释放量来判断果实成熟度。

②及时入库。果品的收获期集中，入库时工作量大，必须做好周密的计划和安排，做到采收后及时入库。入库前进行空库降温。在气调间进行空库降温和入库后的预冷降温时，应注意保持库内外压力平衡，不能封库降温，只能关门降温。尤其是入库后的降温，一定要等果实温度和库温达到并基本稳定在贮存温度时才能封库。封库调气，一般来讲，气调间的降氧速度越快越好。考虑到降氧的同时也应使二氧化碳浓度升高到最佳指标，而二氧化碳浓度的增加主要靠果实自身的呼吸，所以常常初期氧气比例要比要求提高 2～3 个百分点，再利用果实的呼吸消耗掉多余氧气。

③温度管理。果实入库前，应提前5~7天开机降温，使库温达到梨贮存温度要求，分批入库，每次入库量为1/10~1/8。库房贮满后，要求48 h内进入技术规范要求的状态，并保持此温度直至贮存结束。

④湿度管理。气调库内对湿度的要求严格。对于气调库内的湿度调节，一般采用加湿器加湿的办法，以入贮一周之后启用为宜，开启程度和每天开机时间视监测结果而定。加湿器应选用喷雾效果好的种类，最好是以湿润空气的方式加湿，如湿膜加湿、高压微雾加湿等，可减少水滴的形成。用清水喷洒地面的增湿方法，最好不采用。

⑤加强贮存期间的管理。从降氧结束到出库前的整个时期，称为气调状态的稳定期。这个阶段的主要任务是维持库内温、湿度和气体成分基本稳定，使所贮果实长期保持最佳气调状态。每个库都要建立气调库的使用管理制度和设备及系统的操作规程，认真及时检查和了解设备的运行情况、库内贮存参数的变化情况，及时发现和处理各种设备、仪表、部件的异常情况，消除安全隐患。保证冷藏设备、加湿设备、气调设备正常运转。气调库的气密性和气压膨胀袋、平衡安全阀应保持良好状态，管道阀门无泄漏，检查所有温度、湿度及气体分析仪和控制器的准确性。而且，必须定期利用手提式气体分析仪检查自动系统所控制的气调室内的气体条件。

⑥定期检查。从入库到出库，整个贮存期对温度、湿度、气体成分都要检查，使其有机结合。及时对果品的质量进行定期监测。每个气调库（间）都应有样品果箱，放在库门观察窗能看到和伸手拿到的地方。一般半个月抽样检查一次，包括果实外观颜色、果肉颜色、硬度、含水量等主要指标。贮存后期，库外温度上升时，果品也到了气调贮存后期，抽样时间间隔应适当缩短。库内低氧气和高二氧化碳的环境条件对人有相当大的危险性，库内事故往往是致命的，所以气调库应贴有明显的注意和危险标志。如果没有技术人员在场，不要独自进入，不要开门和开窗。当气调操作开始前，应先确定库内无人。并把门锁上。在库门打开前至少24 h，应对气调库充入新鲜空气（换气），在确定空气为安全值前，工作人员不允许进入贮存室。

5. 1-MCP（1-甲基环丙烯）保鲜处理

1-MCP是近年来发现的一种高效无残留的新型乙烯受体抑制剂。1-MCP保鲜剂对绝大部分梨都有很好的保鲜效果，梨预冷入库后，应及时使用1-MCP保鲜处理，以延长梨果的贮存期和货架期。例如，秋洋梨经0.5 μL/L 1-MCP熏蒸12 h后0℃贮存时，腐烂率较低，果实表面可保持良好的色泽和亮度，果实硬度和可滴定酸含量也得到维持。常温25℃及低温0℃下，1-MCP处理均可抑制早红考密斯果实硬度和可溶性固形物含量的下降，延缓果实后熟和衰老，延长果实货架期，1.0 μl/L的浓度处理效果更好。库尔勒香梨在普通冷库贮存到次年2月份时，果皮开始变黄，尤其在出库后经过7~10天的长途运输，由于缺乏完整冷链的支持，往往出库时质量相当好的香梨，到达销售地的批发市场或是超市的货架上时，鲜绿色的果皮已经出现变黄、变褐和油渍等质量下降的情况。但经浓度为1.0 μL/L 1-MCP处理，可减少香梨油渍化现象的发生，有效保持果实品质。0.5 μL/L和1.0 μL/L 1-MCP处理可作为控制安梨（0±0.5℃）冷藏180天后货架期的主要技术之一，其果实黑皮病控制指数较低，外观和内在品质良好。1.0 μL/L 1-MCP 处理后（20±1℃）货架期 30 天内酥梨、红香酥和玉露香梨果实品质保持良好，货架期延长 10 天以上。建议生产中贮存鸭梨采用急剧降温（将处理完后的果实直接放进 0℃冷库贮存）结合 0.5 μL/L 1-MCP 处理、缓慢降温（将处理完后的果实放入 12℃冷库中，待果温降至 12℃后，每 3 天降 1℃，经 36 天降至 0℃，之后在 0℃下贮存至结束）结合 1.0 μL/L 1-MCP 处理，保鲜效果较好。

第三节　梨果实采后商品化处理与包装

一、分级

分级就是按一定的品质标准将果品分成相应的等级。分级的目的是区分和确定果品质量，以利于以质论价、优质优价及果品销售质量标准化。梨分级一般按国家和行业有关等级标准执行，有时由于贸易需要，根据目标市场和客户要求进行分级。分级分为手工分级和机械分级两种方法。采用手工分级时，分级人员应预先熟悉和掌握分级标准。手工分级可减少分级过程中对果实造成的机械伤害，但效率低，误差较大。

机械分级可与其他商品化处理结合进行，根据果实的尺寸、重量和颜色自动分级。机械分级效率和精确度高，是现代果品营销中常用的分级方法，但易造成较多的机械伤，投资成本高。在国外发达国家，果实分级已实现机械化和自动化，有各种各样的分级机。一般圆形的果实按直径大小分级，椭圆形和其他形状的果实多按重量分级，有的还用光电设备对果实的着色度进行分级。目前国内高档和外销的果品已采用国产或引进的果品分级设备。山东胶东半岛产区对黄金梨等品种采用不摘袋采收和分级，一定程度减少了机械损伤。（表 11-1）

表 11-1　中美梨的分级标准

国别	美国	中国
特级	果肉和茎要完好，果皮不可有破损。不可有任何影响产品的外观、质量等的缺陷。表皮光滑的品种可以有轻微的表面缺陷	果形端正；具有成熟色泽；果梗完整；果皮方面只允许有轻微的水锈、药斑，面积不超过总面积的 1/20
一级	果肉和茎要完好，果皮不可有破损。不可有任何影响产品的外观、质量等的缺陷，表皮光滑的品种可以有轻微的表面缺陷。果肉和茎要完好。在不影响产品的外观、质量的前提下，形状和表皮可以有轻微缺陷，形状缺陷长度的不可超过 2 cm，擦伤面积不可超过 1 cm²	果形正常，允许有轻微缺陷；具有成熟色泽。果皮方面只允许有下列缺陷中两种：允许有水锈、药斑，总面积不超过 1/10；允许有轻微的日灼伤害，总面积不超过 0.5 cm²，但不许有伤部果肉变软；允许有干枯虫伤两处，总面积不超过 0.2 cm²

国别	美国	中国
二级	果肉不能有重大缺陷，在保证外观、质量等的前提下，允许存在以下缺陷：形状缺陷，长度不可超过 4 cm；表皮缺陷，擦伤面积不可超过 2 cm²；颜色上可以有轻微的黄褐色；在断口整齐周围表皮没有破损的情况下可以没有茎	果形允许有缺陷但不得有偏缺过大的畸形果；具有本品应有色泽，允许色泽较差；允许果梗轻微损伤。果皮方面只允许有下列缺陷中的三种：允许总面积不超过 0.5 cm² 的轻微碰压伤，其中最大处面积不得超过 0.3 cm²，伤处不得变褐，对果肉无明显伤害；允许不严重影响外观的轻微磨伤，总面积不超过 1.0 cm²。允许有水锈、药斑，总面积不超过果面的 1/5；允许有轻微的日灼伤害，总面积不超过 1.0 cm²，但不许有伤部果肉变软；允许有两处轻微雹伤，每处面积不超过 1.0 cm²；允许有干枯虫伤，总面积不超过 1.0 cm²

二、包装

果实包装是梨商品化处理不可缺少的重要环节，是使果品标准化、商品化，保证安全运输和贮运的重要措施。良好的包装可以减少产品摩擦、碰撞和挤压造成的机械伤，防止产品受到尘土和微生物等不利因素的污染，减少病虫害的蔓延和水分蒸发，缓冲外界温度剧烈变化引起的产品损失。包装可以使果品在流通中保持良好的稳定性，美化商品，提高梨的商品率、商品价格和卫生质量，改变以前的"一流的原料、二流的包装、三等的价格"的不合理状况，增加果品的商品附加值。

1. 包装的要求

（1）对于梨的包装，必须满足轻便、坚固、耐用的要求，有足够的机械强度，能承受一定的压力，以便于在装卸运输和堆放过程中能保护内装的产品；

（2）包装材料中不含有会转移到产品中，并对产品和人体有毒性的化学物质；

（3）内部平整、光滑，不会擦伤果实；

（4）具有一定的保鲜作用；

（5）大小适当，规格统一，外形整齐美观，便于搬运和堆放；

（6）价格低廉，取材方便。

2. 包装的种类

根据使用目的不同，果品包装的类型可分为贮运包装和销售包装、外包装和内包装、产地包装和消费地包装等多种形式。习惯上以外包装和内包装分类的较多。

（1）外包装：果品的外包装种类很多，目前梨的包装有筐、木箱、瓦楞纸箱、泡沫保温箱、塑料周转箱等。

①瓦楞纸箱。目前世界范围内贮存和销售最常用的外包装之一。有以下优点：可以工业化制

造，品质有保证；自身重量较轻，使用前可折叠平放，占用空间小且便于运输；具有缓冲性、隔热性以及较好的耐压强度，容易印刷，废旧品处理方便；大小规格一致，包装果实后便于堆码，在装卸过程中便于机械化作业。

瓦楞纸箱从结构上分有单瓦楞、双瓦楞和三层瓦楞等几种，可根据不同果品对强度的要求加以选用。纸箱的缺点是抗压力较小，贮存环境湿度大时容易吸潮变形。生产上用加刷防潮膜和加厚瓦楞等措施增加其抗压防潮性。

②泡沫塑料箱。具有良好隔热性和缓冲性，而且重量轻，成本较低。与材料厚度相同的瓦楞纸箱相比，泡沫塑料箱的隔热性能为瓦楞纸箱的2倍以上。泡沫塑料箱主要用于水果预冷后的保温运输，而不适用于低温冷藏和气调贮存包装。这是因为泡沫塑料箱具有高气密性和高隔热性，果品产生的呼吸热不能迅速从包装内散出与库内的冷空气交换，产生局部高温环境，加快了果实衰老。

③塑料周转箱。主要材料是高密度聚乙烯或聚苯乙烯。其特点是规格标准，结实牢固，重量轻，抗挤压，碰撞能力强，防水，不易吸潮，不易变形，便于果品包装后的高度堆码，有效利用贮运空间，在装卸过程中便于机械化作业，外表光滑，易于清洗，可重复利用，是较理想的贮运包装之一，在冷库尤其是气调贮运中使用较多。

（2）内包装

①单果包装。用纸、塑料薄膜或泡沫网套包装单个果实，然后放入包装容器中。单果包装可以减少磕碰、挤压造成的损伤，减少果实的机械伤和病菌的传染和蔓延，还可起到保湿和一定的气调作用。缺点是比较费工和消耗材料。

②抗压托盘。抗压托盘上具有一定数量的凹坑，凹坑的大小和形状根据果实来设计，每个凹坑放一个果实，果实层与层之间由抗压托盘隔开，可有效减少果实损伤。

③塑料薄膜袋包装。可以减少果实水分损失，防止果皮萎蔫失水和果病互相传染。不同的配方研制的塑料薄膜袋，具有不同的厚度和透气性。利用不同透气性，调节袋内的气体组成。具有调气作用的塑料薄膜袋包装又称为MA包装或微气调袋。

（3）填充物：除了上述外包装和内包装外，包装箱内加进起缓冲作用的填充物也是一种不可缺少的辅助性包装。使用填充物的目的在于吸收振动冲击的能量，减轻外力对内容物的影响。使用的填充物要符合柔软、干燥、不吸水、无异味等要求，常用的衬垫物有蒲包、塑料薄膜、碎纸、牛皮纸等。

三、预冷

预冷是将梨在运输或贮存之前进行适当降温处理的一种措施，是搞好贮运保鲜工作的第一步，也是至关重要的一步。预冷不及时或者预冷不彻底，会增加果品的采后损失。其原因是水果采后带有大量的田间热，果实呼吸旺盛，又产生大量的呼吸热，品温较高。如不及时冷却，将会加速果实成熟和衰老，影响贮运，严重时还会造成腐烂。如巴梨采后2天预冷可贮存120天，采后

4天预冷只能贮存60天。

此外，未经预冷的果品直接进入冷库，也会加大制冷机的热负荷量。当果蔬品温为20℃时装车或入库，所需排除的热量为0℃的40~50倍。为了最大限度地保持果实的新鲜品质和延长货架寿命，预冷最好在产地进行，而且越快越好。

1. 自然降温冷却

自然降温冷却是一种简便易行的预冷方式。将采收的果品放在阴凉通风的地方，如果园里的树荫下、房屋的背阴处、通风良好的房间内等，让其自然降温。

2. 水冷法

水冷法是将果实放入冷水中降温的方法，冷却水有低温水（一般在0~3℃左右）和自来水两种。为提高冷却效果，可以用制冷水或加冰的低温水处理。水冷却方法降温速度快、成本低，但要防止冷却水对果实的污染。小规模生产可以手工操作，较大规模处理时可以使用冷水预冷设备。

3. 风冷法

风冷法可分为库内预冷法和强制通风预冷法、压差通风预冷法等。

（1）库内预冷法：库内预冷法也称为冷库冷却法，是将装有水果的容器放在冷库内，依靠冷风机吹出的冷风进行冷却的方法。该方法简单易行，但冷却速度较慢，一般需要24 h以上，有的冷库甚至需要数天才能降到要求的贮存温度。预冷期间，库内要保证足够的湿度；果垛之间、包装容器之间都应该留有适当的空隙，特别是采用塑料膜袋包装的，应打开袋口，保证气流通过。目前我国多数冷库没有专用的预冷设施，主要是在冷库内利用风机预冷。

（2）强制通风预冷法：强制通风预冷法是在库内预冷的基础上发展起来的一项预冷技术，在具有较大制冷能力和送风量的冷库或其他设施中，用冷风直接冷却装在容器中的水果。由于空气流动量增大，与库内预冷法相比，明显加大了水果的冷却速度。一般强制冷风冷却所用的时间比一般冷却预冷要少1/4~1/10倍。

（3）压差预冷法：压差预冷法是在强制通风预冷方法上改进的一种预冷方法。将压差预冷装置安放在冷库中，当预冷装置中的鼓风机转动时，冷库气吸入预冷箱内，产生压力差，将产品快速冷却。预冷时，将箱子的孔对孔堆叠排列，用抽风机或风扇强制性地抽吸或吹进冷空气，箱子两端形成压力差，使冷空气有效地流经箱内，可以明显提高水果的预冷速度。压差预冷法与强制通风预冷法相比，改进之处在于货堆的上方，容易造成冷风短路的地方加了挡板，促使冷风通过指定路径流向果箱内，明显提高了通过被预冷物的有效风量，加快了预冷速度。此预冷法一般可在5~7 h内将果温从30℃左右降到5℃左右。

四、其他商品化处理技术

1. 高压静电场处理

利用100 kV/m高压静电场处理梨果实1 h，可减少果实冷藏期间的硬度、水分含量、酸度及质量损失，达到保鲜处理的效果。

2. 采后浸钙处理

梨采后浸 $CaCl_2$ 溶液，可有效抑制果面褐斑产生，并保持果实贮存品质。

3. 采后涂膜处理

目前应用在梨上的涂膜材料主要有壳聚糖、溶菌酶、果蜡等。

壳聚糖是甲壳素脱乙酰基的降解产物，为多糖类生物大分子，具有生物相溶性、可降解性、吸附性、成膜抑菌、无毒、可食用等特性。溶菌酶 N- 乙酰胞壁质聚糖水解酶是一种能水解致病菌中黏多糖的碱性酶，是一种在食品上可安全使用的防腐剂。壳聚糖涂膜、溶菌酶涂膜处理能够抑制丰水梨等品种果实的采后呼吸作用，降低果实贮存期间的失重率，降低细胞膜透性，抑制膜脂过氧化作用，延缓果实的衰老，表现出较好的常温贮存效果，且以 2% 的壳聚糖涂膜保鲜效果最好。

打蜡是提高梨贮存品质的重要措施之一。普通果蜡对常温贮存早的梨可起到很好的保鲜效果，对于维持感观指标和内在品质都有重要作用。纳米保鲜果蜡涂膜可以解决普通果蜡处理的果实在常温贮存后期因无氧呼吸而产生的异味，现在开始在生产上试用。

第四节　梨果加工技术

梨果加工是拉长产业链、增加梨果附加值，提高综合产值的关键。将梨果转化为附加值较高的加工品，可降低梨果滞销风险，减少鲜果在运输贮存过程中造成的损失，延长保质期。随着梨果加工技术的发展，加工产品日益多元化，除了梨酒、梨醋、梨膏、梨罐头、梨干、梨脯、梨糖及梨汁等传统加工品，还有梨真空冻干产品、梨益生菌发酵饮料、果胶、膳食纤维、天然色素、天然果香精等新产品。这些梨果加工产品能够满足消费者对梨果的多层次多样化消费需求，是实现梨果增值和扩大销路的重要途径之一。

一、梨酒加工

1. 发酵工艺流程

梨→清洗→破碎榨汁→调整成分→加焦亚硫酸钾→酵母活化→主发酵→分离→后发酵→陈酿→澄清处理→冷冻分离→过滤→调配→装瓶→杀菌→包装→入库。

2. 操作要点

（1）原料选择：选择新鲜且成熟度高、无腐烂、无病虫害、含糖量高、出汁率在 60% 以上的品种。

（2）清洗：清除杂物，用清水将梨冲洗干净、沥干。对表皮农药含量较高的梨，可先用 0.5% 盐酸溶液浸泡 3～5 min，然后再用清水冲洗。

（3）破碎榨汁：将挑选清洗后的梨去梗、去核，用破碎机破碎，立即用榨汁机压榨果汁并泵入发酵罐。

（4）调整成分

①酸的调整。梨汁的 pH 应低于 3.8，过高时可加入适量柠檬酸进行调整。

②糖的调整。根据产品需要的酒精含量确定梨汁糖度，可用白砂糖或浓缩梨汁进行调整。

（5）加焦亚硫酸钾：焦亚硫酸钾添加量视梨汁的卫生情况而定，用量一般不高于 14 g/kg。

（6）酵母活化：称取投料总量 0.2% 的活性干酵母，加入适量清水并搅拌均匀，放置 30 min 即可得到酵母活化液体。

（7）主发酵：将酵母活化液加入发酵罐，温度控制在 20～24℃，发酵 7～10 天。

（8）分离：主发酵结束时将上层清汁抽至另一经清洗杀菌的发酵罐中进行后发酵。梨渣和酒脚加糖进行二次发酵，蒸馏所得酒液供调配梨酒时使用。

（9）后发酵：后发酵温度为 15～20℃，时间 10～14 天，后发酵中，发酵罐要装满，尽量减少原酒与空气的接触面，避免杂菌污染。

（10）陈酿：后发酵结束时，立即更换发酵罐，分离沉淀，同时用梨白兰地或精制酒精调整酒度，酒精度要达到 16% 以上。陈酿场所通风良好，环境温度为 10～25℃，相对湿度约为 85%，大多数梨酒中抗氧化物质含量较少，易氧化，不适合长期陈酿，但陈酿时间不能低于 3 个月，陈酿期间定期换桶以便及时除去沉淀。

（11）澄清处理：梨酒可以自然澄清，也可以在酒中加入明胶、果胶酶或皂土进行澄清处理，一般要静置 7～14 天。

（12）冷冻分离：将加入澄清剂静置的原酒降温至 2～4℃，5 天后使用硅藻土过滤机或错流过滤机进行低温过滤。

（13）调配：生产的原酒质量风味并不是最佳的，需经过调配达到成品酒的要求。根据成品酒的要求和需要，对梨酒进行酸度、糖度、酒精、香型的调配。

（14）装瓶与杀菌：成熟的梨酒应清亮透明，无悬浮沉淀物，带有梨特有的香气。如果酒精度在 16% 以上，装瓶后则不需杀菌；如果低于 16%，装瓶后加盖密封，在 70～72℃的热水中加热杀菌 20 min。

二、梨果醋加工

1. 生产工艺流程

梨→清洗→破碎榨汁→成分调整→酒精发酵→醋酸发酵→过滤→加盐→调香、调色→装瓶→杀菌→冷却→成品。

2. 操作要点

（1）原料预处理：选择新鲜、无病虫害、成熟度适宜的梨，用清水洗去梨表面杂物，将梨除去表皮、果柄、种子及腐烂部分，再将梨分成大小均等的小块。分切时应注意不要将种子破坏，梨种子中的单宁等成分会影响梨醋的口感及品质。

（2）果汁制备：将果块放入榨汁机中压榨取汁。榨汁后放入0.01%～0.02%果胶酶进行酶解，再加入60 μL/L的SO_2杀菌并防止梨汁褐变。

（3）调整成分：准备发酵用的梨汁糖浓度应达到10%，如果糖度不够，可用白砂糖调整到10%左右。用柠檬酸调整梨汁的酸度（以醋酸计）到0.2%左右，以利于酵母菌的增殖。

（4）酒精发酵：将酵母菌菌液（8%～12%）接种到调整好成分的梨汁中进行酒精发酵，发酵温度保持在25～28℃。当酒精含量为5%～8%、残糖量在1%左右时终止发酵，发酵时间约为7天。

（5）醋酸发酵：酒精发酵完后接入醋酸菌进行醋酸发酵，发酵温度控制在30～32℃。发酵到酸度不再上升时终止发酵，一般发酵周期为10～20天。

（6）过滤：醋酸发酵成熟后，用板式过滤机进行过滤，将果肉碎屑过滤除去。

（7）加盐：在过滤后的醋液中加入1%～3%的食盐，可抑制醋酸菌的活动，防止其对醋酸的进一步分解，还可以调和梨醋的风味。

（8）调香、调色：根据需要在醋液中加入适量的白砂糖、食用香精、天然色素，进行调香增色。

（9）装瓶、杀菌：在过滤后的醋液中加0.06%～0.10%的苯甲酸钠后装入洁净的瓶中，在70～75℃下灭菌15 min，冷却至室温，即为成品醋。

三、澄清梨汁加工

1. 工艺流程

原料选择→分选、清洗→破碎、护色→榨汁→澄清→过滤→成分调整→杀菌冷却→灌装→成品。

2. 操作要点

（1）原料选择：选择酸甜适中、石细胞少、出汁率高且果香浓的品种作原料，梨果成熟度要达到八成熟以上。

（2）分选、清洗：去掉腐烂、病虫害、机械损伤等不合格梨果。一般先浸泡后喷淋，也可采用刷洗等方式将果皮上的泥土、农药残留物洗掉。对于有农药残留的梨果，清洗时可加入1%稀盐酸，然后再用清水冲洗干净。

（3）破碎、护色：使用辊式破碎机将梨果进行破碎，果块大小一般为3～4 mm。破碎时一般加入0.8%的柠檬酸或0.08%的维生素C护色，以改善梨汁的色泽和营养价值。

（4）榨汁：梨果中果胶含量较高，破碎后可加入 0.2% 的果胶酶，温度控制在 35～45℃，酶解 2 h。酶解后使用螺旋式榨汁机将破碎后的梨果压榨出汁。

（5）澄清：梨汁中常存在一些悬浮物及胶粒，严重影响果汁的透明和稳定。梨汁澄清可用明胶—单宁法，明胶液和单宁液最适用量分别为 7.5% 和 7%。

（6）过滤：澄清后的梨汁还需除去沉淀及不稳定的悬浮颗粒，硅藻土过滤机过滤效果最好，也可使用板框式过滤机。

（7）成分调整：在梨汁中加入适量白砂糖和食用酸（柠檬酸或苹果酸、富马酸）。梨汁调整后，原果汁含量 10%～40%，可溶性固形物含量 9%～10%，糖酸比（13～15∶1），固酸比（35～40∶1）。

（8）杀菌冷却：梨汁多采用高温瞬时杀菌法，杀菌温度（93±2）℃，保持 15～30 s。高温瞬时杀菌法能够保持梨汁良好的营养和口味，杀菌后的梨汁应迅速冷却。

（9）灌装：无菌冷灌装效果最好，不需在产品内添加防腐剂，也不需在产品灌装封口后再进行后期杀菌，既满足长货架期的要求，也可保持产品的口感、色泽和风味。

四、梨膏加工

1. 工艺流程

原料选择→清洗→去皮、去核、切块→预煮→榨汁→过滤→浓缩、加糖→灌装、杀菌、冷却→成品。

2. 操作要点

（1）原料选择：选用充分成熟、多汁且含糖分高、无病虫害的果实作原料。

（2）清洗：用流动的清水洗去梨果表面的灰尘、杂质，沥干水分。

（3）去皮、去核、切分：用手工或削皮机削皮，将梨果纵切并用去心器去除果核，将梨果分切成均匀小块，再用清水清洗干净。

（4）预煮：将果块倒入夹层锅中，向锅内添加果块重量 15% 的水并煮沸 20 min，使果肉软化。预煮期间需不间断搅拌，使果块软化均匀，同时避免糊锅。

（5）榨汁、过滤：使用压榨机榨汁，再用 100 目的筛网过滤，除去石细胞、果肉纤维等固体物质。滤渣用热水浸泡提取 1～2 次，再榨汁过滤，最后将所有梨汁合并。

（6）浓缩、加糖：将合并的梨汁放进夹层锅中，用 2.5～3.0 kg/cm² 的蒸气压进行浓缩，充分搅拌，防止糖分焦化，沸腾后撇去泡沫。加入果肉重量 20% 的白砂糖，充分搅拌使糖完全溶化，继续加热浓缩至适宜的浓度为止。

（7）灌装、杀菌、冷却：将制好的梨膏趁热装入已杀菌消毒的容器中，密封时，梨膏中心温度不低于 85℃。密封后，用 100℃沸水或常压蒸汽杀菌 15～20 min，分段冷却至 38℃左右。

五、梨罐头加工

1. 工艺流程

原料选择→清洗→去皮、切分、去核→抽空→预煮→修整→装罐→排气→封盖→杀菌、冷却→检罐→成品。

2. 操作要点

（1）原料选择：制梨罐头品种应满足以下条件：耐煮性强，不易变色，肉质厚，果心小，没有或极少石细胞，质地细而致密，有香气，酸甜味浓。备用梨果应无霉烂、无病虫害，成熟度七至八成熟。

（2）清洗：用清水洗净梨果表皮污物，在 0.1% 的盐酸溶液中浸 5 ~ 6 min，除去梨果表面的蜡质及农药，再用清水冲洗干净。

（3）去皮、切分、去核：摘除果梗，手工或用旋皮机逐个去皮，纵切为两半，挖去果核，浸 1% ~ 2% 的食盐水或 0.1% 的柠檬酸液中护色。

（4）抽空：在密闭的容器中，将梨块浸泡在 1% ~ 2% 的食盐水（此浓度食盐水中同时可加入 0.1% ~ 0.2% 的柠檬酸），在 20 ~ 50℃ 温度下抽空 5 ~ 10 min，真空度控制在 66.7 kPa 以上。

（5）预煮：在清水中添加 0.1% ~ 0.2% 的柠檬酸，沸水投料，煮 5 ~ 10 min，以梨块煮透而不烂、无夹心、半透明为度。

（6）修整：预煮后迅速将梨块冷却并进行修整，将梨块上的机械伤、斑点及残留果皮去除。

（7）装罐：梨块称重后装入清洗消毒的容器中，并注入 35% 左右的热糖水，温度在 80℃ 以上，酸度低的品种可在糖水中添加 0.05% ~ 0.1% 的柠檬酸。

（8）排气：装罐后立即送入排气箱进行排气。在 90 ~ 95℃ 温度下，排气 8 ~ 10 min。

（9）封盖：排气后迅速封盖，封盖时罐中心温度不低于 80℃。

（10）杀菌、冷却：将密封后的罐头在沸水中杀菌 15 ~ 20 min，分段逐步冷却至 38 ~ 40℃。

（11）检罐：擦除罐体上的水分，挑出漏气、破裂、胀盖的罐头，其余罐头在 20℃ 条件下存放一周，检验合格后即为成品。

六、梨果酱加工

1. 工艺流程

选料→原料处理→加热软化→打浆、调配→浓缩→装罐→杀菌、冷却→入库贮存→成品。

2. 操作要点

（1）选料：选择石细胞含量少，质地细而致密，成熟度高的梨果作原料，剔除病虫果、腐烂果。

（2）原料处理：将挑选好的梨果用清水冲洗干净，除去果柄、果皮和果核，切块。梨块浸入 1% ~ 2% 的食盐溶液中护色。

（3）加热软化：将盐水护色的梨块用清水冲洗脱盐后置于夹层锅中，加入适量的清水，预煮10～20 min。预煮期间不断搅拌，使梨块软化均匀。

（4）打浆、调配：将软化后的梨块连同汁液用孔径为0.5～1.0 mm的打浆机打浆。将白砂糖配成浓度为75%的糖浆（白砂糖重量为梨块重量的75%），与梨浆合并。

（5）浓缩：将合并后的梨浆倒入不锈钢夹层锅内煮沸浓缩，浓缩过程中要适当搅拌，避免糊锅。浓缩至可溶性固形物为65%时迅速出锅。

（6）装罐：梨酱出锅后迅速装入已清洗消毒的空罐中。用排气密封法，酱温应保持在85℃以上；用抽气密封法，真空度应为26.66 kPa。

（7）杀菌、冷却：密封后在100℃沸水中杀菌约20 min。玻璃罐杀菌后分段冷却至38℃，镀锡薄板铁罐一次冷却至38℃。

（8）入库贮存：擦干罐外水分，在35～37℃条件下贮存1周，经检查合格后即可贴标签上市。

七、梨脯加工

1. 工艺流程

原料选择→原料处理（清洗、去皮、护色、切瓣、挖核）→浸硫（熏硫）→糖煮、糖渍→整形、烘干→上糖衣→成品。

2. 操作要点

（1）原料选择：原料选择果形大、果核小、肉质厚、石细胞少、风味酸甜且耐煮的品种，梨果八成熟、无病虫害、无霉烂。

（2）原料处理：将梨用清水洗净，沥干水分。手工或用旋皮机去皮，并浸入1%盐水中护色。将梨纵切成两半，用去心器去除梨核。

（3）浸硫（熏硫）：将梨块放在浓度为2%的亚硫酸氢钠溶液中浸15～20 min，用清水漂洗，沥干水分。或将梨块装入竹围，送进熏房，点燃硫黄熏蒸4～8 h，硫黄的量为梨块重量的3‰。

（4）糖煮、糖渍：在夹层锅内配制浓度为40%的糖液，煮沸后加入梨块，再煮沸5～7 min。糖煮时可加入适量柠檬酸调节酸度，并加适量的淀粉糖浆防止白砂糖结晶析出。将梨块连同糖液倒入容器中糖渍24 h。

在夹层锅内配制浓度为50%～60%的糖液，将糖渍的梨块捞出倒回夹层锅，煮沸10～15 min。最后将梨块和糖液一起倒入容器中浸渍24 h，使糖分充分渗透到梨肉中。

（5）整形、烘干：将糖渍后的梨块沥净糖液，逐个压扁，放在烘盘上送入烘房，注意梨块不能叠得太厚。在50～60℃下烘烤24～36 h，烘至不粘手即可。烘干期间要通风排湿，适时倒盘和整形。

（6）上糖衣：蔗糖、淀粉、水以3∶1∶2的质量比混合搅拌，熬煮至113.0～114.5℃后离火移入糖浸容器内，冷却至93℃时，将烘干后的梨块浸渍1 min左右，取出晾干或在50℃下烘干2 h，梨块表面形成一层透明的糖质薄膜。也可将干燥的梨块浸入 1.5% 的果胶溶液中，取出后在 50℃下干燥 2 h，也能形成一层透明的胶质薄膜。

将梨脯在 25℃下回软 24 h，剔除烂块、未渗透糖分的残次梨脯，将合格的梨脯用食品盒分装即为成品。

八、梨蜜饯加工

1. 工艺流程

原料选择→原料处理→硬化→糖渍→糖煮→整形、烘干→成品。

2. 操作要点

（1）原料选择：选择果核小、肉质厚、石细胞少的品种，后熟变软或发绵的品种不可选用。梨果八成熟、无病虫害、无腐烂、无机械伤。

（2）原料处理：先用清水清洗梨果，沥干水分；然后手工或用旋皮机去皮，再将梨纵切两半，用去心器挖去梨核。

（3）硬化：将分切后的梨块浸入浓度为 1% 的新鲜石灰水中，浸泡 3～5 天，每天翻动 1～2 次；再将梨块转移到清水中，浸泡 4～5 天，每天换水两次，直至梨块无石灰的苦涩味，沥干水分备用。

（4）糖渍：称取梨块重量 40% 的白砂糖，先在容器底部撒一层白砂糖，再铺上两层梨块，然后一层糖一层梨块相间铺好，最上面一层梨块用糖盖顶，糖渍 24 h。

（5）糖煮：将糖渍好的梨块投入不锈钢夹层锅内，加入浓度为 70% 的糖液，白砂糖用量为梨块重量 30%，加热煮沸 1 h。将梨块和糖液一起倒入容器内，浸渍 24 h。重新将梨块连同糖液倒回锅中，再加入浓度为 70% 的糖液（白砂糖用量为梨块重量的 30%），煮沸约 1 h，糖液温度达到 108～110℃时终止糖煮，捞出冷却。

（6）整形、烘干：将冷却后的梨块逐个整形，晾晒或烘干至外干内湿即可得到成品。

九、梨干加工

1. 工艺流程

原料选择→原料处理→预煮→熏硫→干制→回软→包装、成品。

2. 操作要点

（1）原料选择：选用肉厚，果核小，肉质细而致密，石细胞少，含糖量高的品种，去掉病虫果、腐烂果和过熟果。

（2）原料处理：用清水洗净所选取的梨果，用人工或机械方法将果梗、果皮、果核去除，梨果切成片状或块状。切分后的梨果浸 1%～2% 的食盐溶液中防止氧化变色。

（3）预煮：将护色的梨块用清水漂洗脱盐，在沸水中煮 15 ~ 20 min，煮至梨块透明时捞出，放到冰水或冷水中冷却，捞出沥干水分。

（4）熏硫：预煮后的梨块送入熏硫室熏蒸 4 ~ 8 h，硫黄的量为梨块重量的 2‰ ~ 3‰。

（5）干制：熏硫后梨果在阳光下暴晒 2 ~ 3 天，再阴干 20 ~ 40 天即可获得梨干，干燥率为（4 ~ 7）∶1。也可采用人工干制，烘烤初始温度为 70 ~ 75℃，梨块大部分水分蒸发后，温度降至 50 ~ 55℃，梨块含水量为 10% ~ 15% 时停止烘干。

（6）回软：梨干冷却后放进密闭的室内或容器内均湿回软 3 ~ 5 天，再将合格的回软梨干分装即可。

十、梨膨化脆片加工

1. 工艺流程

原料选择→原料处理→糖渍→预干燥→膨化→冷却、包装→成品。

2. 操作要点

（1）原料选择：选择水分含量较低，石细胞少，肉厚，果核小，肉质致密的梨果作原料，剔除烂果、病虫害果和伤残果。

（2）原料处理：净梨果并沥干水分，用人工或机械方法将果梗、果皮去除。将梨果对半切开，去除果核。将梨果均匀切成 0.5 cm 厚的薄片。将梨片放到含 0.5% 抗坏血酸和 1.5% 食盐的混合溶液中护色 30 min。

（3）糖渍：将护好色的梨片冲洗干净，在 40% 的糖液中浸渍 6 ~ 8 h。

（4）预干燥：将糖渍的梨片捞出并沥干糖液，在 55 ~ 60℃下进行烘干。当梨片含水量降至 30% ~ 40% 时停止烘干。

（5）膨化：梨片均匀铺在料盘上，然后装入膨化罐密封。将膨化罐加压至 0.115 ~ 0.150 MPa，再由蒸汽管道通入热蒸汽，使膨化罐内温度达到 105 ~ 110℃，保持 10 ~ 15 min，开启泄压阀泄压，并启动真空设备将膨化罐内降压至 0.02 ~ 0.04 MPa，同时膨化罐的温度降至 65 ~ 75℃，保持该状态 1 ~ 2 h。向蒸汽管道中通入冷却水，将膨化罐内温度降至 25 ~ 30℃，关闭泄压阀，停止抽真空，维持 5 ~ 10 min，打开通气阀门，恢复常压后开罐取出梨片。

（6）冷却、包装：梨片从膨化罐中取出后，应尽快使梨片内外的温度降至室温。剔除破碎、未完全干燥的不合格产品后分级、称量、包装。

十一、梨冻干脆片

1. 工艺流程

前处理→预冻结→升华干燥→解析干燥→包装。

2. 操作要点

（1）前处理：选择成熟度一致的梨果，剔除烂果、病虫害果和伤残果，洗净并沥干水分，去皮，去核。切成厚度 3 mm 薄片，单层铺放到托盘内，摆放到冻干箱内的隔板上。

（2）预冻结：在 -30℃下速冻 1 h。

（3）升华干燥：预冻结结束后，温度降至 -42℃。启动真空泵抽真空，冷冻箱内真空度达到 100 Pa 时，对搁板加热，30 min 内温度升至 40℃，保持 1 h，温度升至 50℃直至升华干燥阶段结束，总时间约为 10 h，控制梨片含水率为 37%。

（4）解析干燥：解析干燥阶段采用微波真空干燥和热风干燥，微波真空干燥采用的真空度为 0.095 MPa，托盘转速为 5 r/min，微波功率设定为 5 W/g，干燥时间为 12 min，控制梨片含水率 10%；热风干燥风速为 1 m/s，温度为 40℃，干燥时间约为 25 min，控制梨片含水率低于 5%。

（5）包装：将冻干后的梨片真空包装保存。

十二、梨膳食纤维提取

1. 工艺流程

水不溶性膳食纤维←粉碎过筛（60 目）←烘干←滤渣
            ↑

梨渣→干燥→粉碎过筛（60 目）→梨渣粉→酶解反应→高温灭酶→过滤
            ↓

粉碎过筛（60 目）←干燥←离心←室温醇沉（24 h）←真空浓缩←滤液
  ↓

水溶性膳食纤维

2. 操作要点

（1）梨渣前处理：将梨渣在 50℃下烘干至恒重，粉碎后过 60 目筛网得梨渣粉。

（2）酶解反应：将梨渣粉加入 pH 4.6 ~ 4.8 的柠檬酸缓冲液中，加入半纤维素酶或纤维素酶，恒温条件下进行酶解。酶解后在 100℃下灭酶 5 min，过滤分离滤液和滤渣。

砀山梨渣液料比 13∶1、半纤维素酶添加量 35 U/g、酶解时间 5 h、酶解温度 58℃；苹果梨渣液料比 17∶1、纤维素酶添加量 60 U/g、酶解时间 7 h、酶解温度 49℃。

（3）水不溶性膳食纤维粉：将滤渣在 50℃下烘干至恒重，粉碎后过 60 目筛网即得水不溶性膳食纤维粉。

（4）水溶性膳食纤维粉：滤液在 60℃下真空浓缩至原滤液的 1/4，按体积比 1∶4 加入无水乙醇，室温下静置 24 h，室温下转速 5 000 r/min 离心 20 min，收集沉淀物。将沉淀物在 50℃下烘干至恒重，粉碎后过 60 目筛网即得水溶性膳食纤维粉。

第五节　梨保健功能与利用

一、梨的功能成分

1. 维生素

维生素在人体新陈代谢过程中发挥着重要的作用，人体内只能合成很少一部分维生素，剩余的必须通过摄食获取。有研究指出，小剂量的维生素 C 可预防泌尿系统结石的发生，高剂量具有抗癌治疗的效果。梨因含有多种维生素，被称为"多维果"，尤其是维生素 C 的含量远远高于其他果蔬，有"维生素 C 之王"的美誉。梨中维生素 C 含量从生长期到成熟期呈上升趋势，且受品种、生长环境条件和采后加工方式的影响。梨鲜果中维生素 C 含量为 744.01 ~ 2 725.32 mg/kg，远远高于其他水果，分别是富含维生素 C 的橙和猕猴桃的 22 ~ 82 倍和 12 ~ 43 倍。梨中维生素 A 和胡萝卜素含量分别为 242 和 2 900 μg/kg，均显著高于其他几种常见水果，分别是它们的 18 ~ 121 倍和 18 ~ 145 倍；维生素 B_1、维生素 B_2 和维生素 E 分别为 0.05、0.03 和 2.04 ~ 3.61 mg/kg，均高于常见水果。此外，梨中维生素 P 含量约为 600 mg/kg，对于维持血管弹性有着重要作用。梨干果渣中维生素 B_{12} 含量为 0.06 mg/kg。综上，梨可以作为补充维生素的优质天然食用植物资源，具有开发成相关功能性食品、特殊医学用途配方食品以及医药产品的巨大潜力。

2. 多糖

在各类生物的生长发育中多糖是不可或缺的，天然植物中的多糖具有生物活性高、安全无毒和来源广泛等特点，备受食品和制药行业研究者的关注。有研究表明，从天然食物资源中得到的多糖具有显著的抗氧化和抗肿瘤等生物活性。梨中含有丰富的碳水化合物，干燥的梨果渣中含有甘露糖、葡萄糖醛酸、半乳糖醛酸、葡萄糖、半乳糖、木糖等多种单糖，总含量为 153.4 g/kg。

多糖的结构是其生物活性及生理功能得以实现的物质基础，多糖的聚合程度、空间构象不同，其生物活性也存在明显差异。梨多糖采用热水提取法和分级醇沉技术，其得率较低，仅 4.43%。而酶法辅助热水浸提，多糖得率为 6.32%，但该工艺在后期处理时浸提时间较长。此外，梨多糖的提取还可采用微波辅助酶法、微波辅助水提醇沉法、超声波辅助酶法等。唐健波等研究表明，同一品种的梨采用不同提取技术，多糖成分存在差异。微波辅助提取的梨多糖具有一定的提升肿瘤小鼠免疫能力和抗肿瘤作用，能显著降低卵巢癌细胞（A2780 细胞）的创面愈合率，抑制细胞迁移和侵袭。另有研究表明，提取的梨多糖通过口服可显著降低 db/db 小鼠的体重、脂肪、肝脏肥厚以及空腹血糖、血清胰岛素和血脂水平，有效保护胰腺、肝脏和附睾脂肪免受损伤和功能障碍。这些研究表明，梨多糖主要具有抗氧化、降糖减脂、降胆固醇和防癌抗癌等生理功能，在功能性食品和药品开发方面具有巨大的潜力。因此，提取梨多糖时可根据实际需求及工艺要求，选择经济、能耗低、品质好的提取方式。

266

3. 多酚类化合物

多酚类化合物由 40 多种化学成分组成，具有抗氧化、抗菌、抗炎、抗感染、抗病毒、抗过敏和增强免疫力、降低心血管疾病风险等多种生理功能。多酚类化合物是梨中除抗坏血酸外的第二大主要功能成分，梨中已检测到多种多酚类化合物，主要分为酚酸、类黄酮和单宁。酚酸含量为 78.04 ~ 119.54 mg/（g·DW），主要成分有原儿茶酸、没食子酸、鞣花酸、咖啡酸、对羟基苯甲酸、藜芦酸等；类黄酮含量为 35.86 ~ 52.11 mg/（g·DW），主要成分有槲皮甙、槲皮素、芦丁和木樨草素、黄酮醇（杨梅黄酮、槲皮素和山奈酚）、黄酮 -3- 醇（儿茶素、表儿茶素及其衍生物）等；单宁含量为 128.80 ~ 188.70 mg/（g·DW），主要成分有原花青素 B1、原花青素 B2 和原花青素 B3、花青素 B、儿茶素三聚体。

4. 超氧化物歧化酶

超氧化物歧化酶（SOD）是一种抗氧化酶，可以分为以下 3 种类型：SOD1（Cu/Zn-SOD）、SOD2（Mn-SOD）和 SOD3（EC-SOD）。梨中的 SOD 主要是 Cu/Zn-SOD 类型，这是一种可以抵抗各种化学处理的稳定蛋白质。高浓度的 Cu^{2+} 和 Zn^{2+} 对 SOD 活性有抑制作用，2 ~ 6 mmol/L 的 Cu^{2+} 和 Zn^{2+} 对 SOD 活性有稳定效果。超氧化物歧化酶（SOD）能通过歧化反应催化超氧自由基分解为对机体无毒害作用的 H_2O 和 O_2，从而减轻活性氧类自由基对细胞的伤害，提高植物抗性。此外，SOD 的还能通过抑制酪氨酸酶的表达及其活性减少色素沉积。人体摄入富含 SOD 的膳食后，可有效降低机体的衰老速度，保护免疫系统及降低疾病发生率。在梨生长发育过程中，SOD 活性呈下降趋势，采后随着放置时间的增加 SOD 呈现不同程度的损失，SOD 活性在 pH 为 6 ~ 8 时相对稳定；加工过程中温度不同，SOD 活力在 100 ~ 5 000 U/g 之间变化，数值相差几十倍；不同的加工工艺生产的梨鲜果、糖渍梨、梨干冲泡的饮品和梨酒中的 SOD 活性不同，梨用糖腌制后 SOD 活性提高 1.7 倍左右，而制成饮品后变化不大。综上可知，生长环境对梨 SOD 活力影响相对较小，随着成熟度的提高 SOD 活力呈现下降趋势，而采后处理温度、pH、Zn^{2+} 和 Cu^{2+} 浓度、加工方式等对梨 SOD 活力影响较大。因此，在梨 SOD 开发应用方面应结合其特点有针对性地进行适时采收，选择合理的加工处理方式。

二、梨的健康功效

梨作为传统药食两用的水果，有较长鲜食、干制、泡酒、入药等利用历史。随着对梨认识的不断深入，各地进行了大规模的人工种植和产品开发，各类梨产品不断涌现。以梨为原料生产的大众熟悉的食品有饮料、果脯、含片、软糖、果糕、罐头、果酒和果酱等。除此之外，近年来相关新产品也层出不穷，如梨凝固型酸奶、梨凝胶软糖、黑枸杞 - 梨风味发酵乳、梨精酿啤酒等。这些梨食品的开发极大地丰富了梨产品品类，为梨深加工多元化发展奠定了一定的基础。梨由于所含功能性成分种类多且含量丰富，是开发功能性产品的优质资源。梨功能性食品已成为研究的热点和企业新品开发的重点，相关功能性食品不断被报道。

1. 降血糖

探究乳酸菌发酵梨汁体外降血糖能力的研究结果显示，SR10-1 发酵梨汁对 α- 葡萄糖苷酶活性抑制能力最强，半抑制浓度（Half maximal inhibitory concentration，IC50）值为（3.10±0.34）mg/L；透析 30 与 60 min 后，副干酪乳杆菌 SR10-1 发酵梨汁的葡萄糖透析延迟指数最高，分别达到 92.62%±4.31% 与 71.86%±2.11%，显著高于梨汁与干酪乳杆菌 H1、发酵乳杆菌 GZSC-1 发酵梨汁，经过副干酪乳杆菌 SR10-1 发酵的梨汁显著提高了其降血糖活性。另有研究发现，梨果酒可减缓 2 型糖尿病大鼠质量减轻和多饮、多食的症状；高、中剂量梨果酒能显著降低实验大鼠空腹血糖和果糖胺水平；各剂量组均可降低大鼠血清和肝脏总胆固醇、甘油三酯、低密度脂蛋白胆固醇的含量和升高高密度脂蛋白胆固醇含量，其中高、中剂量组效果显著；各剂量梨果酒均可不同程度地调节相关酶的活性。此外，通过研究梨汁的降血糖功效，并与苦荞汁与苦瓜汁复配，研发了一款辅助降血糖效果明显的复合梨口服液，该口服液能有效改善糖尿病小鼠的饮食、饮水量，抑制体重下降，改善糖耐受能力，有效降低空腹血糖、糖化血清蛋白、糖化血红蛋白值。

2. 清腑热，滋阴脏

秋高气爽，气候转燥，人们经常感到口渴咽干，目涩鼻燥。而梨"生者清六腑之阳，熟者滋五脏之阴"，是秋季干燥时最理想的保健果品。梨除生吃外，还可制成梨汁、膏、酱、果茶、果脯、果酒、罐头、膏糖、蜜饯等。在酒宴桌摆上鲜梨片冷盘，酒后吃梨，甘甜香馨、玉浆鲜美、舌本生津。医学研究发现，冰糖炖梨，不仅可以滋阴润肺，治疗哮喘热咳，而且对嗓子有较好的保护作用。梨与苹果、胡萝卜、香蕉等制成的果汁是秋季良好的保健饮料。李时珍在《本草纲目》中引录了热症极盛、百医无效病例，最后还是吃梨治愈的。梨的最突出作用是食疗热痰咳嗽，传说唐初名相魏徵的母亲久咳不愈，后来用梨汁与几味中药一起熬制成膏，治好了咳病。

3. 解酒

《本草纲目》中记载：梨能"润肺凉心、消痰降火解疮毒、酒毒"。可见梨在解酒毒方面有着天然独特的功效。梨用于解酒毒既可生食也可熟吃，酒醉之人口渴舌燥、心烦胃热，梨可清热降火、除烦止渴。现代科学研究证明，梨含有糖、苹果酸、柠檬酸等有机酸类、维生素 C、维生素 B、烟酸、胡萝卜素及矿物质等。这些物质能降低乙醇在血液中的浓度，促进乙醇在肝脏内转化代谢。

4. 美容减肥

将梨花作面脂原料，用梨汁洗面，可以使皮肤健美。减肥需多吃纤维食物，食物中的纤维素不能消化，却能降低血糖和胆固醇，保护心脏血管，益处更大。常见的蔬果，例如梨子、李子、柑橘、苹果、西瓜、桃子、胡萝卜、芹菜、青菜、五谷、豆类等，都含丰富的纤维素。

三、梨的药用价值

1. 明代之前对梨药用价值的研究

梨药食共源，尤其是鹅梨、乳梨等。在唐代之前的本草学著作中并未发现与梨药用价值相关的记载，只是记载了其弊端与禁忌项。唐代孟诜《食疗本草》中首次记载了梨的药用功能："除客热，止心烦……又捣汁一升，酥一两，蜜一两，地黄汁一升，缓火煎，细细含咽。凡治嗽，皆须待冷，喘息定后方食，热食之，反伤矣，令嗽更极，不可救。"不仅提到了梨的药用价值，而且就制作治咳嗽的药方也进行了详述。在《齐民要术》插梨篇中指出："凡醋梨，易水煮熟，则甜美而不损人也。"煮熟的醋梨味道香甜且不会对人的健康产生损害，在一定程度上已经为梨的制药提供了一种思路，这也在一定层面上说明了本草学的发展与农学进步的相得益彰。

唐苏敬所著的《新修本草》在《本草经集注》730 种药物的基础上筛选、增加了一些药物种类，最终确定为 844 种药物。《新修本草》首次介绍了梨的外用价值："梨削贴汤火创不烂，止痛，易差。又主热嗽，止咳。叶，主霍乱，吐痢不止，煎汁服之"。不仅梨片可治烫伤，梨叶也可止霍乱。这也意味着本草学著作开始对梨树各个部分的医疗价值进行研究。五代时期日华子所著的《日华子本草》开始对药物的药性展开专门研究，认为梨属"冷"之药性。宋卢多逊的《开宝本草》继承《本草经集注》与《新修本草》的说法，并在《日华子本草》对药性理解的基础上，提出"梨有数种……寒，无毒……又疗伤寒发热，解石热气，惊咳嗽，消渴，利大小便"，首次提出梨有治疗伤寒，利大小便的功效。宋苏颂的《本草图经》引用南北朝徐之才（徐王）《效验方》之语："主小儿腹痛，大汗出，名曰寒疝"，将梨之功效发展至儿科领域。元代徐彦纯所著《本草发挥》中，将梨的通利药性加以总结，概括为"梨者利也，流利下行之谓也"。

2. 明代对梨药用价值的研究

明初，卢和所著《食物本草》继承了《本草发挥》的说法，认为梨"主热嗽，止渴，利大小便，除客热，止心烦，通胃中痞塞，热结"，对于通利的特点扩展至可治疗因胃炎引起的胸闷等症状。在其后薛己的《本草约言》中，则更侧重梨之"利"，指出"梨者，利也，性冷利，流利下行也。所赖以兹益者，味甘寒能润心肺耳。故除渴，消痰，止咳……"总的来说，梨具有三点特性：利、冷、润。王纶所著《本草集要》中还写道"酒病烦渴人宜之"，这里提到了梨的一个新特性：解酒。无论是生吃还是熬成梨汤，都非常有助于解酒、醒酒。

明中叶的本草医学大家主要有陈嘉谟、方谷、宁原等，在陈嘉谟所著的《本草蒙筌》中，沿用了《本草集要》的说法，认为梨"并解酒病除渴，咸止咳嗽消痰，去客热心经，驱烦热肺脏……叶煮可治霍乱，亦堪作钱疗风"。这里区分了心经之热与肺脏之热，心经客热属于外热，为真气虚而邪气盛，而肺脏烦热属于里热，为气阴受伤所致，梨对于两种不同的热都可起到治疗的作用。在方谷的《本草纂要》中进一步发展了《本草集要》中的说法，认为梨不仅"除客热心烦，肺热咳嗽"，还可除"肾热消渴，脾热生痰"，最后总结"是皆蕴热之症，惟此剂清凉润燥之治可也"。把梨消渴、生痰的功效归结为对内脏之热的应对，其对梨"除诸热"的归纳是一个总结性很强的结论。宁原的《食鉴本草》除了将梨"流利下行，解热止咳"的特性进行了陈述，还援引《梅师方》，指出梨可以"治小儿心经风热，昏懵燥闷、不能进食"，表明梨对于小孩具有提神、止闷燥、开胃的效果，这也意味着梨之功效在儿科领域的进一步发展。在此之后，李时珍的《本草纲目》集诸家之大成并加以理论补充与完善，将梨分梨实、梨花、梨叶、梨木皮，分别对它们的疗效进行了介绍，不仅涉及对于内脏之病的治愈，还包括解决一些人体其他部位的问题。例如在讲到梨花时，写道："去面黑粉滓"。而在"李花"的部分，李时珍对这一方子进行了详细阐述，将李、梨等花磨成粉，然后浸入水中以其洗面，"百日光洁如玉也"。在写到梨叶时，认为其可"治小儿寒疝""解中菌毒"等，治疗小儿腹痛，除菌解毒。而梨木皮可"解伤寒时气"，并对所治疗的不同疾病进行对应药方解释，这是一项前所未有的总结与创新，其系统性、分类性、创新性等多方面特征对现今中医看病开处方仍具有十分重大的影响。

明代晚期主要的本草学家包括赵南星、李中梓、吴禄等，赵南星在《上医本草》中重以梨之类别分其疗效，开篇即提到"紫花梨，疗心热"，并以唐武宗为例示之，认为能够治病的"惟乳梨、鹅梨、消梨可食，余梨亦不能去病也"。李中梓的《本草通玄》首次将生梨与熟梨之功效进行了划分，有助于处方分类细化。吴禄的《食品集》对梨之功效未有进一步拓展或新解。

3. 清代对梨药用价值的研究

清代早期，顾元交《本草汇笺》与沈穆《本草洞诠》未对先前的理论进行补充扩展或修正创新。郭佩兰师承李中梓，其著作《本草汇》中谈及的梨之功效与《本草通玄》保持一致，新加了关于梨与人体经脉的联系："入手太阴、少阴、足阳明、厥阴经"，对于梨之功效而言是一种经络学层面的扩展。闵钺《本草详节》指出，梨之寒气"入肺经，兼入胃经"，故少食除肺烦，多食则寒中。汪昂《本草备要》强调了梨可"利大小肠，治中风失音"，暗含了梨可以清热润喉的作用。

清中期的本草学家主要有吴仪洛、严洁、黄宫绣、林玉友等。此期的本草学著作越来越注重梨制药技术对疗效的影响，而非梨本身的性质。如在吴仪洛《本草从新》中开出如下药方："捣汁用，熬膏亦良，加姜汁蜂蜜佳，清痰止咳"，林玉友在《本草辑要》中所开的方子与此一致。而严洁在《得配本草》中指出将梨"和水捣取汁，入粳米煮粥，治小儿心脏风热昏燥"，黄宫绣在《本草求真》中的说法也与前者一致。把用梨以止咳之法细化为药方，强调药方中所含的搭配关系成为清中期之后的本草学论著的叙述方式。

清后期的本草学家主要有吴钢、姚澜、赵其光等，吴钢的《类经证治本草》多引述李时珍《本草纲目》中的药方；姚澜的《本草分经》只是寥寥几笔带过，简单介绍了梨所能治之症，而这些在先前的著作之中也都有所提及；赵其光在《本草求原》中将清代本草学著作中提及的相关病症与对应医方做了详细的归纳整理。

对以上清代本草学著作的梳理可以看出，清代本草学著作的特征表现为两点：一是注重医方对应经络的治疗；二是注重将所治之症细化为不同的方子，以对症下药。这离不开明末《本草纲目》的成书与流传，至清代已形成重大影响，清代的本草学著作多为基于其基础之上的深化与拓展。

4. 现代梨药用价值的研究

（1）降血脂：混菌酿造的梨果醋，各剂量均能干预小鼠血清水平，其中高剂量效果最好，显著降低了总胆固醇、甘油三酯、低密度脂蛋白胆固醇含量，显著提高了高密度脂蛋白胆固醇含量；中剂量显著提高了过氧化氢酶活力，高剂量显著提高了谷胱甘肽含量、SOD 活力，显著降低了 MDA 含量。梨果醋具有显著预防小鼠高血脂、抗氧化和保护肝脏损伤的作用，并且还能有效调节小鼠肠道菌群结构和多样性，使高脂饮食小鼠肠道菌群恢复正常。另有研究发现，经过副干酪乳杆菌 SR10-1 发酵的梨汁显著提高了降血脂活性。还有研究发现，高、中剂量梨汁均可显著降低高血脂小鼠血清甘油三酯的含量，高剂量梨汁可显著提高高血脂小鼠血清高密度脂蛋白含量，高、中、低剂量梨汁均可显著提高高血脂小鼠肝脏高密度脂蛋白含量，中、低剂量梨汁均可显著降低高血脂小鼠肝脏胆固醇含量。

（2）助消化：通过复方地芬诺酯诱导消化不良模型小鼠，对造模成功的小鼠分组开展实验，研究梨口服液对消化不良小鼠胃肠动力的促进作用。与模型组相比，梨口服液 DF、HF 组的小鼠饮食量增加了 4.42%、10.38%、体重上升了 5.87%、7.08%（$P < 0.05$）；胃残留率降低了 45.15%、36.90%，小肠推进率提升 39.28%、45.11%；血清含量胃动素和胃泌素增加了 35.94%、39.05% 和 32.14%、38.45%。结果表明，梨口服液具备较好的促消化作用，可有效促进胃肠动力。另有研究发现，梨多糖、发酵梨汁也可以通过增加肠道中有益菌丰度、降低有害菌丰度调整小鼠肠道菌群结构，改善小鼠消化功能。

（3）增强免疫力：通过研究梨的免疫活性，并与灵芝提取液复配，研发了一款增强免疫力效果明显的天然梨口服液，分别进行细胞免疫（小鼠耳肿胀法）、体液免疫（血清溶血素法）、抗氧化实验，对胸腺指数、脾脏指数、耳肿胀程度、血清溶血素值、SOD、谷胱甘肽过氧化物酶活性及 MDA 等指标进行测定。结果表明，各剂量组均有较好的增强免疫力特性，其中中剂量组的效果最好。对梨口服液贮存稳定性研究发现口服液有较好的稳定性，贮存 3 个月菌落总数、大肠杆菌、霉菌均未超标，符合国家标准。副干酪乳杆菌 SR10-1 发酵梨汁能够增强免疫力低下小鼠的抗氧化能力，从而提高免疫力。

（4）解酒护肝：以梨为主要原料，并复配蜂蜜和辣木籽，开发了一款解酒护肝的梨解酒口服液。经验证，该口服液能增强肝脏乙醇脱氢酶和乙醛脱氢酶活力，降低醉酒大鼠 120 min 内血液中的酒精浓度，延长翻正反射消失时间，缩短翻正反射恢复时间。该口服液能明显降低大鼠血清谷丙转氨酶、谷草转氨酶、甘油三酯水平，改善肝组织病变情况，通过提高肝脏中 SOD、谷胱甘肽过氧化物酶、过氧化氢酶活力和谷胱甘肽含量、降低 MDA 水平缓解酒精所致氧化应激损伤，并通过抑制丝裂原活化蛋白激酶信号通路的激活，降低肿瘤坏死因子 - α 水平调节炎症反应，最终发挥解酒效果，并改善酒精诱导的急性酒精性肝损伤。此外，梨多酚对急性酒精中毒大鼠也具有较好的解酒和护肝作用。

（5）有益心脏健康：近日一项最新研究表明，患有代谢综合征（Mets）的中年人每天吃梨后，其血压和血管功能均有所改善。代谢综合征是一种与慢性疾病有关的代谢紊乱征，是导致心血管疾病和 2 型糖尿病的危险因素。梨富含纤维素和维生素 C，且热量低。一个中等大小的梨能提供人体日常所需纤维的 24%。研究人员分析了 50 位患有代谢综合征的应试志愿者（45～65 岁）。经随机分配，志愿者被分为两组，一组为实验组，12 周内每天吃两个中等大小的新鲜梨；另一组为对照组，12 周内每天喝 50 g 梨味混合饮料（实为安慰剂，不含梨成分）。通过实验组和对照组的交叉临床试验，研究人员验证了食用新鲜梨对患有代谢综合征中年人的抗高血压作用。实验组的 36 名志愿者在食用 12 周新鲜梨后，收缩压和舒张压明显低于基准水平，而对照组则没有变化。

四、梨的饮食利用

梨果实鲜嫩多汁，口味甘甜，不同食用方法可以产生不同的功效。如吃生梨能明显解除上呼吸道感染患者所出现的咽喉干、痒、痛、声音哑以及便秘、尿赤等症状；将梨榨成梨汁，或加胖大海、冬瓜子、冰糖少许，煮饮，对天气亢燥、体质火旺、喉咙干涩、声音不扬者，具有滋润喉头、补充津液的功效；把梨煮熟，如冰糖蒸梨可以起到滋阴润肺、止咳祛痰的作用。

参考文献

（后魏）贾思勰著；缪启愉校释.齐民要术校释［M］.北京：中国农业出版社，1998.

（明）陈嘉谟撰；张印生，韩学杰，赵慧玲校.本草蒙筌［M］.北京：中医古籍出版社，2009.

（明）方谷撰；李明，鲍霞校注.本草纂要［M］.北京：中国中医药出版社，2015.

（明）皇甫嵩，（明）皇甫相著；李玉清，向南校注.本草发明［M］.北京：中国中医药出版社，2015.

（明）李中梓撰.本草通玄［M］.北京：中国中医药出版社，2015.

（明）卢和撰；晏婷婷，沈健校注.食物本草［M］.北京：中国中医药出版社，2015.

（明）宁源撰.食鉴本草［M］.北京：中国中医药出版社，2016.

（明）王纶辑.本草集要［M］.北京：中国中医药出版社，2015.

（明）吴昆编著；洪青山校注.医方考［M］.北京：中国中医药出版社，2007.

（明）薛己辑；臧守虎，杨天真，杜凤娟校注.本草约言［M］.北京：中国中医药出版社，2015.

（明）赵南星撰.上医本草［M］.北京：中国中医药出版社，2016.

（明）朱橚著；范延妮译.救荒本草，汉英对照［M］.苏州：苏州大学出版社，2019.

（清）郭佩兰辑；郭君双等校注.本草汇［M］.北京：中国中医药出版社，2015.

（清）闵钺撰；张效霞校注.本草详节［M］.北京：中国中医药出版社，2015.

（清）沈穆撰；张成博等校注.本草洞诠［M］.北京：中国中医药出版社，2016.

（清）施雯，洪炜等撰.得配本草［M］.上海：上海科学技术出版社，2000.

（清）汪昂原著.本草备要［M］.北京：人民军医出版社，2007.

（清）吴仪洛撰.本草从新［M］.上海：上海科学技术出版社，2000.

（宋）卢多逊等撰；尚志钧辑校.开宝本草［M］.合肥：安徽科学技术出版社，1998.

（宋）苏颂编撰；尚志钧辑校.本草图经［M］.合肥：安徽科学技术出版社，1994.

（宋）唐慎微撰；（宋）曹孝忠校；寇宗奭衍义.证类本草［M］.上海：上海古籍出版社，1991.

（唐）孟诜撰；（唐）张鼎增补；吴受琚，俞晋校注.食疗本草［M］.北京：中国商业出版社，1992.

（唐）苏敬等撰；尚志钧辑校.唐·新修本草［M］.合肥：安徽科学技术出版社，1981.

（五代）日华子著.日华子本草［M］.芜湖：皖南医学院科研处，1983.

（元）徐彦纯辑；宋咏梅，李军伟校注.本草发挥［M］.北京：中国中医药出版社，2015.

DB 37/T 3807-2019 黄冠梨绿色生产技术规程［S］.山东：山东省市场监督管理局，2019.

DB 13/T 1176-2018 地理标志产品泊头鸭梨［S］.河北：河北省质量技术监督局，2018.

陈小举，吴学凤，姜绍通，李兴江.响应面法优化半纤维素酶提取梨渣中可溶性膳食纤维工艺［J］.食品科学，2015，36（6）：18-23.

杜林笑，赵晓敏，李学文，李斌斌，杨洋，李丹，谢季云，白友强，马楠.不同浓度1-MCP处理对库尔勒香梨采后生理及贮藏品质的影响［J］.新疆农业大学学报，2017，40（3）：185-190.

冯丽琴，阎瑞香，冯丽珍，马雪萍，江常杰.川贝雪梨脆片变温压差膨化干燥应用技术［J］.保鲜与加工，2010，10（5）：51-52.

公庆党，乔培瀛，温育岫，谭淑玲，赵春磊.山东省果品贮藏加工及市场建设发展现状与对策［J］.经济林研究，2000，18（3）：54-56.

郝生宏，贾金辉.果酒酿造［M］.北京：化学工业出版社，2021.

黄刚，黄良.水果食品加工法［M］.长沙：湖南科学技术出版社，2010.

黄林生.果品加工新技术与营销［M］.北京：金盾出版社，2011.

季静，孙家正，王传增，王淑贞.1-MCP处理对不同温度条件下西洋梨早红考密斯贮藏保鲜效果及货架期的影响［J］.山东农业科学，2013，45（9）：99-103.

贾晓辉，王文辉，杭博，刘永杰.库尔勒香梨采收、包装与贮藏保鲜技术要点［J］.果树实用技术与信息，2015，12：44-45.

贾晓辉，王文辉，姜云斌，王志华，杜艳民，佟伟.玉露香梨采收、包装及贮运保鲜技术［J］.保鲜与加工，2016，8：37-39.

贾晓辉，王文辉，佟伟，杜艳民，王志华，姜修成.自发气调包装对库尔勒香梨采后生理及贮藏品质的影响［J］.中国农业科学，2016，49（24）：4785-4796.

李梁，聂成玲，薛蓓，高畅，贾福晨，刘振东，张国强.响应面法优化酶辅助提取苹果梨渣中可溶性膳食纤维工艺及品质分析［J］.中国食品添加剂，2017，1：57-64.

鲁墨森，闫英，王淑贞，张道辉，苏盛茂.山东地区苹果、梨贮藏保鲜技术调查报告［J］.落叶果树，1992，1：58-63.

罗云波.园艺产品贮藏加工学［M］.北京：中国农业大学出版社，2005.

孟晓翠，王大洲，李志勇.鸭梨黑心病病因分析及防治［J］.河北林业科技，2005，6：45，48.

山东鲁花集团有限公司，江南大学.一种无膨化低糖度水果冻干脆片的快速制备方法：200810244401.6［P］.2011-06-15.

尚志钧.《新修本草》药物合并与分条对药物总数的影响［J］.中华医史杂志，2003，3：173.

王璐瑶，帕孜丽亚·托乎提，戴煌.气调保鲜技术在梨贮藏保鲜中的研究进展［J］.中国果菜，2021，41（7）：15-19.

王少敏，冉昆.山东省梨产业现状、存在问题及发展建议［J］.落叶果树，2019，51（4）：4-7.

王少敏，张安宁.大宗水果提质增效新技术［M］.北京，中国农业出版社，2021.

王文辉，王国平，田路明，等.新中国果树科学研究 70 年——梨［J］.果树学报，2019，36（10）：1273-1282.

王文辉.新形势下我国梨产业的发展现状与几点思考［J］.中国果树，2019（4）：4-10.

王阳，王志华，王文辉，佟伟，贾晓辉，杜艳民，杨晓龙.1-MCP 处理对几种脆肉梨果实贮藏品质及采后生理的影响［J］.果树学报，2016，33（增刊）：147-156.

王志华，王文辉，丁丹丹，姜云斌.圆黄梨采收及贮运保鲜关键技术［J］.果树实用技术与信息，2019，3：44-45.

王志华，王文辉，杜艳民，贾晓辉，王阳，佟伟.红香酥梨贮藏保鲜关键技术［J］.果树实用技术与信息，2017，8：42-43.

王志华，王文辉，姜云斌，佟伟.丰水梨采收及贮藏保鲜技术［J］.果树实用技术与信息，2019，4：38-39.

王志华，王文辉，佟伟，丁丹丹，王宝亮，张志云.1-MCP 结合降温方法对鸭梨采后生理和果心褐变的影响［J］.果树学报，2011，28（3）：513-517.

王志华，王文辉，佟伟，姜云斌.黄金梨采收与贮运保鲜关键技术［J］.果树实用技术与信息，2019，6：46-47.

魏书信，侯传伟.果品贮藏保鲜与加工技术［M］.郑州：中原农民出版社，2008.

魏雪生.苹果、梨实用加工技术［M］.天津：天津科技翻译出版公司，2010.

闫海峰，荣荟，王瑞.梨的中美等级标准对比及市场分析［J］.农村科学实验，2020，5：8-9.

姚尧，张爱琳，钱卉苹，李月圆，闫师杰.不同气调贮藏条件对早酥梨采后生理品质的影响［J］.食品工业科技，2018，39（11）：291-296.

袁惠新.食品加工与保藏技术［M］.北京：化学工业出版社，2000.

张宝善，王军.果品加工技术［M］.北京：中国轻工业出版社，2000.

张丽华.农场主创业指导丛书果蔬干制与鲜切加工［M］.郑州：中原农民出版社，2017.01

张南峭注译.诗经［M］.郑州：河南人民出版社，2020：119.

张绍铃，谢智华.我国梨产业发展现状、趋势、存在问题与对策建议［J］.果树学报，2019，36（8）：1067-1072.

张绍铃.中国现代农业产业可持续发展战略研究 - 梨分册［M］.中国农业出版社，2017.

张世伟，张志军，徐成海.库尔勒香梨冻干的实验研究［C］.第十届全国冷冻干燥学术交流会论文集.中国上海，2010：48-54.

张微，赵迎丽，王亮，冯志宏，陈会燕.玉露香梨贮藏保鲜技术研究进展［J］.山西农业科学，2019，47（9）：1673-1676.

张引引，李月圆，钱卉苹，张爱琳，闫师杰，王晓闻.不同氧组分气调对黄冠梨品质及酶活性的影响［J］.包装工程，2019，40（9）：15-21.

周山涛.园艺产品贮运学［M］.北京：化学工业出版社，1999.

邹曼，杨娟侠，张坤鹏，魏树伟，王少敏，张倩.不同贮藏温度和保鲜剂对秋洋梨保鲜效果的影响［J］.保鲜与加工，2023，23（2）：1-6.

成国良，周和锋.梨园林下种植模式及栽培技术探讨［J］.上海农业科技，2017（5）：136-137.

罗桂环.梨史源流［J］.古今农业，2014（3）：49-58.

涂佳楠，崔佳宝.谈古典诗词中梨花意象的嬗变［J］.散文百家（理论），2021，8：73-74.

王阳，佟伟，李建红，王文辉，贾晓辉，杜艳民.烤梨加工技术［J］.果树实用技术与信息，2022，331（6）：43.

王志清.物产传说的生成路径——以鞍山南果梨传说文本为研究对象［J］.民间文化论坛，2012（6）：36-39.

吴步梅，魏永波，马浩轩，王筱姝，方彩霞，张文利.甘肃省冻梨生产销售现状、问题及发展对策［J］.中国果树，2018，194（6）：94-97.

许敬生.梨酒［J］.河南中医，2015，35（2）：389.

于文华.梨树盆景的养护与管理［J］.花木盆景（盆景赏石），2017（9）：42-43.

张萌萌.梨的艺术与民俗文化内涵及价值研究［J］.现代农业研究，2022，28（8）：19-21.

周敏.云南民族民间食用棠梨花的传统知识初步研究［J］//中国植物学会民族植物学分会，中国科学院昆明植物研究所.第八届中国民族植物学学术研讨会暨第七届亚太民族植物学论坛会议文集.2016：3.

张绍铃.梨学［M］.北京：中国农业出版社，2013.

孔维府，江鹏飞，李兴佐，等.中国古梨树群农业文化遗产现状及发展［J］.果树资源学报，2022，3（3）：1-7.

第十二章

梨的其他产业

第一节　梨休闲产业

一、梨的绿化应用

梨树姿态婆娑，秋季落叶后铁干虬枝，给人一种冷峻的美感，大龄树则能给人沧桑的感觉，其特有的树形宜于观赏。庭院把梨树用于宫苑、庭院的绿化美化，在我国有 2 000 多年的历史。王世懋在《学圃余疏》云："溶溶院落，何可无此君。"陈淏子《花镜》云："梨之韵，李之洁，宜闲庭旷圃，朝晖夕蔼。"也就是说梨树在庭院栽植，春天可以欣赏妖娆多姿的梨花，夏天可以蔽荫避雨，秋可以食果赏叶，冬天可以欣赏绰约多姿的树枝。

为了突出其个体美，梨树在公园绿化中可孤植应用。一般选择开阔空旷的地点，如草坪边缘、花坛中心、角落向阳处及门口两侧等。春天，雪白的梨花竞相开放；秋天，丰硕的梨果缀满枝条，为公园内一道靓丽的风景。另外，在公园池畔、篱边、假山下、土堆旁栽植梨树，配以草坪或地被花卉。将梨树同其他树种配合使用，既丰富了景观，又能吸引食果鸟类，增添观赏乐趣。

景区大面积栽植梨树，能发挥梨树的群体美。"忽如一夜春风来，千树万树梨花开"，唐代著名边塞诗人岑参的诗句借梨花喻雪景，春日观赏梨花盛开，倒真有几分雪之韵味。承德避暑山庄山峦区的梨树峪景观，植物配置突出梨树景观，梨花仿佛展现皑皑雪景，让人感到凉爽舒适。一些城市近郊的植物园或者农家乐庄园，种植大片梨树或间种桃、李、梅、杏等乡土果树。每当春季来临，茂盛的梨花竞相怒放，散发出阵阵香气，使人心旷神怡。而在夏秋时节，丰满的梨果挂在树枝，丰收景象喜人。

作为廊道绿化的观赏梨树，要尽量选择树形好、抗性强、冠大荫浓、花香果美、季相变化明显且较耐修剪的品种，这类梨树炎夏时枝繁叶茂，绿荫蔽日，晚秋时实累累，蔚为壮观，能达到绿化、美化、遮阴和防护的目的。在廊道绿化时要综合考虑环境因子的影响，既可以单一栽植，也可以与其他植物搭配种植。

二、梨盆栽与盆景

梨树盆栽是把梨树种植在花盆之内，供人欣赏。梨树盆景是在盆栽梨树的基础上，经过盆景技巧和艺术手法加工处理而成。梨作为果树盆栽和盆景应用，标志着梨树由高大挺拔的室外栽植树木开始向室内欣赏转移。盆栽梨树春花婀娜，夏叶青翠，秋果丰硕，冬枝苍劲。梨树盆景高不盈尺、枝干虬曲、树姿优美，融赏花、观果、品景于一体，具有极高的欣赏价值和艺术价值。

1. 品种选择

以成枝力强、节间短、果可食且艳丽、成花结果早、坐果率高、抗病能力强和适应盆栽环境的品种为佳。

2. 花盆的选择与营养土配制

（1）花盆的选择：瓦盆通气性好，利于根系生长，且物美价廉；也可选用瓷盆，美观漂亮，但通透性差。盆的大小可根据需要而定，一般若在室内或阳台摆放，宜选用内口径 25 ~ 45 cm，高 20 ~ 35 cm 左右；如在道旁或大会厅摆放，需选用更大的花盆。

（2）营养土的配制：依据梨树本身对土壤的要求进行营养土的配制。梨喜肥沃的沙壤土和中性土壤，一般在 pH 5.8 ~ 8.5 的土壤均生长良好，但要考虑所用的砧木类型，如山梨不耐盐碱，豆梨耐酸性好，杜梨耐盐碱。先用豆科作物秸秆与田土混合堆积成颗粒状肥土，然后用 1/2 堆肥 +1/4 园土 +1/4 砂土配成盆土，每立方米盆土中加入 1 kg 氮磷钾复合肥拌匀，即成为盆栽用的营养土。

3. 上盆与换盆

（1）上盆：一般在休眠期上盆，以早春未萌芽时为好。苗木可用成苗，也可用半成苗，或直接栽植砧木苗。选择根系发达、须根多、粗壮的苗上盆，用 1 ~ 2 片碎瓦片或小石片将盆底的小孔盖上，盆底放一层粗砂，填入部分盆土；将苗木的根系剪出新茬，根系舒展开，再填满盆土。填土时不断轻提枝条，使盆土紧实。盆土不宜装得太满，以便于浇水。苗木要位于盆的中央，根颈与土平或略向下一些。若栽得过深，植株生长缓慢；过浅，影响成活。栽后应及时浇透水。

（2）换盆：一般每 2 ~ 3 年换盆 1 次，宜在休眠期进行。换盆前 2 天，要先浇透水，待换盆时再轻轻震动，使盆土与盆壁分离。然后将盆扣向下面，连土同植株一齐托出，再把土慢慢剔除，保留原盆 20% ~ 40% 的土。此时，要对长根、衰老根及多余的根进行修剪，然后换上新的培养土，将植株栽植于较大的盆中，灌足水。

4. 造型与整形修剪

造型可以根据品种特性采用弯干、曲干、斜干、悬崖、丛林、低干开心、高干分层等形式。由于梨树生长势较强，年生长量较大，顶端优势强，造型应控制强旺枝，形成树体矮小、结果紧凑、自然优美之形态。

幼树顶端优势明显，枝条年生长量较大，分枝较少，应通过拉枝、扭枝、弯曲、短截等措施，调整成枝方向，增加骨干枝数量，控制旺枝，促生短枝，培养成健壮结果枝组，形成较矮小树冠。初结果期的盆树，在继续进行整形工作的基础上，重点应培养靠近内膛的结果枝和结果枝群，使盆树内外枝叶丰满，连年结果，生长与发育均衡。

结合整形修剪，对于徒长枝、强旺枝、生长势中等枝，有空间的在中下部适度短截并拉平，促下部芽萌发成枝，培养成紧凑的结果枝群。为防止结果部位外移和树形混乱，适度回缩树势衰弱的前部枝条，疏除重叠交叉扰乱树形枝，使其层次清晰、疏密有度，达到苍劲挺拔，以小见大的自然优美之形态。

5. 肥水管理

由于盆内空间有限，要保证梨树正常生长、开花和结果，必须保证有充足的肥水供应。盆内梨树萌芽后开始施肥。用发酵后的有机液肥，加入 10 倍以上的水，7～10 天施 1 次。也可采用叶面喷施，生长前期以 0.2%～0.3% 的尿素液较好，可喷 3～4 次。开花盛期喷施 0.1% 硼砂，提高坐果率。花后果实膨大期也正是新梢旺盛生长期，需要磷钾肥较多，可喷施 3～4 次 0.2%～0.3% 的磷酸二氢钾液，以促进果实成熟、枝条充实和花芽分化。盆栽梨的施肥原则是要少施勤施，既防烧根，又便于充分吸收，减少肥分流失。

叶片对水分供应敏感，易出现干旱萎蔫。在春秋两季应看盆土和树叶状况决定浇水次数，一般每隔 1～2 天浇一次透水。在气候炎热的夏季，宜在每天上午 8 时前和下午 5 时后各浇一次透水，叶面也要喷洒，冲掉叶面灰尘，促进光合作用。冬季视盆土墒情也要适当浇水。

6. 越冬管理

盆栽梨树越冬时应放在温、湿度较稳定的地方，若放在阳台上，要做好防寒工作，可用旧棉套、湿麻袋裹上，外用塑料膜包扎起来。有小庭院时，也可连盆埋入地中，覆土 25～30 cm 厚。有条件的最好放在地窖中。

第二节　梨园林下经济

一、林下经济及其发展模式

林下经济是依托森林、林地及其生态环境，遵循可持续经营原则，以开展复合经营为主要特征的生态友好型经济。包括林下种植、林下养殖、相关产品采集加工、森林景观利用等。

1. 林下种植

依托森林、林地及其生态环境，遵循可持续经营原则，在林内开展的种植活动，包括人工种植和野生植物资源抚育。主要包括林药模式、林菌模式、林茶模式、林果模式、林菜模式、林苗模式、林草模式、林花模式等。

（1）林菌模式：充分利用林下空气湿度大、氧气充足、光照强度低、昼夜温差小的特点，种植双孢菇、鸡腿菇、平菇、香菇、耳类等食用菌。

（2）林药模式：依托森林、林地及其生态环境，在林内开展药用植物种植或半野生药用植物驯化的复合经营模式。多为喜湿耐阴的草本、藤本或灌木类植物，如金银花、丹参、天麻等药材。

（3）林粮（油）模式：在幼林期林下间种豆类、花生、油用牡丹等高效经济作物和油料作物。

（4）林草模式：在郁闭度 0.6 以下的林地，种植不同种类的优质牧草，如紫花苜蓿、黑麦草等。

（5）林菜模式：根据林间光照强弱及各种蔬菜的不同需光特性，发展蔬菜种植。

（6）林果模式：依托森林、林地及其生态环境，在林内或林地边缘，开展果树种植的复合经营模式。

2. 林下养殖

依托森林、林地及其生态环境，遵循可持续经营原则和循环经济原理，在林内开展的生态养殖活动，包括人工养殖和野生动物驯养繁殖。主要包括林禽模式、林畜模式、林蜂模式、林渔模式、林特模式等。

（1）林禽模式：选择透光和通气性能较好的成林地块，利用树上落果、林下饲草、地下昆虫等饲料资源，在林下适量放养鸡、鸭、鹅等。

（2）林畜模式：在林龄 4 年以上的用材林、造林密度小、林下活动空间大的林地，放养或圈养牛、羊、猪、兔等。

（3）林特模式：利用林地养殖梅花鹿、马鹿、羚羊等草食类特养动物；野猪、蛙类等杂食类动物；孔雀、鹧鸪、鸵鸟等特禽类动物；狐、貂、獭兔等毛皮类经济动物；蜜蜂、蚯蚓、蝉等昆虫类动物。

3. 林下采集加工

充分利用大自然为人类提供的丰富资源，对森林中可利用的非木质资源进行的采集与加工活动。主要包括山野菜、野果、野生菌类等的采集和初加工活动。

4. 森林景观利用

合理利用森林资源的景观功能和森林内多种资源，开展有益人类身心健康的经营活动。主要包括森林康养、森林人家、林家乐、农家乐等。

二、梨园林下经济

1. 梨园林下种植

梨树是多年生作物，一般种植 3 年后开始挂果，4～5 年进入盛果期，同时梨树又是落叶果树，冬季 11 月到翌年 3 月有近 5 个月的时间为落叶期，梨园内具有一定光照。因此，利用幼年梨园和冬季落叶期进行梨园林下种植，能提高土地综合利用率和经济效益。但林下种植既要保证梨树正常生长，又要充分利用土地，选择种植品种和合理安排时间是关键。成国良等探讨了浙江省慈溪市幼年梨园和冬季成年梨园的几种林下种植模式。

（1）幼年梨园林下种植模式及栽培技术：梨园建园后 3 年内为幼年梨园。梨树一般种植密度为 4 m×3.5 m，梨树两侧各有 2 m 左右的空闲地可供种植其他作物，种植作物以矮秆作物为宜，尽量不种瓜类等蔓生作物，避免与梨树争阳光。

①梨+矮生四季豆+甘蓝菜。春季种植矮生四季豆：播种期 3 月下旬，收获期 5 月下旬至 6 月中旬。常年产量为 700～800 kg/666.7 m²。

秋季种植甘蓝菜：播种期 7 月中旬到 8 月上旬，移栽期 8 月中旬—9 月上旬，收获期 11 月下旬—12 月下旬。常年产量 3 000～4 000 kg/666.7 m²。

②梨+鲜食大豆+青花菜。春季种植鲜食大豆：播种期 3 月上旬到 4 月上旬，收获期 6 月上旬—7 月上旬。常年产量 600～800 kg/666.7 m²。

秋季种植青花菜：播种期 7 月中旬到 8 月中旬，收获期 12 月上旬到翌年 1 月下旬。常年产量 1 500～2 000 kg/666.7 m²。

（2）冬季成年梨园林下种植模式及栽培技术：梨园建园 4 年后梨树进入盛果期。成年梨园可在冬季落叶期（11 月到翌年 3 月）进行套种，主要作物有雪菜、榨菜、莴笋等。

①雪菜。播种期 10 月上旬，11 月上旬移栽，翌年 3 月下旬到 4 月上旬收获。产量 3 000～4 000 kg/666.7 m²。

②榨菜。播种期、移栽期及收获期与雪菜相仿。常年产量 4 000～5 000 kg/666.7 m²。

③莴笋。播种期、移栽期、收获期与雪菜相仿。常年产量 3 000 kg/666.7 m²。

2. 梨园林下养殖

（1）林禽模式：在梨园自然放养家禽，家禽自由寻食昆虫、杂草、腐殖质等，适当种植牧草和人工科学补料，严格限制化学药物、激素、抗生素等饲料添加剂的使用，可明显提高禽肉、禽蛋产品的产量和质量，在梨园里建立禽舍，将家禽粪便直接排放林地或果园，从而形成了"林果（草）、家禽养殖单元"相互联系的立体生态农业体系。家禽早期采取圈养或笼养方式，提高早期生长发育性能和群体整齐度，减少早期因受外界影响较大而导致死亡率。家禽在林间轮放，采食牧草的同时也将粪便施到了林间，有利于牧草与梨树的生长。

（2）林特模式：阳信县农民充分利用梨园、苗木繁育基地优势发展林下养蝉。当地交易的金蝉每天超过 20 吨，参与人数多达万人，形成了全国规模最大的金蝉交易市场，也成为全国金蝉市场价格的风向标。林下养蝉解决了当地村、社弱势劳动力的转移问题，特别是年龄在 50～60 岁范围内及以上人员的就地就业，减少了劳动力转移的成本，既照顾了家庭，为青壮年劳动力外出起到了稳定后方的作用，又实实在在地增加了收入，林下养蝉已成为农民发家致富的低成本高收益项目。

阳信县共鸣金蝉养殖专业合作社利用梨园、林地等林下空间进行金蝉养殖，成功探索出一条适合阳信发展林下经济的好路子。为鼓励农民林下养殖金蝉，阳信共鸣金蝉养殖专业合作社免费提供技术指导，对社员养殖金蝉每亩给予200元补助。合作社还与社员签订合同，帮助协销或回收，解除了养殖户的后顾之忧，阳信县共鸣金蝉养殖专业合作社成为省内规模最大的金蝉养殖基地之一。一般林下每亩每年可收金蝉2万余只，每亩林地果园净收入6 000余元。而且金蝉保鲜非常简单，一般的食品冷冻库均可以贮存，可以错季销售。金蝉还能加工成罐头、软包装食品等各种高级营养品，是难得的天然绿色高级营养品，产品远销国外。

第三节　梨工艺品

一、彩绘木梨

汉代，一级文物，武威市磨嘴子汉墓出土，现藏于甘肃省博物馆。高5.9 cm，宽4 cm。木质，以整木雕刻成梨状，木梨上方雕出一突起，作为梨把，木梨上以红、黑彩绘出花纹，颜色鲜艳，写实性强，是一件精美的古代艺术品。

二、梨式壶

梨式壶因形似梨而得名。一直以来，梨式紫砂壶以生动形象的外观、圆润饱满的线条及秀美典雅的气韵而取胜。壶身泥质细腻，泛着一层柔和的光华，恍如朦胧的月色笼罩着壶体，恬静温婉的感受顿时侵袭着赏壶之人。壶嘴顺着壶身的曲线自然弯起，圈底平衡着壶的重心。近代《中国古陶瓷图典》记载："梨式壶，壶式之一，始于元代，流行于明代，因形状似梨而得名。"至明末清初，随着紫砂茶器的盛行，惠孟臣所创之梨形壶遂风靡茶界。南方地区更有"手中无梨式，难以言茗事"之说。梨式壶创世以来，亦极受日本人的喜爱，尤其孟臣梨形壶，在日本名气特别大。后又传入欧洲，也对当地的制壶产生了很大的影响。当时著名的安尼皇后就曾以孟臣的梨式壶为蓝本，向匠人们定制银茶具。

　　矾红釉梨式执壶，一般指明嘉靖矾红釉梨式执壶，现藏北京故宫博物院，通高 15 cm，口径 3.7 cm，足径 6.2 cm。壶身呈梨形，直口，溜肩，垂腹，圈足，壶身两侧各置曲柄和弯流，柄上部置一圆系，可供系绳以防盖脱落。附伞形盖，盖顶置宝珠形纽。通体施矾红釉，釉色红中泛黄，色调温润柔和。壶腹釉下隐约可见以青花料描绘的云鹤纹。圈足内施白釉。外底署青花楷体"大明嘉靖年制"双行六字款，外围青花双线圈。

三、梨木茶具和厨具

　　梨树生长缓慢，百年以上才能做厨具，从木材的选择、切割、烘干以及制作的各个环节都坚持保证材质的自然状态。梨木成器后不上漆、不变形、不易朽，长期使用后经自然氧化，化油成香，凝脂为露，成凝重的绛黑色泽，似有油光包浆，木香温和醇厚，可世代相传。梨木厨具外观通常为平直木纹，纹理密集整齐；心材呈桃褐色，边材的轮廓不明显；材质重、坚硬，较结实；耐用性好，不易翘曲变形，抗腐蚀性低，防虫蛀。

四、梨木乐器

　　梨木可以用来制作琵琶、二胡、古筝等乐器。梨木材质细密且均匀，采用梨木制作的乐器更具有一定的穿透力，使乐器散发出的声音更加均匀、绵延流长。另外，梨木制作的乐器不易损坏，持久耐用。

附 录

附录一 咏梨诗文

1. 与梨花有关的诗词

于座应令咏梨花诗

（南北朝·刘孝绰）

玉垒称津润，金谷咏芳菲。讵匹龙楼下，素蕊映华扉。

杂雨疑霰落，因风似蝶飞。岂不怜飘坠，愿入九重闱。

东郊望春訓王建安隽晚游诗

（南北朝·萧子云）

金塘绿泉满，上园梨蕊落。蛱蝶恋残花，黄莺对妖萼。

芳菲满郊甸，惠风生兰薄。子家冠盖里，我馆幽栖郭。

绿杨垂长溪，便桥限清洛。相去能几许，一水终疏索。

咏池上梨花诗

（南北朝·王融）

翻阶没细草，集水间疏萍。芳春照流雪，深夕映繁星。

和池上梨花诗

（南北朝·刘绘）

露庭晚翻积，风闱夜入多。萦丛似乱蝶，拂烛状联蛾。

别诗二首·其一

（南北朝·范云）

洛阳城东西，长作经时别。昔去雪如花，今来花似雪。

燕歌行

（南北朝·萧子显）

风光迟舞出青蘋。兰条翠鸟鸣发春。洛阳梨花落如雪。河边细草细如茵。

桐生井底叶交枝。今看无端双燕离。五重飞楼入河汉。九华阁道暗清池。
遥看白马津上吏。传道黄龙征戍儿。明月金光徒照妾。浮云玉叶君不知。
思君昔去柳依依。至今八月避暑归。明珠蚕茧勉登机。郁金香花特香衣。
洛阳城头鸡欲曙。丞相府中乌未飞。夜梦征人缝狐貉。私怜织妇裁锦绯。
吴刀郑绵络。寒闺夜被薄。芳年海上水中凫。日暮寒夜空城雀。

宫中行乐词八首·其二

（唐·李白）

柳色黄金嫩，梨花白雪香。玉楼巢翡翠，金殿锁鸳鸯。
选妓随雕辇，征歌出洞房。宫中谁第一，飞燕在昭阳。

阙　题

（唐·杜甫）

三月雪连夜，未应伤物华。只缘春欲尽，留著伴梨花。

寒食夜

（唐·崔道融）

满地梨花白，风吹碎月明。大家寒食夜，独贮望乡情。

送客水路归陕

（唐·韩翃）

相风竿影晓来斜，渭水东流去不赊。枕上未醒秦地酒，舟前已见陕人家。
春桥杨柳应齐叶，古县棠梨也作花。好是吾贤佳赏地，行逢三月会连沙。

寒食月夜

（唐·白居易）

风香露重梨花湿，草舍无灯愁未入。南邻北里歌吹时，独倚柴门月中立。

春暮寄元九

（唐·白居易）

梨花结成实，燕卵化为雏。时物又若此，道情复何如？
但觉日月促，不嗟年岁徂。浮生都是梦，老小亦何殊？
唯与故人别，江陵初谪居。时时一相见，此意未全除。

寒食野望吟

（唐·白居易）

丘墟郭门外，寒食谁家哭。风吹旷野纸钱飞，古墓累累春草绿。

棠梨花映白杨树，尽是死生离别处。冥寞重泉哭不闻，萧萧暮雨人归去。

续古诗十首·其二

（唐·白居易）

掩泪别乡里，飘飖将远行。茫茫绿野中，春尽孤客情。

驱马上丘陇，高低路不平。风吹棠梨花，啼鸟时一声。

古墓何代人，不知姓与名。化作路傍土，年年春草生。

感彼忽自悟，今我何营营。

神照禅师同宿

（唐·白居易）

八年三月晦，山梨花满枝。龙门水西寺，夜与远公期。

晏坐自相对，密语谁得知。前后际断处，一念不生时。

寒食野望吟

（唐·白居易）

乌啼鹊噪昏乔木，清明寒食谁家哭。风吹旷野纸钱飞，古墓垒垒春草绿。

棠梨花映白杨树，尽是死生别离处。冥冥重泉哭不闻，萧萧暮雨人归去。

春 风

（唐·白居易）

春风先发苑中梅，樱杏桃梨次第开。荠花榆荚深村里，亦道春风为我来。

酬和元九东川路诗十二首·江岸梨花

（唐·白居易）

梨花有思缘和叶，一树江头恼杀君。最似孀闺少年妇，白妆素袖碧纱裙。

长恨歌节选

（唐·白居易）

风吹仙袂飘飖举，犹似霓裳羽衣舞。玉容寂寞泪阑干，梨花一枝春带雨。

寒　食

（唐·白居易）

人老何所乐，乐在归乡国。我归故园来，九度逢寒食。

故园在何处，池馆东城侧。四邻梨花时，二月伊水色。

岂独好风土，仍多旧亲戚。出去恣欢游，归来聊燕息。

有官供禄俸，无事劳心力。但恐优稳多，微躬销不得。

杭州春望

（唐·白居易）

望海楼明照曙霞，护江堤白踏晴沙。涛声夜入伍员庙，柳色春藏苏小家。

红袖织绫夸柿蒂，青旗沽酒趁梨花。谁开湖寺西南路，草绿裙腰一道斜。

鹭　鸶

（唐·杜牧）

雪衣雪发青玉嘴，群捕鱼儿溪影中。惊飞远映碧山去，一树梨花落晚风。

初冬夜饮

（唐·杜牧）

淮阳多病偶求欢，客袖侵霜与烛盘。砌下梨花一堆雪，明年谁此凭阑干。

残春独来南亭因寄张祜

（唐·杜牧）

暖云如粉草如茵，独步长堤不见人。一岭桃花红锦黻，半溪山水碧罗新。

高枝百舌犹欺鸟，带叶梨花独送春。仲蔚欲知何处在，苦吟林下拂诗尘。

寒食野望

（唐·李郢）

旧坟新陇哭多时，流世都堪几度悲。乌鸟乱啼人未远，野风吹散白棠梨。

春　夜

（唐·李郢）

街鼓初残百八声，小园芳树宿孤莺。人回野寺昏昏醉，月照闲房悄悄明。

杏酪香浓寒食近，梨花影散夜风轻。谁家静捻参差管，一曲《霓裳》学凤清。

郎月行

（唐·张渐）

朗月照帘幌，清夜有馀姿。洞房怨孤枕，挟琴爱前墀。

萱草已数叶，梨花复遍枝。去岁草始荣，与君新相知。

今年花未落，谁分生别离。代情难重论，人事好乖移。

合比月华满，分同月易亏。亏月当再圆，人别星陨天。

吾欲竟此曲，意深不可传。叹息孤鸾鸟，伤心明镜前。

遇刘五

（唐·李顾）

洛阳一别梨花新，黄鸟飞飞逢故人。携手当年共为乐，无惊蕙草惜残春。

咏张諲山水

（唐·李顾）

小山破体闲支策，落日梨花照空壁。诗堪记室妒风流，画与将军作勍敌。

从军行

（唐·王宏）

儿生三日掌上珠，燕颔猿肱称李肤。十五学剑北击胡，羌歌燕筑送城隅。

城隅路接伊川驿，河阳渡头邯郸陌。可怜少年把手时，黄鸟双飞梨花白。

秦王筑城三千里，西自临洮东辽水。山边叠叠黑云飞，海畔莓莓青草死。

从来战斗不求勋，杀身为君君不闻。凤皇楼上吹急管，落日裴回肠先断。

送窦兵曹

（唐·李端）

梨花开上苑，游女著罗衣。闻道情人怨，应须走马归。

御桥迟日暖，官渡早莺稀。莫遣佳期过，看看蝴蝶飞。

春　词

（唐·常建）

阶下草犹短，墙头梨花白。织女高楼上，停梭顾行客。

问君在何所，青鸟舒锦翮。

送友人郑州归觐

（唐·赵嘏）

为有趋庭恋，应忘道路赊。风消荥泽冻，雨静圃田沙。

古陌人来远，遥天雁势斜。园林新到日，春酒酌梨花。

春 酿

（唐·赵嘏）

春酿正风流，梨花莫问愁。马卿思一醉，不惜鹔鹴裘。

东 望

（唐·赵嘏）

楚江横在草堂前，杨柳洲西载酒船。两见梨花归不得，每逢寒食一潸然。

斜阳映阁山当寺，微绿含风月满川。同郡故人攀桂尽，把诗吟向渺寥天。

剑画此诗于襄阳雪中

（唐·吕洞宾）

岘山一夜玉龙寒，凤林千树梨花老。襄阳城里没人知，襄阳城外江山好。

春晚闲望

（唐·刘兼）

东风满地是梨花，只把琴心殢酒家。立处晚楼横短笛，望中春草接平沙。

雁行断续晴天远，燕翼参差翠幕斜。归计未成头欲白，钓舟烟浪思无涯。

春夕寓兴

（唐·刘兼）

忘忧何必在庭萱，是事悠悠竟可宽。酒病未能辞锦里，春狂又拟入桃源。

风吹杨柳丝千缕，月照梨花雪万团。闲泥金徽度芳夕，幽泉石上自潺湲。

贵 游

（唐·刘兼）

绣衣公子宴池塘，淑景融融万卉芳。珠翠照天春未老，管弦临水日初长。

风飘柳线金成穗，雨洗梨花玉有香。醉后不能离绮席，拟凭青帝系斜阳。

道州郡斋卧疾寄东馆诸贤

（唐·吕温）

东池送客醉年华，闻道风流胜习家。独卧郡斋寥落意，隔帘微雨湿梨花。

宫 词

（唐·李建勋）

自远凝旒守上阳，舞衣顿减旧朝香。帘垂粉阁春将尽，门掩梨花日渐长。

草色深浓封辇路，水声低咽转宫墙。君王一去不回驾，皓齿青蛾空断肠。

过荆门

（唐·李绅）

荆江水阔烟波转，荆门路绕山葱蒨。帆势侵云灭又明，山程背日昏还见。

青青麦陇啼飞鸦，寂寞野径棠梨花。行行驱马万里远，渐入烟岚危栈赊。

林中有鸟飞出谷，月上千岩一声哭。肠断思归不可闻，人言恨魄来巴蜀。

我听此鸟祝我魂，魂死莫学声衔冤。纵为羽族莫栖息，直上青云呼帝阍。

此时山月如衔镜，岩树参差互辉映。皎洁深看入涧泉，分明细见樵人径。

阴森鬼庙当邮亭，鸡豚日宰闻膻腥。愚夫祸福自迷惑，魍魉凭何通百灵。

月低山晓问行客，已酹椒浆拜荒陌。惆怅忠贞徒自持，谁祭山头望夫石。

白雪歌送武判官归京

（唐·岑参）

北风卷地白草折，胡天八月即飞雪。忽如一夜春风来，千树万树梨花开。

散入珠帘湿罗幕，狐裘不暖锦衾薄。将军角弓不得控，都护铁衣冷难着。

瀚海阑干百丈冰，愁云惨淡万里凝。中军置酒饮归客，胡琴琵琶与羌笛。

纷纷暮雪下辕门，风掣红旗冻不翻。轮台东门送君去，去时雪满天山路。

山回路转不见君，雪上空留马行处。

梁园歌送河南王说判官

（唐·岑参）

君不见梁孝王脩竹园，颓墙隐辚势仍存。

娇娥曼脸成草蔓，罗帷珠帘空竹根。

大梁一旦人代改，秋月春风不相待。

池中几度雁新来，洲上千年鹤应在。

梁园二月梨花飞，却似梁王雪下时。

当时置酒延枚叟，肯料平台狐兔走。

万事翻覆如浮云，昔人空在今人口。

单父古来称宓生，祇今为政有吾兄。

辎轩若过梁园道，应傍琴台闻政声。

送绵州李司马秩满归京因呈李兵部

（唐·岑参）

久客厌江月，罢官思早归。眼看春光老，羞见梨花飞。

剑北山居小，巴南音信稀。因君报兵部，愁泪日沾衣。

春兴思南山旧庐，招柳建正字

（唐·岑参）

终岁不得意，春风今复来。自怜蓬鬓改，羞见梨花开。

西掖诚可恋，南山思早回。园庐幸接近，相与归蒿莱。

虢州南池候严中丞不至

（唐·岑参）

池上日相待，知君殊未回。徒教柳叶长，漫使梨花开。

驷马去不见，双鱼空往来。思想不解说，孤负舟中杯。

河西春暮忆秦中

（唐·岑参）

渭北春已老，河西人未归。边城细草出，客馆梨花飞。

别后乡梦数，昨来家信稀。凉州三月半，犹未脱寒衣。

送杨子

（唐·岑参）

斗酒渭城边，垆头耐醉眠。梨花千树雪，杨叶万条烟。

惜别添壶酒，临岐赠马鞭。看君颍上去，新月到家圆。

送颜韶（得飞字）

（唐·岑参）

迁客犹未老，圣朝今复归。一从襄阳住，几度梨花飞。

世事了可见，怜君人亦稀。相逢贪醉卧，未得作春衣。

登凉州尹台寺

（唐·岑参）

胡地三月半，梨花今始开。因从老僧饭，更上夫人台。

清唱云不去，弹弦风飒来。应须一倒载，还似山公回。

送魏四落第还乡

（唐·岑参）

东归不称意，客舍戴胜鸣。腊酒饮未尽，春衫缝已成。

长安柳枝春欲来，洛阳梨花在前开。魏侯池馆今尚在，犹有太师歌舞台。

君家盛德岂徒然，时人注意在吾贤。莫令别后无佳句，只向垆头空醉眠。

梨花下赠刘师命

（唐·韩愈）

洛阳城外清明节，百花寥落梨花发。今日相逢瘴海头，共惊烂漫开正月。

闻梨花发赠刘师命

（唐·韩愈）

桃溪惆怅不能过，红艳纷纷落地多。闻道郭西千树雪，欲将君去醉如何。

李花二首

（唐·韩愈）

平旦入西园，梨花数株若矜夸。旁有一株李，颜色惨惨似含嗟。

问之不肯道所以，独绕百匝至日斜。忽忆前时经此树，正见芳意初萌牙。

奈何趁酒不省录，不见玉枝攒霜葩。泫然为汝下雨泪，无由反袂义和车。

东风来吹不解颜，苍茫夜气生相遮。冰盘夏荐碧实脆，斥去不御惭其花。

当春天地争奢华，洛阳园苑尤纷挐。谁将平地万堆雪，剪刻作此连天花。

日光赤色照未好，明月暂入都交加。夜领张彻投卢仝，乘云共至玉皇家。

长姬香御四罗列，缟裙练帨无等差。静濯明妆有所奉，顾我未肯置齿牙。

清寒莹骨肝胆醒，一生思虑无由邪。

寒食日出游

（唐·韩愈）

李花初发君始病，我往看君花转盛。走马城西惆怅归，不忍千株雪相映。

迩来又见桃与梨，交开红白如争竞。可怜物色阻携手，空展霜缣吟九咏。

纷纷落尽泥与尘，不共新妆比端正。桐华最晚今已繁，君不强起时难更。
关山远别固其理，寸步难见始知命。忆昔与君同贬官，夜渡洞庭看斗柄。
岂料生还得一处，引袖拭泪悲且庆。各言生死两追随，直置心亲无貌敬。
念君又署南荒吏，路指鬼门幽且夐。三公尽是知音人，曷不荐贤陛下圣。
囊空瓢倒谁救之，我今一食日还并。自然忧气损天和，安得康强保天性。
断鹤两翅鸣何哀，絷骥四足气空横。今朝寒食行野外，绿杨匝岸蒲生迸。
宋玉庭边不见人，轻浪参差鱼动镜。自嗟孤贱足瑕疵，特见放纵荷宽政。
饮酒宁嫌盏底深，题诗尚倚笔锋劲。明宵故欲相就醉，有月莫愁当火令。

寒食日怀寄友人

（唐·齐己）

万井追寒食，闲扉独不开。梨花应折尽，柳絮自飞来。
梦觉怀仙岛，吟行绕砌苔。浮生已悟了，时节任相催。

题梨花睡鸭图

（唐·顾况）

昔年家住太湖西，常过吴兴罨画溪。水阁筠帘春似海，梨花影里睡凫鹥。

棠梨墓歌

（唐·王翰）

棠梨花白春似雪，棠梨叶赤秋如血。
春来秋去棠梨枝，长夜漫漫几时彻。
明月照青镜，香雾绾翠鬟。
草寒虫唧唧，花落莺关关。
青灯耿玄掞，黄土埋红颜。
杨柳楼头红粉歌，舞罢春风敛翠娥。
莫厌樽前金叵罗，君看冈头窣堵坡。

寒食山馆书情

（唐·来鹄）

独把一杯山馆中，每经时节恨飘蓬。侵阶草色连朝雨，满地梨花昨夜风。
蜀魄啼来春寂寞，楚魂吟后月朦胧。分明记得还家梦，徐孺宅前湖水东。

渭城少年行

（唐·崔颢）

洛阳三月梨花飞，秦地行人春忆归。扬鞭走马城南陌，朝逢驿使秦川客。
驿使前日发章台，传道长安春早来。棠梨宫中燕初至，葡萄馆里花正开。
念此使人归更早，三月便达长安道。长安道上春可怜，摇风荡日曲江边。
万户楼台临渭水，五陵花柳满秦川。秦川寒食盛繁华，游子春来不见家。
斗鸡下杜尘初合，走马章台日半斜。章台帝城称贵里，青楼日晚歌钟起。
贵里豪家白马骄，五陵年少不相饶。双双挟弹来金市，两两鸣鞭上渭桥。
渭城桥头酒新熟，金鞍白马谁家宿。可怜锦瑟筝琵琶，玉壶清酒就倡家。
小妇春来不解羞，娇歌一曲杨柳花。

忆孟浩然

（唐·唐彦谦）

郊外凌兢西复东，雪晴驴背兴无穷。句搜明月梨花内，趣入春风柳絮中。

春　怨

（唐·刘方平）

纱窗日落渐黄昏，金屋无人见泪痕。寂寞空庭春欲晚，梨花满地不开门。

菩萨蛮·满宫明月梨花白

（唐·温庭筠）

满宫明月梨花白，故人万里关山隔。金雁一双飞，泪痕沾绣衣。
小园芳草绿，家住越溪曲。杨柳色依依，燕归君不归？

鄠杜郊居

（唐·温庭筠）

槿篱芳援近樵家，垄麦青青一径斜。寂寞游人寒食后，夜来风雨送梨花。

太子西池二首（一作齐梁体）

（唐·温庭筠）

梨花雪压枝，莺啭柳如丝。懒逐妆成晚，春融梦觉迟。
鬓轻全作影，嚬浅未成眉。莫信张公子，窗间断暗期。
花红兰紫茎，愁草雨新晴。柳占三春色，莺偷百鸟声。
日长嫌辇重，风暖觉衣轻。薄暮香尘起，长杨落照明。

送 人

（唐·左偓）

一茎两茎华发生，千枝万枝梨花白。春色江南独未归，今朝又送还乡客。

以庭前海棠梨花一枝寄李十九员外

（唐·韩偓）

二月春风澹荡时，旅人虚对海棠梨。不如寄与星郎去，想得朝回正画眉。

意 绪

（唐·韩偓）

绝代佳人何寂寞，梨花未发梅花落。东风吹雨入西园，银线千条度虚阁。
脸粉难匀蜀酒浓，口脂易印吴绫薄。娇饶意态不胜羞，愿倚郎肩永相著。

青 春

（唐·韩偓）

眼意心期卒未休，暗中终拟约秦楼。光阴负我难相遇，情绪牵人不自由。
遥夜定嫌香蔽膝，闷时应弄玉搔头。樱桃花谢梨花发，肠断青春两处愁。

水调词十首·其三

（唐·陈陶）

忆饯良人玉塞行，梨花三见换啼莺。边场岂得胜闺阁，莫遣雕弓过一生。

下第退居二首

（唐·郑谷）

年来还未上丹梯，且著渔蓑谢故溪。落尽梨花春又了，破篱残雨晚莺啼。
未尝青杏出长安，豪士应疑怕牡丹。只有退耕耕不得，茫然村落水吹残。

菩萨蛮·翠翘金缕双鸂鶒

（唐·温庭筠）

翠翘金缕双鸂鶒，水纹细起春池碧。池上海棠梨，雨晴红满枝。
绣衫遮笑靥，烟草粘飞蝶。青琐对芳菲，玉关音信稀。

旅寓洛南村舍

（唐·郑谷）

村落清明近，秋千稚女夸。春阴妨柳絮，月黑见梨花。

白鸟窥鱼网，青帘认酒家。幽栖虽自适，交友在京华。

题苏仙宅枯松

（唐·李涉）

几年苍翠在仙家，一旦枝枯类海槎。不如酸涩棠梨树，却占高城独放花。

相和歌辞·怨诗二首·其二

（唐·薛奇童）

禁苑春风起，流莺绕合欢。玉窗通日气，珠箔卷轻寒。

杨叶垂金砌，梨花入井栏。君王好长袖，新作舞衣宽。

追咏棠梨花十韵

（唐·吴融）

蜀地从来胜，棠梨第一花。更应无软弱，别自有妍华。

不贵绡为雾，难降绮作霞。移须归紫府，驻合饵丹砂。

梨 花

（唐·温宪）

绿阴寒食晚，犹自满空园。雨歇芳菲白，蜂稀寂寞繁。

一枝横野路，数树出江村。怅望频回首，何人共酒尊。

对梨花赠皇甫秀才

（唐·韦庄）

林上梨花雪压枝，独攀琼艳不胜悲。依前此地逢君处，还是去年今日时。

且恋残阳留绮席，莫推红袖诉金卮。腾腾战鼓正多事，须信明朝难重持。

清平乐·其一

（唐·韦庄）

春愁南陌，故国音书隔。细雨霏霏梨花白，燕拂画帘金额。

尽日相望王孙，尘满衣上泪痕。谁向桥边吹笛，驻马西望销魂。

寄园林主人

（唐·韦庄）

主人常不在，春物为谁开。桃艳红将落，梨华雪又摧。

晓莺闲自啭，游客暮空回。尚有馀芳在，犹堪载酒来。

清平乐·琐窗春暮

（唐·韦庄）

琐窗春暮，满地梨花雨。君不归来情又去，红泪散沾金缕。

梦魂飞断烟波，伤心不奈春何。空把金针独坐，鸳鸯愁绣又窠。

左掖梨花

（唐·丘为）

冷艳全欺雪，余香乍入衣。春风且莫定，吹向玉阶飞。

同乐天和微之深春二十首·其十七

（唐·刘禹锡）

何处深春好，春深兰若家。当香收柏叶，养蜜近梨花。

野径宜行乐，游人尽驻车。菜园篱落短，遥见桔槔斜。

春日寄杨八唐州二首·其二

（唐·刘禹锡）

漠漠淮上春，芳苗生故垒。

梨花方城路，荻笋萧陂水。

高斋有谪仙，坐啸清风起。

乐府杂词三首

（唐·刘言史）

紫禁梨花飞雪毛，春风丝管翠楼高。城里万家闻不见，君王试舞郑樱桃。

蝉鬓红冠粉黛轻，云和新教羽衣成。月光如雪金阶上，迸却颇梨义甲声。

不耐檐前红槿枝，薄妆春寝觉仍迟。梦中无限风流事，夫婿多情亦未知。

春闺

（唐·罗邺）

愁坐兰闺日过迟，卷帘巢燕羡双飞。管弦楼上春应在，杨柳桥边人未归。

玉笛岂能留舞态，金河犹自浣戎衣。梨花满院东风急，惆怅无言倚锦机。

左掖梨花

（唐·王维）

闲洒阶边草，轻随箔外风。黄莺弄不足，衔入未央宫。

春日上方即事

（唐·王维）

好读高僧传，时看辟谷方。鸠形将刻杖，龟壳用支床。
柳色青山映，梨花夕鸟藏。北窗桃李下，闲坐但焚香。

左掖梨花

（唐·武元衡）

巧笑解迎人，晴雪香堪惜。随风蝶影翻，误点朝衣赤。

与崔十五同访裴校书不遇

（唐·武元衡）

梨花落尽柳花时，庭树流莺日过迟。几度相思不相见，春风何处有佳期。

送田三端公还鄂州

（唐·武元衡）

孤云迢遰恋沧洲，劝酒梨花对白头。南陌送归车骑合，东城怨别管弦愁。
青油幕里人如玉，黄鹤楼中月并钩。君去庚公应借问，驰心千里大江流。

梨 花

（唐·钱起）

艳静如笼月，香寒未逐风。桃花徒照地，终被笑妖红。

下第题长安客舍

（唐·钱起）

不遂青云望，愁看黄鸟飞。梨花度寒食，客子未春衣。
世事随时变，交情与我违。空馀主人柳，相见却依依。

杂曲歌辞·其三·宫中乐

（唐·令狐楚）

柳色烟相似，梨花雪不如。春风真有意，一一丽皇居。

和王给事（一本有维字）禁省梨花咏

（唐·皇甫冉）

巧解逢人笑，还能乱蝶飞。春时风入户，几片落朝衣。

相和歌辞·长门怨

（唐·刘长卿）

何事长门闭，珠帘只自垂。月移深殿早，春向后宫迟。
蕙草生闲地，梨花发旧枝。芳菲自恩幸，看却被风吹。

相和歌辞·婕妤怨

（唐·王沈）

长信梨花暗欲栖，应门上籥草萋萋。春风吹花乱扑户，班倢车声不至啼。

送元使君自楚移越

（唐·刘商）

露冕行春向若耶，野人怀惠欲移家。东风二月淮阴郡，唯见棠梨一树花。

玩　花

（唐·徐凝）

一树梨花春向暮，雪枝残处怨风来。明朝渐校无多去，看到黄昏不欲回。

河南府试十二月乐词·三月

（唐·李贺）

东方风来满眼春，花城柳暗愁杀人。复宫深殿竹风起，新翠舞衿净如水。
光风转蕙百馀里，暖雾驱云扑天地。军装宫妓扫蛾浅，摇摇锦旗夹城暖。
曲水漂香去不归，梨花落尽成秋苑。

过柳溪道院

（唐·戴叔伦）

溪上谁家掩竹扉，鸟啼浑似惜春晖。日斜深巷无人迹，时见梨花片片飞。

春　怨

（唐·戴叔伦）

金鸭香消欲断魂，梨花春雨掩重门。欲知别后相思意，回看罗衣积泪痕。

遣兴十首（节选）

（唐·元稹）

始见梨花房，坐对梨花白。行看梨叶青，已复梨叶赤。

严霜九月半，危蒂几时客。况有高高原，秋风四来迫。

寒食夜

（唐·元稹）

红染桃花雪压梨，玲珑鸡子斗赢时。今年不是明寒食，暗地秋千别有期。

白衣裳

（唐·元稹）

雨湿轻尘隔院香，玉人初著白衣裳。半含惆怅闲看绣，一朵梨花压象床。

使东川·江花落

（唐·元稹）

日暮嘉陵江水东，梨花万片逐江风。江花何处最肠断，半落江流半在空。

离 思

（唐·元稹）

寻常百种花齐发，偏摘梨花与白人。今日江头两三树，可怜和叶度残春。

村花晚（庚寅）

（唐·元稹）

三春已暮桃李伤，棠梨花白蔓菁黄。

村中女儿争摘将，插刺头鬟相夸张。

田翁蚕老迷臭香，晒暴奄聂熏衣裳。

非无后秀与孤芳，奈尔千株万顷之茫茫。

天公此意何可量，长教尔辈时节长。

春暮思平泉杂咏二十首·望伊川

（唐·李德裕）

远村寒食后，细雨度川来。芳草连谿合，梨花映墅开。

槿篱悬落照，松径长新苔。向夕亭皋望，游禽几处回。

梦好梨花歌

（唐·王建）

薄薄落落雾不分，梦中唤作梨花云。瑶池水光蓬莱雪，青叶白花相次发。

不从地上生枝柯，合在天头绕宫阙。天风微微吹不破，白艳却愁香浣露。

玉房绿女齐看来，错认仙山鹤飞过。落花散粉飘满空，梨花颜色同不同。

眼穿臂短取不得，取得亦如从梦中。无人为我解此梦，梨花一曲心珍重。

寄　远

（唐·陆龟蒙）

缥梨花谢莺口吃，黄犊少年人未归。画扇红弦相掩映，独看斜月下帘衣。

梦挽秦弄玉

（唐·沈亚之）

泣葬一枝红，生同死不同。金钿坠芳草，香绣满春风。

旧日闻箫处，高楼当月中。梨花寒食夜，深闭翠微宫。

白纻辞二首

（唐·崔国辅）

洛阳梨花落如霰，河阳桃叶生复齐。坐惜玉楼春欲尽，红绵粉絮裹妆啼。

董贤女弟在椒风，窈窕繁华贵后宫。璧带金釭皆翡翠，一朝零落变成空。

巫山一段云

（唐·李晔）

缥缈云间质，盈盈波上身。袖罗斜举动埃尘，明艳不胜春。

翠鬓晚妆烟重，寂寂阳台一梦。冰眸莲脸见长新，巫峡更何人。

蝶舞梨园雪，莺啼柳带烟。小池残日艳阳天，苎萝山又山。

青鸟不来愁绝，忍看鸳鸯双结。春风一等少年心，闲情恨不禁。

春词二首

（唐·张琰）

垂柳鸣黄鹂，关关若求友。春情不可耐，愁杀闺中妇。

日暮登高楼，谁怜小垂手。昨日桃花飞，今朝梨花吐。

春色能几时，那堪此愁绪。荡子游不归，春来泪如雨。

棠梨花和李太尉

（唐·薛涛）

吴钧蕙圃移嘉木，正及东溪春雨时。日晚莺啼何所为，浅深红腻压繁枝。

赠别褚山人

（唐·高适）

携手赠将行，山人道姓名。光阴蓟子训，才术褚先生。

墙上梨花白，尊中桂酒清。洛阳无二价，犹是慕风声。

杂诗·旧山虽在不关身

（唐·佚名）

旧山虽在不关身，且向长安过暮春。一树梨花一溪月，不知今夜属何人？

一片子

（唐·佚名）

柳色青山映，梨花雪鸟藏。绿窗桃李下，闲坐叹春芳。

菩萨蛮·梨花满院飘香雪

（五代·毛熙震）

梨花满院飘香雪，高楼夜静风筝咽。斜月照帘帷，忆君和梦稀。

小窗灯影背，燕语惊愁态。屏掩断香飞，行云山外归。

东栏梨花

（宋·苏轼）

梨花淡白柳深青，柳絮飞时花满城。惆怅东栏一株雪，人生看得几清明。

寒食夜

（宋·苏轼）

漏声透入碧窗纱，人静秋千影半斜。沉麝不烧金鸭冷，淡云笼月照梨花。

木兰花令（次马中玉韵）

（宋·苏轼）

知君仙骨无寒暑。千载相逢犹旦暮。故将别语恼佳人，要看梨花枝上雨。

落花已逐回风去。花本无心莺自诉。明朝归路下塘西，不见莺啼花落处。

玉楼春·风前欲劝春光住

（宋·辛弃疾）

风前欲劝春光住。春在城南芳草路。未随流落水边花，且作飘零泥上絮。

镜中已觉星星误。人不负春春自负。梦回人远许多愁，只在梨花风雨处。

棠 梨

（宋·赵鼎臣）

晓驱羸马日将中，眼饱何曾念腹空。可是爱花狂不彻，棠梨树下觅残红。

柳梢青·数声鹈鴂

（宋·蔡伸）

数声鹈鴂。可怜又是，春归时节。满院东风，海棠铺绣，梨花飘雪。

丁香露泣残枝，算未比、愁肠寸结。自是休文，多情多感，不干风月。

卜算子

（宋·韩玉）

杨柳绿成阴，初过寒食节。门掩金铺独自眠，那更逢寒夜。

强起立东风，惨惨梨花谢。何事王孙不早归，寂寞秋千月。

曲游春·清明湖上

（宋·施岳）

画舸西泠路，占柳阴花影，芳意如织。小楫冲波，度翩尘扇底，粉香帘隙。岸转斜阳隔。又过尽、别船箫笛。傍断桥、翠绕红围，相对半篙晴色。

顷刻。千山暮碧。向沽酒楼前，犹击金勒。乘月归来，正梨花夜缟，海棠烟幂。院宇明寒食。醉乍醒、一庭春寂。任满身、露湿东风，欲眠未得。

生查子·金鞭美少年

（宋·晏几道）

金鞭美少年，去跃青骢马。牵系玉楼人，绣被春寒夜。

消息未归来，寒食梨花谢。无处说相思，背面秋千下。

鹧鸪天·一醉醒来春又残

（宋·晏几道）

一醉醒来春又残。野棠梨雨泪阑干。玉笙声里鸾空怨，罗幕香中燕未还。

终易散，且长闲。莫教离恨损朱颜。谁堪共展鸳鸯锦，同过西楼此夜寒。

菩萨蛮（政和壬辰东都作）

（宋·张元干）

黄莺啼破纱窗晓。兰缸一点窥人小。春浅锦屏寒。麝煤金博山。

梦回无处觅。细雨梨花湿。正是踏青时。眼前偏少伊。

宫　词

（宋·王珪）

临明一阵梨花雨，梦隔珊瑚斗帐明。后苑乐声催引驾，春衫初试觉身轻。

无题二首

（宋·王周）

冰雪肌肤力不胜，落花飞絮绕风亭。不知何事秋千下，蹙破愁眉两点青。

梨花如雪已相迷，更被惊乌半夜啼。帘卷玉楼人寂寂，一钩新月未沈西。

无题·油壁香车不再逢

（宋·晏殊）

油壁香车不再逢，峡云无迹任西东。梨花院落溶溶月，柳絮池塘淡淡风。

几日寂寥伤酒后，一番萧瑟禁烟中。鱼书欲寄何由达，水远山长处处同。

破阵子·春景

（宋·晏殊）

燕子来时新社，梨花落后清明。

池上碧苔三四点，叶底黄鹂一两声。日长飞絮轻。

巧笑东邻女伴，采桑径里逢迎。

疑怪昨宵春梦好，元是今朝斗草赢。笑从双脸生。

采桑子

（宋·晏殊）

樱桃谢了梨花发，红白相催。燕子归来。几处风帘绣户开。

人生乐事知多少，且酌金杯。管咽弦哀。慢引萧娘舞袖回。

生查子

（宋·向子諲）

春山和恨长，秋水无言度。脉脉复盈盈，几点梨花雨。

深深一段愁，寂寂无行路。推去又还来，没个遮拦处。

鹧鸪天

（宋·向子諲）

几处秋千懒未收。花梢柳外出纤柔。霞衣轻举疑奔月，宝髻欹倾若坠楼。

争缥缈，斗风流。蜂儿蛱蝶共嬉游。朝朝暮暮春风里，落尽梨花未肯休。

浣溪沙（留别）

（宋·刘过）

着意寻芳已自迟。可堪容易送春归。酒阑无奈思依依。

杨柳小桥人远别，梨花深巷月斜辉，此情惟我与君知。

六么令·京中清明

（宋·李琳）

淡烟疏雨，香径渺啼鴂。新晴画帘闲卷，燕外寒犹力。

依约天涯芳草，染得春风碧。人间陈迹？斜阳今古，几缕游丝趁飞蝶。

柳向尊前起舞，又觉春如客。翠袖折取嫣红，笑与簪华发。

回首青山一点，檐外寒云叠。梨花淡白，柳花飞絮，梦绕阑干一株雪。

压沙寺梨花

（宋·黄庭坚）

压沙寺后千株雪，长乐坊前十里香。寄语春风莫吹尽，夜深留与雪争光。

次韵梨花

（宋·黄庭坚）

桃花人面各相红，不及天然玉作容。总向风尘尘莫染，轻轻笼月倚墙东。

次韵晋之五丈赏压沙寺梨花

（宋·黄庭坚）

沙头十日春，当日谁手种。风飘香未改，雪压枝自重。

看花思食实，知味少人共。霜降百工休，把酒约宽纵。

南歌子·槐绿低窗暗

（宋·黄庭坚）

槐绿低窗暗，榴红照眼明。玉人邀我少留行。

无奈一帆烟雨、画船轻。柳叶随歌皱，梨花与泪倾。

别时不似见时情。今夜月明江上、酒初醒。

调笑歌

（宋·黄庭坚）

中原胡马尘。方士归来说风度。梨花一枝春带雨。

分钗半钿愁杀人，上皇倚阑独无语。

无语。恨如许。方士归时肠断处。

梨花一枝春带雨。半钿分钗亲付。

天长地久相思苦。渺渺鲸波无路。

梨 花

（宋·陆游）

嘉陵江色嫩如蓝，凤集山光照马衔。杨柳梨花迎客处，至今时梦到城南。

梨 花

（宋·陆游）

粉淡香清自一家，未容桃李占年华。常思南郑清明路，醉袖迎风雪一杈。

梨 花

（宋·陆游）

开向春残不恨迟，绿杨窣地最相宜。征西幕府煎茶地，一幅边鸾画折枝。

闻武均州报已复西京

（宋·陆游）

白发将军亦壮哉，西京昨夜捷书来。胡儿敢作千年计，天意宁知一日回。

列圣仁恩深雨露，中兴赦令疾风雷。悬知寒食朝陵使，驿路梨花处处开。

二月二十四日作

（宋·陆游））

棠梨花开社酒浓，南村北村鼓冬冬。且祈麦熟得饱饭，敢说谷贱复伤农。

崖州万里窜酷吏，湖南几时起卧龙？但愿诸贤集廊庙，书生穷死胜侯封。

寒 食

（宋·赵鼎）

寂寂柴门村落里，也教插柳记年华。禁烟不到粤人国，上冢亦携庞老家。

汉寝唐陵无麦饭，山溪野径有梨花。一樽径籍青苔卧，莫管城头奏暮笳。

又寒食日见紫荆花有怀三馆

（宋·项安世）

东君老去梨花白，绯桃占断春颜色。剩红分付紫荆枝，回首千花尽陈迹。
汗青庭外曲池滨，忆昔攒葩绕树深。不解花枝缘底事，也来江上看閒人。

临江仙

（宋·周紫芝）

水远山长何处去，欲行人似孤云。十分瘦损沈休文。

忍将秋水镜，容易与君分。试问梨花枝上雨，为谁弹满清尊。

一江风月黯离魂。平波催短棹，小立送黄昏。

和太素春书

（宋·田锡）

风幡轻细翠悠飏，楼阁轻寒水满塘。柳絮微烟吟思足，梨花淡月睡魂香。
江山似画怜湘浦。鱼笋尝新忆华阳。早是春阴已无赖，可堪中酒恶情肠。

忆王孙·春词

（宋·李重元）

萋萋芳草忆王孙。柳外楼高空断魂。

杜宇声声不忍闻。欲黄昏。雨打梨花深闭门。

乌夜啼

（宋·程垓）

杨柳拖烟漠漠，梨花浸月溶溶。吹香院落春还尽，憔悴立东风。
只道芳时易见，谁知密约难通。芳园绕遍无人问，独自拾残红。

生查子

（宋·朱淑真）

寒食不多时，几日东风恶。无绪倦寻芳，闲却秋千索。
玉减翠裙交，病怯罗衣薄。不忍卷帘看，寂寞梨花落。

梨 花

（宋·朱淑真）

朝来带雨一枝春，薄薄香罗蘸蕊匀。冷艳未饶梅共色，靓妆长与月为邻。
许同蝶梦还如蝶，似替人愁却笑人。须到年年寒食夜，情怀为你倍伤神。

恨春五首·其五

（宋·朱淑真）

一篆烟消系臂香，闲看书册就牙床。莺声舟舟来深院，柳色阴阴暗画墙。
眼底落红千万点，脸边新泪两三行。梨花细雨黄昏后，不是愁人也断肠。

春 霁

（宋·朱淑真）

淡淡轻寒雨后天，柳丝无力妥残烟。弄晴莺舌于中巧，著雨花枝分外妍。
消破旧愁凭酒盏，去除新恨赖诗篇。年年来到梨花日，瘦不胜衣怯杜鹃。

月华清（梨花）

（宋·朱淑真）

雪压庭春，香浮花月，揽衣还怯单薄。
欹枕裴回，又听一声干鹊。
粉泪共、宿雨阑干，清梦与、寒云寂寞。
除却，是江梅曾许，诗人吟作。
长恨晓风漂泊，且莫遣香肌，瘦减如削。
深杏夭桃，端的为谁零落。
况天气、妆点清明，对美景、不妨行乐。
拌著，向花时取，一杯独酌。

蝶恋花（代送李状元）

（宋·邓肃）

执手长亭无一语。泪眼汪汪，滴下阳关句。
牵马欲行还复住。春风吹断梨花雨。
海角三千千叠路。归侍玉皇，那复回头顾。
旌旆已因风月驻。何妨醉过清明去。

真珠帘（梨花）

（宋·张炎）

绿房几夜迎清晓，光摇动、素月溶溶如水。
惆怅一株寒，记东阑闲倚。
近日花边无旧雨，便寂寞、何曾吹泪。
烛外。

漫羞得红妆，而今犹睡。

琪树皎立风前，万尘空、独把飘然清气。

雅淡不成娇，拥玲珑春意。

落寞云深诗梦浅，但一似、唐昌宫里。

元是。

是分明错认，当时玉蕊。

朝中措·清明时节
（宋·张炎）

清明时节雨声哗。潮拥渡头沙。翻被梨花冷看，人生苦恋天涯。

燕帘莺户，云窗雾阁，酒醒啼鸦。折得一枝杨柳，归来插向谁家。

柳梢青·一夜凝寒（清明夜雪）
（宋·张炎）

一夜凝寒，忽成琼树，换却繁华。因甚春深，片红不到，绿水人家。

眼惊白昼天涯。空望断、尘香钿车。独立回风，不阑惆怅，莫是梨花。

鹧鸪天·楼上谁将玉笛吹
（宋·张炎）

楼上谁将玉笛吹？山前水阔暝云低。劳劳燕子人千里，落落梨花雨一枝。

修禊近，卖饧时。故乡惟有梦相随。夜来折得江头柳，不是苏堤也皱眉。

浣溪沙·小院闲窗春色深
（宋·李清照）

小院闲窗春已深。重帘未卷影沉沉。倚楼无语理瑶琴。

远岫出云催薄暮，细风吹雨弄轻阴。梨花欲谢恐难禁。

怨王孙·春暮（帝里春晚）
（宋·李清照）

帝里春晚。重门深院。草绿阶前，暮天雁断。

楼上远信谁传。恨绵绵。

多情自是多沾惹。难拚舍又是寒食也。

秋千巷陌，人静皎月初斜。浸梨花。

玉楼春（赋梨花）

（宋·史达祖）

玉容寂寞谁为主。寒食心情愁几许。前身清澹似梅妆，遥夜依微留月佳。

香迷胡蝶飞时路。雪在秋千来往处。黄昏著了素衣裳，深闭重门听夜雨。

金盏子

（宋·史达祖）

奖绿催红，仰一番膏雨，始张春色。

未踏画桥烟，江南岸、应是草秾花密。

尚忆溅裙苹溪，觉诗愁相觅。

光风外，除是倩莺烦燕，谩通消息。

梨花夜来白。

相思梦、空兰一林。

月深深柳枝巷陌，难重遇、弓弯两袖云碧。

见说倦理秦筝，怯春葱无力。

空遣恨，当时留字。

秀句，苍苔蠹壁。

菩萨蛮（夜景）

（宋·史达祖）

梨花不碍东城月。月明照见空兰雪。雪底夜香微。褰帘拜月归。

锦衾幽梦短。明日南堂宴。宴罢小楼台。春风来不来。

怨王孙（春情）

（宋·姚宽）

毵毵杨柳绿初低。澹澹梨花开未齐。

楼上情人听马嘶。忆郎归。细雨春风湿酒旗。

宿柳池松风亭

（宋·李曾伯）

轧轧肩舆上剑门，春和身健快於奔。风翻红雨摧芳信，山带青烟入烧痕。

邻略物华无好句，破除旅思有清樽。高人喜与松风接，莫遣梨花到梦魂。

南歌子

（宋·赵长卿）

梅萼和霜晓，梨花带雪春。玉肌琼艳本无尘。

肯把铅华容易、污天真。汤饼尝初罢，罗巾拭转新。

几回贪耍失黄昏。月里归来无处、觅精神。

浣溪沙

（宋·赵长卿）

画角声沈卷暮霞。寒生促索锦屏遮。沈檀半爇髻堆鸦。

蝴蝶梦回余烛影，子规啼处隔窗纱。夜深明月浸梨花。

踏莎行

（宋·洪迈）

院落深沉，池塘寂静。帘钩卷上梨花影。

宝筝拈得雁难寻，篆香消尽山空冷。

钗凤斜欹，鬓蝉不整。残红立褪慵看镜。

杜鹃啼月一声声，等闲又是三春尽。

清 明

（宋·陈与义）

雨晴闲步涧边沙，行入荒林闻乱鸦。寒食清明惊客意，暖风迟日醉梨花。

书生投老王官谷，壮士偷生漂母家。不用秋千与蹴踘，只将诗句答年华。

春 阴

（宋·林逋）

似雨非晴意思深，宿酲牵引卧春阴。苦怜燕子寒相并，生怕梨花晚不禁。

薄薄帘帏欺欲透，遥遥歌管压来沉。北园南陌狂无数，只有芳菲会此心。

蝶恋花

（宋·彭元逊）

微雨烧香余润气，新绿愔愔，乳燕相依睡。

无复卷帘知客意，杨花更欲因风起。

旧梦苍茫云海际。强作欢娱，不觉当年似。

曾笑浮花并浪蕊。如今更惜棠梨子。

鹧鸪天（雪）

（宋·韩元吉）

山绕江城腊又残。朔风垂地雪成团。

莫将带雨梨花认，且作临风柳絮看。

烟杳渺，路弥漫。千林犹待月争寒。

凭君细酌羔儿酒，倚遍琼楼十二阑。

神童诗·节选

（宋·王洙）

院落沉沉晓，花开白雪香。一枝轻带雨，泪湿贵妃妆。

碧 瓦

（宋·范成大）

碧瓦楼头绣模遮，赤栏桥外绿溪斜。无风杨柳漫天絮，不雨棠梨满地花。

如梦令·道是梨花不是

（宋·严蕊）

道是梨花不是。道是杏花不是。白白与红红，别是东风情味。

曾记，曾记，人在武陵微醉。

春光好（立道生日作）

（宋·葛立方）

去年曾寿生朝。正黄菊、初舒翠翘。

今岁雕堂重预宴，梨雪香飘。

是时梨花盛开。明年应傍丹霄。

看宝胯、重重在腰。鹊尾吹香笼绣段，且醉金蕉。

解蹀躞·醉云又兼醒雨

（宋·吴文英）

醉云又兼醒雨，楚梦时来往。

倦蜂刚著梨花、惹游荡。

还作一段相思，冷波叶舞愁红，送人双桨。

暗凝想。

情共天涯秋黯，朱桥锁深巷。

会稀投得轻分、顿惘怅。

此去幽曲谁来，可怜残照西风，半妆楼上。

西江月·赋瑶圃青梅枝上晚花

（宋·吴文英）

枝褭一痕雪在，叶藏几豆春浓。玉奴最晚嫁东风。来结梨花幽梦。

香力添熏罗被，瘦肌犹怯冰绡。绿阴青子老溪桥。羞见东邻娇小。

菩萨蛮（中吕宫）

（宋·张先）

闻人语著仙卿字。瞋情恨意还须喜。何况草长时。

酒前频共伊。娇香堆宝帐。月到梨花上。心事两人知。掩灯罗幕垂。

相思儿令（中吕宫）

（宋·张先）

春去几时还。问桃李无言。燕子归栖风紧，梨雪乱西园。

犹有月婵娟。似人人、难近如天。愿教清影长相见，更乞取长圆。

浪淘沙

（宋·陈三聘）

风雨晚春天。芳兴慵惺。浅红稠绿园间。独有梨花三四朵，留住春寒。

年少跃金鞍。咫尺关山。倦飞如我已知还。洒向东风千点泪，衣上重看。

水龙吟·梨花

（宋·周邦彦）

素肌应怯余寒，艳阳占立青芜地。樊川照日，灵关遮路，残红敛避。传火楼台，妒花风雨，长门深闭。亚帘栊半湿，一枝在手，偏勾引、黄昏泪。

别有风前月底。布繁英、满园歌吹。朱铅退尽，潘妃却酒，昭君乍起。雪浪翻空，粉裳缟夜，不成春意。恨玉容不见，琼英谩好，与何人比。

浪淘沙慢·晓阴重

（宋·周邦彦）

晓阴重，霜凋岸草，雾隐城堞。南陌脂车待发，东门帐饮乍阕。正拂面、垂杨堪揽结。掩红泪、玉手亲折。念汉浦、离鸿去何许？经时信音绝。

情切，望中地远天阔。向露冷风清，无人处，耿耿寒漏咽。嗟万事难忘，惟是轻别。翠尊未竭，凭断云、留取西楼残月。罗带光消纹衾叠，连环解、旧香顿歇。怨歌永、琼壶敲尽缺。恨春去、不与人期，弄夜色、空馀满地梨花雪。

点绛唇（雪香梨）

（宋·王十朋）

春色融融，东风吹散花千树。雪香飘处。寒食江村暮。

左掖看花，多少词人赋。花无语。一枝春雨。惟有香山句。

水龙吟（次清真梨花韵）

（宋·楼夫）

素娥洗尽繁妆，夜深步月秋千地。

轻腮晕玉，柔肌笼粉，缁尘敛避。

霁雪留香，晓云同梦，昭阳宫闭。

怅仙园路杳，曲栏人寂，疏雨湿、盈盈泪。

阮郎归（梨花）

（宋·赵文）

冰肌玉骨淡裳衣。素云翠枝。一生不晓摘仙诗。

雪香应自知。微雨後，禁烟时，洗妆君莫迟。

东风不解惜妍姿。吹成蝴蝶飞。

平甫放三十二鸥于吴松余不及与盟

（宋·姜夔）

桥下松陵绿浪横，来迟不与白鸥盟。知君久对青山立，飞尽梨花好句成。

寒食上冢

（宋·杨万里）

迳直夫何细！桥危可免扶？远山枫外淡，破屋麦边孤。

宿草春风又，新阡去岁无。梨花自寒食，进节只愁余。

清明杲饮

（宋·杨万里）

南溪春酒碧於江，北地鹅梨白似霜。颓却老人山作王，更加食邑醉为乡。

春光如许天何负，雨点殊疏鹭不妨。绝爱杞萌如紫蕨，为烹茗碗洗诗肠。

千叶红梨花

（宋·欧阳修）

红梨千叶爱者谁，白发郎官心好奇。徘徊绕树不忍折，一日千匝看无时。

夷陵寂寞千山里，地远气偏红节异。愁烟苦雾少芳菲，野卉蛮花斗红紫。

可怜此树生此处，高枝绝艳无人顾。春风吹落复吹开，山鸟飞来自飞去。

根盘树老几经春，真赏今才遇使君。风轻绛雪樽前舞，日暖繁香露下闻。

从来奇物产天涯，安得移根植帝家。犹胜张骞为汉使，辛勤西域徒榴花。

玉楼春·去时梅萼初凝粉

（宋·欧阳修）

去时梅萼初凝粉。不觉小桃风力损。梨花最晚又凋零，何事归期无定准。

阑干倚遍重来凭。泪粉偷将红袖印。蜘蛛喜鹊误人多，似此无凭安足信。

蝶恋花·面旋落花风荡漾

（宋·欧阳修）

面旋落花风荡漾。柳重烟深，雪絮飞来往。

雨后轻寒犹未放。春愁酒病成惆怅。

枕畔屏山围碧浪。翠被华灯，夜夜空相向。

寂寞起来褰绣幌。月明正在梨花上。

贺圣朝影

（宋·欧阳修）

白雪梨花红粉桃。露华高。垂杨慢舞绿丝绦。草如袍。

风过小池轻浪起，似江皋。千金莫惜买香醪。且陶陶。

鹧鸪天·枝上流莺和泪闻

（宋·秦观）

枝上流莺和泪闻，新啼痕间旧啼痕。一春鱼鸟无消息，千里关山劳梦魂。

无一语，对芳尊。安排肠断到黄昏。甫能炙得灯儿了，雨打梨花深闭门。

阮郎归（四之三）

（宋·秦观）

潇湘门外水平铺。月寒征棹孤。红妆饮罢少踟蹰。有人偷向隅。

挥玉箸，洒真珠。梨花春雨余。人人尽道断肠初。那堪肠已无。

苏堤清明即事

（宋·吴惟信）

梨花风起正清明，游子寻春半出城。日暮笙歌收拾去，万株杨柳属流莺。

眼儿媚·杨柳丝丝弄轻柔

（宋·王雱）

杨柳丝丝弄轻柔，烟缕织成愁。

海棠未雨，梨花先雪，一半春休。

而今往事难重省，归梦绕秦楼。

相思只在：丁香枝上，豆蔻梢头。

瑶花慢

（宋·周密）

朱钿宝玦。天上飞琼，比人间春别。江南江北，曾未见，谩拟梨云梅雪。

淮山春晚，问谁识、芳心高洁。消几番、花落花开，老了玉关豪杰。

金壶翦送琼枝，看一骑红尘，香度瑶阙。韶华正好，应自喜、初识长安蜂蝶。

杜郎老矣，想旧事、花须能说。记少年，一梦扬州，二十四桥明月。

浣溪沙·不下珠帘怕燕瞋

（宋·周密）

不下珠帘怕燕瞋。旋移芳槛引流莺。春光却早又中分。

杏火无烟然绿暗，梨云如雪冷清明。冶游天气冶游心。

虞美人·东风荡飏轻云缕

（宋·陈亮）

东风荡飏轻云缕，时送潇潇雨。

水边台榭燕新归，一点香泥湿带、落花飞。

海棠糁径铺香绣，依旧成春瘦。

黄昏庭院柳啼鸦，记得那人和月、折梨花。

忆少年·寒食

（宋·谢懋）

池塘绿遍，王孙芳草，依依斜日。

游丝卷晴昼，系东风无力。蝶趁幽香峰酿密。

秋千外、卧红堆碧。心情费消遣，更梨花寒食。

游松阳百仞山

（宋·沈晦）

山头白云如擘絮，竹鸡无声鸠唤妇。团团朝日在林梢，寒日梨花溪口路。

一峰独秀横溪阴，青林倒影千丈深。上有白龙蛰幽洞，岁旱往往能为霖。

如今寂寞空山里，古屋荒坛冷红紫。会看前度种花人，他年来作巢居子。

出　游

（宋·姚镛）

春来日日风兼雨，今日晴明试杖藜。闭户不知花信过，野桃开了到棠梨。

子夜歌·三更月

（宋·贺铸）

三更月，中庭恰照梨花雪。

梨花雪，不胜凄断，杜鹃啼血。

王孙何许音尘绝，柔桑陌上吞声别。

吞声别，陇头流水，替人呜咽。

浣溪沙（次韵王幼安，曾存之园亭席上）

（宋·叶梦得）

物外光阴不属春。且留风景伴佳辰。醉归谁管断肠人。

柳絮尚飘庭下雪，梨花空作梦中云。竹间篱落水边门。

虞美人·二日小雨达旦，西园独卧，寒甚不能寐，时窗前梨花将谢

（宋·叶梦得）

数声微雨风惊晓，烛影欹残照。客愁不奈五更寒。

明日梨花开尽、有谁看。追寻犹记清明近。为向花前问。

东风正使解欺侬。不道花应有恨、也匆匆。

蓦山溪·暮秋赏梨花

（宋·曾觌）

凋红减翠，正是清秋杪。

深院袅香风，看梨花、一枝开早。

珑璁映面，依约认娇鬟，天淡淡，月溶溶，春意知多少。

清明池馆，芳信年年好。

更向五侯家，把江梅、风光占了。

休教寂寞，辜负向人心。

檀板响，宝杯倾，潘冀从他老。

玉烛新·梨花节选

（宋·杨泽民）

梨花寒食后。被丽日和风，一时开就。

濛濛雨歇，香犹嫩、渐觉芳心彰漏。

墙头月下，似旧日莺莺相候。

纤手为、攀折翘枝，轻盈露沾红袖。

和道矩红梨花二首

（宋·司马光）

繁枝细叶互低昂，香敌酴醿艳海棠。应为穷边太寥落，并将春色付农芳。

和道矩红梨花二首

（宋·司马光）

蜀江新锦濯朝阳，楚国织腰傅薄妆。何事白花零落早，同时不敢斗芬芳。

无俗念·灵虚宫梨花词

（宋·丘处机）

春游浩荡，是年年、寒食梨花时节。

白锦无纹香烂漫，玉树琼葩堆雪。

静夜沉沉，浮光霭霭，冷浸溶溶月。

人间天上，烂银霞照通彻。

浑似姑射真人，天姿灵秀，意气舒高洁。

万化参差谁信道，不与群芳同列。

浩气清英，仙材卓荦，下土难分别。

瑶台归去，洞天方看清绝。

寒食梨花小饮

（宋·蔡襄）

江南寒薄春尝早，花卉入春先自老。嗟予衰病不及时，出见池园半青草。

纵有余葩在叶间，行看落片随风扫。寻春已过索寞归，重忆欢娱耿怀抱。

和单令简园梨花四绝

（宋·胡寅）

梅花如梦李成尘，却伴酴醾过晚春。未要烘晴千树白，且看带雨一枝新。

和单令简园梨花四绝

（宋·胡寅）

野老山园未省开，今朝何事客俱来。炎荒有此清凉地，剪水装林绝点埃。

和单令简园梨花四绝

（宋·胡寅）

共传嘉树锁山阴，冰彩瑶光自一林。未必甘滋追大谷，照人风韵故能深。

和单令简园梨花四绝

（宋·胡寅）

清游当日兴怡融，无奈如比雨映空。闻道只今方烂漫，莫教飞趁楝花风。

和周尉游简园

（宋·胡寅）

敝屣稀行故不穿，荒陬何处赏芳妍。诗人邂逅能乘兴，野客勤劬便肆筵。
满壁画图俱俨若，一川购物更萧然。攀翻百树梨花雪，醉拟春风二月天。

清明风雪小酌庄舍示黎才翁

（宋·胡寅）

月压梨花坠，风扶柳絮新。故园寒食路，回首踏青人。
万窍方号籁，千山忽涌银。拥衾听窈眇，举盏寄经纶。
浩荡寰中意，逍遥物外身。赓歌咸当律，谑浪亦淘真。
又理沙边棹，将浮雪后春。兰亭非达者，空叹迹成陈。

同蒋德施诸人赏简园梨花

（宋·胡寅）

君不见韩退之，招唤刘师命。
醉赏长安西郭梨，青天白日交相映。
岂料炎荒中，好事如简翁。
雕冰剪玉春不融，二十五树高笼松。

风流八仙携草具，轻阴阁雨相随去。

朝同去，暮同归，回头翠微明日玉花飞。

长相思令

（宋·谭意哥）

旧燕初归，梨花满院，迤逦天气融和。

新晴巷陌，是处轻车骏马，禊饮笙歌。

旧赏人非，对佳时、一向乐少愁多。

远意沉沉，幽闺独自颦蛾。

正消黯、无言自感，凭高远意，空寄烟波。

从来美事，因甚天教，两处多磨。

开怀强笑，向新来、宽却衣罗。

似恁他、人怪憔悴，甘心总为伊呵。

梨 花

（宋·陈允平）

流莺偷入未央宫，望断昭阳信不通。寂寞雨声寒食夜，一枝香泪泣东风。

春 闺

（宋·陈允平）

寂寞梨花院落闲，远山愁入两眉弯。黄金络索珊瑚坠，独立春风教白鹇。

春 塘

（宋·陈允平）

春塘雨歇曙莺啼，坊院深闲竹树西。静倚绿窗看漏水，野花开到白棠梨。

红林擒近·寿词·满路花

（宋·陈允平）

三万六千顷，玉壶天地寒。

庾岭封的皪，淇园折琅玕。

漠漠梨花烂漫，纷纷柳絮飞残。

直疑潢潦惊翻，斜风溯狂澜。

对此频胜赏，一醉饱清欢。

呼？童翦韭，和冰先荐春盘。

怕东风吹散，留尊待月，倚阑莫惜今夜看。

梨　花

（宋·董嗣杲）

办取看花沽酒钱，素肌娇怯冷笼烟。愁遗弟子离园日，泪尽宫妃过驿年。
缟夜露零啼恨湿，扶春雪压洗妆妍。秋千院落清明近，绝艳能期月黑天。

游翠峰寺

（宋·毛滂）

隔墙杨柳舞腰斜，傍砌鹅梨玉作花。此地风光谁管领，小诗收入长官家。

卜算子

（宋·朱敦儒）

碧瓦小红楼，芳草江南岸。雨后纱窗几阵寒，零落梨花晚。
看到水如云，送尽鸦成点。南北东西处处愁，独倚阑干遍。

一翦梅（忆别）

（宋·李石）

红映阑干绿映阶。闲闷闲愁，独自徘徊。
天涯消息几时归，别后无书有梦来。
后院棠梨昨夜开。雨急风忙次第催。
罗衣消瘦却春寒，莫管红英，一任苍苔。

点绛唇

（宋·刘垧）

风卷游云，梨云梦冷人何处。一溪烟雨。遮断垂杨路。
恨入琴心，能写当时语。愁无绪。泪痕红蠹。犹带香如故。

九江春半雨中寒甚忽见梨花

（宋·杨冠卿）

江城一雨春强半，寒色著人芳信迟。赖有梨花遮病眼，一枝带雨出疏篱。

和洪司令春日客怀二首

（宋·程公许）

好风排闼锦囊来，咀味真如渴望梅。樱笋算无多日事，棠梨约有几分开。
社醅熟倩提壶劝，春种忙应布谷催。早愿时清归亦好，小山幽桂剩须栽。

溪亭春日二首借屋三间俯近郊，溪流如练绕兰

（宋·程公许）

极目青天蜀道难，无因长坂得聊骖。思乡浪费肠回九，行世何妨臂拍三。
杨柳风微生百媚，棠梨书永带余酣。天涯犹赖春娱客，那得邻山寄一庵。

渔家傲

（宋·赵汝茪）

深意缠绵歌宛转。横波停眼灯前见。最忆来时门半掩。
春不暖。梨花落尽成秋苑。叠鼓收声帆影乱。
燕飞又趁东风软。目力漫长心力短。
消息断。青山一点和烟远。

梨　花

（宋·梅尧臣）

处处梨花发，看看燕子归。园思前法部，泪湿旧宫妃。
月白秋千地，风吹蛱蝶衣。强倾寒食酒，渐老觉欢微。

梨花忆

（宋·梅尧臣）

欲问梨花发，江南信始通。开因寒食雨，落尽故园风。
白玉佳人死，青铜宝镜空。今朝两眼泪，怨苦属衰公。

春晴对月

（宋·梅尧臣）

云扫鱼鳞静，天开桂魄清。梨花监中色，杜宇昼时声。
寥落将寒食，羁离念故京。都无惜春意，樽酒为谁倾。

苏幕遮·草

（宋·梅尧臣）

露堤平，烟墅杳。乱碧萋萋，雨后江天晓。
独有庾郎年最少。窣地春袍，嫩色宜相照。
接长亭，迷远道。堪怨王孙，不记归期早。
落尽梨花春又了。满地残阳，翠色和烟老。

梨 花

（宋·赵福元）

玉作精神雪作肤，雨中娇韵越清癯。若人会得嫣然态，写作杨妇出浴图。

九月梨花

（宋·韩淮）

粉腻迷春月满枝，误随秋日弄芳菲。料应潜作春宵梦，刚被西风不放归。

和徐季功舒蕲道中二十首

（宋·王之道）

三日春霖发土毛，道傍芳草半人高。马头问是棠梨市，一片梨花映小桃。

梨花已谢戏作二诗伤之·其二

（宋·谢逸）

剪剪轻风漠漠寒，玉肌萧瑟粉香残。一枝带雨墙头出，不用行人著眼看。

江神子·一江秋水碧湾湾

（宋·谢逸）

一江秋水碧湾湾。绕青山。玉连环。

帘幕低垂，人在画图间。闲抱琵琶寻旧曲，弹未了，意阑珊。

飞鸿数点拂云端。倚阑看。楚天寒。

拟倩东风，吹梦到长安。恰似梨花春带雨，愁满眼，泪阑干。

游金罍赵园赋海棠梨花呈留宰

（宋·陈傅良）

海棠故作十分红，梨更超然与雪同。文物英华周盛事，风流玄远晋余风。

柳梢青·吴中

（宋·仲殊）

岸草平沙。吴王故苑，柳袅烟斜。雨后寒轻，风前香软，春在梨花。

行人一棹天涯。酒醒处，残阳乱鸦。门外秋千，墙头红粉，深院谁家？

梨 花

（宋·方回）

仙姿白雪帔青霞，月淡春浓意不邪。天上嫦娥人未识，料应清雅似梨花。

梨 花

（宋·阮南溪）

缤纷紫雪浮须细，冷淡清姿夺玉光。刚笑何郎曾傅粉，绝怜苟令爱薰香。

梨 花

（宋·易士达）

满院朝来白雪香，伤心遥想旧阿房。故园弟子今何在，春雨溶溶空断肠。

过访诗妓谢金莲见庭中红梨花盛开因赋

（宋·赵汝州）

换却冰肌玉骨胎，丹心吐出异香来。武陵溪畔人休说，只恐天桃不敢开。

嘉定严希德请赏梨花命妓行酒

（宋·郑洪）

潇洒东阑一树春，雪肤冰骨玉精神。朝云著处迷诗梦，暮雨来时想玉人。
华屋洗妆歌小小，银屏推枕唤真真。紫薇花下华繁处，芍药茶䕷总后尘。

答赵生红梨花诗

（宋·谢金莲）

本分天然白雪香，谁知今日却浓妆。秋千院落溶溶月，羞觑红脂睡海棠。

一丛花令

（宋·李从周）

梨花随月过中庭。月色冷如银。

金闺平帖阳台路，恨酥雨、不扫行云。

妆褪臂闲，髻慵簪卸，盟海浪花沉。

洞箫清吹最关情。腔拍懒温寻。

知音一去教谁听，再拈起、指法都生。

天阔雁稀，帘空莺悄，相傍又春深。

清平乐 （留静得）

（宋·颜奎）

留君少住。且待晴时去。夜深水鹤云间语。

明日棠梨花雨。尊前不尽余情。

都上鸣弦细声。二十四番风後，绿阴芳草长亭。

蝶恋花（拟古）

（宋·李弥逊）

百尺游丝当绣户。不系春晖，只系闲愁住。

拾翠归来芳草路。避人蝴蝶双飞去。

因脸羞眉无意绪。陌上行人，记得清明否。

消息未来池阁暮。濛濛一饷梨花雨。

虞美人（宜人生日）

（宋·李弥逊）

梨花院落溶溶雨。弱柳低金缕。画檐风露为谁明。

青翼来时试问、董双成。去年春酒为眉寿。

花影浮金斗。不须更觅老人星。但愿一年一上、一千龄。

眼儿媚（社日）

（宋·韩淲）

风回香雪到梨花。山影是谁家。小窗未晚，重檐初霁，玉倚蒹葭。

社寒不管人如此，依旧在天涯。碧云暮合，芳心撩乱，醉眼横斜。

点绛唇·送李琴泉

（宋·吴大有）

江上旗亭，送君还是逢君处。酒阑呼渡。云压沙鸥暮。

漠漠萧萧，香冻梨花雨。添愁绪。断肠柔橹。相逐寒潮去。

梨　花

（宋·袁说友）

东风日日点征衣，野阔林疏四望奇。景物剩供行客眼，梨花更索老夫诗。

登山趁得春三月，带月犹看雪一枝。七日崎岖三百里，倡条冶叶故相随。

梨　花

（宋·晁说之）

春到梨花意更长，好将素质殿红芳。若为寄与江南客，枉是杨梅忆庚郎。

和王拱辰观梨花二首一

（宋·晁补之）

海棠十韵诧芬芳，惭愧梨花冷似霜。赖有乐天春雨句，寂寥从此亦馨香。

和王拱辰观梨花二首二

（宋·晁补之）

压沙寺里万株芳，一道清流照雪霜。银阙森森广寒晓，仙人玉仗有天香。

压沙观梨

（宋·晁补之）

邺城旁缺通清沟，城南之水城中流。白沙涨陆最宜果，万梨压树当高秋。
去年花开往独晚，不见琼苞肠欲断。隆冬骑马傍高原，却恨枯枝寒日短。
忽然变化何处来，一夜东风吹雪满。晴川极望百亩开，三山银阙正崔嵬。
杂花不容一朵间，照眼冷艳云为堆。堂中置酒对已好，千葩万蕊谁能绕。
暖景氤氲一片忙，蝴蝶飞来落青草。人间浩荡看春光，岂徒田猎心发狂。
向人惨澹迫归兴，落日岘山催羽觞。故园桃李春蹉没，惜哉拔去无奇术。
明日重寻傥可期，暴雨流阶不能出。

北园梨花

（宋·文同）

寒食北园春已深，梨花满枝雪围遍。清香每向风外得，秀艳应难月中见。
苦嫌桃李共妖冶，多谢松篁相葱蒨。黄鹂紫燕莫过从，时有一声拖白练。

和梨花

（宋·文同）

素质静相依，清香暖更飞。笑从风外歇，啼向雨中归。
江令歌琼树，甄妃梦玉衣。画堂明月地，常此惜芳菲。

梨 花

（宋·张舜民）

青女朝来冷透肌，残春小雨更霏微。流莺怪底事来往，为掷金梭织玉衣。

梨 花

（宋·李新）

太真欲泣君王羞，一枝带雨春梢头。年来乐府不栽种，淡月青烟无处求。

重九竹园见梨花怀子中兄

（宋·周必大）

春花着雨即尘埃，何似深秋耐久开。菊尚无多饶瑞质，霜如有意护香腮。

梨 花

（宋·王镃）

一身娇韵倚东风，骨腻肌香易粉融。好向晓光垂露看，杨妃梳洗出唐宫。

梨 花

（宋·陆文圭）

粉香初试晓妆匀，花貌参差是玉真。茅屋诗人嗟老去，东风勿送一枝春。

题画梨花

（宋·陆文圭）

淡容露吉洗，生色春欲动。纸帐小屏低，同入梅花梦。

梨 花

（宋·高似孙）

殿头催引上清华，独奏春词喝赐茶。带月归来仙骨冷，梦魂全不到梨花。

梨 花

（宋·舒岳祥）

新叶轻柔宜与藉，芳心疏散不须茸。象床骨冷尺春梦，雾阁神清怯晓风。
雨里多情危有泪，月中澄莹望如空。清明寒食人何处，金谷昭阳事不同。

梨 花

（宋·强至）

旧爱乐天句，今逢带雨春。花中都让洁，月下倍生神。
酛好张瑶席，攀仍赠玉人。莫开红紫眼，此外尽非真。

和同赏梨花

（宋·强至）

绀园几顷白云英，似觉漫天玉气腾。句引春风香阵阵，侵凌夜月粉层层。
时间冷艳尤难识，世上妖葩各有朋。每岁旋来张翠帐，芳庭同赏忆吴僧。

和司徒侍中同赏梨花

（宋·强至）

映花急把玉交杯，凤扫残香已几堆。酷爱岂惟公假借，惯曾御苑见花来。

会压沙寺观梨花

（宋·强至）

小队逶迤驻宝坊，只园花发认昆冈。日高恐释三春雪，风细犹传数里香。
垢染了无依佛界，品流逾重被台光。更蒙佳句形珍赏，漫说寒梅竞效妆。

依韵奉和司徒侍中同赏梨花

（宋·强至）

千株缀雪绀园中，数顷花开几度逢。体莹直忧春欲妒，色孤犹喜月相容。
香浮翠盖台光近，瓣落清樽饮兴浓。公恰徘徊吟妙句，不须忙打寺楼钟。

庭前梨桃二花方盛为暴风所吹感事成篇

（宋·强至）

梨白桃红才可嘉，风前乱雪趁残霞。提壶有口只唤酒，鸣鴃何心专妒花。
九陌乐游非往昔，五陵豪气漫尘沙。清樽倒尽却兴感，席上馀春天畔家。

寒食安厚卿具酒馔邀数君子游压沙寺观梨花独

（宋·强至）

花前烂醉如泥淤，犹恐花过嗟空株。压沙梨开百顷雪，春晚未赏计已疏。
厚卿置酒趁寒食，蜂喧蝶闹人意苏。林间把盏谁我侑，鸟歌声滑如溜珠。
魏都风流重行乐，艳妆丽服明郊墟。我初闻招便勇往，恨不插翼附骏驹。
峨眉夫子趣独异，静坐幕府烦邀呼。车公不到座寂寞，大句落纸来须臾。
樽边弄笔辄强和，布鼓乃敢当雷车。主人明朝复命客，是日祓事修被除。
日涵花气暖不散，酒力易著起要扶。清明予亦饮射圃，罚觯屡困辞不辜。
杯盘一饱藉脱粟，那有白饭馀君奴。梨花好在期共醉，功名身外终何如。

丙午寒食厚卿置酒压沙寺邀诸君观梨花独苏子

（宋·强至）

种梨易长地旧淤，春风一扫无枯株。沙头古寺枕城角，楼殿自与人迹疏。
看花置酒三月破，点检座客惟欠苏。酒酣花底不知处，恍若身世游蕊珠。
铜台割据古豪盛，乐事已去惟邱墟。直须及时结胜赏，莫局官事同辕驹。
林僧迎我屡前揖，野鸟避客遥相呼。咸阳有花远莫见，岂若此地来须臾。
风前嗅雪不宜缓，春芳过眼犹奔车。繁枝向月合照映，乱片落地无扫除。
樽边酪酊不复计，马上倒载聊拚扶。子由闭户自懒出，花与双眼知何辜。
天姿必欲贵纯白，红杏可婢桃可奴。君诗险绝不容和，梁园骋思惭相如。

寒食饮梨花下得愁字

（宋·侯穆）

共饮梨花下，梨花插满头。清香来玉树，白蚁泛金瓯。

妆靓青蛾妒，光凝粉蝶羞。年年寒食夜，吟绕不胜愁。

戏赠张先

（宋·佚名）

十八新娘八十郎，苍苍白发对红妆。鸳鸯被里成双夜，一树梨花压海棠。

梨花得红字·雪作肌肤玉作容

（金·雷渊）

雪作肌肤玉作容，不将妖艳嫁东风。梅魂何物三春在，桃脸真成一笑空。

雨细无情添寂莫，月明有意助丰融。相如病渴妨文赋，想像甘寒结小红。

梨花·蠹树枝高茁朵稠

（金·张建）

蠹树枝高茁朵稠，嫩苞开破雪搓毬。碎粘粉紫须齐吐，润卷丹黄叶半抽。

月影晓窗留好梦，雨声深院锁清愁。琼胞已实香犹在，散入长安卖酒楼。

乱后还三首·其二

（金·辛愿）

乱后还家春事空，树头无处觅残红。棠梨妥雪沾新雨，杨柳飘绵飐晚风。

谈笑取官惊小子，艰难为客愧衰翁。残年得见休兵了，收拾闲身守桂丛。

乌夜啼·离恨远萦杨柳

（金·刘迎）

离恨远萦杨柳，梦魂长绕梨花。青衫记得章台月，归路玉鞭斜。

翠镜啼痕印袖，红墙醉墨笼纱。相逢不尽平生事，春思入琵琶。

大德歌·冬景

（元·关汉卿）

雪粉华，舞梨花，再不见烟村四五家。

密洒堪图画，看疏林噪晚鸦。

黄芦掩映清江下，斜缆着钓鱼艖。

临江仙·梨花

（元·刘秉忠）

冰雪肌肤香韵细，月明独倚阑干。游丝萦惹宿烟环。

东风吹不散，应为护轻寒。

素质不宜添彩色，定知造物非悭。

杏花才思又凋残。玉容春寂寞，休向雨中看。

木兰花慢·和杨司业梨花

（元·吴澄）

是谁家庭院，寒食后，好花稠。

况墙外秋千，书喧风管，夜灿星球。

萧然独醒骚客，只江蓠汀若当肴羞。

冰玉相看一笑，今年三月皇州。

木兰花慢·赋红梨花

（元·王恽）

爱一枝香雪，几暮雨，洗妆残。

尽空谷幽居，佳人寂寞，泪粉兰干。

芳姿似嫌雅淡，问谁将、大药驻朱颜。

塞上胭脂夜紫，雪边蝴蝶朝寒。

风流韵远更清闲。醉眼入惊看。

甚底事坡仙，被花热恼，惆怅东兰。

细倾玉瓶春酒，待月中、横笛倩云鬟。

吹散碧桃千树，尽随流水人间。

好事近·赋庭下新开梨花

（元·王恽）

轩锁碧玲珑，好雨初晴三月。放出暖烟迟日，醉风檐香雪。

一尊吟远洗妆看，玉笛笑吹裂。留待夜深庭院，伴素娥清绝。

婆罗门引·赋赵相宅红梨花

（元·张之翰）

冰姿玉骨，东风著意换天真。软红妆束全新。

好在调脂纤手，满脸试轻匀。为洗妆来晚，便带微嗔。

香肌麝薰。直羞煞海棠春。不辩数卮芳酒，谁慰黄昏。

只愁睡醒，悄不见惜花贤主人。枝上雨、都是啼痕。

清平乐·梨花

（元·邵亨贞）

绿房深窈。疏雨黄昏悄。门掩东风春又老。

琪树生香缥缈。一枝晴雪初乾。

几回惆怅东阑。料得和云入梦，翠衾夜夜生寒。

点绛唇·梨花

（元·刘秉忠）

立尽黄昏，袜尘不到凌波处。雪香凝树。懒作阳台雨。

一水相系，脉脉难为语。情何许。向人如诉。寂寞临江渚。

鹧鸪天·秋日

（元·刘敏中）

竹瘦桐枯菊又开。远山合抱水萦回。几行银篆蜗行过，一朵梨花蝶舞来。

秋意思，闷情怀。懒将闲事强支排。倚栏目送归鸿尽，万里晴空入酒杯。

一枝花·春日送别

（元·刘庭信）

丝丝杨柳风，点点梨花雨。雨随花瓣落，风趁柳条疏。

春事成虚，无奈春归去。春归何太速，试问东君，谁肯与莺花做主？

朝中措·题阙

（元·白朴）

苍松隐映竹交加。千树玉梨花。好个岁寒三友，更堪红白山茶。

一时折得，铜瓶插看，相映乌纱。明日扁舟东去，梦魂江上人家。

红梅·十八

（元·王冕）

玉骨清癯怯素妆，春风一醉九霞觞。

绿房午夜娇云暖，不梦梨花梦海棠。

满江红·次李公敏梨花韵

（元·王旭）

客里光阴，又逢禁烟寒食节。花外鸟、唤人沽酒，一声清切。

风雨空惊云锦乱，尘埃不到冰肌洁。对芳华、一片惜春心，谁边说。

鹊桥仙·韦国器约赏梨花

（元·同恕）

莺莺燕燕，蜂蜂蝶蝶。酒债几时还彻。

韦郎又约醉梨花，对一树、玲珑香雪。

盈盈脉脉，翻翻折折。小雨朝来乍歇。

一年最是好光阴，算只有。

送程子方归蜀

（元·仇远）

薄茸田园溧泽边，乡心常梦蜀山川。梨花知几逢寒食，麦饭谁能洒墓田。

矍铄老翁轻客路，扶携稚子上江船。东还莫为亲朋恋，自古云安有杜鹃。

蟾宫曲·梦中作

（元·郑光祖）

半窗幽梦微茫，歌罢钱塘，赋罢高唐。

风入罗帏，爽入疏棂，月照纱窗。

缥缈见梨花淡妆，依稀闻兰麝余香。

唤起思量，待不思量，怎不思量！

清江引·春思

（元·张可久）

黄莺乱啼门外柳，雨细清明后。

能消几日春，又是相思瘦。

梨花小窗人病酒。

小阑干·去年人在凤凰池

（元·萨都剌）

去年人在凤凰池，银烛夜弹丝。

沉水香消，梨云梦暖，深院绣帘垂。

今年冷落江南夜，心事有谁知。

杨柳风柔，海棠月淡，独自倚阑时。

蟾宫曲·寒食新野道中

（元·卢挚）

柳濛烟梨雪参差，犬吠柴荆，燕语茅茨。

老瓦盆边，田家翁媪，鬓发如丝。

桑柘外秋千女儿，髻双鸦斜插花枝。

转眄移时，应叹行人，马上哦诗。

折桂令·客窗清明

（元·乔吉）

风风雨雨梨花，窄索帘栊，巧小窗纱。

甚情绪灯前，客怀枕畔，心事天涯。

三千丈清愁鬓发，五十年春梦繁华。

蓦见人家，杨柳分烟，扶上檐牙。

小桃红·咏桃

（元·周文质）

东风有恨致玄都，吹破枝头玉，夜月梨花也相妒。

不寻俗，娇鸾彩凤风流处。

刘郎去也，武陵溪上，仙子淡妆梳。

鹊桥仙·梨花春暮

（金·元好问）

梨花春暮，垂杨秋晚，归袖无人重挽。

浮云流水十年间，算只有、青山在眼。

风台月榭，朱唇檀板，多病全疏酒盏。

刘郎争得似当时，比前度。

虞美人

（金·元好问）

樱桃元是仙郎种。次第芳菲动。开残山杏没都红。一树梨花如雪月明中。

三生蝶化南华梦。只有情缘重。曲阑幽径小帘栊。好共扫眉才子管春风。

南柯子·粉澹梨花瘦

（金·元好问）

粉澹梨花瘦，香寒桂叶颦。

画帘双燕旧家春。

曾是玉箫声里断肠人。

澹澹催诗雨，迟迟入梦云。

武陵流水隔红尘。

只怕翠鸾消息未全真。

虞美人·槐阴别院宜清昼

（金·元好问）

槐阴别院宜清昼，入座春风秀。

美人图子阿谁留。

都是宣和名笔，内家收。

莺莺燕燕分飞后，粉淡梨花瘦。

只除苏小不风流。

斜插一枝萱草，凤钗头。

吴宫春词拟王建

（明·张羽）

馆娃宫中百花开，西施晓上姑苏台。霞裙翠袂当空举，身轻似展凌风羽。

遥望三江水一杯，两点微茫洞庭树。转面凝眸未肯回，要见君王射麋处。

城头落日欲栖鸦，下阶戏折棠梨花。隔岸行人莫偷盼，干将莫邪光粲粲。

棠梨白头

（明·张弼）

春到棠梨春巳深，赏春不称白头吟。金尊自共东风醉，花底关关听好音。

美人对月

（明·唐寅）

斜髻娇娥夜卧迟，梨花风静鸟栖枝。难将心事和人说，说与青天明月知。

一剪梅·雨打梨花深闭门

（明·唐寅）

雨打梨花深闭门，忘了青春，误了青春。

赏心乐事共谁论？花下销魂，月下销魂。

愁聚眉峰尽日颦，千点啼痕，万点啼痕。

晓看天色暮看云，行也思君，坐也思君。

和石田先生落花诗·其十三

（明·唐寅）

春来赫赫去匆匆，刺眼繁华转眼空。杏子单衫初脱暖，梨花深院自多风。

烧灯坐尽千金夜，对酒空思一点红。倘是东君问鱼雁，心情说在雨声中。

扬州道上思念沈九娘

（明·唐寅）

相思两地望迢迢，清泪临门落布袍。杨柳晓烟情绪乱，梨花暮雨梦魂销。

云笼楚馆虚金屋，风入巫山奏玉箫。明日河桥重回首，月明千里故人遥。

上巳日将入西湖看桃花道遇风雨返舟溪上时左

（明·王叔承）

雨丝吹绿涨湖天，狼籍花期逗酒船。莫笑桃源春水断，梨花也失洞庭烟。

池上梨花

（明·刘绘）

袅雾香魂暗，凌波素质娇。可怜流雪影，半逐杏烟消。

过芝塘东虞宅废园

（明·龚诩）

梨花雪白海棠红，诗酒笙歌岁岁同。不道世移人事改，野花无数领春风。

梨　花

（明·张凤翼）

重门寂寂锁香云，雨滴空阶坐夜分。老去微之风调在，折来何处与双文。

西园梨花春晚开一枝

（明·杨基）

明日是清明，孤花雪斗轻。不须开满树，春少更多情。

菩萨蛮·水晶帘外娟娟月

（明·杨基）

水晶帘外娟娟月，梨花枝上层层雪。花月两模糊，隔窗看欲无。

月华今夜黑，全见梨花白。花也笑姮娥，让他春色多。

北山梨花（有序）

（明·杨基）

北山梨花千树栽，年年清明花正开。薛君好事两邀我，骑马看花携酒来。

看花出郭我所爱，况是梨花最多态。我牵尘俗不得赴，花本无情花亦怪。

君今折花马上归，索我细咏梨花诗。冰肌玉骨未受饰，敢以粉墨图西施。

东坡先生心似铁，惆怅东阑一枝雪。重门晚掩沉沉雨，疏帘夜卷溶溶月。

月宜浅淡雨宜浓，淡非浪白浓非红。闺房秀丽林下趣，富贵标格神仙风。

一枝寂寞开逾遍，朵朵玲珑看应眩。皓腕轻笼素练衣，娥眉淡扫春风面。

自须玉堂承露华，何事种向山人家。不愁占断天下白，正恐压尽人间花。

江梅正好怜清楚，桃杏纷纷何足数。只有银灯照海棠，海棠亦是娇儿女。

忆北山梨花（并序）

（明·杨基）

去年清明花正繁，骑马晓出神策门。千桃万李看未了，小径更入梨花村。

低枝初开带宿雨，高树烂日迷朝暾。柔肤凝脂暖欲滴，香髓人面春无痕。

湘阴庙梨花（有序）

（明·杨基）

平生厌看桃与李，惟有梨花心独喜。海雪楼前雪一株，岁岁清明醉花底。

北山冈下花最盛，千树玲珑围绿水。前年骑马赏花处，我与河东两人耳。

友芳园杂咏为吕心文作二十五首·香玉丛

（明·欧大任）

房栊深几许，濛淡梨花月。有酒且共持，莫待飘成雪。

滕县道中

（明·李流芳）

山欲开云柳乍风，杜梨花白小桃红。三年三月官桥路，策蹇经过似梦中。

柳桥不知谁氏园，旧有梨树六株，花甚盛

（明·徐渭）

六树梨花打百球，昔年曾记柳桥头。娇来屬屬西施粉，冷伴年年燕子楼。
不受三郎催羯鼓，好当一梦入罗浮。今来斫尽谁家圃，輂负山人扁额休。

梨　花

（明·文徵明）

剪水凝霜妒蝶裙，曲阑风味玉清温。粉痕浥露春含泪，夜色笼烟月断魂。
十里香云迷短梦，谁家细雨锁重门。洗妆见说清明近，旋典春衣置酒樽。

西夏寒食遣兴

（明·朱孟德）

春空云淡禁烟中，冷落那堪客里逢。饭煮青精颜固好，杯传蓝尾习能同。
锦销文杏枝头雨，雪卷棠梨树底风。往事慢思魂欲断，不堪回首贺兰东。

有所思和黄吉甫

（明·张献翼）

鸳鸯七十自成双，翠袖红颜映碧泷。淮水有时邀玉笛，秦楼无伴对银缸。
梨云入夜长飞梦，桃叶乘春欲渡江。相望本无千里隔，共看明月照寒窗。

梨花睡鸭图

（明·顾观）

昔年家住太湖西，常过吴兴卷画溪。水阁筠帘春似海，梨花影里睡兔綖。

题胡廷辉画梨园图

（明·童冀）

君不闻昔年天宝全盛时，梨园玉雪千万枝。
君王夜入月宫去，后庭愁损千蛾眉。
银桥阁道相联络，十二阑干倚寒玉。
归来不忆天上游，独记《霓裳羽衣》曲。

园中梨花唯开一枝

（明·高启）

栏外见春迟，朝来雪一枝。不知初发处，误道已残时。

对梨花

（明·高启）

素香寂寞野亭空，不似秋千院落中。卧对一枝愁病酒，清明今日雨兼风。

送陈秀才还沙上省墓

（明·高启）

满衣血泪与尘埃，乱后还乡亦可哀。风雨梨花寒食过，几家坟上子孙来？

答陈石亭殿讲见寄

（明·蔡羽）

梨花半白柳丝丝，独立江头有所思。客倦难成春草句，天长传得玉堂诗。
香从青琐封题久，露待蔷薇盦洗迟。珍重故人湖海念，梦魂连夕凤凰池。

桃话冷落

（明·佚名）

桃花冷落被风飘，飘落残花过小桥。桥下金鱼双戏水，水边小鸟理新毛。
毛衣未湿黄梅雨，雨滴江梨分外娇。娇姿常伴垂杨柳，柳外双飞紫燕高。
高阁佳人吹玉笛，笛边莺线挂丝绦。绦丝玲珑香佛手，手中有扇望河潮。
潮平两岸风帆稳，稳坐舟中且慢摇。摇入西河天将晚，晚窗寂寞叹无聊。
聊推纱窗观冷落，落云渺渺被水敲，敲门借问天台路，路过小桥有断桥，
桥边种碧桃。

踏莎行·初春

（清·徐灿）

芳草才芽，梨花未雨，春魂已作天涯絮。
晶帘宛转为谁垂，金衣飞上樱桃树。
故国茫茫，扁舟何许，夕阳一片江流去。
碧云犹叠旧河山，月痕休到深深处。

青衫湿遍·悼亡

（清·纳兰性德）

青衫湿遍，凭伊慰我，忍便相忘。
半月前头扶病，剪刀声、犹在银釭。
忆生来、小胆怯空房。
到而今，独伴梨花影，冷冥冥、尽意凄凉。

愿指魂兮识路，教寻梦也回廊。

咫尺玉钩斜路，一般消受，蔓草残阳。

判把长眠滴醒，和清泪、搅入椒浆。

怕幽泉、还为我神伤。

道书生薄命宜将息，再休耽、怨粉愁香。

料得重圆密誓，难禁寸裂柔肠。

昭君怨·深禁好春谁惜

（清·纳兰性德）

深禁好春谁惜，薄暮瑶阶伫立。别院管弦声，不分明。

又是梨花欲谢，绣被春寒今夜。寂寂锁朱门，梦承恩。

虞美人·春情只到梨花薄

（清·纳兰性德）

春情只到梨花薄，片片催零落。

夕阳何事近黄昏，不道人间犹有未招魂。

银笺别梦当时句，密绾同心苣。

为伊判作梦中人，索向画图清夜唤真真。

鬓云松令·枕函香

（清·纳兰性德）

枕函香，花径漏。依约相逢，絮语黄昏后。

时节薄寒人病酒，铲地梨花，彻夜东风瘦。

掩银屏，垂翠袖。何处吹箫，脉脉情微逗。

肠断月明红豆蔻，月似当时，人似当时否？

沁园春·梦冷蘅芜

（清·纳兰性德）

梦冷蘅芜，却望姗姗，是耶非耶。

怅兰膏渍粉，尚留犀合；金泥蹙绣，空掩蝉纱。

影弱难持，缘深暂隔，只当离愁滞海涯。

归来也，趁星前月底，魂在梨花。

鸾胶纵续琵琶，问可及、当年萼绿华。

但无端摧折，恶经风浪；不如零落，判委尘沙。

最忆相看，娇讹道字，手剪银灯自泼茶。

令已矣，便帐中重见，那似伊家。

采桑子·当时错

（清·纳兰性德）

而今才道当时错，心绪凄迷。红泪偷垂，满眼春风百事非。

情知此后来无计，强说欢期。一别如斯，落尽梨花月又西。

鬓云松令·咏浴

（清·纳兰性德）

鬓云松，红玉莹。早月多情，送过梨花影。

半饷斜钗慵未整，晕入轻潮，刚爱微风醒。

露华清，人语静。怕被郎窥，移却青鸾镜。

罗袜凌波波不定，小扇单衣，可耐星前冷。

清平乐·风鬟雨鬓

（清·纳兰性德）

风鬟雨鬓，偏是来无准。倦倚玉兰看月晕，容易语低香近。

软风吹遍窗纱，心期便隔天涯。从此伤春伤别，黄昏只对梨花。

咏白海棠

（清·曹雪芹）

半卷湘帘半掩门，碾冰为土玉为盆。偷来梨蕊三分白，借得梅花一缕魂。

月窟仙人缝缟袂，秋闺怨女拭啼痕。娇羞默默同谁诉，倦倚西风夜已昏

青玉案·丝丝香篆浓于雾

（清·高鹗）

丝丝香篆浓于雾，织就绿阴红雨。

乳燕飞来傍莲幕，杨花欲雪，梨云如梦，又是清明暮。

屏山遮断相思路，子规啼到无声处。

鳞暝羽迷谁与诉。好段东风，好轮明月，尽教封侯误。

水龙吟·雪中登大观亭

（清·邓廷桢）

关河冻合梨云，冲寒犹试连钱骑。

思量旧梦，黄梅听雨，危阑倦倚。

披氅重来，不分明出，可怜烟水。

算夔巫万里，金焦两点，谁说与，苍茫意？

却忆蛟台往事，耀弓刀，舳舻天际。

而今剩了，低迷鱼艇，模粘雁字。

我辈登临，残山送暝，远江延醉。

折梅花去也，城西炬火，照琼瑶碎。

春寒·漫脱春衣浣

（清·厉鹗）

漫脱春衣浣酒红，江南二月最多风。梨花雪后酴醾雪，人在重帘浅梦中。

相见欢·年年负却花期

（清·张惠言）

年年负却花期！过春时，只合安排愁绪送春归。

梅花雪，梨花月，总相思。自是春来不觉去偏知。

寒食微雨欲展先宗伯公墓不果

（清·全祖望）

东风打梨花，病夫意瑟瑟。

西山隔重湖，徘徊前复辍。

横塘鼓吹喧，知是诸郎船。

露华·廧外梨花数株

（清·易顺鼎）

素仙玉立，化此花倾国，还似无花。万红自静，倚天澹绝朝霞。

唤起绿云如水，伴小楼诗梦生涯。浑不辨江南去路，缟月银沙。

初过洗妆微雨，比浴罢莹肌，未隔单纱。纷廧白处，笼寒知在谁家。

浑是一庭松雪，替春人飞尽年华。东阑远，东风又还远些。

2. 与梨果有关的诗词

秋白梨

（南北朝·王寂）

医巫珍果惟秋白，经岁色香殊不衰。霜落盘盂批玉卵，风生齿颊碎冰澌。

故侯瓜好真相敌，丞相梅酸谩自欺。向使马卿知此味，莫年消渴不须医。

奉梨诗

（南北朝·庾信）

接枝秋转脆，含情落更香。擎置仙人掌，应添瑞露浆。

有喜致醉诗

（南北朝·庾信）

忽见庭生玉，聊欣蚌出珠。兰芬犹载寝，蓬箭始悬弧。
既喜枚都尉，能欢陵大夫。频朝中散客，连日步兵厨。
杂曲随琴用，残花听酒须。脆梨栽数实，甘查唯一株。
兀然已复醉，摇头歌凤雏。

大梨诗

（南北朝·萧察）

大谷常流称，南荒本足珍。绿叶已承露，紫实复含津。

寻周处士弘让诗

（南北朝·庾肩吾）

试逐赤松游，披林对一丘。梨红大谷晚，桂白小山秋。
石镜菱花发，桐门琴曲愁。泉飞疑度雨，云积似重楼。
王孙若不去，山中定可留。

九日侍宴乐游苑应令诗

（南北朝·庾肩吾）

辙迹光周颂，巡游盛夏功。铭陈万骑转，阊阖九关通。
秋晖逐行漏，朔气绕相风。献寿重阳节，回銮上苑中。
疏山开辇道，间树出离宫。玉醴吹岩菊，银床落井桐。
御梨寒更紫，仙桃秋转红。饮羽山西射，浮云冀北骢。
尘飞金埒满，叶破柳条空。腾猿疑矫箭，惊雁避虚弓。
彫材滥杞梓，花绶接鹓鸿。愧乏天庭藻，徒参文雅雄。

郭四朝叩船歌四首·其三

（魏晋·许翙）

游空落飞飙，灵步无形方。圆景焕明霞，九凤唱朝阳。
挥翮扇天津，晻蔼庆云翔。遂造太微宇，挹此金梨浆。

逍遥玄陔表，不存亦不亡。

责 子
（东晋·陶渊明）

白发被两鬓，肌肤不复实。虽有五男儿，总不好纸笔。
阿舒已二八，懒惰故无匹。阿宣行志学，而不爱文术。
雍端年十三，不识六与七。通子垂九龄，但觅梨与栗。
天运苟如此，且进杯中物。

行园诗
（南梁·沈约）

寒瓜方卧垄，秋菰亦满陂。紫茄纷烂熳，绿芋郁参差。
初菘向堪把，时韭日离离。高梨有繁实，何减万年枝。
荒渠集野雁，安用昆明池。

咏梨应诏诗
（南梁·沈约）

大谷来既重，岷山道又难。摧折非所吝，但令入玉盘。

咏 泥
（唐初·李君武）

椒涂香气溢，芝封玺文生。色逐梨阳紫，名随蜀道清。
一九封汉塞，数斗浊秦泾。不分高楼妾，特况别离情。

同族侄评事黯游昌禅师山池二首·其二
（唐·李白）

客来花雨际，秋水落金池。片石寒青锦，疏杨挂绿丝。
高僧拂玉柄，童子献霜梨。惜去爱佳景，烟萝欲暝时。

行路难·其二
（唐·李白）

大道如青天，我独不得出。
羞逐长安社中儿，赤鸡白雉赌梨栗。
弹剑作歌奏苦声，曳裾王门不称情。
淮阴市井笑韩信，汉朝公卿忌贾生。

君不见昔时燕家重郭隗，拥篲折节无嫌猜。

剧辛乐毅感恩分，输肝剖胆效英才。

昭王白骨萦蔓草，谁人更扫黄金台？

行路难，归去来！

寻鲁城北范居士失道落苍耳中见范置酒摘苍耳作

（唐·李白）

雁度秋色远，日静无云时。客心不自得，浩漫将何之。

忽忆范野人，闲园养幽姿。茫然起逸兴，但恐行来迟。

城壕失往路，马首迷荒陂。不惜翠云裘，遂为苍耳欺。

入门且一笑，把臂君为谁。酒客爱秋蔬，山盘荐霜梨。

他筵不下箸，此席忘朝饥。酸枣垂北郭，寒瓜蔓东篱。

还倾四五酌，自咏猛虎词。近作十日欢，远为千载期。

风流自簸荡，谑浪偏相宜。酣来上马去，却笑高阳池。

竖子至

（唐·杜甫）

楂梨且缀碧，梅杏半传黄。小子幽园至，轻笼熟柰香。

山风犹满把，野露及新尝。欲寄江湖客，提携日月长。

雨　晴

（唐·杜甫）

天水秋云薄，从西万里风。今朝好晴景，久雨不妨农。

塞柳行疏翠，山梨结小红。胡笳楼上发，一雁入高空。

解闷十二首·其十一

（唐·杜甫）

翠瓜碧李沈玉甃，赤梨葡萄寒露成。可怜先不异枝蔓，此物娟娟长远生。

百忧集行

（唐·杜甫）

忆年十五心尚孩，健如黄犊走复来。庭前八月梨枣熟，一日上树能千回。

即今倏忽已五十，坐卧只多少行立。强将笑语供主人，悲见生涯百忧集。

入门依旧四壁空，老妻睹我颜色同。痴儿不知父子礼，叫怒索饭啼门东。

病 橘

（唐·杜甫）

群橘少生意，虽多亦奚为。惜哉结实小，酸涩如棠梨。

剖之尽蠹虫，采撷爽其宜。纷然不适口，岂只存其皮。

萧萧半死叶，未忍别故枝。玄冬霜雪积，况乃回风吹。

尝闻蓬莱殿，罗列潇湘姿。此物岁不稔，玉食失光辉。

寇盗尚凭陵，当君减膳时。汝病是天意，吾谂罪有司。

忆昔南海使，奔腾献荔支。百马死山谷，到今耆旧悲。

忆长安·九月

（唐·范灯）

忆长安，九月时，登高望见昆池。

上苑初开露菊。芳林正献霜梨。

更想千门万户，月明砧杵参差。

题邻居

（唐·于鹄）

僻巷邻家少，茅檐喜并居。蒸梨常共灶，浇薤亦同渠。

传屐朝寻药，分灯夜读书。虽然在城市，还得似樵渔。

酬梦得暮秋晴夜对月相忆

（唐·白居易）

霁月光如练，盈庭复满池。秋深无热后，夜浅未寒时。

露叶团荒菊，风枝落病梨。相思懒相访，应是各年衰。

内乡村路作

（唐·白居易）

日下风高野路凉，缓驱疲马暗思乡。渭村秋物应如此，枣赤梨红稻穗黄。

原上新居

（唐·姚合）

秋来梨果熟，行哭小儿饥。邻富鸡长往，庄贫客渐稀。

借牛耕地晚，卖树纳钱迟。墙下当官道，依前夹竹篱。

和吴处士题村叟壁

（唐·李咸用）

因阅乡居景，归心寸火然。吾家依碧嶂，小槛枕清川。

远雨笼孤戍，斜阳隔断烟。沙虚遗虎迹，水浃聚蛟涎。

柿曲芟汀蓼，甘茶荈石泉。霜朝巡栗树，风夜探渔船。

戏日鱼呈腹，翘滩鹭并肩。棋寻盘石净，酒傍野花妍。

器以锄为利，家惟竹直钱。饭香同豆熟，汤暖摘松煎。

睡岛兔藏足，攀藤狖冻拳。浅茅鸣斗雉，曲桥啸寒鸢。

秋果楂梨涩，晨羞笋蕨鲜。衣裳留冷阁，席草种闲田。

椎髻担铺饷，庞眉识稔年。吓鹰乌戴笠，驱犊筱充鞭。

不重官于社，常尊食作天。谷深青霭蔽，峰迥白云缠。

每忆关魂梦，长夸表爱怜。览君书壁句，诱我率成篇。

晚归东园

（唐·李颀）

荆扉带郊郭，稼穑满东菑。倚杖寒山暮，鸣梭秋叶时。

回云覆阴谷，返景照霜梨。澹泊真吾事，清风别自兹。

王母歌

（唐·李颀）

武皇斋戒承华殿，端拱须臾王母见。霓旌照耀麒麟车，羽盖淋漓孔雀扇。

手指交梨遣帝食，可以长生临宇县。头上复戴九星冠，总领玉童坐南面。

欲闻要言令告汝，帝乃焚香请此语。若能炼魄去三尸，后当见我天皇所。

顾谓侍女董双成，酒阑可奏云和笙。红霞白日俨不动，七龙五凤纷相迎。

惜哉志骄神不悦，叹息马蹄与车辙。复道歌钟杳将暮，深宫桃李花成雪。

为看青玉五枝灯，蟠螭吐火光欲绝。

寄聂尊师

（唐·罗隐）

欲芟荆棘种交梨，指画城中日恐迟。安得紫青磨镜石，与君闲处看荣衰。

第五将军于馀杭天柱宫入道因题寄

（唐·罗隐）

交梨火枣味何如，闻说苕川已下车。瓦榼尚携京口酒，草堂应写颍阳书。

亦知得意须乘鹤，未必忘机便钓鱼。欲恐武皇还望祀，软轮徵入问玄虚。

九日登高

（唐·王昌龄）

青山远近带皇州，霁景重阳上北楼。雨歇亭皋仙菊润，霜飞天苑御梨秋。
茱萸插鬓花宜寿，翡翠横钗舞作愁。漫说陶潜篱下醉，何曾得见此风流。

代秘书赠弘文馆诸校书

（唐·李商隐）

清切曹司近玉除，比来秋兴复何如。崇文馆里丹霜后，无限红梨忆校书。

归　来

（唐·李商隐）

旧隐无何别，归来始更悲。难寻白道士，不见惠禅师。
草径虫鸣急，沙渠水下迟。却将波浪眼，清晓对红梨。

寄成都高苗二从事

（唐·李商隐）

红莲幕下紫梨新，命断湘南病渴人。今日问君能寄否，二江风水接天津。

独钓四首·其四

（唐·韩愈）

秋半百物变，溪鱼去不来。风能坼芡觜，露亦染梨腮。
远岫重叠出，寒花散乱开。所期终莫至，日暮与谁回。

冬郊行望

（唐·王勃）

桂密岩花白，梨疏林叶红。江皋寒望尽，归念断征篷。

早秋桐庐思归示道谚上人

（唐·皎然）

桐江秋信早，忆在故山时。静夜风鸣磬，无人竹扫墀。
猿来触净水，鸟下啄寒梨。可即关吾事，归心自有期。

村 居

（唐·韩偓）

二月三月雨晴初，舍南舍北唯平芜。前欢入望盈千恨，胜景牵心非一途。

日照神堂闻啄木，风含社树叫提壶。行看旦夕梨霜发，犹有山寒伤酒垆。

别 绪

（唐·韩偓）

别绪静愔愔，牵愁暗入心。已回花渚棹，悔听酒垆琴。

菊露凄罗幕，梨霜恻锦衾。此生终独宿，到死誓相寻。

月好知何计，歌阑叹不禁。山巅更高处，忆上上头吟。

和刘补阙秋园寓兴六首·其五

（唐·雍陶）

禁掖朝回后，林园胜赏时。野人来辨药，庭鹤往看棋。

晚日明丹枣，朝霜润紫梨。还因重风景，犹自有秋诗。

置酒坐飞阁

（唐·李世民）

高轩临碧渚，飞檐迥架空。馀花攒镂槛，残柳散雕栊。

岸菊初含蕊，园梨始带红。莫虑昆山暗，还共尽杯中。

病中寄白学士拾遗

（唐·张籍）

秋亭病客眠，庭树满枝蝉。凉风绕砌起，斜影入床前。

梨晚渐红坠，菊寒无黄鲜。倦游寂寞日，感叹蹉跎年。

尘欢久消委，华念独迎延。自寓城阙下，识君弟事焉。

君为天子识，我方沉病缠。无因会同语，悄悄中怀煎。

送河南陆少府

（唐·钱起）

云间陆生美且奇，银章朱绶映金羁。自料抱材将致远，宁嗟趋府暂牵卑。

东城社日催巢燕，上苑秋声散御梨。朝夕诏书还柏署，行看飞隼集高枝。

赠陶使君求梨

（唐·徐铉）

昨宵宴罢醉如泥，惟忆张公大谷梨。白玉花繁曾缀处，黄金色嫩乍成时。

冷侵肺腑醒偏早，香惹衣襟歇倍迟。今旦中山方酒渴，唯应此物最相宜。

九日小园独谣赠门下武相公

（唐·李吉甫）

小园休沐暇，暂与故山期。树杪悬丹枣，苔阴落紫梨。

舞丛新菊遍，绕格古藤垂。受露红兰晚，迎霜白薤肥。

上公留凤沼，冠剑侍清祠。应念端居者，长惭补衮诗。

怀伊川赋

（唐·李吉甫）

龙门南岳尽伊原，草树人烟目所存。正是北州梨枣熟，梦魂秋日到郊园。

赐梨李泌与诸王联句

（唐·李亨）

先生年几许，颜色似童儿。夜抱九仙骨，朝披一品衣。

不食千钟粟，唯餐两颗梨。天生此间气，助我化无为。

王濬墓下作

（唐·李贺）

人间无阿童，犹唱水中龙。白草侵烟死，秋梨绕地红。

古书平黑石，袖剑断青铜。耕势鱼鳞起，坟科马鬣封。

菊花垂湿露，棘径卧干蓬。松柏愁香涩，南原几夜风。

小游仙诗九十八首·其八

（唐·曹唐）

风满涂山玉蕊稀，赤龙闲卧鹤东飞。紫梨烂尽无人吃，何事韩君去不归。

晚次新丰北野老家书事呈赠韩质明府

（唐·卢纶）

机鸣春响日暾暾，鸡犬相和汉古村。数派清泉黄菊盛，一林寒露紫梨繁。

衰翁正席矜新社，稚子齐襟读古论。共说年来但无事，不知何者是君恩。

园 果
（唐·王建）

雨中梨果病，每树无数个。小儿出入看，一半鸟啄破。

送韦处士老舅
（唐·王建）

忆昨痴小年，不知有经籍。常随童子游，多向外家剧。
偷花入邻里，弄笔书墙壁。照水学梳头，应门未穿帻。
人前赏文性，梨果蒙不惜。赋字咏新泉，探题得幽石。
自从出关辅，三十年作客。风雨一飘飘，亲情多阻隔。
如何二千里，尘土驱蹇瘠。良久陈苦辛，从头叹衰白。
既来今又去，暂笑还成戚。落日动征车，春风卷离席。
云台观西路，华岳祠前柏。会得过帝乡，重寻旧行迹。

绝句（一作忆友人）
（唐·喻凫）

银地无尘金菊开，紫梨红枣堕莓苔。一泓秋水一轮月，今夜故人来不来。

和王维敕赐百官樱桃
（唐·崔兴宗）

未央朝谒正逶迤，天上樱桃锡此时。朱实初传九华殿，繁花旧杂万年枝。
未胜晏子江南橘，莫比潘家大谷梨。闻道令人好颜色，神农本草自应知。

梨
（唐·李峤）

擅美玄光侧，传芳瀚海中。凤文疏象郡，花影丽新丰。
色对瑶池紫，甘依大谷红。若令逢汉主，还冀识张公。

梦游仙四首·其二
（五代·贯休）

三四仙女儿，身著瑟瑟衣。手把明月珠，打落金色梨。

田家作
（五代·贯休）

田家老翁无可作，昼甑蒸梨香漠漠。只向阶前曝背眠，赤桑大叶时时落。
古堑侵门桃竹密，仓囷峨峨欲遮日。自云孙子解耕耘，四五年来腹多实。

我闻此语心自悲，世上悠悠岂得知，稼而不穑徒尔为。

梨

（宋·苏轼）

霜降红梨熟，柔柯已不胜。未尝蠲夏渴，长见助春冰。

初闻得校书郎示同官三绝

（宋·苏辙）

读书犹记少年狂，万卷纵横晒腹囊。奔走半生头欲白，今年始得校书郎。

百家小邑万重山，惭愧斯民爱长官。粳稻如云梨枣熟，暂留聊复为加餐。

病后浊醪都少味，老来欢意苦无多。临行寂寞空相对，不作新诗奈客何。

赠外孙

（宋·王安石）

南山新长凤凰雏，眉目分明画不如。年小从他爱梨栗，长成须读五车书。

甘棠梨

（宋·王安石）

甘棠诗所歌，自足夸众果。爱其凌秋霜，万玉悬磊砢。

园夫盛采摘，市贾争包裹。车输动盈箱，舟载辄连柁。

朝分不知数，暮在知几颗。但使甘有馀，何伤小而椭。

主人捐千金，饤饾留四坐。柑榛与橙栗，在口亦云可。

都城纷华地，内热易生火。问客当此时，蠲烦孰如我。

赠黔南贾使君

（宋·黄庭坚）

绿发将军领百蛮，横戈得句一开颜。少年坯下传书客，老去崆峒问道山。

春入莺花空自笑，秋成梨枣为谁攀。何时定作风光主，待得征西鼓吹还。

谢景叔惠冬笋雍酥水梨三物

（宋·黄庭坚）

玉人怜我长蔬食，走送厨珍自不尝。秦牛肥腻酥胜雪，汉苑甘泉梨得霜。

冰底断春生笋束，豹文解箨馔寒玉。见他桃李忆故园，馋獠应残邀窗竹。

默 坐

（宋·陆游）

巧说安能敌拙修，焚香默坐一窗幽。煌煌炎火常下照，浩浩黄河方逆流。
气住神仙端可学，心虚造物本同游。绝知此事不相负，荆棘翦除梨栗秋。

梨

（宋·钱惟演）

紫花青蒂压枝繁，秋实离离出上兰。东海圆珪无奈碧，嵊州甜雪不胜寒。
已忧仙佩悬珠重，更恐金刀切玉难。自与相如解痟渴，何须琼蕊作朝餐。

十月晦日郡席见鹅梨

（北宋·周紫芝）

雪后新尝漱齿泉，樽前风味固依然。自从北郡无人到，不见鹅梨今几年。
鲁酒谩倾犹病渴，并刀未下已流涎。从今莫觅张公种，饤坐虽多不当贤。

鹅 梨

（宋·洪适）

新鹅借颜色，甘蜜添滋味。忆得赏花时，阑干带春泪。

雪 梨

（宋·洪适）

魁然饤坐珍，落刃雪分身。酒渴思吞海，加笾纵臾人。

舟中晚酌

（宋·杨万里）

竹陵春酒绝清严，解割诗肠快似镰。雪藕逢暄偏觉爽，鹅梨欲烂不胜甜。

梨

（宋·杨万里）

挂冠大谷肯于时，饤坐风流特地奇。骨里馨香衣不隔，胸中水雪齿偏知。
卖浆碎捣琼为汁，解甲方怜玉作肌。老子醉来浑谢客，见渠倒屣只嫌迟。

梨

（宋·丁谓）

真定如拳大，灵关爽口清。甘香朱密冷，脆破玉霜鸣。

工苑司官属，交枝播颂声。谁知洛阳树，海内佔先名。

谢通讲师五偈

（宋·释正觉）

一昨书来约见过，迟留行李未成那。梨黄枣赤秋如许，发白眉庞老奈何。
相伴採薇云腻袜，不嫌伐木雨濡蓑。对床默默香摇篆，霁月夜窗悬女萝。

送常州陈商学士

（宋·宋祁）

红梨秋老石渠霜，并欲萧萧伴祖觞。台上补绫收柘枕，水边古兽得鞶囊。
浮云并盖辞京辇，晓月将潮促使艎。缘饰有文成政速，剩储灵气茹芝房。

寄蔡彦规兼谢惠酥梨二首

（宋·张耒）

自煮新酥笔旋开，秦霜犹污紫梨腮。旧园歌舞唐宫废，灌顶醍醐佛国来。
寄我远传千里意，憾君不举百分杯。西来新味饶乡思，淮蟹湖鱼几日回。

食 梨

（宋·曾巩）

今岁天旱甚，百谷病已久。山梨最大树，属此亦乾朽。
当春花盛时，雪满山前后。常期摘秋实，穰穰落吾手。

尝北梨

（宋·葛天民）

每到年头感物华，新尝梨到野人家。甘酸尚带中原味，肠断春风不见花。

赋雪梨寄二孙

（宋·苏简）

梨乃北方来，东阳有遗种。开花如雪洁，结实论斤重。
似闻风霜来，採摘不旋踵。肤莹玉在手，剖之醴泉涌。

梨

（宋·杨长孺）

想像含消与接枝，项华集里脆香诗。外披翠羽中怀玉，嚼出清泉上满池。
溢齿应餐多正好，堆盘尽饤老将宜。炎蒸时节还能洗，不是梨侯更有谁。

食梨吟

（宋·邵雍）

愿君莫爱金花梨，愿君须爱红消梨。金花红消两般味，一般颜色如烟脂。
红消食之甘如饴，金花食之先颦眉。似此误人事不少，未食之前宜辩之。

训世孝弟诗十首·其六

（宋·邵雍）

子孝亲分弟敬哥，天时地利与人和。莫言世事常如此，堪叹人生有几何。
满眼繁华何足贵，一家安乐值钱多。奇哉让梨并怀橘，子孝亲分弟敬哥。

卢秀才家食梨

（宋·冯时行）

屡款卢仙贡玉堂，谷梨霜饱每分香。冰圆咀液凉疏齿，金醴吞甘浣热肠。
误诮斧斤讹鲁简，骇听名字笑吴娘。好同火枣供嘉品，端此蟠桃味更长。

鹅　梨

（宋·许及之）

大谷固绝品，鹅梨亦遗味。名园见似人，神皋花溅泪。

围城视囿

（宋·韩维）

下马步榛荟，吊古高阳门。鸣蜩乱深樾，蔓草被颓垣。
席阴得佳木，解带休我烦。二年官儒馆，始叹吏役喧。
学圃蹈孔戒，征利服轲言。黾勉职事间，大惧失所存。
秋风熟梨枣，令人思故园。

谢王公才惠资阳梨二首

（宋·李石）

老火丹田热欲吹，不妨水雪重提携。金多不用千头橘，刀害无嫌三藏梨。

谢王公才惠资阳梨二首

（宋·李石）

满盘水玉岂虚投，落笔琼琚未易酬。欲写霜柑三百颗，更寻火枣八千秋。

以雪梨遗韩子文

（宋·李洪）

婺女新梨玉雪如，姑山绰约想肌肤。使君应唤纤纤手，钉座风流近酒壶。

以梨橙寄景韩景韩有诗来谢因和韵奉答

（宋·程公许）

离肠不耐食张梨，并裹橙金遣使斋。薄馈羞同园吏菜，好词空费外孙虀。
含消汉苑梦频渴，霜落洞庭书续题。莫遣楚娇多劝饮，怨歌难解太常妻。

玉汝赠永与冰蜜梨十颗

（宋·梅尧臣）

梨传真定间，其甘曰如蜜。君得咸阳中，味兼冰作质。
遗之析朝酲，亦以蠲烦疾。吾儿勿多嗜，不比盘中栗。

王道损赠永兴冰蜜梨四颗

（宋·梅尧臣）

名果出西州，霜前竞以收。老嫌冰熨齿，渴爱蜜过喉。
色向瑶盘发，甘应蚁酒投。仙桃无此比，不畏小儿偷。

江邻几学士寄酥梨

（宋·梅尧臣）

兴平烹琼乳，咸阳摘冰枝。秦女点山日，张公开谷时。
刻破玉浆壶，泛融金酒卮。适从关中寄，不见博士卑。

赠裴直讲水梨二颗言太戢答吴柑三颗以为多走

（宋·梅尧臣）

绿橘似甘来太学，大梨如水出咸阳。莫将多少为轻重，试擘霜包几瓣香。

梨

（宋·李复）

柿垂黄尚微，枣熟赤可剥。新梨接亦成，实大何磊落。
累累如碧罂，器宇极恢廓。悬枝细恐折，植竹仰撑托。

梨

（宋·刘筠）

玄光仙树阻丹梯，御宿嘉名近可齐。真定早寒霜叶薄，樊川初晓露枝低。
先时樱熟烦羊酪，远信梅酸损孤犀。宋玉有情终未识，蔗浆无奈楚魂迷。

梨

（宋·程敦厚）

远意来佳惠，秋筠启翠篮。清香殊未散，奇品至相参。
凤卵辞丹穴，龙珠出古潭。剖轻刀匕快，嚼易齿牙甘。

丑 梨

（宋代·陆埈）

灰豕凝清古，霜津溢澹甜。面嫌汤后白，心慰邑中黔。
美实种寒谷，珍尝近御奁。彼姝徒冠玉，争得似无监。

梨 果

（宋·潘牥）

紫轻半百远分贻，正值文园病渴时。不液果如孙楚赋，金柯未数上林奇。
断牙颇觉飞泉绕，老态惭非饤玉姿。无限世间蒸食者，令人那解识檀梨。

谢周唐柳分惠宣梨二首

（宋·袁说友）

啄木门初扣，分甘味占高。风标夸饤坐，津润忆流膏。
剩受千梨户，宁辞五藏刀。一杯须领意，老欲为渠饕。

曾宏甫到光山遣送鹅梨淮鱼等数种

（宋·曾几）

吾宗席未暖淮滨，遣骑持书腾送珍。美实来从压沙寺，巨鱼长比藉糟人。
欲雕好语略为报，但愧新诗如有神。领客不无桃李树，知君忆著故园春。

次韵邓正字慎思秋日同文馆九首其一

（宋·晁补之）

高堂置书几，连幕与云齐。暑服犹便葛，秋盘已饤梨。
官醪聊足醉，古锦不成题。空对灯花喜，重城隔夜闺。

送刘景文两浙西路都监

（宋·晁补之）

刘侯八尺力如虎，遣守黄河千里堤。闲门寒郊似深隐，虫响秋巷墙悬梨。
我官北门四换岁，访饮屡过城濠西。雁飞不到建章阙，欲往何异车无輗。
诗篇惊人众侧耳，蚤有高誉无卑栖。诏绥兵马吴八郡，画船下汴光生蜺。
西湖灵隐天下冠，幽人释子多招提。松林竹坞我行地，拂拭定有尘埃题。
山堂清酒小泥赤，吴歌白纻双蛾低。少年放意入云水，只今块坐愁冠笄。
君行日夜向佳景，洞庭霜落羞鲑夷。莫夸能饭便鞍马，闽琛海赆通蛮溪。
时平游宦行乐耳，属有佳客须频携。明年我亦丐一邑，扁舟江上随凫鹥。

梨

（宋·杨亿）

繁花如雪早伤春，千树封侯未是贫。汉苑漫传卢橘赋，骊山谁识荔枝尘。
九秋青女霜添味，五夜方诸月溜津。楚客狂酲朝已解，水风犹自猎汀蘋。

梨

（宋·刘子翚）

尚想飞花照崎疏，离离秋实点烟芜。丹腮晓露香犹薄，玉齿寒冰嚼欲无。
旧有佳名留大谷，谁分灵种下仙都。蔗浆不用传金碗，犹得相如病少苏。

食鹅梨三首

（宋·刘子翚）

寒烽夜灭楚淮长，客舸轻摇度碧光。北果初来珍重意，层层般纸透清香。

食鹅梨三首

（宋·刘子翚）

拂拂鹅黄初借色，涓涓蜜醴为输津。冷然一涤心渊净，热恼无因著莫人。

食鹅梨三首

（宋·刘子翚）

琱盘一卵宁论价，新带中原雨露来。却忆春行梁宋野，雪花琼蕊数程开。

韩及甫惠陕梨走笔书句谢之

（宋·强至）

霜后琼浆味转饶，关山封寄路迢迢。分甘珍重知君意，应为相如正病消。

依韵奉和司徒侍中压沙寺梨

（宋·强至）

谁将冰蜜共囊封，结实只园颗颗同。蔽芾舍傍思召伯，周流林下赋扬雄。
花经春月千层白，颊傅秋霜一抹红。江橘空甘得奴号，果中清品合称公。

南柯子·予戒酒肉茶果久矣，特蒙公见惠梨枣

（元·马钰）

悟彻梨和枣，宁贪酒与茶。我今云水作生涯。
奉劝依予，早早早离家。我得醉醒趣，君当生死趋。
同予物外炼丹砂。九转功成，步步步烟霞。

棠梨白练图

（元·王冕）

芙蓉香冷箫声杳，月淡烟青楚宫晓。仙禽不语雪衣轻，相逢却恨秋风早。
土花翠浅霜露漙，山梨小结丹砂红。主人醉倒不知春，梦回故苑寒云浓。

过山家

（元·王冕）

松风吹凉日将宴，山家蒸梨作午饭。阿翁引孙牵挟归，破衣垂鹑不遮□。
勾镰插腰背负薪，白头半岸乌葛巾。喜渠胸次无经纶，白石烂煮空山春。
见我忘机笑古怪，不学当时野樵拜。自言无处著隐居，仅得门前溪一派。
好山两岸如芙蕖，溪水可濯亦可渔。白日力作夜读书，邻家鄙我迂而愚。
破瓶无粟妻子闷，更采黄精作朝顿。近来草庐无卧龙，世上英雄君莫问。

舜举画棠梨练雀

（元·程钜夫）

霜晕棠梨脸，风梳练雀翎。含毫心欲醉，开卷眼还醒。

外家南寺

（金·元好问）

郁郁秋梧动晚烟，一夜风露觉秋偏。眼中高岸移深谷，愁里残阳更乱蝉。
去国衣冠有今日，外家梨栗记当年。白头来往人间遍，依旧僧窗借榻眠。

梨俱幽沈大雅与杜并传

（明·徐渭）

潘家大谷梨，今遍九河堤。接树冰千鞠，单颗水一提。

马驮香黑瓮，雁过脆红犀。未怕相如渴，王孙尽翠眉。

冬日斋中草木·其二·梨

（清·陈廷敬）

东南竹箭几人栽，江舶年年秋色回。上谷紫梨霜后好，黄柑丹橘一时来。

姜白石诗词全集刻成即效白石体落之

（清·全祖望）

巨区水茫茫，天目山苍苍。中有白石仙，老笔生寒芒。

寒芒久晦塞，问年过五百。铸金酹南村，红梨生玉色。

有进川南使君新荔枝者是日初尝苦瓜使君纪之以诗与吴山带和之次吴韵二首·其一

（清·陈恭尹）

二年留滞思三峡，七载清吟守一麾。瓜果东南尝已遍，无人轻快似消梨。

3. 与梨叶有关的诗词

客旧馆

（唐·杜甫）

陈迹随人事，初秋别此亭。重来梨叶赤，依旧竹林青。

风幔何时卷，寒砧昨夜声。无由出江汉，愁绪月冥冥。

渭村酬李二十见寄

（唐·白居易）

百里音书何太迟？暮秋把得暮春诗。柳条绿日君相忆，梨叶红时我始知。

莫叹学官贫冷落，犹胜村客病支离。形容意绪遥看取，不似华阳观里时。

秋　晚

（唐·白居易）

烟景淡濛濛，池边微有风。觉寒蛩近壁，知暝鹤归笼。

长貌随年改，衰情与物同。夜来霜厚薄，梨叶半低红。

生离别

（唐·白居易）

食蘗不易食梅难，蘗能苦兮梅能酸。未如生别之为难，苦在心兮酸在肝。

晨鸡再鸣残月没，征马连嘶行人出。回看骨肉哭一声，梅酸蘗苦甘如蜜。

黄河水白黄云秋，行人河边相对愁。天寒野旷何处宿，棠梨叶战风飕飕。

生离别，生离别，忧从中来无断绝。忧极心劳血气衰，未年三十生白发。

邓州路中作

（唐·白居易）

萧萧谁家村，秋梨叶半圻。漠漠谁家园，秋韭花初白。

路逢故里物，使我嗟行役。不归渭北村，又作江南客。

去乡徒自苦，济世终无益。自问波上萍，何如涧中石。

送郑寂上人南行

（唐·许浑）

儒家有释子，年少学支公。心出是非外，迹辞荣辱中。

锡寒秦岭月，杯急楚江风。离怨故园里，小秋梨叶红。

赠别张兵曹

（唐·李颀）

汉家萧相国，功盖五诸侯。勋业河山重，丹青锡命优。

君为禁脔婿，争看玉人游。荀令焚香日，潘郎振藻秋。

新成鹦鹉赋，能衣鸲鹆裘。不惮轩车远，仍寻薜荔幽。

苑梨飞绛叶，伊水净寒流。雪满故关道，云遮祥凤楼。

一身轻寸禄，万物任虚舟。别后如相问，沧波双白鸥。

怀叶县关操姚旷韩涉李叔齐

（唐·岑参）

数子皆故人，一时吏宛叶。经年总不见，书札徒满箧。

斜日半空庭，旋风走梨叶。去君千里地，言笑何时接。

杨固店

（唐·岑参）

客舍梨叶赤，邻家闻捣衣。夜来尝有梦，坠泪缘思归。

洛水行欲尽，缑山看渐微。长安祇千里，何事信音稀。

江南送别

（唐·韩偓）

江南行止忽相逢，江馆棠梨叶正红。一笑共嗟成往事，半酣相顾似衰翁。

关山月皎清风起，送别人归野渡空。大抵多情应易老，不堪岐路数西东。

贬降至汝州广城驿

（唐·郑愔）

近郊凭汝海，遐服指江干。尚忆趋朝贵，方知失路难。

曙宫平乐远，秋泽广城寒。岸苇新花白，山梨晚叶丹。

乡关千里暮，岁序四时阑。函塞云间别，旋门雾里看。

凫年追骎骦，暮节仰鹓鸾。疲驽劳垂耳，骞腾讵矫翰。

将调梅铉实，不正李园冠。荆玉终无玷，随珠忽已弹。

晓装违巩洛，夕梦在长安。北上频伤阮，西征未学潘。

倾车无共辙，同派有殊澜。去去怀知己，何由报一餐。

南　园

（唐·李贺）

方领蕙带折角巾，杜若已老兰苕春。南山削秀蓝玉合，小雨归去飞凉云。

熟杏暖香梨叶老，草梢竹栅锁池痕。郏公乡老开酒尊，坐泛楚奏吟招魂。

永宁里小园与沈校书接近，怅然题寄

（唐·羊士谔）

故里心期奈别何，手移芳树忆庭柯。东皋黍熟君应醉，梨叶初红白露多。

别岭南熊判官

（唐·元稹）

十年常远道，不忍别离声。况复三巴外，仍逢万里行。

桐花新雨气，梨叶晚春晴。到海知何日，风波从此生。

遣春十首·其十

（唐·元稹）

梨叶已成阴，柳条纷起絮。波绿紫屏风，螺红碧筹箸。

三杯面上热，万事心中去。我意风散云，何劳问行处。

秋中过独孤郊居

（唐·卢纶）

开园过水到郊居，共引家童拾野蔬。高树夕阳连古巷，菊花梨叶满荒渠。
秋山近处行过寺，夜雨寒时起读书。帝里诸亲别来久，岂知王粲爱樵渔。

伊川晚眺

（唐·李德裕）

桑叶初黄梨叶红，伊川落日尽无风。汉储何假终南客，角里先生在谷中。

江南二首

（唐·陆龟蒙）

便风船尾香粳熟，细雨层头赤鲤跳。待得江餐闲望足，日斜方动木兰桡。
村边紫豆花垂次，岸上红梨叶战初。莫怪烟中重回首，酒家青纻一行书。

宿疏陂驿

（宋·王周）

秋染棠梨叶半红，荆州东望草平空。谁知孤宦天涯意，微雨萧萧古驿中。

蝶恋花

（宋·晏殊）

梨叶疏红蝉韵歇。银汉风高，玉管声凄切。
枕簟乍凉铜漏咽。谁教社燕轻离别。
草际蛩吟珠露结。宿酒醒来，不记归时节。
多少衷肠犹未说。朱帘一夜朦胧月。

村　行

（宋·王禹偁）

马穿山径菊初黄，信马悠悠野兴长。万壑有声含晚籁，数峰无语立斜阳。
棠梨叶落胭脂色，荞麦花开白雪香。何事吟余忽惆怅，村桥原树似吾乡。

野路见棠梨红叶为斜日所照尤可爱

（宋·宋祁）

叶叶棠梨战野风，满枝哀意为秋红。无人解赏如丹意，抛在荒城斜照中。

蝶恋花·梨叶初红婵韵歇

（宋·欧阳修）

梨叶初红婵韵歇。银汉风高，玉管声凄切。

枕簟乍凉铜漏彻。谁教社燕轻离别。

草际虫吟秋露结。宿酒醒来，不记归时节。

多少衷肠犹未说。珠帘夜夜朦胧月。

马上口占三绝

（宋·郑刚中）

露浓红透棠梨叶，风紧落疏荞麦花。马首渐东京洛近，小寒无用苦思家。

和伯氏用介卿韵惠诗二首

（宋·蔡沈）

悄悄园林世味长，碧云疏散暮天光。且宽礼乐兴江左，厌听干戈暗洛阳。

梨叶尽时无伏暑，竹阴深处有馀凉。从容领会精微旨，何用区区底事忙。

4. 与梨树有关的诗词

甘　棠

（先秦·诗经）

蔽芾甘棠，勿剪勿伐，召伯所茇。

蔽芾甘棠，勿剪勿败，召伯所憩。

蔽芾甘棠，勿剪勿拜，召伯所说。

金谷集作诗

（西晋·潘岳）

王生和鼎实，石子镇海所。亲友各言迈，中心怅有违。

保以叙离思，携手游郊畿。朝发晋京阳，夕次金谷湄。

回溪萦曲阻，峻阪路威夷。绿池泛淡淡，青柳何依依。

滥泉龙鳞澜，激波连珠挥。前庭树沙棠，后园植乌椑。

灵囿繁石榴，茂林列芳梨。饮至临华沼，迁坐登隆坻。

玄醴染朱颜，但愬杯行迟。扬桴抚灵鼓，箫管清且悲。

春荣谁不慕，岁寒良独希。投分寄石友，白首同所归。

西地梨诗

（南北朝·沈约）

列茂河阳苑，蓄紫滥筋隈。翻黄秋沃若，落素春徘徊。

道士步虚词十首·其五

（南北朝·庾信）

洞灵尊上德，虞石会明真。要妙思玄牝，虚无养谷神。
丹丘乘翠凤，玄圃御斑麟。移梨付苑吏，种杏乞山人。
自此逢何世，从今复几春。海无三尺水，山成数寸尘。

九日从驾诗

（南北朝·王褒）

黄山猎地广，青门官路长。律改三秋节，气应九钟霜。
曙影初分地，暗色始成光。高旆长楸坂，缇幕杏间堂。
射马垂双带，丰貂佩两璜。苑寒梨树紫，山秋菊叶黄。
华露霏霏冷，轻飙飒飒凉。终惭属车对，空假侍中郎。

新园旦坐

（唐初·王绩）

林宅资馀构，园亭今创营。接梨过半箸，从此近全生。
凿沼三泉漏，为山九仞成。草香罗户穴，茅茹结檐楹。
松栽一当伴，柳种五为名。独对三春酌，无人来共倾。

独　酌

（唐·杜甫）

步屧深林晚，开樽独酌迟。仰蜂黏落絮，行蚁上枯梨。
薄劣惭真隐，幽偏得自怡。本无轩冕意，不是傲当时。

有木诗八首·其四

（唐·白居易）

有木名杜梨，阴森覆丘壑。心蠹已空朽，根深尚盘薄。
狐媚言语巧，鸟妖声音恶。凭此为巢穴，往来互栖托。
四傍五六本，叶枝相交错。借问因何生，秋风吹子落。
为长社坛下，无人敢芟斫。几度野火来，风回烧不著。

送陕府王大夫

（唐·白居易）

金马门前回剑珮，铁牛城下拥旌旗。他时万一为交代，留取甘棠三两枝。

送裴腾

（唐·李颀）

养德为众许，森然此丈夫。放情白云外，爽气连虬须。

衡镜合知子，公心谁谓无。还令不得意，单马遂长驱。

桑野蚕忙时，怜君久踟蹰。新晴荷卷叶，孟夏雉将雏。

令弟为县尹，高城汾水隔。相将簿领闲，倚望恒峰孤。

香露团百草，紫梨分万株。归来授衣假，莫使故园芜。

赠进士李德新接海棠梨

（唐·翁洮）

蜀人犹说种难成，何事江东见接生。席上若微桃李伴，花中堪作牡丹兄。

高轩日午争浓艳，小径风移旋落英。一种呈妍今得地，剑峰梨岭谩纵横。

送马将军奏事毕归滑州使幕

（唐·李嘉祐）

吴门别后蹈沧州，帝里相逢俱白头。自叹马卿常带病，还嗟李广未封侯。

棠梨宫里瞻龙衮，细柳营前著豹裘。想到滑台桑叶落，黄河东注荻花秋。

梨树阴

（唐·刘商）

福庭人静少攀援，雨露偏滋影易繁。磊落紫香香亚树，清阴满地昼当轩。

褒城驿（军大夫严秦修）

（唐·元稹）

严秦修此驿，兼涨驿前池。已种千竿竹，又栽千树梨。

四年三月半，新笋晚花时。怅望东川去，等闲题作诗。

褒城驿二首

（唐·元稹）

容州诗句在褒城，几度经过眼暂明。今日重看满衫泪，可怜名字已前生。

忆昔万株梨映竹，遇逢黄令醉残春。梨枯竹尽黄令死，今日再来衰病身。

红 梨

（宋·王安石）

红梨无叶庇花身，黄菊分香委路尘。岁晚苍官才自保，日高青女尚横陈。

清平乐·检校山园书所见

（宋·辛弃疾）

连云松竹，万事从今足。挂杖东家分社肉，白酒床头初熟。

西风梨枣山园，儿童偷把长竿。莫遣旁人惊去，老夫静处闲看。

次韵张秘校喜雪三首

（宋·黄庭坚）

满城楼观玉阑干，小雪晴时不共寒。润到竹根肥腊笋，暖开蔬甲助春盘。

眼前多事观游少，胸次无忧酒量宽。闻说压沙梨已动，会须鞭马蹋泥看。

梨

（宋·丁谓）

摇摇繁实弄秋光，曾伴青樽荐武皇。玄圃云腴滋绀质，上林风驭猎清香。

寻芳尚忆琼为树，蹭渴因知玉有浆。多少好枝谁最见，冒霜频丹倚隣墙。

内丘梨园

（宋·范成大）

汗後鹅梨爽似冰，花身耐久老犹荣。

园翁指似还三笑，曾共翁身见太平。

题孙端甫别墅

（宋·叶绍翁）

幽居地僻少人知，野水春风枳树篱。检历预寻移竹日，题墙闲记种花时。

堪嗤狡兔须三窟，只学鹪鹩占一枝。净扫绿苔斟浊酒，邻家吹过野棠梨。

次韵和吴冲卿秋意四首·窥梨卑枝垂

（宋·司马光）

端居倦烦暑，园圃久不窥。雨余秋气新，红叶生紫梨。

形骸得萧散，不知环堵卑。何能效流俗，把酒须菊枝。

登高已可醉，四野青云垂。

题宋徽宗棠梨冻鹊图

（明·来复）

五国城头落日低，故宫南望思凄迷。

秋风愁杀棠梨树，不及双禽自在栖。

棠梨白头公二首·其一

（明·陈昌）

唐家羯鼓寝园空，犹有棠梨一树红。幽鸟似关兴废事，白头无语立东风。

棠 梨

（明·彭孙贻）

二月东风遍野棠，莺花一片两茫茫。重门深掩同寒食，红雨无人自夕阳。

芳草墓田黄蝶路，村姬茅舍白云庄。疏篱一任开还落，何处春游枉断肠。

越 歌

（八首。约杨推官同赋）

（明·宋濂）

越王台下是侬家，一尺龙梭学织纱。愿郎莫栽梨子树，遮却房前夜合花。

无题·其一

（明·刘昌）

帘幕深沈柳絮风，象床豹枕画廊东。一春空自闻啼鸟，半夜谁来问守宫。

眉学远山低晚翠，心随流水寄题红。十旬不到门前去，零落棠梨野草中。

卜算子·租风瓜步

（清·陈维崧）

风急楚天秋，日落吴山暮。乌桕红梨树树霜，船在霜中住。

极目落帆亭，侧听催船鼓。闻道长江日夜流，何不流侬去？

昨 夜

（近代·弘一）

昨夜星辰人倚楼，中原咫尺山河浮。

沈沈万绿寂不语，梨华一枝红小秋。

附录二　梨的传说故事

1. 莱阳梨的传说

莱阳有着两千多年的悠久历史和灿烂文化，素有"半岛陆路旱码头"之称。"莱阳梨的传说"流传很广，大部分学者认为该故事起源于明末，形成于清初，是先有梨后有传说。据《莱阳县志》载："相传邑人于茌平得来"，至今在莱阳照旺庄镇芦儿港村梨园还有一株 400 多年的老梨树，树干生长仍很健壮，年株产量近三四百千克。

莱阳梨的传说讲述了古时候有个姓董的书生进京赶考，病倒在莱阳境内，多方求医诊疗，不见好转。无奈灰心回转，行至五龙河畔见一片茂密梨园，遇一位长者，手捧一个金黄色的茌梨，对书生讲："每日饭后食此梨一枚，一个月后病必痊愈。"书生接梨张口一咬，梨到口中并没有咀嚼便已化了，如蜜如乳，如酥如饴，只觉五脏滋润，六腑清爽。书生高兴道："好哉此梨，莫非神梨乎？"长者捋须笑道："我观公子福相，前程远大，必是翰苑英才，三年一次大比，秋闱不可错过也。我送你莱阳梨一筐，既可治愈汝日前之疾，又可增汝阳寿。"书生下跪叩谢，起身已不见长者，见一筐莱阳梨放于树下。书生秋试入考场，中了头名状元。天子爱才，将公主下嫁书生。洞房花烛之夜，书生将余下四枚莱阳梨与公主品尝。公主在宫内珍果佳肴都尝遍了，但觉没有哪一种果子能比上莱阳梨的滋味。次日，把剩余二枚献给皇上和皇后，皇帝食后说："梨乃百果之宗，此梨堪为梨中之王。美哉此梨！"皇后说："真乃天生甘露，不可多得！"自此，莱阳梨列为皇家贡品。

"莱阳梨的传说"是莱阳乡土文化的一个缩影，为"梨文化"的形成，提供了丰富的内容，对于丰富莱阳地域文化内涵具有重要的价值。

2. 冠县梨树王的传说

冠县"梨树王"高 8 m，胸径 1 m，树冠遮地面积近 200 m^2。据说是韩路村王姓家族的第八世祖王泰栽于康熙年间，距今已有 300 多年，但每年产量仍达 2 000 kg，而且酥脆甘甜，品质极佳。经有关专家考察论证，"鸭梨王"无论树龄之高，树型之大，还是产量之多，品质之优，都堪称全国之最。

据说是在一个秋高气爽的日子，东汉开国皇帝光武帝刘秀率领文武百官来到梨园，走到一棵高大的梨树下，有个梨子突然从树上掉下来摔碎在他的脚前。于是，他命人又从树上摘下一个，这一尝不要紧，顿觉满口生津、唇齿溢香。刘秀赞道："此真乃梨之王也！"说也奇怪，那树遂枝摇叶摆，好像在谢主隆恩，因此那棵树就被称为"御封梨树王"。东汉光武帝刘秀封了梨树王之后，自然不能让"梨树王"成为"孤家寡人"，在随臣的提议下，他又按自己朝中的"编制"，一并册封了梨树王国，也就是旅游图上的"梨王宫"，其中"将""相""后""妃"一应俱全。"梨树王"南侧的两株便是"左右梨相"，梨树王北侧的一棵大树为"梨王后"。原树已枯衰，本株是康熙年间，由当地王氏第八世祖王泰在旧址重新育植的，迄今也有300多岁了。此树开花与结果量，只有梨树王能与之媲美。在悠悠岁月里，"梨树王"和它的"后、妃、将、相们"一起经历着风吹沙打、兵荒马乱，一起见证着冠州梨园的盛衰枯荣。近两千年来，梨树王的子孙们，曾以浓密的枝叶，为农民起义军遮风挡雨、避敌藏身；曾以甘甜的果实，为遭遇荒年的穷苦百姓填充饥肠、解饿止渴。

3. 仙女授梨的传说

"仙女授梨"的雕塑，高7.5 m，宽4.5 m；底座长4.5 m，宽3.7 m，全部由花岗岩石雕制而成，成为阳信万亩梨园风景区主要景点之一。相传很久以前，梨园一带曾有一个宽广美丽的清波湖，天上的仙女们经常下凡来此游玩。一天，七仙女在天宫果园中偷摘了专供王母娘娘享用的仙梨，和姐妹一起来到清波湖品尝后，把仙梨核丢在了湖畔。

几个春秋过去，岸边长出了几棵根深叶茂、结满圆黄果实的仙梨树。见此，仙女们在高兴的同时又感到忧愁：这事若被王母娘娘知道，定会惩罚她们。这时，一群鸭子从湖中游来，七仙女灵机一动，略施法术，将仙梨颈部变成鸭头之状。这样一来，仙梨变成了鸭梨，使得仙果留存人间。早年的清波湖因干涸而变成了青坡洼，而湖边生长的几棵梨树已繁衍成大片梨园，为后人造福。阳信鸭梨由此被誉为"人间仙果"，名扬天下。

4. 南果梨的传说

南果梨传说一：因为人们从老道那里知道这是那只大雁从南方叼来的种子种下的梨树，于是就把这种梨起名为南国梨了。古时候称南方也为南国。后来这南国梨叫白了，人们就叫成南果梨。这以后，种植这种梨树的越来越多了，如今南果梨已遍及鞍山地区的所有山区和半山区。每年当梨花盛开的时候，南方的紫褐色的大雁就在南果梨树的上空飞来飞去，一个劲儿地打旋儿……好像在向人们夸耀自己，多亏它，才有这么多这么好的南果梨树。

南果梨传说二：李果和南氏为这树差不多已经豁上命，挖坑、埋树、浇水、防冻，梨树缓醒过来。当年没结果，第二年满树花果，梨儿从隆昌州传到辽阳城，人们都问这梨叫什么名。李果和南氏给这树起了个名字，因为这梨果来之不易，就叫"难果梨"吧！这一对夫妻从年轻到老，为梨树操劳一生，年过七十岁，就一前一后死了。当地百姓为纪念他们，有人提议给梨树重新定名。有人说，这梨树当初多亏了南氏的精心侍弄才能活过来，应该叫南果；有人说，要不是李果三次找树，哪有这梨树，应该叫李果。有人说，这么着吧，用南氏的姓，再把李果的姓名倒过来，叫南果李吧。后来叫常了，就叫成'南果梨'了。

附录三 历史名人与梨

1. 孔融让梨

融四岁，与诸兄共食梨，融辄引小者。大人问其故，答曰："我小儿，法当取小者。"

孔融是孔子后人，是"建安七子"之一。孔融四岁时，母亲让他把一盘梨分给大家。孔融按照长幼次序来分梨，他的兄弟们都得到了较大的梨，唯独给自己的是那个最小的。他父亲问道："别人都分到大梨，你自己却分到小梨，为什么呢？"孔融从容答道："树有高的和低的，人有长的和幼的，尊长爱幼是做人的道理。"孔融让梨的故事很快传遍朝野。几千年来，懂规矩、肯奉献的孔融也成了许多父母教育子女的典范。

2. 许衡不食梨

许衡尝暑中过河阳，渴甚，道有梨，众争取啖之，衡独危坐树下自若。或问之，曰："非其有而取之，不可也。"人曰："世乱，此无主。"曰："梨无主，吾心独无主乎？人所遗，一毫弗义弗受也。"庭有果，熟烂堕地，童子过之，亦不睨视而去。其家人化之如此，帝欲相之，以疾辞。卒后，四方学者皆聚哭，有数千里来聚哭墓下者。谥文正。（选自《元史·许衡传》）

许衡，字仲平，号鲁斋，怀州河内（今河南省焦作市中站区李封村）人。宋末元初著名思想家、教育家，与刘因、吴澄并称"元朝三大理学家"。许衡是元代儒学大家，早年曾经跟很多人一起逃难，当时天气炎热，口干舌燥的同伴们发现路边有一棵梨树，都争先恐后地去摘梨解渴。只有许衡一人端坐树下，动也不动。大家觉得很奇怪，有人便问许衡说："你怎么不去摘梨来吃呢？"许衡回答道："那梨树不是我的，我怎么能去摘梨呢？"那人又说："这棵梨树恐怕早已没有主人了，何必介意呢？"许衡正色道："纵然梨树没有主人，难道我的心也没有主人吗？"心有信念，方能笃定守志。许衡治家严谨，教子有方，其子孙皆学有所成，第四子许师敬先后三居相位，卓有政绩。

3. 郑濂碎梨

明郑濂、七世同居。门旌天下第一家。太祖召问曰。汝家人口若干。对曰。千余。因问治家之道。对曰。惟不听妇人言耳。上赐二梨。濂拜受归。上命校尉瞯之。濂至家。召家人齐谢恩。置水二缸。碎梨入水。饮之。上大悦。

郑氏家族三百余年累世同居，一千余人合爨共食，备受世人颂扬。有一次，朱元璋将上好的香梨赐给郑濂，并安排人跟着他回家去，看他如何分梨。郑濂到家后，召集全家所有人出来谢恩。谢恩后，郑濂就搬出大水缸，放满清水，将梨敲碎，使梨汁渗到水中去，然后每人都分得了一碗梨水。由此可见，郑濂是一个很有智慧的人，他懂得持家之道要在公而无私。郑氏家族以孝义闻名于世，郑濂与兄弟共撰《家范》三卷，是中国传统家训的里程碑。

4. 李泌烧梨

梨在唐朝北方是比较常见的水果，但唐朝人喜欢吃的却是蒸熟的梨。"田家老翁无可作，昼甑蒸梨香漠漠"。在唐朝，除了最流行的蒸梨外，还有"烧梨"。唐李繁《邺侯家传》载："肃宗召处士李泌于衡山，至，舍之内庭。尝夜坐地炉，烧二梨以赐李泌"，吃到一半，颖王仗着受宠，想吃李泌的梨子，唐肃宗生气了，说你每天都大鱼大肉，先生连米饭都不吃，你争什么。唐肃宗又让众王子以聚会分别作一句诗。颖王作的是"先生年几许，颜色似童儿。"信王作的是"夜抱九仙骨，朝披一品衣。"益王转结道"不食千钟粟，唯餐两颗梨。"最后一句由唐肃宗亲作，为"天生此间气，助我化无为。"这首诗就是《烧梨联句》。"烧梨联句"也成为一段佳话。因为李泌经常为肃宗治国理政出谋划策，肃宗李亨非常器重他，而李泌信奉道教在山中修炼辟谷，不吃五谷杂粮，李亨就亲手为李泌烧梨，体现了爱才敬才之心。

5. 毛主席与莱阳梨

在驰名中外的莱阳贡梨产地照旺庄镇西陶漳村的莱阳梨博物馆里，珍藏着一张保存完好、但已经泛黄的特殊回函，如今成为博物馆镇馆之宝，据说价值不菲。这张回函究竟"特"在哪？它是莱阳人民给伟大领袖毛主席送莱阳梨的唯一一张保存完好的证据。如今，它成了一件珍贵历史文物。回函上面写着，莱阳县照旺庄公社西陶漳大队全体同志：九月二十七日寄给毛主席的信和莱阳梨都收到了，谢谢你们。此复，并致敬礼！中共中央办公厅秘书室，一九五九年十月七日。随着信件，还分别捎来了一张收据和梨折价款。其实，毛主席喜欢莱阳梨由来已久。1949 年 12 月21 日，苏联斯大林过 70 岁大寿，毛主席特意为山东分局亲笔信中写道：斯大林领袖 12 月 21 日七十大寿，请准备莱阳黎（梨）五千斤。西陶漳村陈列馆里珍藏这张回函和莱阳梨的故事，充分表达了梨乡对毛主席的无限热爱，对伟人的无比崇敬。

附录四　梨绘画艺术

1.《果盘图》

明代作品，绢本设色，27.6 cm×25.9 cm，美国史密森尼博物馆藏。在这幅画作里，除了梨，还有葡萄、石榴、橘子等水果，装水果的盘子是明代常见的琉璃器皿，呈蓝色半透明状，晶莹剔透。这幅作品设色艳丽，却不失清新雅致。作者用工笔画法，细勾淡染，把这一盘水果刻画得栩栩如生。梨在画面偏主体的位置，同时还有石榴和橘子。而在中国广东地区，流行着新春佳节互赠橘子和梨的风俗，希望在新的一年里大吉大利。因此，这一盘水果并不是不加选择的绘画，而是寄托了美好的寓意。

《果盘图》

2.《盛开的小梨树》

　　盛开的小梨树是 1888 年荷兰后印象派画家梵高创作的一幅风景画作品，73 cm×46 cm，使用材质油彩和画布，目前该作品由阿姆斯特丹梵谷美术馆 Van 保管。硕大的果实和较为瘦弱的枝干形成了对比，仔细看还有黄色小蝴蝶；从画面缺少景深和极富装饰性来看，梵高深受日本绘画的影响。这幅画传达出梵高理想中的日本风景，同时呈现春天的喜悦和乐观的情绪。

3.《黄蜂大梨图》

　　齐白石作品，纸本设色，50.8 cm×20.4 cm。《黄蜂大梨图》是目前发现的齐白石画得较大的

《盛开的小梨树》　　　　　　　　　　《黄蜂大梨图》

梨，题有："借山馆旁之梨，味甘芳，其重逾斤，年来为蜂所伤。老萍画此以记其事，阿芝并记。"画这幅画的同时，他还为友人画过一张《黄蜂蟋蟀大梨图》，构图和落款与《黄蜂大梨图》几乎完全一致，只是多画了两只蟋蟀。

4.《黄蜂秋梨》

齐白石作品，纸本设色，荣宝斋旧藏。黄蜂（或蜜蜂），秋梨，谐音寓意"丰收、吉利"之意，是齐白石19世纪20—30年代非常喜爱画的题材，他曾在茹家冲的寄萍堂周围种上梨树，数年后返乡省亲，吃到了甘甜的大梨，秋梨寄托了他眷眷的思乡之情。

《黄蜂秋梨》

5.《秋梨细腰蜂》

齐白石作品，画于绢本之上，立轴，水墨纸本，13.5 cm×19 cm。从尺幅和题款看，似乎是草虫册中的一页。画面中只有两条枝、一个梨、两片叶、两只蜂。左下角是一个汁水饱满的秋梨，梨皮发青，挂于枝头，映衬着两片焦黄的树叶。画面右侧有两只细腰蜂，一高一低，一飞一落，或是被果实的香气吸引而来。虽是画于熟绢之上，齐白石也没有用工笔画法，而是蘸了较多的水表现出梨的饱满之感。

《秋梨细腰蜂》

6.《梨花鹦鹉图》

宋代作品，绢本设色，27.6 cm×27.6 cm，波士顿博物馆藏。图绘满枝的梨花开放，雪白一片，一只羽毛翠色、红顶、红嘴鹦鹉立于枝头，俯身似闻梨花清香。技法上，梨花花瓣以白色晕染，花茎以淡绿色勾画；鹦鹉羽毛粗笔绘出，显得蓬松，身形滚圆，可爱至极！画面生动有趣，雪白的梨花和艳丽的鹦鹉形成鲜明对比，显示了宋人高超的绘画技巧。

《梨花鹦鹉图》

7.《梨花图卷》

元代钱选1294年作品，绢本设色，31.7 cm×95 cm，美国纽约大都会艺术博物馆藏。《梨花图卷》以平涂法设色，用细线双钩写梨花一枝，轮廓清晰，不着任何背景而清幽淡雅，具有极强的抒情性，不同于一般的院体画。整个画面设色清丽，风格雅秀。段后自题诗一首："寂寞栏干泪满枝，洗妆犹带旧风姿，闭门夜雨空愁思，不似金波欲暗时。"钤"舜举印章""舜举""钱选之印""苕溪翁钱选舜举画印"及多枚收藏印，款署"苕溪翁钱选舜举"。该卷前题签：钱舜举梨花，元明人诗题计十八则，诒晋斋。由此可知，卷后共有元明名家题跋十八段，更显珍贵。

明代马蘊行书题跋钱选《梨花图卷》：一曲清平按未终，梨园花草几春风。如今白发看图画，仿佛流云落莫中。披图苦恒云川翁，艺苑留情独最工。更多示传三昧法，至今遗恨水晶宫。吴仲庄楷书题跋钱选《梨花图卷》：一枝香雪画阑东，淡白丰姿夜月中。得与梅华同岁莫，岂随红紫媚春风。

《梨花图卷》

8.《梨花图》

清代恽寿平作品，纸本设色，24.46 cm × 29.21 cm，纳尔逊－艾金斯艺术博物馆藏。恽寿平的花卉色彩艳而不俗，色调的表情是清丽和冷艳，在秀雅之中含有一种凛然难犯的韵味。

《梨花图》